■ ■ ■ 智能系统与技术丛书

移动终端人工智能
技术与应用开发

解 谦 张 睿 段虎才 陆冰松 编著

机 械 工 业 出 版 社
China Machine Press

图书在版编目（CIP）数据

移动终端人工智能技术与应用开发 / 解谦等编著 . —北京：机械工业出版社，2022.10
（智能系统与技术丛书）
ISBN 978-7-111-71302-9

I. ①移…　II. ①解…　III. ①移动终端－应用程序－程序设计　IV. ① TN929.53

中国版本图书馆 CIP 数据核字（2022）第 136040 号

移动终端人工智能技术与应用开发

出版发行：机械工业出版社（北京市西城区百万庄大街 22 号　邮政编码：100037）

责任编辑：赵亮宇　　责任校对：樊钟英　张　薇

印　　刷：三河市国英印务有限公司　　版　　次：2022 年 11 月第 1 版第 1 次印刷

开　　本：186mm×240mm　1/16　　印　　张：20.75

书　　号：ISBN 978-7-111-71302-9　　定　　价：99.00 元

客服电话：（010）88361066　68326294

Preface 前　言

从2017年开始，人工智能（Artificial Intelligence，AI）技术已经不再是前沿科技或实验室中的概念产物，而是实实在在落地为产品出现在人们的日常生活中，为用户提供智慧化的服务。现在我们每天接触的智能手机和平板电脑等移动终端设备也越来越多地被冠以AI终端的名头，而且出现了越来越多的AI应用或服务。目前这些在移动终端上运行的AI应用主要使用基于神经网络的深度学习技术。这项技术需要大量的算力支持，所以在发展初期主要在云端实现，通过移动互联网为用户提供服务。但随着终端软硬件技术的不断发展，业界越来越重视在移动终端上直接运行神经网络，以此获得更快的响应速度和更高的安全性。为此，各互联网厂商、终端厂商和芯片厂商陆续推出了各种深度学习推理框架，用于在移动终端设备上通过设备的AI芯片运行人工智能推理任务，比如Google公司的TensorFlow Lite、华为公司的HiAI Foundation、高通公司的SNPE等。未来，在终端上部署的人工智能技术将随着这些推理框架和AI芯片的不断发展，为移动终端AI应用和服务加速。本书围绕着如何在移动智能终端上通过深度学习推理框架进行人工智能应用开发而展开，不仅向读者介绍相关概念和原理，还提供应用开发的入门级指导，相信读者能够通过自己动手实现移动端人工智能应用来加深对移动终端人工智能技术的理解。

本书适合对人工智能感兴趣，且具备一定移动终端应用程序开发经验的读者阅读。只要拥有一定的Java、C++或Python语言开发知识，同时具备Android操作系统或iOS操作系统的应用开发经验，就可以通过本书迅速掌握基本的移动终端人工智能应用开发方法。如果你只是对人工智能技术感兴趣，相信本书也能带你了解人工智能技术是如何在移动终端上部署和运行的。

本书共分为10章，第1章主要介绍移动终端人工智能技术应用的现状和发展态势，对深度学习与软件框架等相关基础知识进行了阐述，分析了移动终端推理应用的发展趋势；第2章从总体上介绍移动终端AI技术架构，包括移动终端人工智能技术的特点和架构全貌，从而让读者初步了解移动终端人工智能技术的原理和各要素组件。第3 ~ 5章详细剖析移动终端人工智能技术的分层架构，分别介绍了神经网络模型、移动终端推理框架以及深度学习编译器等内容，让读者理解移动终端人工智能技术的底层逻辑，掌握在移动终端进行人工智能推理的方法；第 6 ~ 8 章介绍如何开发移动终端 AI 推理应用，帮助读者从需求分析、功能设计、编码开发到调试优化等环节了解整个开发过程；第 9 章则通过移动终端 AI 基准（Benchmark）性能测试的介绍，让读者了解不同移动终端和终端推理框架的性能区别；第 10 章面向未来，向读者介绍移动终端人工智能技术最新的发展情况和未来趋势，包括移动终端的训练和联邦学习等前沿技术，并对其他人工智能终端产品进行了简要介绍。本书还给出了第 7 章中每个示例的完整代码，读者需要扫描封底二维码下载包含代码文件的压缩包，并根据附录提供的路径找到相关代码文件。这些代码可以为读者开发应用提供参考。

在编撰本书的过程中得到了业界多方支持，在此表示感谢：感谢华为公司、旷视科技公司、vivo 公司和百度公司分别为本书 HiAI Foundation、旷视天元（MegEngine）、VCAP 和 Paddle Lite 部分的编写提供技术资料，感谢高通公司对本书编写提出宝贵意见。此外，我们还得到了魏然、曹宇琼、戈志勇、国炜、周佳琳等专家和老师的帮助，在此一并感谢。

虽然本书的编写历经一年，但我们仍然略感仓促。我们尽可能提供最新版本的资料给读者，但是移动终端人工智能技术发展迅速，在编写过程中就出现了多次软件版本升级的情况，所以对于本书的部分内容，尤其是第 4 章和第 7 章关于技术和开发的部分，读者可以通过本书提供的网址在互联网上参考官方新版操作手册以了解最新的技术进展。我们希望读者能通过本书基本掌握移动终端人工智能技术的原理和方法。对于本书中未阐明的部分或错漏之处，读者也可以通过邮件 zhangrui@caict.ac.cn 进行反馈，不胜感激！

Contents 目　录

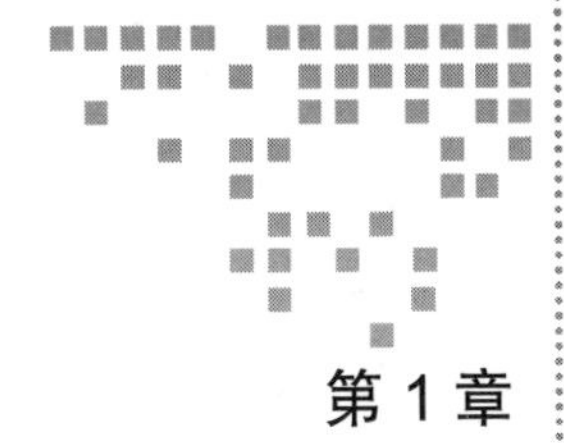

第 1 章 Chapter 1

移动终端人工智能技术概述

人工智能（Artificial Intelligence，AI）技术当前正处在以“深度学习”为重要特征的第三次浪潮中，本章首先回顾人工智能技术的发展历程，分析本次浪潮兴起的主要驱动力，介绍当前人工智能技术的重点应用领域，以及深度学习算法、模型、训练、推理和深度学习框架等与人工智能应用开发紧密相关的基础知识。当前，人工智能技术与移动终端深度融合，为移动终端带来了各种智能化应用，丰富了移动终端的使用场景，美颜、智能影像处理、人脸识别等人工智能应用极大地提升了人们使用智能手机的乐趣和体验，这也促进了人工智能手机等终端的快速发展。

1.1 人工智能技术发展概况

1.1.1 人工智能技术的发展历程

现代意义上的人工智能概念诞生于1956年的达特茅斯学院夏季学术大会，美国计算机和认知科学家 John McCarthy 和 Marvin Lee Minsky 共同提出了 Artificial Intelligence 这一术语，早期的 AI 先驱者对 AI 的定义、研究方法和发展方向展开了讨论，他们认为 AI 的初衷是由机器模拟人类、动植物和物种种群的行为，其学习过程或智能的表征特点理论上都可以被机器精准地模拟出来。

英国计算机与人工智能鼻祖 Alan Turing 提出了机器智能领域里两个重要的学术问题：1）机器能否模仿人脑的认知、思考、推理和解决问题的能力；2）如何判断机器是否具备上述能力。同时，还提出了一个发展人工智能的思路，即与其设计类似于人类思维的机器体系，不如制造一个更简单的系统，类似孩童般，通过不断地学习、不断地成长，从而被一步步训练成更智能的综合系统，这一思路融入了现代人工智能、机器学习算法的核心设计思想里。

历史上，人工智能历经了两起两落的发展阶段，分别为1956—1973年和1981—1986年的上升期，以及1974—1980年和1987—1993年的两次寒冬期。第一次寒冬期始于英国莱特希尔教授（Sir James Lighthill）在1973年发表的一份人工智能报告中表达了对先前的人工智能投资未能产生预期收益的失望，并呼吁人们终止对人工智能的过度期望和无理性的资本输入；第二次寒冬期源于桌面计算机的迅速崛起，工业界、产业界对人工智能的兴趣减弱，同时人工智能系统升级维护成本又过于昂贵，人工智能产业投资性价比显著下降。从本质上看，两次寒冬期的出现都是由于产业化应用不能达到人们对人工智能的预期。不过人工智能领域的研究一直在继续，机器学习、知识图谱、模式识别等学术研究在不断发展。

近年来，让人工智能再次家喻户晓的事件是2016年Google DeepMind开发的AlphaGo以4比1的成绩战胜了人类世界冠军李世石，“人工智能”再一次走进普通大众的视野。面向特定领域的人工智能（即专用人工智能），如语音识别、人图像识别等，由于应用背景需求明确、领域知识积累深厚、建模计算简单可行，形成了特定人工智能领域的单点突破，在局部智能水平的单项测试中已经超越了人类的水平。

从行业的发展来看，人工智能是一项赋能技术，已经被认为是第四次工业革命的推动力（见图1-1），得到了世界各国的极大重视。我国国家层面的人工智能发展计划相继出台。《新一代人工智能发展规划》和《促进新一代人工智能产业发展三年行动计划（2018—2020）》就我国未来人工智能相关战略目标、产业政策、技术体系、平台服务等方面进行了论述，

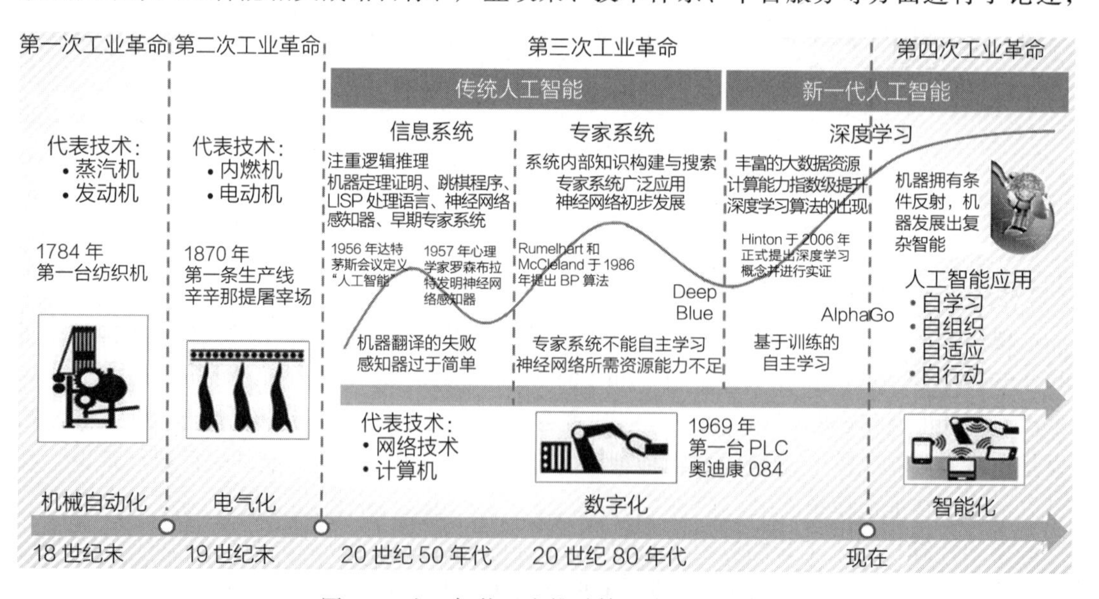

图1-1 人工智能正在推动第四次工业革命

来源：中国信息通信研究院

对支撑体系和保障措施进行了规划，为产业发展提供了有力的政策支撑。在政策的支持和引导下，国内巨头加速布局人工智能，地方纷纷出台产业规划、设立人工智能先导区，产业资本聚焦于人工智能的产品和应用。经过 2017—2018 年产业布局和应用的加速推进，智能音箱、智能语音助手等人工智能产品和应用已经渗透进人们的生活，2019 年“人工智能手机”也成为各大手机厂家发力的竞争热点，人工智能正通过终端产品使人们感受到其魅力和应用价值。IT 产业领先企业纷纷将人工智能作为战略发展重点，全面抢滩人工智能生态布局。2017 年 Google IO 大会明确提出将公司发展战略从 Mobile First 转向 AI First，微软 2017 年年报首次将人工智能作为公司发展愿景，百度也于 2017 年明确提出 All in AI 的理念。人工智能因其十分广阔的应用前景和重大的战略意义，日益得到社会各界的高度关注。

1.1.2　数据和算法成为主要驱动力

本轮人工智能浪潮的兴起，主要得益于算法、算力和大数据的进步。首先，算力的提升是本轮人工智能浪潮兴起的基础。人工智能算法（特别是深度学习算法）的实现需要强大的计算能力支撑。早在 20 世纪 80 年代，学术界已经提出了相关的人工智能算法模型，1989 年，杨立昆（Yann LeCun）提出了深度学习常用模型之一——卷积神经网络（Convolutional Neural Network，CNN），并将其成功用于手写体数字识别，但由于当时计算机的硬件水平有限，难以提供可以支撑深度神经网络训练 / 推断过程所需要的算力，并且当神经网络的规模增大时，反向传播（BP）算法会出现“梯度消失”的问题，这使得神经网络的研究和应用受到很大限制，这些模型的真正价值没有得到体现。直到近年来，算力大幅提升，才使人工智能应用真正得以普及。通过一组数据可以看出人工智能技术对算力的庞大需求：根据 OpenAI 统计，2012—2019 年，随着深度学习模型的演进，模型计算所需计算量已经增长 30 万倍，所需算力直接呈现阶跃式发展。根据斯坦福大学的报告 *The 2019 AI INDEX Report*，2012 年之前，人工智能的算力需求每两年翻一番，2012 年以后，算力需求的翻番时长缩短为三四个月（见图 1-2）。未来，移动互联网和物联网设备使得数据仍将保持爆炸式增长，人工智能软件框架和模型可能会向越来越复杂的趋势发展，人工智能算力将进一步提高，成为承载和推动人工智能应用技术落地的关键，支持云端训练、云端推理、边缘推理应用的巨大需求。

AI 算力近年来获得如此大的提升，主要得益于 AI 芯片的发展。AI 计算任务具有单位计算任务简单、逻辑控制难度低、并行运算量大、参数多的特点，要求硬件具有高效的线性代数运算能力，对于芯片的多核并行运算、片上存储、带宽、低延时的访存等提出了较高的需求。传统的 CPU（Central Processing Unit，中央处理器）主要是串行执行指令，对于深度学习这种大规模并行计算需求往往很难高效满足。GPU（Graphics Processing Unit，图形处理器）由并行计算单元、控制单元以及存储单元构成，拥有大量的核和大量的高速内存，计算单元明显增多，擅长进行类似图像处理这样的并行计算，也适合进行大规模并行计算，更适应 AI 应用的数据量大、需要并行处理的特点，因此当 GPU 与人工智能结合后，人工智能才迎来了高速发展。虽然 GPU 已经被 AI 领域广泛采用，但它并非为 AI 而生，没有针对 AI 工作负载进行优化，因此对于特定的 AI 任务，人们还推出了专用 AI 加速芯片，如 TPU（Tensor Processing Unit，张量处理器）、ASIC（Application Specific Integrated Circuit，专用集成电路）芯片等。AI 芯片目前广泛应用于云端、边缘端及物联网设备、移动智能终端等。目前来看，CPU、GPU 和 FPGA（Field Programmable Gate Array）等芯片是运行通用人工智能算力的主要芯片。而在各类移动终端设备上，针对神经网络算法的专用 ASIC 芯片正在发挥更大作用，我国的人工智能企业也在终端 ASIC 芯片领域加速布局，并取得了一定成果，华为、地平线等公司在移动智能终端、机器人等应用领域已经推出了成熟的产品。

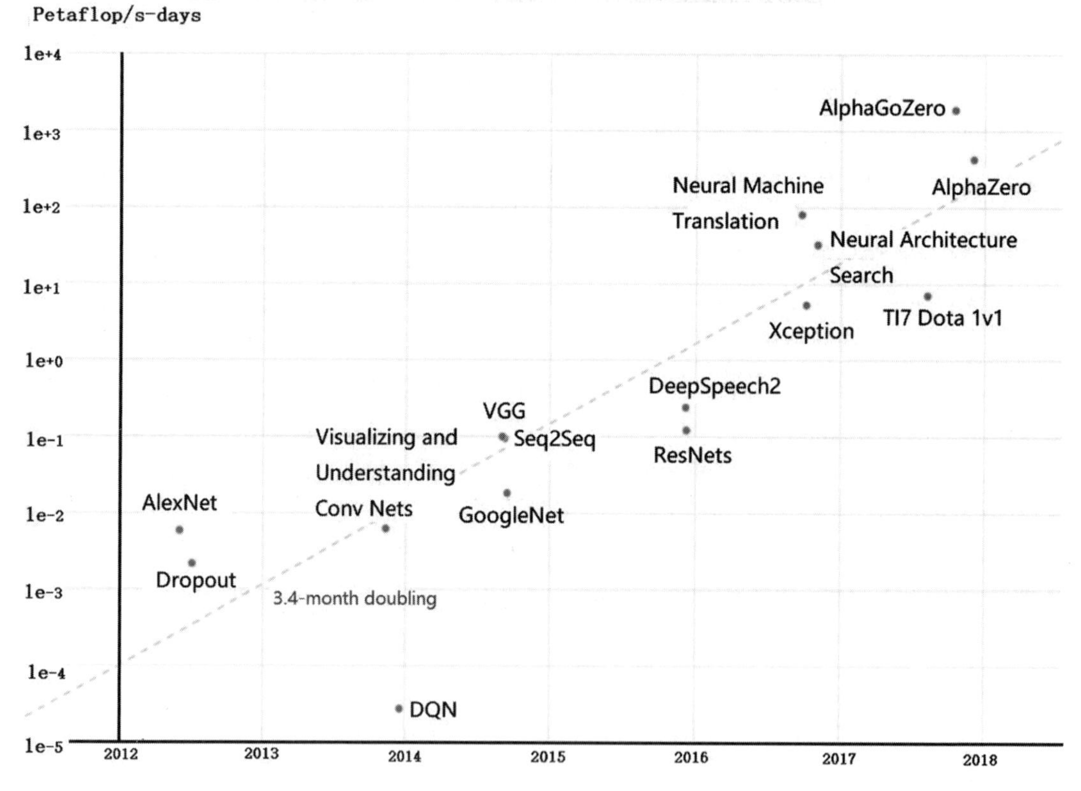

图 1-2 深度学习应用对算力需求的递增

来源：斯坦福 *The 2019 AI INDEX Report*

数据是人工智能发展的“燃料”，已经成为人工智能时代的重要生产资源。深度学习算法多采用监督学习模式，即需要用标注数据对模型进行训练（见图 1-3）。通常情况下，训练的数据量越大、覆盖越全面，模型的推理效果越好，现在的人脸识别、自动驾驶、语音交互等应用都采用这种模式训练，对于各类标注数据有着海量需求。目前，ImageNet 的公开图库拥有 1300 万张以上的训练图。特斯拉在推出其自动驾驶功能 AutoPilot 之前，收集并分析了大量驾驶数据，并且每 10 小时通过它连接的汽车增加百万公里的数据。据 Quartz 报道，中国某头部计算机视觉算法企业声称拥有 20 亿张训练图，因此可以说，数据资源一定程度上决定了这些人工智能应用的实际可用程度。

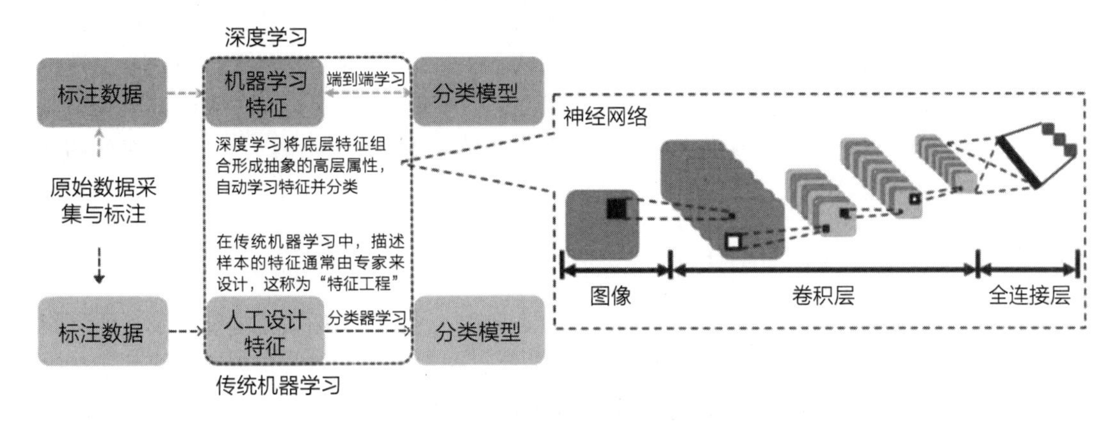

图 1-3　标注数据对深度学习的作用

移动手机、泛智能终端设备、物联网设备产生了海量的数据，低功耗云存储系统为这些数据的存储和处理提供了技术手段，促进了人工智能基础数据服务业的发展。人工智能基础数据服务包括为 AI 算法训练及优化提供的数据采集、清洗、信息抽取、标注等服务。人工智能算法的有效性与训练数据的质量密不可分，为了不断提高算法精度，做人工智能算法的企业对基础数据服务的需求越来越大，2018 年中国人工智能基础数据服务市场规模为 25.86 亿元，其中数据资源定制服务占比 86%，预计 2025 年市场规模将突破 113 亿元[⊖]。随着竞争加快，AI 公司对训练数据的质量要求也不断提高，对垂直场景的定制化数据采标需求成为主流。目前，数据标注主要采用机器辅助标注、人工主要标注的手段，随着算法对数据的需求越来越旺盛，增强数据处理平台的持续学习和自学习能力、增加机器能够标注的维度、提升机器处理数据的精度、由机器承担主要标注工作将成为下一阶段的行业方向。

机器学习中的数据通常分为训练集和测试集。例如，我们可以将 60 000 幅图像分为两部分，大的一部分包含 50 000 幅图像，作为训练集用于训练我们的模型，另外的 10 000 幅图像用作测试集。在模型的训练过程中，只会用到训练数据集。当训练完成，模型的参数固定后，我们再使用测试集作为输入来检验模型的性能。将数据分为训练集和测试集非常重要，因为使用训练集进行测试，模型的表现可能非常完美，但是一旦遇到模型从未见过

⊖　数据来源：2019 年中国人工智能基础数据服务白皮书。

的图像，则结果可能会不尽如人意。机器学习中有个专门的概念叫作过度拟合，就是说特定的训练数据可能掩盖一些更为通常的特征。在机器学习中避免过度拟合是很重要的，使用测试集来验证模型的处理效果有助于发现过度拟合问题。

算法的发展是本次人工智能浪潮的另一主要驱动力。基于多层神经网络的深度学习算法是引领本轮人工智能浪潮的关键，虽然深度学习算法的可解释性和算法的歧视性等问题一直被质疑，但目前的人工智能应用大部分仍然基于深度学习算法。当前，开源深度学习平台集成了常用的算法，允许公众使用、复制和修改源代码，具有更新速度快、拓展性强等特点，可以大幅降低企业的开发成本和客户的购买成本。因此，这些平台被企业广泛应用于快速搭建深度学习技术开发环境，实现产品的应用落地，巨头公司（如 Google、百度等）也通过开源框架来打造自身的人工智能技术和产品生态。在本书的 1.2 节中，具体阐述机器学习算法和软件框架。

1.1.3 人工智能技术的应用趋势

目前，“人工智能技术”这个概念的覆盖范围非常广泛。广义的人工智能涉及从机器视觉、知识图谱、语音识别、自然语言处理到 AI 芯片、传感器、机器人等领域，覆盖了软硬件、处理技术和应用等诸多层面，这些技术的发展阶段和状态也是不均衡的，有些技术已经成熟，有些尚处在早期研究阶段。图 1-4 是 Gartner 2020 年发布的人工智能技术成熟度曲线，从中我们可以大体获得当前各项人工智能技术的发展状态和趋势的一个参考。Gartner 把新兴技术周期分为五个阶段，包括创新萌芽期、期望膨胀的顶峰期、泡沫化的谷底期、稳步爬升的光明期和实质生产的高峰期（当然也不是所有的新技术都会经历这样的整个生命周期，一些技术在谷底期之后就消失了）。随着技术的逐渐成熟，其在曲线上的位置会逐渐向右侧移动，从这个曲线我们可以看到，当前的阶段，GPU 加速器将走向生产高峰期，这也是与当前市场的发展情况相吻合的。

技术的发展一定要结合应用的落地，只有与实际使用场景结合得更好的技术能够应用到产品和市场中，该技术才能获得发展，真正实现产业化。许多吸引眼球的新兴技术在 Gartner 技术曲线中发展到谷底期后就烟消云散了，其原因正是没有真正形成市场需求。幸运的是，本轮人工智能浪潮的发展之下，一些应用技术已经得到了较为广泛的应用。在智能语音领域，语音识别、虚拟助理等相关技术已进入当前最为成熟落地的人工智能技术之列。Gartner 预计整个智能语音市场规模将从 2018 年的 75 亿美元增长至 2024 年的 215 亿美元，其中医疗健康、移动银行以及智能终端智能语音技术领域快速增长的需求将成为主要的驱动因素。除了智能语音技术之外，图像技术、人脸识别等生物特征识别技术也已经非常成熟，这些技术的典型应用有视频监控、图像处理、自动化客服、精准营销推荐、证照比对、影像处理、影像分析、自动驾驶等场景，并渗透到智能手机、安防设备、机器人、智能网联汽车等设备，通过人工智能技术的加持，这些设备的智能化水平和能力获得了较大提升，在生产方面提高了效率，在生活方面为我们带来了更好的便捷性和使用体验。

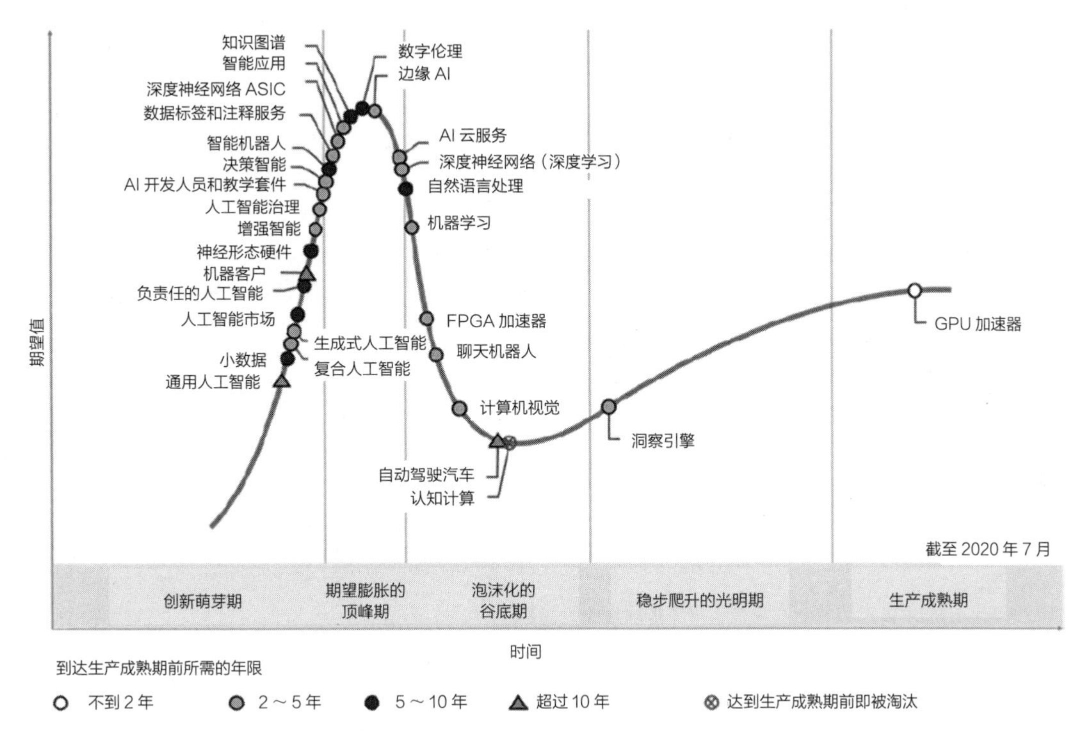

图 1-4　Gartner 2020 年发布的人工智能技术成熟度曲线

来源：Gartner

在行业应用方面，人工智能技术已经开始广泛赋能传统行业，应用于我们生活的方方面面。2019 年已经成熟落地的智能应用包括金融领域的反欺诈、生物识别类身份验证、智能客服等，以及服务行业的内容审核类应用。当前正在规模化推广的人工智能应用还包括政府的服务机器人、智能终端以及政务门户智能化改造等，零售行业的智能货柜、货架识别系统，制造业的质量检测系统，医疗行业的智能导诊系统，以及面向商业的安防布控应用。未来潜力巨大的人工智能应用包括跨行业的视频结构化、业务流程自动化，金融领域的智能网点服务机器人，服务领域的营销互动，零售行业的供应链预测以及医疗行业的辅助临床诊断决策、虚拟智能助理等。除此之外，电信行业智能网络将能够自动识别网络故障、潜在攻击，也是未来充满潜力的创新应用。

未来，随着视频等非结构化信息数量的持续增加，基于人工智能的视频分析技术会迎来进一步的发展契机。同时，语音语义技术也会持续发展，多轮对话、情绪感知、认知智能、辅助决策等将是未来技术突破方向。人工智能技术将在智能制造、智能医疗、智能教育等方面获得更为广泛的应用，促进新兴经济和数字经济领域的发展，如图 1-5 所示。据 IDC 预计，未来，人工智能市场规模仍将快速增长，到 2023 年，中国人工智能市场规模将达到 119 亿美元，2018—2023 年复合增长率达 46.6%。

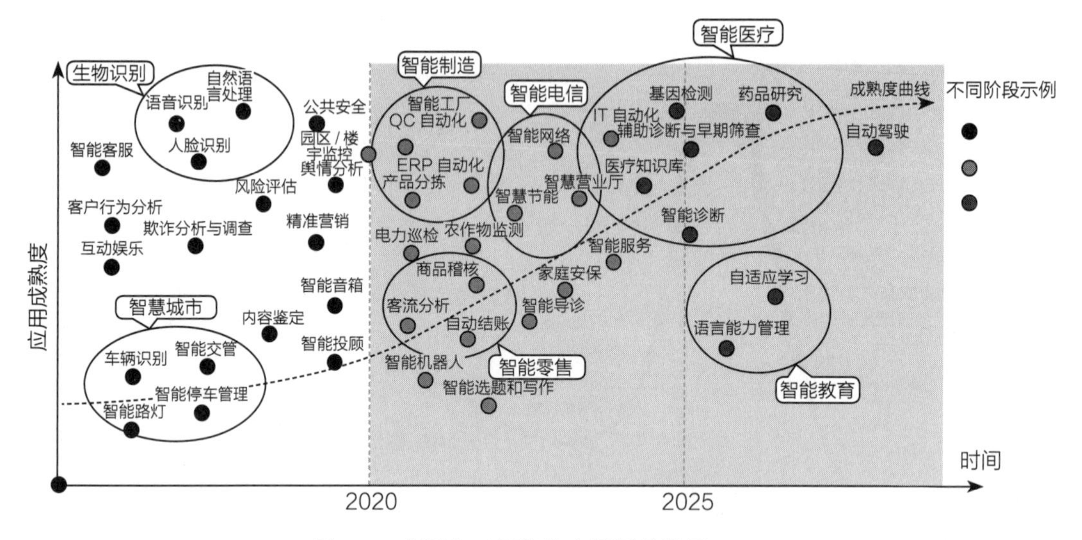

图 1-5　中国人工智能的应用场景发展 2020

来源：IDC 中国人工智能基础架构市场跟踪报告，2020H1

1.2　机器学习与软件框架技术概述

机器学习（Machine Learning，ML），特别是深度学习，是当前人工智能算法应用的主要技术基础，机器学习通过算法对数据进行训练得到模型，模型可以用于对新的输入数据进行推理计算，进而得到结果，算法和模型封装到软件框架中，提供给开发者进行人工智能应用开发。本节将对机器学习、深度学习、算法与模型等概念进行介绍。

1.2.1　机器学习

我们知道，人类的学习是根据过往的经验，对一类问题形成某种认识或总结出一定的规律，然后利用这些知识对新的问题进行判断的过程。机器学习的思想并不复杂，它是对这个人类学习过程的一个模拟。机器学习允许计算机查找隐藏的知识，而不需要明确地编写进行查找的程序，我们将数据提供给算法，并且程序执行的结果将成为处理新数据的重要依据。

机器学习领域的先驱 Arthur Samuel 在 IBM Journal of Research and Development 期刊上发表的一篇名为“ Some Studies in Machine Learning Using the Game of Checkers”的论文中，将机器学习定义为“在不直接针对问题进行编程的情况下，赋予计算机学习能力的一个研究领域”。简单地说，机器学习是通过找出数据里隐藏的模式进而做出预测的识别模式，机器学习用某些算法指导计算机利用已知数据得出适当的模型，并利用此模型对新的输入数据进行判断。计算机科学和应用数学界的学者总结出了很多教会计算机学习的办法，即各式各样的机器学习算法。机器学习算法的代表有：线性回归、分类与回归树（CART）、随机森林（Random Forest）、逻辑回归、朴素贝叶斯（Naive Bayesian）、k- 近邻（k-Nearest Neighbors，kNN）、AdaBoost、K- 均值算法（K-Means）、支持向量机（SVM）和人工神经网络（Artificial Neural Network，ANN）等。机器学习已经成为实现智能化的关键技术，是人工智能的一个重要子领域。目前 89% 的人工智能专利申请和 40%㊀人工智能范围内的相关专利均属于机器学习范畴。

一般来说，按照训练样本提供的信息以及反馈方式的不同，可以将机器学习分为监督学习（Supervised Learning）、无监督学习（Unsupervised Learning）、半监督学习（Semi-Supervised Learning）和强化学习（Reinforcement Learning，RL）。

监督学习的特点是训练数据既有特征（feature）又有标签（label），通过训练，让机器可以自己找到特征和标签之间的联系，在面对只有特征没有标签的数据时，可以判断出标签。根据标签类型的不同，又可以将其分为分类问题和回归问题两类。前者是预测某一样东西所属的类别（离散的），比如给定一个人的身高、年龄、体重等信息，然后判断其性别、是否健康等；后者则是预测某一样本所对应的实数输出（连续的），比如预测某一地区的人的平均身高。目前大部分应用的模型都属于监督学习类型，包括线性分类器、支持向量机等。常见的监督学习算法有 k- 近邻算法、决策树（Decision Tree）、朴素贝叶斯等。

无监督学习的特点是训练样本的标签信息未知，目标是通过对无标签训练样本的学习来揭示数据的内在性质及规律，为进一步的数据分析提供基础。无监督学习中数据集是完全没有标签的，依据相似样本在数据空间中一般距离较近这一假设来将样本分类。此类学习任务中被研究最多、应用得最广的是“聚类”（clustering），聚类问题是指将相似的样本划分为一个簇（cluster），与分类问题不同，聚类问题预先并不知道类别，训练数据自然也没有类别标签。无监督学习可以解决的常见问题还有关联分析和维度约简。关联分析是指发现不同事物同时出现的概率，在购物篮分析中被广泛地应用。如果发现买面包的客户有 80% 的概率会买鸡蛋，那么商家就会把鸡蛋和面包放在相邻的货架上。维度约简是指减少数据维度的同时保证不丢失有意义的信息。利用特征提取方法和特征选择方法可以达到维度约简的效果。特征选择是指选择原始变量的子集。特征提取是将数据从高维度转换到低维度。广为人知的主成分分析算法就是特征提取的方法。

半监督学习的特点是训练集同时包含有标签样本数据和无标签样本数据，不需要人工干预，让学习器不依赖外界交互，自动地利用无标签样本来提升学习性能。半监督学习是监督学习与无监督学习相结合的一种学习方法，一般针对的问题是数据量大，但是有标签数据少或者获取标签数据难度大、成本高的情况。

㊀ 来源：德勤研究。

强化学习的特点是通过一些行为产生的反馈来促使模型演进。强化学习是从动物学习、参数扰动自适应控制等理论发展而来，其基本原理是：如果 Agent 的某个行为策略得到环境正面的奖赏（强化信号），那么 Agent 以后产生这个行为策略的趋势便会加强。Agent 的目标是在每个离散状态发现最优策略以使期望的正面奖赏和最大。强化学习在机器人学科中被广泛应用。举个例子，在与障碍物碰撞后，机器人通过传感器收到负面的反馈，从而学会避免碰撞。在电子游戏中，可以通过反复试验采用一定的动作以获得更高的分数。Agent 能利用回报去理解玩家最优的状态和当前应该采取的动作。

对于机器学习相关的算法知识此处不做更多的展开，有兴趣的读者可以参考其他机器学习方面的技术书籍。

近年来，机器学习，特别是作为机器学习分支的深度学习，对人工智能技术应用的快速发展起了非常重要的作用（人工智能、机器学习、深度学习等的关系见图 1-6）。了解了机器学习后，下面我们来看一看深度学习的概念。

图 1-6 人工智能、机器学习、深度学习的关系

1.2.2 深度学习

深度学习是近十几年来机器学习领域发展得最快的一个分支，在过去几年中，深度学习促进了整个人工智能领域的发展，本次人工智能浪潮的兴起，可以说很大程度上是由深度学习带动的。深度学习领域取得的突破使语音、图像、自然语言处理和大数据等人工智能技术应用得到跨越式进展，促进了人工智能技术的大规模应用。但深度学习技术并不是一时兴起的，而是经历了漫长的发展过程。

2006 年可以看作深度学习兴起的元年。杰弗里·辛顿（Geoffrey Hinton）以及他的学生鲁斯兰·萨拉赫丁诺夫（Ruslan Salakhutdinov）正式提出了深度学习的概念。他们在国际学术期刊《科学》（*Science*）发表的一篇论文“Reducing the Dimensionality of Data with Neural Network”中详细地给出了“梯度消失”问题的解决方案——通过无监督的学习方法逐层训练算法，再使用有监督的反向传播算法进行调优，ReLU、maxout 等传输函数代替了 sigmoid，形成了如今深度神经网络（Deep Neural Network，DNN）的基本形式。Hinton 通过预训练方法缓解了局部最优解问题，将隐含层推动到了 7 层，神经网络真正意义上有了“深度”。这里的“深度”并没有固定的定义，在语音识别中，4 层网络就能够被认为是“较深的”，而在图像识别中，20 层以上的网络屡见不鲜。近年出现的高速公路网络（Highway

Network）和深度残差学习（Deep Residual Learning）进一步避免了梯度弥散问题，网络层数达到了前所未有的一百多层。同时，随着大数据时代的到来，互联网和移动互联网带来了海量的数据，图形处理器等各种更加强大的计算设备的发展使得深度学习可以充分利用海量数据（标注数据、弱标注数据或无标注数据），自动地学习抽象的知识表达，通过算法（深度学习）根据输入的数据推理出结果。这使得基于深层神经网络技术的深度学习再次引起大家关注。

让深度学习在学术界名声大噪的是 2012 年的 ImageNet 图像识别大赛。在这之前，大赛前五名的分类错误率在 25% 以上，杰弗里・辛顿领导的小组在当年采用深度学习模型 AlexNet 一举夺冠，成功地把最优错误率从 26% 降低到了 16%，从 2012 年开始，错误率还在以每年 4% 左右的速度降低。到 2015 年，机器识别已经接近了人类的水平，即 5.1% 的错误率。2016 年，机器最新的识别正确率已经达到了 97%，错误率为 3% 左右，已经比人类做得好得多。随着在语音识别、图像识别等领域取得重大突破，深度学习现在已经成为最热门的人工智能技术之一，并且从中短期来看，包括人脸识别、人体识别、图像识别等在内的主要计算机视觉技术均主要基于使用神经网络的深度学习算法。

深度学习在维基百科上的定义是“多层的非线性变换的一个算法合集”，那怎样实现这个多层非线性变换呢？目前最好、最方便的一种方法就是神经网络，当前主流的深度学习方法都是基于神经网络的，特别是深度神经网络。深度神经网络也是一个很广的概念，卷积神经网络（Convolutional Neural Network，CNN）、循环神经网络（Recurrent Neural Network，RNN）、生成对抗网络（Generative Adversarial Network，GAN）等在某种意义上都属于其范畴。

虽然在很多领域中表现出了强大的潜力，但从本质上来说，深度学习还是没有脱离机器学习的范畴，有很多局限。深度学习主要是用蛮力计算（当然也有 1×1 卷积、池化等操作降低参数量和维度），只是进行概率预测，无法具备确定性，是一种“相关性”而非“因果性”的科学。所以在目前的深度学习方法中，参数的调节依然是一门“艺术”，而非“科学”。深度学习方法深刻地改变了很多学科的研究方法。以前学者所采用的观察现象，提炼规律，数学建模，模拟解析，实验检验，修正模型的研究方式发生了变化，在一定程度上被收集数据、训练网络、实验检验、加强训练所取代。深度学习当前对感知任务完成得比较好，但并不擅长处理与知识、理解等相关的认知任务；深度学习过度依赖数据，虽然有一些预训练模型可以起到较好的作用，但总的来说，在小数据场景下，深度学习技术所发挥的作用有限；需要仔细设计网络，虽然有自动化深度学习建模等技术，但目前很多是局部网络结构的微调，在大的基准框架上还比较依赖专家设计。尽管深度学习有这些的局限性，但是随着相关算法、深度学习框架的完善，算力的提升，各种应用的落地，预计深度学习将是近一段时期内人工智能技术应用实现的主要技术手段。

1.2.3　深度学习为多个应用技术领域带来突破

深度学习在语音和图像任务上的突破性进展，极大地吸引了学术界和工业界对深度学习领域的关注，之后的几年，深度学习从算法模型研发、编程框架建设到底层训练加速、上层应用拓展，都发展得如火如荼，在更广泛的领域取得了新的突破。以深度学习为主的人工智能技术已经在语音识别、自然语言处理、计算机视觉等多个领域得到了落地应用，语音助手、生物特征识别、智能翻译、智能推荐等应用已广泛用于智能手机、智能音箱、智能机器人、智能家居等设备，方便了人们的生活，提升了这些产品的智能程度和用户的使用体验。

在语音识别领域，在深度学习技术的驱动下，语音识别准确率不断提升，在安静场景下已经达到甚至超越了人类的识别水平。2016 年以来，百度、搜狗、科大讯飞分别宣布自己的中文语音识别准确率达到了 97% 甚至 98% 的水平。2017 年 5 月，Google 宣布自己的英文语音识别准确率达到 95%，与人类水平相当。随着研究的深入，语音识别正在从状态建模和按语音帧解码等传统技术框架向语音文本一体化的端到端建模发展。

相对于传统机器学习方法，深度学习在图像识别领域具有非常明显的优势，在图像分类与目标定位、目标检测、视频目标检测、场景分类等图像应用领域都获得了很好的效果，算法的准确率不断提高。当前各种基于深度学习的图像识别产品纷纷落地，并广泛应用于自动驾驶、安防、教育等多个领域。

在自然语言处理领域，基于深度学习的神经网络机器翻译（Neural Machine Translation，NMT）是近几年深度学习在自然语言处理领域最显著的突破，NMT 显著超越了统计机器翻译系统的效果并且系统更加简洁，推动了机器翻译走向实用化，翻译机等产品开始出现。此外，阅读理解等新的技术也在深度学习的带动下发展起来。Google AI 团队于 2018 年 10 月发布的 BERT（Bidirectional Encoder Representation from Transformer）预训练模型在机器阅读理解顶级水平测试 SQuAD1.1 中取得惊人的成绩：在两个衡量指标上均超越人类，并且在 11 种不同 NLP 测试中取得最佳成绩。BERT 模型在 OpenAI 的 GPT 的基础上对预训练目标进行了进一步的改进，可通过左、右两侧上下文来预测当前词和通过当前句子预测下一个句子，预训练的 BERT 表征可以仅用一个额外的输出层进行微调，在不对任务特定架构做出大量修改的情况下，就可以为很多任务创建当前最优模型。在未来几年，预计自然语言处理依然能产生巨大影响。

在数据智能领域，近年来，深度学习模型的理论和实践进步飞速，GPU 等各类深度学习处理器的快速升级为之提供了算力保障，有力推动了大数据的应用。国内 AI 龙头企业利用大数据技术建设智慧城市，涉及金融、法律、交通、出行、安防等关乎国计民生的关键领域。在企业经营活动中，深度学习显著提升了基于大数据的搜索、广告、用户画像等应用。

1.2.4 自动化机器学习

随着深度神经网络的广泛应用和不断发展，越来越强大的网络模型被构建，从 AlexNet 到 VGGNet、GoogleNet 以及 ResNet，深度学习的网络结构越来越复杂，从最初的几十层到现在的几百层、上千层乃至于上万层。虽然这些模型足够灵活，但众多的超参数和网络结构参数会产生复杂的组合，调参也是一项让人非常痛苦的事情，开发一个人工神经网络结构需要具有网络设计专业知识，并且需要大量时间，开发设计的成本非常高。是否有可能使这一过程自动化，让不了解机器学习的人也可以轻松地将机器学习用于解决所面临的问题呢？人们开始探索如何利用已有的机器学习知识和神经网络框架来让人工智能自主搭建适合业务场景的网络，当前我们已经可以通过自动化机器学习（AutoML）平台产品来帮助完成机器学习流程自动化的过程，AutoML 已经进入落地阶段，主要自动化机器学习产品如表 1-1 所示。

AutoML 的出发点是用强大的算力通过更多次训练提高模型的准确度，其最大的特点是将机器学习模型的设计过程自动化。算法设计人员只需了解模型的基本概念并提供标签数据即可，神经网络的参数及结构调整是自动完成的，无须人工干预。自动化深度学习的核心技术包括深度强化学习（Deep Reinforcement Learning）、迁移学习（Transfer Learning）、数据增强、超参数优化等。随着 AutoML 技术的出现，深度学习模型的设计门槛大为降低。未来深度学习一定是通过大规模、自动化、定制化的设计来满足企业 / 个人的需求。在自动化深度学习中，深度学习的模型和网络结构会像工业产品一样被大规模生产出来，以适应不同应用场景、不同硬件、不同数据模态的需求。AutoML 已成为降低深度学习算法开发和设计难度的重要工具。

表 1-1　主要自动化机器学习产品

提供功能	公司	产品
自动化模型选择 自动化超参数调整	Google	Cloud AutoML
	百度	Baidu EasyDL
	微软	Custom Vision Services
	亚马逊	Amazon ML
	IBM	Watson Studio
自动化超参数调整	阿里巴巴	阿里云 PAI

Google 提出让深度学习平民化，让所有人都拥有深度学习建模的能力，2018 年 1 月，Google 发布了提供自定义图像识别系统自动开发服务的 Cloud AutoML Vision，用户从导入数据到训练模型都可以通过拖放式界面完成。AutoML 已经被 Google 应用于 CIFAR-10 高度基准测试数据集，并且训练出了与人工设计不相上下的模型。Google Cloud AutoML 基于渐进式架构搜索技术和迁移学习方法，目前开放了图像分类、自然语言处理和翻译功能。微软的 Custom Vision Services 为用户提供视觉模型自动训练解决方案。亚马逊利用其云平台在数据体量与用户工具方面的优势，提供 Amazon ML 机器自动建模服务，其主要技术依赖于预先优化的经典模型。

在国内，百度提出“开放普惠 AI”的理念，认为深度学习网络设计的能力应该开放，应该降低门槛，让所有开发者都拥有这项能力。百度发布的 AutoDL，大幅降低了深度学习技术门槛并实现高效定制。AutoDL 可以看作用深度学习来设计深度学习，从而实现让广大开发者都能够快速运用深度学习。阿里云机器学习平台构建在阿里云 MaxCompute 之上，通过对底层分布式算法的封装提供拖曳可视化操作环境。

1.2.5 算法与模型

机器学习的三个要素为算法（Algorithm）、模型（Model）和数据（Data），这三者的关系是什么？算法与模型的区别与联系又是什么？简单地说，算法就是利用数据生成模型的方法，图 1-7 展示了数据、算法与模型的关系。算法利用数据进行运算并生成模型。在运算过程中，算法可以不断调参，优化参数组合，以求解最优模型。算法的目标就是找到全局最优解，最终得到一个高效率且低开销的模型。模型则相当于一个从输入到输出的函数，是机器学习训练的结果，可以用来完成推理应用。

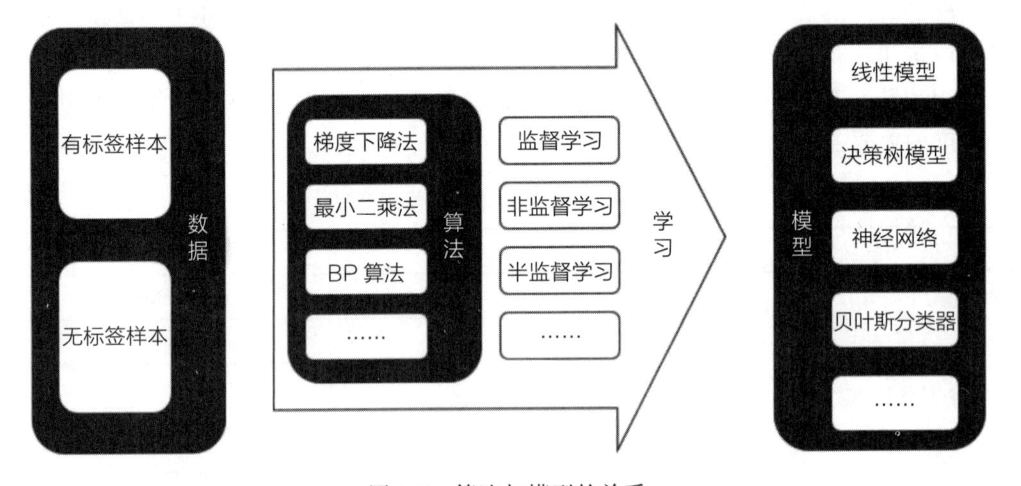

图 1-7 算法与模型的关系

我们来看一下上述这个利用数据生成模型的过程。原始数据（Raw Data）是无法直接用来输入给算法进行计算的，所以需要构建一个向量空间模型（Vector Space Model，VSM）。VSM 的任务是将各种格式的原始数据（如文字、图片、音频和视频等）转换为数字向量形式，接下来，才可以把这些转换后的向量作为机器学习算法的输入。以著名的鸢尾花数据集（Iris）为例，其原始数据是一个个鸢尾花的图片，使用 VSM 将每个花转换为一个长度为 4 的特征向量（花萼长度，花萼宽度，花瓣长度，花瓣宽度），如图 1-8 所示。

其中，每行代表一个样本，比如第一行 [5.1, 3.5, 1.4, 0.2]，代表第一个样本的花萼长度 =5.1，花萼宽度 =3.5，花瓣长度 =1.4，花瓣宽度 =0.2。每一行也称为特征向量（Feature Vector），可以理解为花萼和花瓣的长度、宽度就是这个花的特征。要把这些特征输入机器学习算法之中，而非输入花的图片。

```
[5.1, 3.5, 1.4, 0.2],
[4.9, 3. , 1.4, 0.2],
[4.7, 3.2, 1.3, 0.2],
[4.6, 3.1, 1.5, 0.2],
[5. , 3.6, 1.4, 0.2],
[5.4, 3.9, 1.7, 0.4],
[4.6, 3.4, 1.4, 0.3],
[5. , 3.4, 1.5, 0.2],
[4.4, 2.9, 1.4, 0.2],
[4.9, 3.1, 1.5, 0.1],
[5.4, 3.7, 1.5, 0.2],
[4.8, 3.4, 1.6, 0.2],
[4.8, 3. , 1.4, 0.1],
[4.3, 3. , 1.1, 0.1],
[5.8, 4. , 1.2, 0.2],
[5.7, 4.4, 1.5, 0.4],
[5.4, 3.9, 1.3, 0.4],
[5.1, 3.5, 1.4, 0.3],
[5.7, 3.8, 1.7, 0.3],
[5.1, 3.8, 1.5, 0.3],
```

图 1-8　鸢尾花数据集的特征向量

在获取了数据后，如何通过算法得到模型呢？下面举一个大家易于理解的例子：实验数据的线性拟合，这是一个简单而又经典的机器学习案例。某位工程师去做电工实验，通过实验记录了每一个电流值 I_n 所对应的电压值 U_n，他希望借此知道电压 U 与电流 I 之间的关系，以便计算任意电流下的电压值（模型），于是他将测得的这些实验数据作为样本（此处，电流 I 为样本的属性，I_n 为每个样本的属性值，U_n 为每个样本的标记），然后假设电压与电流之间满足线性关系（模型）$U=aI+b$，那么就需要某种算法来计算出模型中的未知参数 a 与 b。于是他选择了最小二乘法作为算法，通过实验数据得到了 a 与 b，从而确定了模型。这个基于样本，通过算法来确定模型的过程就是学习。

模型可以分为不同的类型，比较经典的包括线性模型、决策树模型、神经网络模型、贝叶斯分类器等，它们各有长短，但没有绝对的优劣之分，需要根据实际 AI 任务的需求来选择。这些模型可以封装在软件框架中来实现不同的人工智能应用，在移动终端上开发的 AI 应用大多是基于神经网络模型的，关于神经网络模型如何支持各类应用，详见第 3 章。

基于同样的样本，不同的算法（或同一算法不同参数）所生成的具体模型也会不同，所以算法的优劣对于模型的性能指标有直接影响。可以将算法看作一个与模型未知参数以及样本相关的优化目标（比如最小二乘算法，优化目标是让全体样本的标记与模型输出值的均方误差最小），通过最优化该目标，得出未知的模型参数。如何评价模型的性能呢？我们在进行机器学习任务时，使用的每一个算法都有一个目标函数，算法便是对这个目标函数进行优化，特别是在分类或者回归任务中，便是使用损失函数（Loss Function）作为其目标函数。损失函数又称为代价函数（Cost Function），主要用来评价模型的预测值 $y=f(x)$ 与真实

值 Y 的不一致程度，它是一个非负实值函数，通常使用 $L(Y, f(x))$ 来表示。损失函数越小，模型的性能就越好。不同的模型用的损失函数一般也不一样。关于模型和目标函数、损失函数的更多知识，可以参考吴恩达的公开课程，本书不再过多叙述。

深度学习模型（如 CNN、RNN、BERT 等）的成功源于高效的学习算法及其巨大的参数空间的结合，一个参数空间往往由数百层和数百万个参数组成，这使得深度神经网络模型很像一个复杂的黑盒系统。随着算力越来越强，算法模型变得越来越复杂，体积也越来越大，虽然它的能力确实很强，能够帮我们做越来越多的事情，甚至在很多特定任务上的表现超过人类，但我们不知道这些模型和算法这样设置参数的原因，不知道其内部是如何解决问题的，模型不具有可解释性成为我们面临的棘手问题。黑盒模型的风险在于其做出和使用的决策可能不合理、不合法，或者无法对其行为进行详细的解释。最早的人工智能系统其实是很容易解释的，因为线性模型本身涉及的权重很少，而且非常直观，每个权重的大小反映了对应的特征可以对最后的结果产生多大的贡献。而当在工业界落地 AI 时，随着机器学习模型越来越多地被用于在关键环境中进行重要的预测，构建能让用户理解的模型也变得越来越重要，在医疗、金融和司法等高风险应用中，这一点尤其明显。只有可被解释的机器学习模型才可能被更广泛地采纳，并避免歧视性预测和对决策系统的恶意攻击。

随着机器学习应用越来越广泛，对于算法与模型可解释性的研究在近两年逐渐得到重视。可解释人工智能技术大致可以分为三大类：第一类是基于数据的可解释性，这是我们最容易想到的一种方法，也是很多论文里经常涉及的一类技术；第二类是基于模型的可解释性，这类方法主要是在探讨能不能让模型本身就具有可解释性，这样模型就能告诉我们为什么要这么做；第三类是基于结果的可解释性，思路是直接将现有的模型当作一个黑盒去看待，我们自己给一些输入 / 输出，通过观察模型的行为去推断出它到底为什么会产生这样的结果，我们自己去建模它的可解释性，这种思路的好处是完全与模型无关，什么模型都可以用。这三大类方法各有各的技术路线，目前模型可解释性的研究仍处于非常早期的阶段，距离实际应用尚需时日。

1.2.6 训练与推理

从以上阐述中，我们知道模型是机器学习的结果，这个学习的过程就称为训练（Training）。机器学习的训练过程可以看作利用数据（样本）和算法生成模型的过程。训练神经网络时，训练数据被输入到网络的第一层，然后所有的神经元都会根据任务执行的情况以及其正确或者错误的程度来分配一个权重参数（权重值）。在一个用于图像识别的网络中，第一层可能是用来寻找图像的边。第二层可能是寻找这些边所构成的形状——矩形或圆形。第三层可能是寻找特定的特征——比如眼睛或鼻子。每一层都会将图像传递给下一层，直到最后一层。最后的输出由该网络所产生的所有权重总体决定。对于深度学习来说，训练需要海量的数据输入才能训练出一个复杂的机器学习模型。

训练并不是我们的最终目的，训练好的模型如何发挥作用呢？深度学习过程中除了训练环节之外，还有推理（Inference）环节。无论是对于图片分类、物体识别还是其他人工智能任务，模型都确定了“输入—输出”的关系。推理指利用训练好的模型，使用待判断的输入数据去“推理”得出各种结论。可以把训练得到的模型比作被简化过的应用程序，这些应用程序可以基于已经学到的知识，对新的数据进行推理并给出结果。

我们可以打一个实际一点的比方来更好地理解训练和推理这两个过程。现在想要训练一个能区分苹果和香蕉的模型，你需要搜索一些苹果和香蕉的图片，将这些图片放在一起构成训练数据集（Training Dataset），训练数据集是有标签的，苹果图片的标签是苹果，香蕉图片的标签是香蕉。通过对初始的神经网络参数不断地优化来让模型变得更准确。可能开始对于 20 张苹果的照片，只有 10 张被判断为苹果，对另外 10 张没有做出正确判断，这时可以通过优化参数让神经网络对 20 张图片都做出正确判断，这个过程就是训练过程。训练后的模型能对训练数据集中所有苹果图片准确地加以识别，但是我们的期望是它可以对以前没看过的图片进行正确识别。你重新拍一张苹果的图片让神经网络判断时，这种图片叫作现场数据（Live Data），如果神经网络对现场数据识别的准确率非常高，就证明你的网络训练是非常成功的。我们把用训练好的模型识别新图片的过程称为推理。图 1-9 中给出了深度学习中训练和推理的关系。

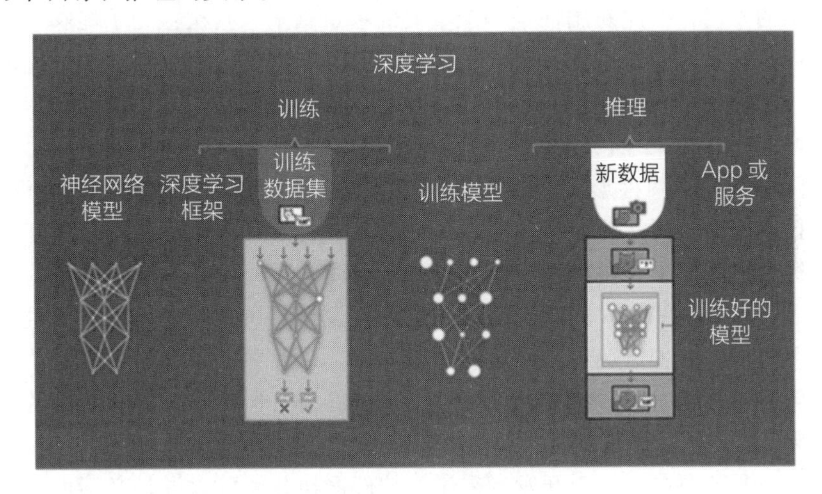

图 1-9　推理是模型的应用过程

训练是利用已有数据进行学习的过程，对计算的精度要求较高，会直接影响推理的准确度。而推理是在新的输入数据下，应用训练形成的模型完成特定的任务，如图像识别、自然语言处理等，通常数据量会比训练小很多，可以放到移动终端设备上进行。这又涉及一个概念——部署（Deployment）。把一个训练好的模型应用起来，使它能够在移动终端上运行推理，这个过程就称为部署。本书后文中所阐述的人工智能应用开发均基于移动终端的推理应用。

1.2.7 深度学习框架

1. 深度学习框架概述

深度学习框架是用于开发和运行人工智能算法的平台，它为软件人员开发人工智能应用提供了模块化的基础，一般提供数据输入、编写神经网络模型、训练模型、硬件驱动和部署等多种功能。

当前，人工智能基础性算法已经较为成熟，为了让开发人员更便捷地使用这些算法和模型来开发特定的人工智能应用，各大厂商纷纷发力建设算法模型工具库，并将其封装为软件框架供开发人员使用。随着深度学习框架的发展，深度神经网络结构的设计已经高度模块化。开发者只需要在比较宏观的层面上选择组件，构建网络，定制参数，就可以实现深度神经网络的设计。而深度学习框架负责解释开发者定制的网络，并将其转换成芯片可以执行的指令，进而进行模型训练和推理工作。一个优秀的深度学习框架，一方面要对开发者友好，能提供丰富的组件以及便捷的组网方式，另一方面也要和 AI 芯片紧密结合，能实现高效的训练和推理。对于深度学习框架的设计，要综合考虑易用性、稳定性、系统性能等多个因素。首先，深度学习框架需要能够支持研究者和开发者高效地进行人工智能算法模型和应用的开发，因此易用性是一个重要的考量因素。其次，为了能够支持企业级应用，框架的稳定性和可靠性也至关重要。最后，由于深度学习框架往往要处理超大规模的多模态数据，因此训练和预测的性能对实际应用也有很大的影响。

总体来说，软件框架在模型库建设及调用功能方面具有一定的共性，但又各具特点。软件框架有闭源和开源两种形式：苹果公司等少数企业选择采用闭源方式提供软件框架，目的是打造技术壁垒，而目前业内主流软件框架基本都是开源化运营的。深度学习框架陆续开源，已经大幅降低了开发门槛。但直接基于深度学习框架开发和设计新的模型算法仍有较高的技术门槛。因此，人们对网络结构自动化设计的研究越来越多，通过机器学习来设计深度学习模型，减少依赖经验和反复尝试调参，以此弥补深度学习专家的稀缺，比较典型的产品包括 Google 的 AutoML 和百度的 AutoDL 等。同时，零算法基础的快速应用平台等降低技术门槛的平台开始出现，极大地降低了深度学习应用的入门成本。

人工智能发展到现在，对于开发者来说，软件框架基本可以说是必不可少的工具，同时其重要性也在于，它是行业巨头打造其软硬件生态的重要环节。从 2016 年 Google 将自己的深度学习框架开源以来，软件框架处于群雄并起的时代，各大巨头意识到通过开源技术建立产业生态是抢占产业制高点的重要手段，纷纷推出了自家的开源深度学习框架，将深度学习软件框架作为打造开发及使用生态核心的重点。在目前的产业态势下，深度学习模型的表示及存储尚未统一，训练软件框架及推理软件框架尚未形成一一对应关系，技术生态争夺将持续。在接下来的几年中，深度学习框架发展的焦点将是如何更智能地实现量化，如何更好地促进框架间的融合，如何更有效地支持 GPU、ASIC 等芯片的异构加速能力，如何针对新硬件进行自动编译，等等。

从功能上看，深度学习框架主要用于支持深度学习的训练和推理。由于服务器和移动终端的算力和运行环境差别显著，因此对移动终端上的推理框架有一些特殊的要求，在下一节中我们会具体阐述。基于深度学习的通用框架主要实现对海量数据的读取、处理及训练，主要部署在CPU及GPU服务集群（云端），功能侧重于实现训练神经网络模型、维持系统稳定性及优化多硬件并行计算等。目前主流的深度学习训练软件框架主要有TensorFlow、PyTorch、MXNet、Caffe 2等，如表1-2所示。其中应用最广泛的是TensorFlow和PyTorch。

表1-2 常用深度学习框架

框架名称	支持硬件	支持语言	厂商
TensorFlow	CPU、GPU、TPU	Java、C、Go	Google
PyTorch	CPU、GPU、mobile	C++、Python、Java	Facebook
Caffe 2	CPU、GPU、mobile	C++、Python	Facebook
MXNet	CPU、GPU、mobile	Python、Scala、Julia、Clojure、JavaScript、C++、R、Perl	亚马逊
CNTK	CPU、GPU、mobile	C++、C#、Python	微软
PaddlePaddle	CPU、GPU	C/C++、Python	百度
MegEngine	CPU、GPU、ARM	C++、Python	旷视科技

注：Facebook于2021年更名为Meta，本书中为便于表述，保留为Facebook。

TensorFlow是Google Brain基于DistBelief研发的第二代分布式人工智能学习系统，其命名来源于本身的运行原理，是一个使用数据流图（Data Flow Graph）进行数值计算的开源软件库，TensorFlow支持主流的CPU、GPU以及Google自己研发的TPU，支持Java、C、Go等语言。

PyTorch是Facebook于2017年1月18日发布的Python端的开源的深度学习库，基于Torch，支持动态计算图，提供良好的灵活性，支持C++、Python等语言。

Caffe2是Facebook在2017年4月18日开幕的F8年度开发者大会上发布的一款全新的开源深度学习框架。它是一个清晰、高效、开源的深度学习框架，核心语言是C++，支持命令行、Python和MATLAB接口，既可以在CPU和GPU上运行，也可以在移动端部署。

MXNet是DMLC（Distributed Machine Learning Community）开发的一款开源、轻量级、可移植、灵活的深度学习库，它让用户可以混合使用符号编程模式和指令式编程模式来使效率和灵活性最大化，MXNet支持主流CPU和GPU，支持C++、Python、R、JavaScript等多种语言，目前由亚马逊维护，已经是AWS官方推荐的深度学习框架。

CNTK（Computational Network Toolkit）是微软出品的开源深度学习工具包，根据微软开发者的描述，CNTK的性能比Caffe、Theano、TensorFlow等工具都要强。它支持CPU和GPU模式，支持C#和C++等语言。

PaddlePaddle（飞桨）是功能较为完备的国产端到端开源深度学习平台，集深度学习训练和预测框架、模型库、工具组件和服务平台于一体，具有五大优势：拥有兼顾灵活性和高性能的开发机制；具有工业级应用效果的模型；具有超大规模并行深度学习能力；具有推断引擎一体化设计，支持系统化服务。PaddlePaddle 致力于让深度学习技术的创新与应用更简单，支持 CPU 和 GPU，支持 C++、Python 等语言。

旷视科技自研的 AI 生产力平台 Brain++ 从算法层、算力层和数据层分别为用户提供不同 AI 产品和服务。其中 MegEngine 深度学习框架数据属于算法层解决方案，MegCompute 云计算平台和 MegData 数据管理平台分别属于算力层解决方案和数据层解决方案。MegEngine 的研发始于 2014 年，一开始在旷视内部全员使用，并从 2020 年 3 月开始开源。MegEngine 框架支持 CPU、GPU、ARM 等多种硬件平台，支持 Python 和 C++ 语言。其最大特点是"训练推理一体"。MegEngine 推理框架不仅能部署在不同硬件中，还能和 MegEngine 的训练框架无缝衔接，在部署时无须做额外的模型转换，速度 / 精度和训练保持一致，有效解决了 AI 落地中"部署环境和训练环境不同、部署难"的问题。

深度学习技术还在不断发展，对于作为工具的框架来说，是否能够跟上这门技术的发展是非常重要的一个考核标准，因为技术的发展是非常快的，如果工具的发展落后于技术的发展，就会有被淘汰的风险。所以，当工具的社区活跃度非常高时，这个风险度就会相应降低。总体上看，TensorFlow 依旧是最受欢迎、使用度最广、影响最大的开源深度学习框架，在 GitHub 上，无论是从 star 的数量，fork 的数量，还是从 issues 和 pull request 来看，TensorFlow 都遥遥领先于其他同类深度学习开源框架。PyTorch 则是过去几年发展最快的深度学习框架。百度的 PaddlePaddle 是国内自主研发软件框架的代表。

2. 移动终端推理框架

前面介绍的框架主要应用在服务器端，能完成模型搭建、训练和部署推理任务，这些框架侧重于在高性能计算机上训练和优化模型。但我们知道，大量的推理应用是需要在终端设备上进行的。随着手机等移动终端算力的不断提升以及深度学习的快速发展，特别是小网络模型不断成熟，原本在云端执行的推理预测可以转移到移动终端上来做，相比服务器端，移动终端的智能应用具有低延时、兼顾数据隐私、节省云端资源等优势。

移动终端的人工智能应用有以下特点：终端设备需要处理的数据量没有训练时那么大，因受限于功耗，大多使用轻量化模型，手机芯片大多采用异构芯片，框架需要去适配这些芯片架构，优化并提高人工智能应用执行的效率，降低功耗，传统的深度学习框架未必能很好地适应移动端的需求，需要更轻量化、可适配异构芯片的框架，在算力、内存等限制下，高效地利用资源，快速完成推理。业界开发了众多用于移动终端的开源深度学习推理框架（也称为推理引擎）来更好地支持手机、平板等移动终端上的人工智能应用。端侧推理框架已经成为移动终端智能应用的核心模块，也可以说是移动终端的 AI 操作系统。端侧推理框架的优劣直接决定了算法模型能否在端侧运行，决定了业务能否上线。

一般来说，与 TensorFlow、PyTorch 等同时覆盖训练和推理的通用框架相比，移动终端推理框架更注重在推理时的加速和优化，深度学习推理框架使用深度学习训练框架训练出的模型，但要经过优化压缩、格式转换：首先优化模型大小，以便在移动终端上使用，可以通过剪枝、量化等手段实现；然后进行模型部署，包括模型管理、运维监控等；最后是端侧推理阶段，主要完成模型推理，即加载模型，完成推理相关的所有计算。基于深度学习的推理的计算量比训练过程小很多，但仍涉及大量的矩阵卷积、非线性变换等运算。端侧推理框架可以帮助人工智能应用完成这些过程，从而在移动端更高效地实现模型背后的业务。

表 1-3 中给出了主流端侧的深度学习推理框架。TensorFlow 和 Caffe 在神经网络模型训练领域有重要地位，它们支持的预训练模型已成为“事实标准”，而国内厂商的深度学习训练框架影响力尚不如 TensorFlow 和 Caffe 等知名框架，所以在终端侧也只能尽可能去兼容更多的云端深度学习框架训练出的预训练模型，因此从表 1-3 中可以看到，国内厂商的终端深度学习框架支持更多的模型格式。

表 1-3　主流端侧深度学习推理框架

框架名称	支持预训练的模型	支持的硬件	厂商
TensorFlow Lite	TensorFlow	Apple CPU、Apple GPU、ARM CPU、ARM GPU、高通 GPU、高通 CPU、海思 CPU、海思 GPU、MediaTek	Google
PyTorch Mobile	PyTorch、ONNX	Apple CPU、Apple GPU、ARM CPU、ARM GPU、高通 GPU、高通 CPU、海思 CPU、海思 GPU、海思 NPU	Meta
NCNN	Caffe、PyTorch、MXNet、ONNX、darknet	Apple CPU、Apple GPU、ARM CPU、ARM GPU、高通 GPU、高通 CPU	腾讯
Paddle Lite	Caffe、TensorFlow、ONNX	Apple CPU、Apple GPU、ARM CPU、ARM GPU、高通 GPU、高通 CPU、FPGA	百度
HiAI	Caffe、TensorFlow	海思 CPU、海思 NPU	华为
MACE	Caffe、TensorFlow、ONNX	Apple CPU、Apple GPU、ARM CPU、ARM GPU、高通 GPU、高通 CPU、MediaTek	小米
MNN	Caffe、TensorFlow、ONNX	Apple CPU、Apple GPU、ARM CPU、ARM GPU、高通 GPU、高通 CPU	阿里巴巴

根据移动终端深度学习推理框架可支持的硬件平台，推理框架还可以分为通用框架和专用框架。通用推理框架指能跨平台，在多种芯片平台上运行的人工智能推理框架，如 TensorFlow Lite、PyTorch Mobile 等。专用推理框架指仅能在指定的部分芯片平台上运行的框架，如高通的 SNPE、华为的 HiAI Foundation 等。

我国移动终端推理框架具有一定基础，除了终端企业，互联网企业也以构建生态为目的发布了一批国产框架。NCNN是腾讯开源的移动终端AI框架，支持多种训练框架的模型转换，主要面向CPU的AI模型应用，无第三方依赖，具有较高的通用性，运行速度突出，是国内目前使用较为广泛的移动终端AI软件框架。基于NCNN，开发者能够将深度学习算法轻松移植到手机端并高效执行，开发出人工智能App。NCNN目前已在腾讯多款应用中使用，如QQ、Qzone、微信、天天P图等。Paddle Lite是百度自研的移动端深度学习软件框架，主要目的是将Paddle模型部署在手机端，其支持iOS GPU计算。MNN是阿里巴巴发布的轻量级深度学习端侧推理引擎，主要解决深度神经网络模型在端侧推理运行的问题，涵盖深度神经网络模型的优化、转换和推理。目前，MNN已经在淘宝、天猫、优酷、聚划算、UC、飞猪、千牛等20多个App中使用，覆盖直播、短视频、搜索推荐、商品图像搜索、互动营销、权益发放、安全风控等场景，每天稳定运行上亿次。此外，菜鸟自提柜等IoT设备中也有应用。

1.3 移动终端人工智能应用

1.3.1 AI移动终端快速发展

借助人工智能技术，AI移动终端近年得到了快速发展。随着终端芯片、硬件架构持续优化和改进，算法平台的逐步开放以及算法模型的轻量化演变，移动终端AI运算能力大幅提高，目前人工智能技术在智能终端已经获得大规模应用：智能手机、智能家居、智能网联汽车、机器人、无人机、AR/VR、可穿戴设备，特别是智能手机，已经成为最贴近消费者的人工智能应用落地的焦点。很多人工智能推理工作，如模式识别、图像处理、语音识别等逐渐从云端转移到了移动终端，NVIDIA、高通、苹果及若干初创企业均在开发用于边缘的人工智能专用芯片，而更多的企业都试图在智能手机、汽车甚至可穿戴设备等边缘设备上运行人工智能算法，而不是跟中心云平台或服务器通信，这使得边缘设备具备了在本地处理信息的能力，并且可以更快速地对情况做出响应。

下面我们重点分析智能手机近年来的发展情况，包括行业巨头和AI算法企业是如何进行布局的，以及智能手机快速发展的动力和发展趋势。

2018年以来，智能手机缺乏突破性创新，为了抢占技术领先的制高点，行业企业都转向了同一个赛道——AI，目前很多企业都在向AI战略转型。2017年的Google IO大会上，Google将未来发展战略从“Mobile First”调整为“AI First”。华为在2018全联接大会上首发AI战略，从当时华为轮值董事长徐直军的话语中不难发现，华为已经进入ALL in AI的状态。在2018年9月上海举行的世界人工智能大会上，小米集团创始人、董事长兼首席执行官雷军表示，要把人工智能作为小米最重要的战略。vivo于2018年7月宣布成立AI全球研究院，在全球范围内聘请该领域的专家担任首席科学家，相关研发团队也在迅速扩张，希望通过成立AI全球研究院聚集业界优秀研发人才，以打造人工智能软硬件平台，推动手机平台完成从“智能”到“智慧”的转型。OPPO 早在 2016 年就已经开始在研发上发力，建立了先进的训练集群和数据中心，并积累了超过 300 项人工智能专利。从这些领先的手机企业争相向 AI 转型的动作不难看出，人工智能将是手机产业的持续热点。

算法企业也在加快助力手机 AI 技术布局，我国机器视觉算法企业研发和产业化能力快速提升。商汤、云从、依图、旷视等代表性企业已经开发了一批业内领先的机器视觉算法、产品及解决方案，行业内多家企业已经开始了“算法 + 芯片”的尝试。例如，商汤科技已经与 OPPO、vivo、华为、小米等前十大国产手机品牌中的大部分合作，其开发的 SensePhoto 软件的市场占有率持续增长。商汤科技还与高通合作，围绕移动终端和物联网产品，将商汤科技的机器学习模型和算法与高通的骁龙芯片结合起来，在视觉创新和基于摄像头的图像处理方面开展研究。百度拥有深度学习框架 PaddlePaddle，与半导体知识产权供应商英国 ARM 公司合作，将百度开发的秘书化搜索服务机器人助手“度秘”嵌入更多的应用场景中。百度还与美国 NVIDIA 公司达成战略合作，结合百度算法和 NVIDIA GPU 芯片共同研发无人驾驶技术。

从中国畅销手机排名前 50 的人工智能机型数量来看，从 2018 年开始，搭载 AI 能力的手机数量大幅攀升，已超过非人工智能手机。国内的主流手机厂商均已发力手机人工智能，从芯片、系统到多种应用等多场景切入。

- 华为：芯片 + 应用模式，软硬件结合，双管齐下，打造手机全产业链 AI 化。从麒麟 970 开始，华为推出 AI 芯片概念，加入了独立神经网络单元（NPU），NPU 和 CPU、GPU 组成了 HiAI 人工智能移动计算平台的硬件基础。麒麟 9000 升级为华为达芬奇架构 2.0 NPU，AI Benchmark 评测成绩可达 14 万分，借助 AI 芯片的优势，华为手机可以通过 NPU 加速实现拍照翻译、文字交互翻译和识图翻译等功能，也可方便地进行面对面的语音翻译。
- OPPO：非常注重 AI 方面的技术布局，根据官方数据显示，截至 2021 年 9 月 30 日，OPPO 在 AI 领域的全球专利申请超过 2550 项，主要布局在计算机视觉、语音技术、自然语言处理、机器学习等方面。图像处理和语音助手是 OPPO 手机的特色，其中在热门机型 OPPO Reno6 系列上通过 AI 算法带来了 AI 美妆以及光斑人像视频功能。人工智能助手小布则获得了中国信息通信研究院颁布的“可信 AI”评估证书。
- vivo：在 2018 年宣布成立 vivo AI 全球研究院，积极布局 AI 领域，在技术上通过自研的 VCAP 移动端 AI 推理框架对自己手机产品的 AI 能力进行加持，并以 Jovi 智能助手为入口打造人工智能手机场景化体验。用户可通过语音或将耳朵靠近手机的方式唤醒 Jovi。在拍照和图像处理方面，Jovi 可以自动识别拍照场景，在复杂环境下对拍摄参数自动匹配和自动美颜；在语音方面，Jovi 可快速回答用户问题，并及时提醒用户注意细节。除此之外，在天气、通勤、出行等越来越多的手机使用场景方面，vivo 都在利用 AI 为用户带来体验改善。

未来人工智能的处理将向手机侧继续迁徙，其主要原因可归结为以下三点。一是用户使用场景所需。移动手机作为当前互联网服务的主要入口，对人工智能功能的需求越来越迫切，虚拟助手、图片处理、图像识别、人脸解锁等应用成为主流。二是提升用户体验所需。手机侧人工智能的关键优势包括即时响应、隐私保护增强、可靠性提升，此外，还能确保在没有网络连接的情况下用户的人工智能体验能得到保障。三是数据隐私保护所需。人工智能方面的伦理道德和隐私问题一直备受争议，对于大多数商业人工智能系统来说，公平性、透明度和可解释性都是必不可少的特性，这也对数据隐私保护提出了更高要求。对个人数据隐私的保护将会成为人工智能领域除了技术、应用之外的一大热点。尽管在这场迁徙中人们还面临着异构解决方案的融合、手机硬件开发成本等问题，但不可否认，人工智能从云到端的演变已经在路上。随着终端算力的提升和5G时代的到来，5G+AI将更好地赋能智能手机，通过更为丰富的场景化智能应用提升使用者的体验，AI是未来手机行业竞争的焦点之一。

1.3.2 移动终端的典型AI应用

目前移动终端智能化正逐渐变为趋势，将AI技术应用到移动终端上，极大地提升了智能手机等移动终端的用户体验。例如，当用户使用手机购物时，淘宝、亚马逊等电子商务网站可以通过人工智能技术为你推荐最适合你的商品，先进的仓储机器人、物流机器人等帮助电子商务企业高效、安全地分发货物；直播和营销App广泛应用了人工智能技术，更新营销方式，给用户带来新的交互体验，助力业务创新突破；Google照片（Google Photos）利用人工智能技术快速识别图像中的人、动物、风景、地点，快速帮助用户组织和检索图像；美图秀秀利用人工智能技术自动对照片进行美化；在人工智能技术的帮助下，Google、百度等搜索引擎早已实现了智能问答、智能助理、智能搜索；以Google翻译为代表的机器翻译技术正在深度学习的帮助下迅速发展；使用优步（Uber）等工具出行时，人工智能算法会帮助司机选择路线、规划车辆调度方案。图1-10展示了一个智能手机上的AI应用情况，可以看到，AI技术成了手机上许多应用程序的创新驱动力，AI应用在智能手机中已经无处不在。

图1-10　一个智能手机上安装的使用AI技术的应用

目前智能手机和平板等移动终端上的 AI 应用主要类型涉及图像领域、语音领域、智能操作系统领域、增强现实类领域。

1. 图像领域

在终端上典型的图像领域 AI 应用有智能拍照、人脸识别、文字识别、图片和视频的智能处理等。

智能拍照是终端上最常见的 AI 应用之一。在拍照过程中，通过 AI 算法自动检测、识别图片中的目标、当前场景并自行调整拍摄参数，避免曝光、偏色等问题，还可以自动进行背景虚化等。借助人工智能算法，还能实现从人种、性别、年龄、肤色、肤质等维度为用户提供个性化美颜的功能。依托场景识别技术的智能拍照和美颜功能成为不少智能手机的 AI 卖点。通过 AI 算法还可以对相册中的图片进行自动分类，对图片进行后期优化，如在不产生噪点的情况下，将在暗光环境下拍摄的曝光不足的照片修复成正常曝光状态的照片。

人脸识别是基于人的脸部特征信息进行身份识别的一种生物识别技术。用摄像机采集含有人脸的图像或视频流，并自动在图像中检测和跟踪人脸，进而对检测到的人脸进行脸部识别的一系列相关技术，通常也叫作人像识别、面部识别。在智能终端上，人脸识别已经广泛被应用于设备解锁、移动支付、身份验证等领域。

文字识别方面主要的应用是通过 AI 算法来识别图片中的文字，将其通过神经网络算法转换成可编辑的计算机文本。

通过 AI 技术，可以实现对图片和视频进行进一步的创作和处理，如风格迁移可以实现视频流的实时风格迁移效果；色彩处理可以用来实现将一个黑白视频流实时地转化为彩色视频流的功能；超分辨率可以将一幅低分辨率图像或图像序列恢复出高分辨率图像，也可以实现将低分辨率的视频流实时转化为高分辨率的视频流的效果。

2. 语音领域

语音领域的人工智能应用包括智能助手、语音翻译、语音搜索、智能提醒、智能推荐等。其中，智能助手是目前使用得最为广泛的功能，其精准的语音识别能力让人机交互变得前所未有地便捷。IDC 调研数据显示，89% 的人有意向在未来两年内采用对话式人工智能终端，其中用户对智能手机、智能电视、智能音箱、智能汽车等终端的期望度最高，使用最为频繁。

3. 智能操作系统领域

智能操作系统领域主要涉及终端从系统层面进行自适应优化，主要应用场景为内部资源智能感知分配和用户 / 应用行为预测，用于提升系统流畅度，降低资源消耗（如节电等），解决安卓系统卡顿问题等。虽然 AI 的使用场景还比较有限，但随着技术的逐渐开放和生态的不断成熟，未来必将有愈来愈多的应用通过集成的手机 AI 功能来实现人机交互效率的提升，而这些 AI 应用对于信息输入效率的提升和用户体验的改善必将是革命性的，促使用户的换机需求提升，从而拉动全球范围内手机出货量的增长。

4. 增强现实类领域

得益于全面屏和 AI 的发展，越来越多的科技公司认为 AI+AR 技术非常有前景，而且现在人们已经在运用 AI+AR 技术来提升自己的工作效率。智能手机上增强现实领域的应用平台主要有苹果的 ARkit 和 Google 的 ARCore 等。

1.3.3 移动终端的 AI 推理

机器学习要在移动终端上应用，一般需要三个阶段：第一个阶段是训练模型，第二个阶段是部署模型，第三个阶段是基于部署好的模型和给定的任务进行推理计算，从而实现特定的 AI 应用。这三个阶段中常规的做法是，在算力强大的 GPU 或 TPU（非移动终端）上对模型进行训练，之后再使用一系列模型压缩的方法将其转换为可在移动终端上运行的模型，并通过 App 提供给用户使用。我们通常接触到的移动终端上的人工智能应用大多达到了上述第三个阶段，通过训练好的并部署到设备上的模型来进行推理计算，即运行 AI 推理过程。实现智能手机中的人脸识别、语音助手功能时使用了推理，实现 Google 的语音识别、图像搜索和垃圾邮件过滤的应用程序时都是如此，百度的语音识别、恶意软件检测和垃圾邮件过滤使用推理过程，Facebook 的图像识别以及亚马逊和 Netflix 的推荐引擎的实现中也都依赖于推理。

移动终端实现推理应用主要有两种方式，最初由于移动智能终端体积、功耗等的限制，人工智能应用通过云端服务，即在线（online）方式实现，移动终端在用户界面接收输入数据，再依托云端的算力来返回推理结果给用户，这类应用通常对时延不太敏感，如智能手机的智能语音助手，目前大多还是基于云端服务的方式完成的。而随着终端芯片和算力的提高，模型的轻量化，越来越多的人工智能推理任务在终端通过离线（offline）方式处理。下面简要介绍这两种推理过程。

- 端云结合的 AI 技术（见图 1-11 中 online 方式）。我们知道，人工智能的算力传统上集中在服务器侧，甚至出现了很多专门面向人工智能负载的人工智能专用服务器和专用人工智能一体机，这些服务器使用异构架构，市场上广泛使用的多是基于 CPU+GPU 的架构，这些服务器拥有强大的算力，目前移动终端上的 AI 应用有很多还需要借助云端服务器的算力，用户的终端充当信息采集器，收集信息后通过网络将数据传递给云端，由云端处理完成后，将结果通过网络传回给用户。这种方式能提供丰富的服务，适用于对响应速度较低的应用场景，比如语音助手、在线翻译等。这种方式的人工智能推理处理依然是放在云侧的。
- 在终端上直接进行人工智能处理（见图 1-11 中 offline 方式）。在很多情况下，完全基于云端进行推理会存在一些问题，而 offline 方式能通过使用云端训练好的神经网络模型在移动终端上直接运行人工智能计算，由于在数据源的位置进行 AI 运算和处理相比于 online 方式能向用户提供更好的隐私性、可靠性和低延时体验，同时不受网络环境的影响，如图 1-12 所示。比如，在自动驾驶等时延敏感和关键型任务的实时应用中，从终端采集数据，上传到云端，云端再通过算法推演给出解决方案，然后下达到终端，链路太长会产生一定的时延，并且还会受到网络等因素影响。如果这些应用运行在移动终端，问题将会得到解决。此外，对于生物特征识别（如人脸 / 指纹等）数据，如果能在移动终端进行处理，将不用将个人隐私数据上传到云端。因此，与在云端运行的人工智能相比，在移动终端直接运行人工智能算法具有即时响应、可靠性提升、隐私保护增强以及能高效利用网络带宽等优势。因此，人工智能若要实现真正的普及，仅依靠云侧的人工智能处理并不够，移动终端人工智能处理能力同样重要，通过终端提供的 AI 算力迅速处理任务，可实现低响应时间、高安全可靠性以及在任意使用环境下（如无网络）使用 AI 场景，比如图像实时处理等。这种技术无须网络支持，在没有信号覆盖的区域也可以使用，而且数据不会流出终端，能更好地保护用户隐私，但对终端的算力和功耗有一定要求。

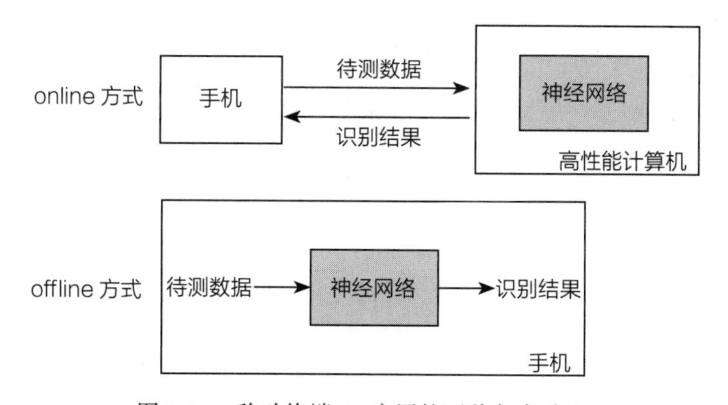

图 1-11　移动终端 AI 应用的两种方式对比

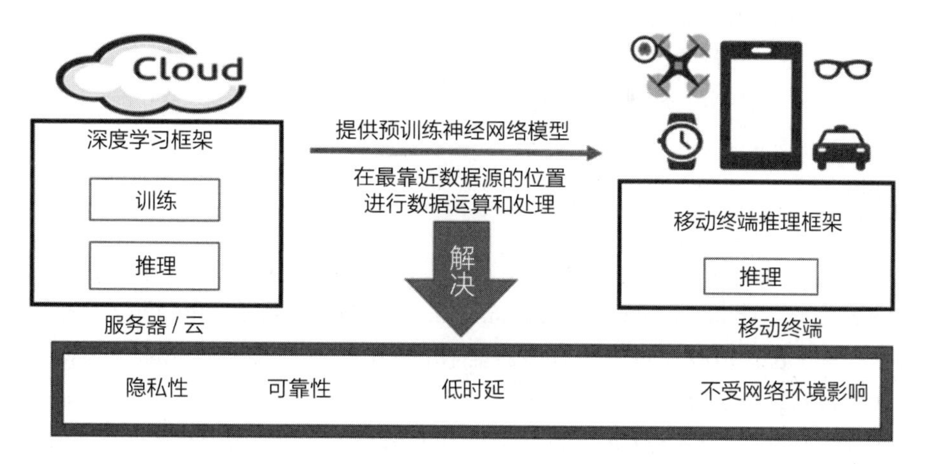

图 1-12　移动终端本地人工智能处理的优势

在相当长的一段时间内，移动终端的AI推理应用将结合以上两种技术手段。人工智能算力将由移动终端、边缘侧和云端共同承载、协同发展。本地化处理、网络侧辅助和协同以及分布式学习的发展，使具备人工智能能力的终端能处理更加复杂的任务，同时降低功耗，提升终端的用户体验和隐私保护能力，端云结合的人工智能处理方式仍是移动智能终端应用人工智能的重要方式，边缘人工智能未来将与云端人工智能构成混合模式，从而提供更好的人工智能服务，基于高速连接和高性能本地处理，实现最佳的总体系统性能。

1.4 小结

本章首先回顾了人工智能技术的发展历程，算法、算力和数据成为新一轮人工智能热潮兴起的主要驱动力，带来了经济社会的智能化变革。语音识别、智能影像、生物特征识别、智能分析和推荐等人工智能应用技术开始广泛落地并形成规模。虽然算法的可解释性和公平性等问题还受到质疑，但机器学习，特别是深度学习，仍是目前人工智能技术主流应用的基础技术。算法和模型是人工智能应用开发中的关键因素，软件框架成为人工智能应用开发的重要平台，行业巨头把开源框架作为打造生态、聚集用户的重要手段，TensorFlow、PyTorch是目前业界使用得非常广泛的框架，国产自主框架也在迎头赶上，百度的PaddlePaddle、华为的MindSpore、旷视科技的MegEngine等软件框架已经发布，成为我国AI基础设施的重要组成部分。

在移动端，人工智能技术已经广泛赋能行业应用和智能产品，智能手机作为移动终端设备的典型代表和广泛使用的消费电子设备，成为AI应用必争的落地产品，终端行业巨头纷纷打造智能手机，在手机上引入AI应用。智能手机成为近年来手机竞争市场的主赛道之一。受限于终端的算力和功耗，移动终端目前主要运行推理应用。未来，随着移动终端的AI算力进一步提高，移动终端将能够处理越来越多的AI任务。随着5G时代的到来，低时延、高可靠性的网络可以更好地支持端云结合的AI处理方式，移动终端的AI应用场景将更为广泛。移动终端的各种AI应用离不开终端设备软硬件系统的支持，在第2章，我们将阐述移动终端在系统架构上是如何支持各类AI应用的。

参考文献

[1] 艾瑞咨询，百度数据众包．2019年中国人工智能基础数据服务白皮书[R/OL].（2019-9-11）[2021-2-18]. https://www.iresearch.com.cn/m/Detail/report.shtml?id=3434&isfree=0.

[2] IDC，量子位．2019中国人工智能白皮书[R/OL]. [2021-2-18]. https://www.sohu. com/a/361547211_680938.

[3] 李涓子，唐杰．2019人工智能发展报告[R]. 清华大学．中国工程院知识智能联合研究中心，2019.

[4] 中国信息与电子工程科技发展战略研究中心 . 中国电子信息工程科技发展研究　深度学习专题 [R]. 北京：科学出版社，2019.

[5] Ai 训练营 . 机器学习三要素：数据、模型和算法 [EB/OL]. [2021-2-19]. https://www.jianshu.com/p/e61667d0b5ea.

[6] 天行健 . 模型、算法与学习，有着怎样的三角关系 [EB/OL]. [2021-2-19]. https://zhuanlan.zhihu.com/p/26620760.

[7] 邱天 . 模型可解释性的现状、应用前景与挑战 [EB/OL]. [2021-2-19]. https://www.infoq.cn/article/XIYtQjiIC5sPSp04aDK9.

[8] COPELAND M.What's the Difference Between Deep Learning Training and Inference?[R/OL].（2016-08-22）[2021-2-19].https://blogs.nvidia.com/blog/2016/08/22/difference-deep-learning-training-inference-ai/.

[9] 曾晨曦，张睿等 . 手机人工智能技术与应用白皮书（2019）[R]. 北京：中国信息通信研究院 . 中国人工智能产业发展联盟，2019.

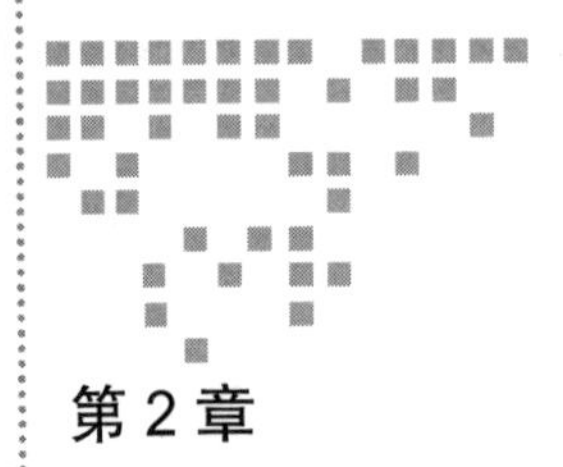

Chapter 2 第2章

移动终端人工智能技术架构

AI 移动终端主要指智能手机和平板电脑，终端上常见的人工智能应用包括语音助手、生物特征识别（人脸识别、指纹识别）、影像增强处理、美颜、拍照识别动植物、相册根据拍摄物体自动分类等，这些应用的核心是基于移动终端推理框架，通过特定的深度学习算法和神经网络模型在 AI 移动终端上完成人工智能推理计算。在这个过程中，需要 AI 终端的软硬件能力的支持。从技术架构上看，AI 芯片和推理框架是移动终端软硬件系统中的核心要素，推理框架将深度神经网络转换为可在芯片上执行的机器指令，AI 芯片则为推理框架提供有针对性地优化过的指令集和算子支持，从底层赋予深度学习推理框架更高的 AI 加速性能。

2.1 移动终端人工智能技术的特点和分层架构

AI 移动终端应该具有如下特征：从系统架构上来看，应同时满足在硬件层具备 AI 加速单元，软件层支持专用移动终端推理框架，交互层支持摄像头、传感器、触屏、语音等多种感知方式，且从业务功能和应用场景来看，应搭载基于计算机视觉、自然语言处理等技术的应用，能通过收集和分析各类交互信息、感知用户使用习惯来优化系统资源配置，经云侧或移动终端进行学习处理，提升使用效率，降低系统功耗，同时能够结合场景的数据分析和用户行为感知为使用者提供更"智慧化"和个性化的服务。

基于这些技术特点，智能手机、平板电脑等移动终端需要有区别于传统智能终端的全面的 AI 处理能力来进行支持。从底层芯片、操作系统到上层应用，AI 移动终端功能拓扑结构相比于传统的智能终端存在较大差异。我们将 AI 移动终端从技术架构上分为四层，分别是应用层、框架层、驱动层和硬件层（见图 2-1）。应用层通过调用推理框架提供的应用程序接口（Application Programming Interface，API）来实现 AI 任务的运行和处理。移动终端推理框架和硬件层的 AI 加速芯片是这个技术架构中的核心要素，移动终端推理框架将深度神经网络转换为可在端侧芯片上执行的机器指令，AI 芯片则为推理框架提供有针对性地优化过的指令集，从底层赋予推理框架更高的性能。

需要指出的是，目前的 AI 终端市场中，底层硬件使用异构架构，各厂家的芯片和技术架构并不完全相同，软件框架也尚无统一的标准和接口。所以本章给出的架构图是一个基于 AI 移动终端的通用技术架构图，它概括了当前大部分 AI 移动终端的通用组件，但各厂家的 AI 技术架构间存在一定差异，这种差异会在之后的各章中详细介绍。

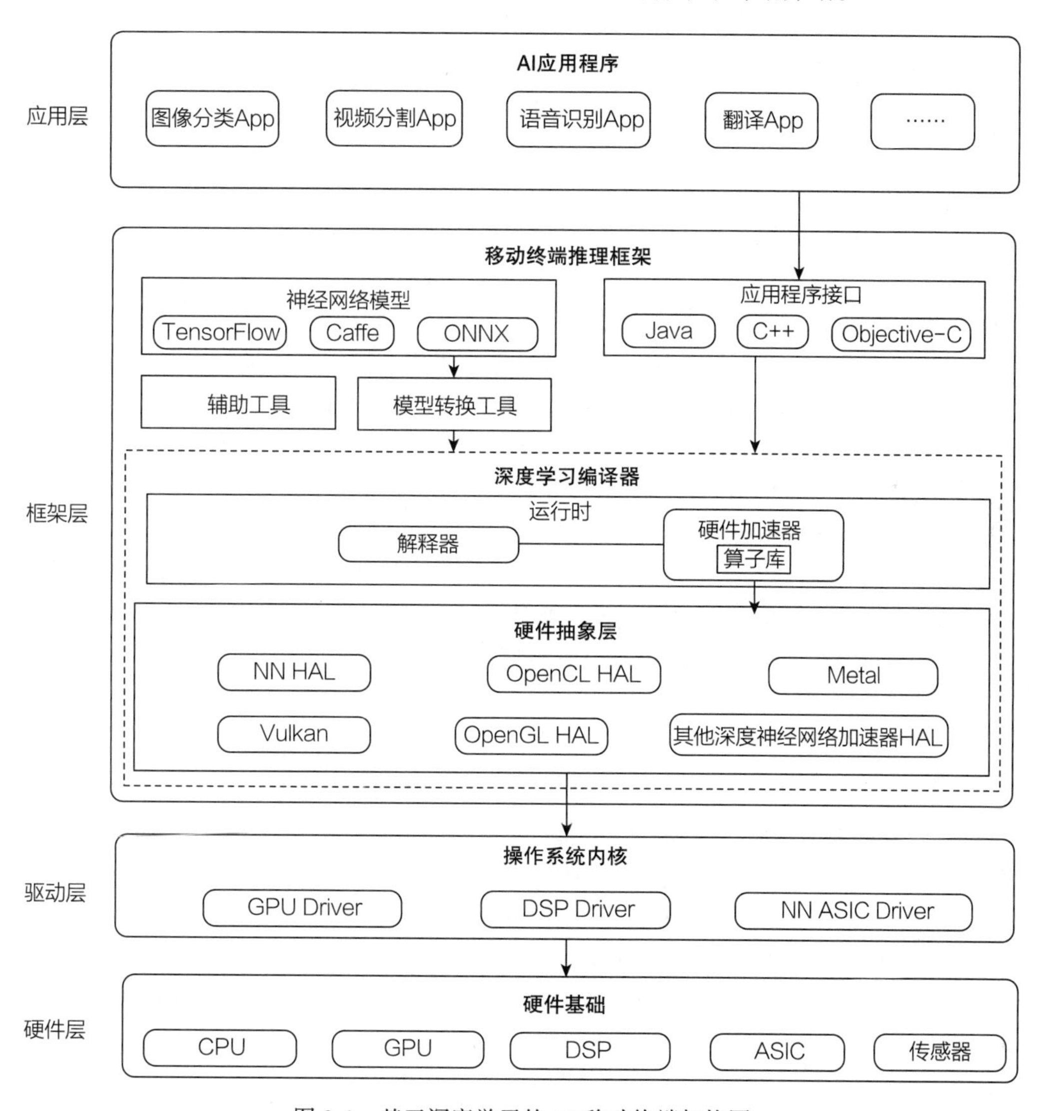

图 2-1　基于深度学习的 AI 移动终端架构图

2.2 各层功能概述

2.2.1 应用层

应用层位于AI移动终端架构的最上层，具体就是指智能手机上运行的各类具备人工智能功能的移动应用App。常见移动AI应用包括Android应用、iOS应用等，能为用户提供诸如图像处理、视频处理、语音和翻译等丰富的AI功能。这些AI应用通常以两种形式呈现给用户。一种是终端设备厂商定制的AI功能，比如手机自带的智能相机、相册和语音助手等，在终端设备出厂时就集成在了操作系统中，用户无须进行安装；另一种就是大家经常使用的，可以安装、卸载的第三方应用，这些应用和普通应用一样，用户从应用商店下载安装之后就可以使用。不论是哪种AI应用，其最大的特点就是使用移动终端推理框架处理AI任务。

对于一般的开发者来说，接触得更多的可能是开发一款第三方AI应用。这一过程和开发一个传统移动应用相似，首先都需要开发人员在PC上根据不同移动操作系统安装并配置集成开发环境（IDE）进行开发，比如可以使用Android Studio开发Android应用，使用Xcode开发iOS应用。除此之外，开发AI应用和开发传统应用最大的区别就是开发人员需要使用深度学习推理框架进行开发，通过推理框架提供的应用程序接口，调用特定的神经网络模型文件进行AI推理计算。也就是说，AI移动终端应用层的开发工作主要包括传统应用开发和人工智能技术开发两个方面。

- 传统应用开发：包括准备用于进行开发的计算机，安装和配置IDE，开发应用UI界面、业务逻辑、数据存储、网络通信等相关工作。
- 人工智能技术开发：主要指使用深度学习推理框架所做的工作，包括在计算机和IDE上配置端侧推理框架环境，转换神经网络模型，处理输入的数据，使用推理框架提供的API调用并执行神经网络模型，驱动终端硬件进行推理计算并获取AI处理结果。

2.2.2 框架层

在AI移动终端架构中，框架层的功能主要由移动终端推理框架实现。移动终端推理框架通常由厂商封装好，通过软件开发工具包（Software Development Kit，SDK）的方式供开发人员使用，是开发人员在开发过程中直接接触和操作的部分，是连接了顶层应用程序、神经网络模型和移动终端底层硬件的枢纽，也是将人工智能技术部署在终端上的核心。

框架层主要包括移动终端推理框架的神经网络模型、应用程序接口、模型转换工具和辅助工具，以及深度学习编译器等，其中深度学习编译器还可以细分成运行时和硬件抽象两个组件。

1. 神经网络模型

神经网络模型中封装了神经网络算法，包括神经网络的结构、算子和参数等信息。训练好的神经网络模型用于进行 AI 推理计算，它决定了移动 AI 应用的核心计算逻辑，对于处理特定的问题能达到一定的准确率。受硬件条件的限制，目前移动终端并不适合进行神经网络模型的训练，所以移动终端推理框架使用深度学习框架在高性能 PC 或服务器上训练好的神经网络模型。训练完成的神经网络模型将保存为特定格式的文件供开发者使用，比如 TensorFlow 训练的 .pb 格式模型文件，PyTorch 训练的 .pt 格式模型文件等。这些模型文件大多无法直接通过端侧推理框架执行，还需要使用移动终端推理框架提供的模型转换工具将其转换成适合移动终端运行的格式，以供开发时使用。各推理框架所能支持转换的深度学习框架模型不同，读者可以在第 3 章了解更多信息。有些推理框架能直接使用深度学习框架训练的模型，比如 PyTorch Mobile 可以直接在终端上运行 .pt 模型文件。

2. 应用程序接口

应用程序接口（API）是一些预先定义的函数，目的是让应用开发人员无须直接访问底层代码或理解内部工作机制的细节，就能使开发的应用程序操作某软件或硬件资源。框架层的移动终端推理框架，如 TensorFlow Lite、CoreML、PyTorch Mobile 等，都为上层应用开发提供了丰富的 API。开发人员通过 API 可以执行包括神经网络模型的初始化和加载、推理的计算、运行时的选择等多种功能。在语言支持方面，Java、C++、Objective-C 和 Python 等编程语言较为常用。

3. 模型转换工具和辅助工具

移动终端推理框架的模型转换工具能将深度学习框架训练好的神经网络模型转换成适合移动终端运行的模型格式，用于进行推理计算。通过深度学习训练框架训练好的模型并不适合直接在移动终端上运行，一方面是因为模型体积较大，另一方面是因为移动终端处理器的指令集无法直接运行模型中的算子。为了解决这一问题，转换工具将对训练框架的模型进行转换，这包括转换神经网络的数据排布、算子运行方式甚至模型的层间结构，最终可以减少神经网络模型的体积并优化神经网络模型的运行效率，使其适配移动终端硬件运行的特性。神经网络模型的转换可以充分发挥硬件的计算能力，让神经网络模型以最高效的方式运行在终端硬件上。比如移动终端推理框架 TensorFlow Lite 的转换工具能将 TensorFlow 的 .pb 模型文件转换为 .tflite 格式的模型文件，高通骁龙神经处理引擎（Snapdragon Neural Processing Engine，SNPE）模型转换工具能将 TensorFlow 的 .pb 模型文件转换为 .dlc 格式的模型文件等。移动终端推理框架通常还提供模型量化压缩功能，开发人员可以通过模型量化技术进一步压缩神经网络模型，缩小模型体积，优化模型执行效率。

此外，不同的深度学习推理框架还可能向用户提供多种其他辅助工具，如模型加密工具、评测工具、可视化工具等。评测工具是比较常见的辅助工具，会提供对 AI 应用在性能、精度、功耗等维度的评测，可以很方便地对算法和芯片的能力进行度量。模型可视化工具可以对算法模型结构进行可视化查看，方便开发者对模型进行分析和调试。加密工具能够对模型进行加密，支持多种加密算法，防止模型文件被泄露、被破解，保护开发者的权益。比如 vivo 的 VCAP 平台就提供了模型加密工具。

辅助工具虽然不是推理框架的核心部件，但可以让开发过程更加方便和高效。各个厂商根据自身的技术优势向用户提供了不同的辅助工具。

4. 深度学习编译器

深度学习编译器能根据不同硬件加速器的要求，将神经网络模型生成对应的、高度优化的机器语言，是底层硬件和不同移动端推理框架之间的桥梁，不仅能为上层应用的执行提供硬件加速能力，还可以解决不同格式的神经网络模型在使用不同底层硬件计算芯片时可能存在的不兼容等问题。深度学习编译器的主要工作原理可以简单理解为，生成自定义中间表示的计算图，将不同硬件加速器支持的算子子图通过硬件抽象的接口调用给对应的硬件加速执行，以此完成深度学习的非硬件相关优化。当前存在很多移动端深度神经网络编译器，影响比较大的有 Google 的 TensorFlow XLA、NVIDIA 的 TensorRT、Intel 的 nGraph、Facebook 的 Glow、NNVM/TVM 以及 ONNC。

如图 2-1 所示，深度学习编译器主要包括深度神经网络模型运行时和硬件抽象层两部分功能。

（1）运行时

运行时是指一个程序在运行（或者在被执行）的状态或运行环境。移动终端推理框架的运行时简单理解就是指在进行人工智能推理时，神经网络模型在移动终端的哪个硬件环境中执行。在移动终端上通常会有 CPU、GPU、AI 加速芯片等多种硬件用于执行人工智能计算。这些硬件的结构以及对数据的处理方式各有不同，所以需要深度学习运行时，它能按照硬件的不同要求处理神经网络模型的算子和参数，使神经网络模型可以高效运行在终端的不同硬件上，为人工智能计算提供调度和算力，提升了任务处理速度。

深度学习运行时由解释器和硬件加速器两部分组成。

开发人员可以通过移动终端推理框架提供的 API 调用解释器，将数据传入神经网络模型，并驱动硬件加速器和下层的驱动层，最终在硬件层运行。解释器能执行量化模型和非量化模型，负责对深度学习网络模型进行算子优化，然后建立计算图来解决内存分配、计算调度等问题。

硬件加速器对运行时的计算进行加速，可以针对目标网络的每一层，对于特定的输入尺寸的场景进行专门的优化，使用特定的芯片加速可以手动进行优化，而针对大量不确定的加速芯片的优化，需要程序能够自动对计算图进行分割和任务调度，将不同的子图分配到不同的硬件加速器上。

硬件加速器中的算子库包含移动终端推理框架可以运行的深度学习网络的计算逻辑，如卷积、激活等，但目前移动终端推理框架无法完全支持所有的深度学习框架算子，它只实现了深度学习框架算子的子集。不同的移动终端推理框架支持的算子也不同，这也是影响开发人员选择不同推理框架的重要因素。

（2）硬件抽象层

硬件抽象层（Hardware Abstraction Layer，HAL）是介于操作系统内核和上层之间抽象出来的一层结构。HAL 对各种底层硬件的驱动进行封装，对上层应用提供统一的接口，例如图形处理单元（GPU）的接口或数字信号处理器（DSP）的接口。上层应用不必知道下层硬件具体怎样实现工作，而底层设备的驱动程序只要符合 HAL 的接口定义就能正常工作。

深度学习编译器通过硬件抽象层调用现存的深度学习硬件加速器的功能完成加速。如果没有硬件抽象层，当市场上出现新的深度学习硬件加速器时，深度学习编译器需要升级版本，主动适配新的硬件加速器，这无疑是非常低效的。为了避免这种情况，很多深度学习编译器提供了自己的 HAL 接口定义，HAL 定义了移动终端中各种加速器的抽象概念，这些硬件加速器的驱动程序只要支持 HAL 接口，即可直接被深度学习编译器调用，无须再更改编译器。图 2-1 基于深度学习的 AI 移动终端架构图中 HAL 部分展示了当前影响力比较大的深度学习硬件加速器抽象层，主要有标准化的 NN HAL、OpenCL HAL、OpenGL HAL、Vulkan、苹果 iOS 系统上的 Metal 以及当前非标准化的其他深度学习网络加速器 HAL。

一些深度学习编译器也会定义自己非标准的 HAL，图 2-1 中统称为其他深度学习网络加速器 HAL，其中影响力最大的是 VTA。VTA 是一个可编程加速器，是 NNVM/TVM 框架的扩展，它公开类似于 RISC 的编程抽象，以在张量级别描述计算和内存操作。VTA 中定义了定制硬件加速器硬件抽象的标准。深度学习编译器均可以定义自己的硬件抽象层 API 标准，当深度学习编译器被大量移动终端深度学习计算平台广泛采用时，深度学习加速器硬件厂商也会有动力去适配。

2.2.3　驱动层

驱动层一般由芯片厂商提供，包含了对 HAL 接口定义的实现。深度学习编译器通过调用 HAL 接口来跟对应的硬件驱动程序通信。芯片的驱动程序运行在操作系统内核层，加速器厂商依照 Linux 标准的 HAL 接口定义或者深度学习编译器定义的 HAL 接口定义来实现对应的功能。硬件加速器对深度学习模型的算子进行硬件相关的优化，硬件加速器的驱动程序实现对深度神经网络模型算子硬件指令的功能调用。

NN HAL 的驱动实现方法在 Android NN API 中定义，高通在 Hexagon DSP 上推出了 Hexagon NN Direct Driver，提供了 Android NN API 的驱动，对应于图 2-1 中驱动层的 DSP Driver；ARM 推出了 ARM NN Driver，实现了 Android NN API HAL 的 1.0、1.1、1.2、1.3 版本的驱动，三星、海思和 MTK 等 OEM 厂商都将 ARM NN Driver 预装在其解决方案里，对应于图 2-1 中驱动层的 NN ASIC Driver；华为从 Android 8.1 起，在麒麟 970 上实现 Android NN API 的驱动，并实现了 NPU 对 Android NN API 的驱动支持，对应于图 2-1 中

驱动层的 NN ASIC Driver。

相比 Android NN API，OpenCL 获得大量芯片厂商的支持，OpenCL 的驱动对应于图 2-1 中的 GPU Driver。NVIDIA 在其最新的 GPU 驱动中实现了对 OpenCL 1.1 的支持；AMD 推出了支持 OpenCL 2.0 的 AMD GPU 驱动程序；Intel 在 Intel Graphics Technology 运行时中实现了 OpenCL 2.1 的驱动程序；ARM Mali GPU 提供了 OpenCL 1.2、OpenCL 2.0、OpenCL 2.1 版本的驱动程序；高通在 Qualcomm Adreno GPU 上提供了 OpenCL 的驱动实现。

OpenGL 获得了主流的图像处理器厂商的支持，其对应于图 2-1 中驱动层的 GPU Driver。NVIDIA 在 GPU 驱动中实现了对 OpenGL 4.6 的支持；Intel 在其 Intel Graphics Controllers 中实现了 OpenGL 4.6 的驱动程序；ARM Mali GPU 中提供了 OpenGL ES 3.x 版本的驱动程序；高通在 Adreno GPU 中提供了 OpenGL ES 3.0 的驱动程序。

Vulkan 近年的发展大有超过 OpenGL 的趋势，主流的厂商也都提供了 Vulkan 的驱动程序支持，对应于图 2-1 中驱动层的 GPU Driver。NVIDIA 通过基于 Turing、Volta、Pascal、Maxwell（第一代和第二代）和 Kepler 的 GPU 在 NVIDIA GeForce 和 Quadro 显卡上提供了完整的支持 Vulkan 1.2 的驱动程序；Intel 在其 Intel Graphics Controllers 上提供了 Vulkan 1.2 的驱动程序；ARM Mali GPU 中实现了对 Vulkan 1.2 驱动程序的支持；高通提供了 Adreno SDK for Vulkan，在 Qualcomm Adreno GPU 上实现了对 Vulkan 1.2 的支持。

Metal 是苹果私有的框架，由苹果手机的 GPU 提供驱动程序，对应于图 2-1 中驱动层的 GPU Driver。苹果提供了对 GPU 的近乎直接的访问，并在 iOS、macOS 和 tvOS 上最大限度地发挥图形计算应用程序的潜力。

OpenCL、OpenGL、Vulkan 都是开放的标准，因此主流的传统 GPU 硬件加速器厂商都提供驱动程序支持。相比之下，NNVM/TVM 的 VTA 中的驱动程序支持厂商较少，当前主流的芯片厂商中只有 ARM 支持，ARM 的 Ethos-N 系列 NPU 芯片中提供了 NNVM/TVM 的驱动程序，对应于图 2-1 中驱动层的 NN ASIC Driver 部分。

驱动层位于操作系统内核部分，驱动程序一般由硬件加速器的厂商开发，与 AI 应用开发者并无直接关系，应用开发者只要了解如何配置自己的程序，使用目标终端的硬件加速器进行加速即可。

2.2.4 硬件层

硬件层通过芯片、传感器等为 AI 应用提供硬件计算能力和感知能力，是实现人工智能应用的基础支撑条件。

人工智能技术推动了传感器件的智能化发展，随着智能终端对环境感知交互能力要求的日渐提升，3D 智能摄像头、生物传感器（指纹传感器、虹膜传感器等）等各类智能传感器在移动终端上迅速普及，传感类元件逐渐向智能化方向转变，人机交互已从最初的按键输入、屏幕输出的单一方式转变成语音为主、图像视频（摄像头采集）为辅的多媒体、多模态人机交互模式。

本书聚焦于算法实现和应用开发过程，因此智能传感硬件的相关内容不再过多叙述，以下主要介绍为移动终端提供算力的最重要的硬件基础——AI 加速芯片。

1. 影响移动终端算力的因素

我们知道，移动终端主要执行推理过程，在推理领域，算力理论值取决于运算精度、乘积累加运算（Multiply Accumulate，MAC）的数量和运行频率。乘积累加运算是将乘法的乘积结果和累加器 A 的值相加，再存入累加器：

$$a \leftarrow a+b \times c$$

若没有使用 MAC 指令，则实现上述程序需要两条指令，但使用 MAC 指令时可以用一条指令完成。而许多运算（例如卷积运算、点积运算、矩阵运算、数字过滤器运算乃至多项式的求值运算等）都可以分解为数条 MAC 指令，因此可以提高上述运算的效率。例如，NVIDIA 的 A100 GPU 有 432 个三代 Tensor 核，每个核包含 512 个 MAC 运算单元（等同于 64 个双精度 MAC），运行频率为 1.41GHz，INT8 下算力为 432 × 512 × 2 × 1.41GHz= 624TOPS[㊀]。

算力理论值只是理论上芯片能够提供的最大算力值，在实际过程中，决定算力的重要因素还有内存（SRAM 和 DRAM）带宽、实际运行频率（与供电电压或温度有关）等。内存为什么会影响到实际算力？这就涉及 MAC 计算效率问题。如果算法或者卷积神经网络需要的算力是 1TOPS，而运算平台的算力是 4TOPS，那么利用效率只有 25%，运算单元大部分时间都在等待数据传送，这时存储带宽不足会严重限制性能。如果需要的算力超出平台的运算能力，延迟会大幅度增加，一样会面临存储瓶颈的问题。效率为 90% ～ 95% 时，存储瓶颈影响最小，然而平台不会只运算一种算法，运算利用效率很难稳定在 90% ～ 95%。这就是大部分人工智能算法公司都定制或自制计算平台的主要原因，计算平台厂家也需要推出与之配套的算法，软硬件一体化协作，以实现最好的运算能力。

AI 芯片的内存性能在不断进步，Google 第一代 TPU 的算力理论值为 90TOPS，最差真实值只有理论值的 1/9，也就是 10TOPS，因为第一代内存带宽仅有 34GB/s。而第二代 TPU 使用了高带宽（High Bandwidth Memory，HBM）内存，带宽提升到 600GB/s（单一芯片，TPU V2 板内存总带宽为 2400GB/s）。同时，也有一些用软件突破内存瓶颈的方法，比如修改指令集，让权重值快速加载，提高数据复用率，减少频繁读取等，例如华为曾经用过的寒武纪的 IP。但最简单有效的解决方法还是提高内存带宽。如何提高内存带宽呢？一是加大内存容量。二是缩短运算单元与存储器之间的物理距离，这种方法最为有效。物理距离最近的，存储器与运算单元可以集成在一个晶片里，线宽可能只有 1 ～ 2μm，但是存储器所占晶圆面积很大，工艺与运算单元也有较大差异，这样做会大幅度提高成本，因此大部分厂家的晶片内存容量都很小，也可以把存储器与运算单元制作在一个包里，目前台

㊀ TOPS 是 Tera Operations Per Second 的缩写，1TOPS 代表处理器每秒钟可进行一万亿次操作。

积电的晶圆级封装（Chip on Wafer on Substrate，CoWoS）工艺大约可以做到 55μm，这是目前主流厂家的选择，缩短距离不仅能提高存储带宽，还能降低内存功耗。三是使用 HBM。HBM 最早由 AMD 和 SK Hynix 提出，但是三星几乎垄断了 HBM 市场，目前已经发展出 HBM2，HBM2 最高有 12 颗 TSV 堆叠，带宽达 3.6TB/s，传统 DRAM 顶级的 GDDR6 带宽是 768GB/s。HBM 的缺点是价格高，很难应用到移动终端等消费类市场产品中，也缺乏应用场景，大多为数据中心所采用。使用 HBM 就意味着必须用台积电的 CoWoS 工艺，这样才能尽量缩短与运算单元的物理距离，最大限度地发挥 HBM 的性能。因此全球高性能 AI 芯片几乎都在台积电生产。

MAC 运算单元、运行频率和内存取决于芯片，因此人工智能芯片决定了移动终端硬件层的算力。

2. 人工智能芯片的分类

人工智能芯片也称为 AI 处理器，目前市场上对于 AI 芯片并无明确、统一的定义，广义上所有面向 AI 应用的芯片都可以称为 AI 芯片，而真正的 AI 芯片是针对 AI 算法进行了特殊设计的芯片，即专门用于处理人工智能应用中涉及的各类算法的加速计算模块（其他非加速计算任务仍由 CPU 负责）。从芯片架构、工作任务和应用场景等方面，可以对 AI 芯片进行不同的分类，首先，我们从芯片架构上看一下不同的芯片类型。

（1）CPU 芯片

从 CPU 内部结构（见图 2-2）可以看到，实质上仅单独的逻辑运算单元——ALU（Arithmetic & Logical Unit）模块是用来完成数据计算指令的，其他各个模块都是为了保证指令能串行有序执行。CPU 的用途是对多种应用进行低延迟处理。CPU 非常适合用于多功能任务，比如电子表格、文字处理、Web 应用等。这种通用性结构对于复杂串行计算和大量逻辑操作来说非常适合，但对于需要海量数据并行运算的深度学习计算需求而言，这种结构效率较低。

实际上，对神经网络计算来说，使用 CPU 也是可以的，应用中计算效果也没有问题，但是运行速度会很慢。

（2）GPU 芯片

GPU 就是专门用来处理图形的处理器。早期 GPU 是专为渲染图形而设计的，这个过程具体来说主要就是进行几何点位置和颜色的计算，这两者的计算在数学上都是使用四维向量和变换矩阵的乘法，这些计算往往非常耗时，使用 CPU 计算会占用大部分时间，而且 CPU 还要处理许多其他任务，在这种情况下，人们设计了 GPU，帮助 CPU 从这些繁重的图形计算中解脱出来。在 CPU 上只有约 20% 的晶体管是用作计算的，而在 GPU 上则有 80% 的晶体管用作计算。例如向量相加计算，CPU 循环对每一个分量做加法，而 GPU 通过并行线程对应各个分量同时相加，使计算的效率大幅提高。简而言之，通过高效的算术运算单元和简化的逻辑控制单元，GPU 把串行访问拆分成多个简单的并行访问同时运算。深度学习中的神经网络计算也具有这种分布式及局部独立的特性，例如一条神经网络中的链路跟另一条链路之间是同时进行计算的，而且相互之间没有依赖，这种情况下可以采用大量小核心同时运算的方式来加快运算速度，在数学上就是许多卷积运算和矩阵运算的组合（而卷积运算通过一定的数学手段也可以通过矩阵运算完成），这些操作和 GPU 做的那些图形点的矩阵运算是类似的。依靠通用灵活的强大海量并行运算能力，GPU 非常契合当前人工智能监督深度学习以及强化学习所需要的密集数据和并行计算处理需求，因此成为深度学习的主力。但 GPU 无法单独工作，必须由 CPU 进行控制，而且功耗较高。

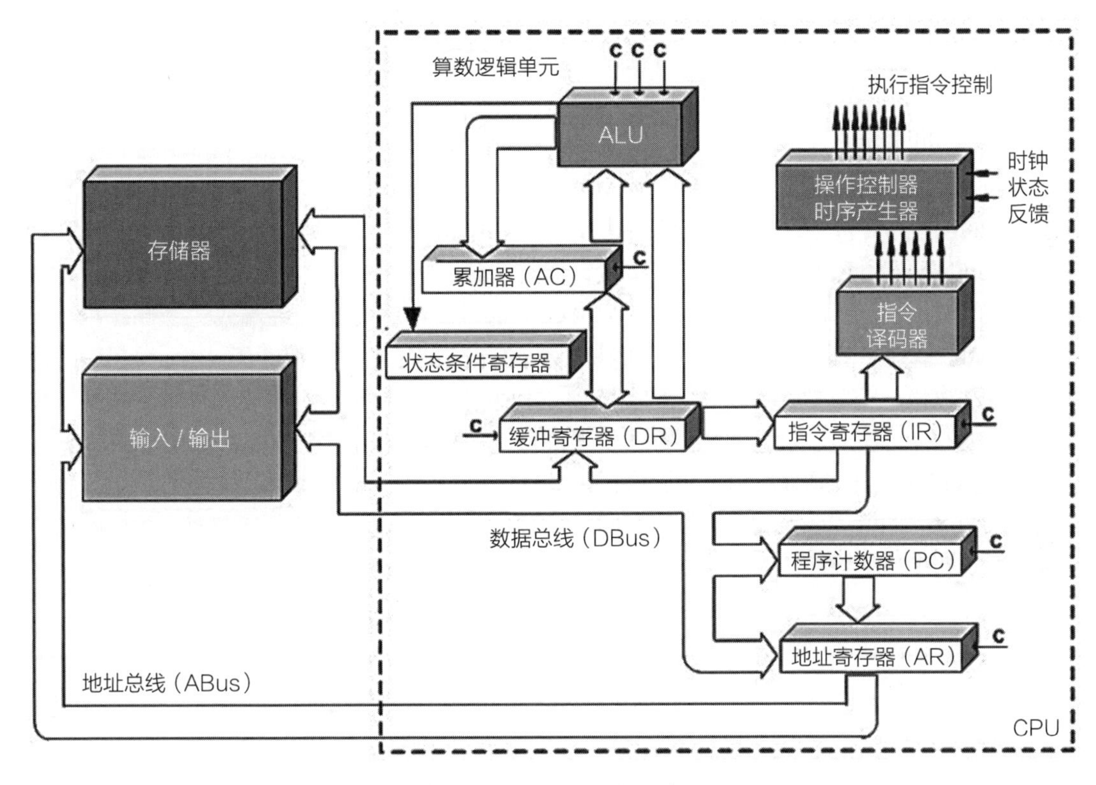

图 2-2 CPU 组成架构示意图

GPU 在深度学习领域的应用和 NVIDIA 的推动密不可分，这不仅来自硬件本身，早期，写出能高效运行于 GPU 的代码非常困难，想要驾驭 GPU 计算性能，研究人员要把相关运算植入图形 API，让显卡以为要处理的计算任务和游戏一样，即决定像素色彩的图像渲染计算，但直到 2007 年 NVIDIA 发布了 CUDA（Compute Unified Device Architecture）之后，这项工作才变得简单。CUDA 支持 C 语言环境的并行计算，使用者可以直接开始写基础的 CUDA 代码，一系列运算任务从此可以很容易地并行处理。CUDA 的诞生使得 GPU 运算在深度学习、自动驾驶以及其他 AI 领域开始迅速普及，NVIDIA GPU 因为提供了 CUDA 这样的通用并行编程语言而具有很强的编程性和灵活性，也因此受到青睐。

(3) FPGA 芯片

FPGA 即现场可编程门阵列，依靠电路级别的重构特性，加上灵活的可编程性，适用于开发周期较短的终端产品、数据预处理模块等。FPGA 适用于进行多指令、单数据流的分析，与 GPU 相反，因此常用于预测阶段，如云端。FPGA 是用硬件实现软件算法，因此在实现复杂算法方面有一定的难度，缺点是价格比较高，其优势为灵活性强，经常用作 ASIC 芯片的小批量替代品，近年来也在微软和百度等公司的数据中心大规模部署，以提供强大的计算力和足够的灵活性。FPGA 可以灵活支持各类深度学习的计算任务，从性能上说，对于大量的矩阵运算，GPU 远好于 FPGA，但是当处理小计算量大批次的计算时，FPGA 的性能要优于 GPU。FPGA 的可编程特性是关键，让软件与应用公司能够提供差异化的解决方案。

(4) ASIC 芯片

移动终端上的 AI 加速芯片通常是 ASIC 芯片，主要包括 CPU、GPU，还有为特定场景应用而定制的计算芯片，如 DSP、NPU 等。ASIC 是为实现特定场景应用要求而定制的，该类芯片灵活性相对较差，不能扩展，但在功耗、可靠性、体积方面都有优势，尤其适合低功耗的移动设备端，基于以上优势，ASIC 芯片更多的是用于终端或边缘侧。相对于 GPU，ASIC 能提供更好的能耗效率并实现更低的延时，此外，作为专用芯片，ASIC 的性能也高于 FPGA。但 ASIC 的缺点是需要大量的研发投入，如果不能保证出货量，其单颗成本难以下降，而且一旦生产，芯片的功能无法再更改，若市场需求改变，前期投入将无法回收，具有较大的市场风险。但 AI 终端的出货量大这一特点，使 ASIC 依靠特定优化和效能优势，在成本和能效要求极高的手机终端上大行其道。表 2-1 中给出了目前 ASIC 芯片的大致使用情况。

表 2-1　当前主要手机 ASIC 芯片方案

厂商	名称	芯片架构	性能
高通	骁龙 845	Hexagon 685 DSP+CPU+GPU	—
	骁龙 855	Hexagon 690 DSP+CPU+GPU	7TOPS，比上一代提升三倍
	骁龙 865	Kryo 585 CPU+Adreno 650 GPU+Hexagon 标量加速器 + 向量扩展内核（HVX）+ 张量加速器（HTA）+698 处理器	15 TOPS
苹果	A11	Neural Engine	0.6TOPS
	A12	Neural Engine	5TOPS
	A13	Neural Engine	在 A12 的基础上继续提升 3 ～ 5 倍，20TOPS

（续）

厂商	名称	芯片架构	性能
MTK	P60	APU	0.56TOPS
	P90	APU	2.25TOPS
华为	麒麟 970	NPU 1A	0.512TOPS
	麒麟 980	NPU 1H	5TOPS
	麒麟 990	Vinci Architecture NPU	15TOPS

从工作任务来看，人工智能芯片又可以分为训练芯片和推理芯片，训练的过程由于涉及巨大的数据量和复杂的深度神经网络运算，需要强大的硬件处理能力，对处理器的计算能力、精度、可扩展性要求很高，训练芯片有强大的单芯片计算能力，目前 GPU 芯片更适合用于训练，如 NVIDIA 的 GPU 集群，Google 的 TPU 2.0/3.0 也支持训练环节的深度神经网络运算加速。推理环节的数据量和计算量会少很多，但仍会涉及大量的矩阵运算，在推理环节，除了使用 CPU 或者 GPU 进行运算外，FPGA 和 ASIC 也常常得以应用。在移动终端，由于受到芯片体积、功耗、算力的限制，目前移动终端的神经网络芯片通常用于完成推理功能。移动终端的推理端对于硬件性能要求没有训练端高，一定范围的低精度运算可达到同等推理效果，但同时也要求模型训练精度达到较高水平。

从芯片的应用场景上看，AI 芯片主要分为用于云侧（服务器端）的和用于移动终端（移动端芯片方案见表 2-1）的两大类。在深度学习的训练阶段，由于数据量及运算量巨大，对芯片的性能提出了很高的要求，要支持尽可能多的网络结构以保证算法的正确率和泛化能力，还应该支持浮点运算，同时，单一处理器很难独立完成模型的训练过程。为了提升性能，通常在服务器端把多个芯片组成计算阵列以加速运算，这个过程通常在云侧服务器上完成。对于移动端的 AI 芯片来说，无论是普通智能手机运行 AI 应用还是自动驾驶等高实时性 AI 应用，AI 芯片算力的高性能、低延时、低成本是保障移动设备用户体验的要素，同时，算力和功耗之间的兼顾和优化也是移动终端手机 AI 芯片的重要考虑因素。

3. 用异构芯片和软硬件结合方案支撑移动终端 AI 算力需求

在 1.3.3 节中分析过，通过云数据中心在线处理手机端 AI 推理任务面临网络带宽延迟瓶颈的问题，会影响用户的使用体验。随着越来越多的 AI 应用开始在移动终端设备上开发和部署，要求 AI 终端具备足够的推理算力。除了计算性能方面的要求之外，功耗和成本也是对在终端工作的 AI 芯片的重要约束。在这种情况下，需要从全系统的角度考虑架构优化和功能实现。由于移动终端依靠电池驱动，续航能力严重受制于电池容量大小和电池能量密度，当今手机电池电容量普遍为 2000 ～ 5000mAh，有限的电量需要被分配到射频、音频、摄像、CPU、GPU、ISP 等诸多电子元器件中，用于支持信号接发、编解码、摄像头运行、图像处理 / 渲染等多类型任务，这对电子元器件功耗设计提出了极高的要求。所以，我们需要设计专用的 AI 加速运算单元并植入 SoC 中，在功耗可控的情况下实现高效地执行 AI 运算任务。目前市场上存在多种解决方案，如使用功耗较低的 DSP 作为 AI 处理单元，或在 SoC 中增加协处理器或专用加速单元来执行 AI 任务。因此，在 AI 移动终端中，智能手机 AI 芯片往往呈现为一个异构系统，集成了专门的 CPU、GPU、AI 处理器或其他数字信号及基带处理等模块，充分协同工作以达到最佳的运行效率。

智能手机作为目前应用最广泛的边缘计算设备，是人工智能巨头必争的产业焦点，苹果、高通、华为等手机芯片厂商都已推出适应手机 AI 应用的 ASIC 芯片。由于 AI 场景众多，与场景相适应的神经网络算法模型极其多样和繁复，仅靠芯片硬件性能的提升已无法满足所有算法的需要，需要采用软硬结合的解决方案，在已有芯片平台中加入 AI 软件开发包（SDK），实现对框架和模型的支持，在这样的背景下，各大厂家均通过软硬结合解决方案打造 AI 推理框架或引擎，建立各自的生态并聚集开发者。例如高通采用 SNPE 框架并以 Hexagon DSP 硬件加速（Hexagon 神经网络库在 SNPE 的下层，当 SNPE 需要在 DSP 上进行计算时，会通过 Hexagon 的库驱动高通的 DSP 进行运算）的 AI 方案调动骁龙处理器中的 CPU、GPU 和 DSP 处理器等模块，通过异构计算方式完成人工智能计算。该方案能够运行基于 Caffe/Caffe2 或者 TensorFlow 框架的神经网络模型，通过通用且灵活的软硬件协同架构，满足智能手机对于不同场景下 AI 应用的需求。

随着人工智能在边缘推理端的广泛应用，终端推理芯片的应用将越来越广泛。

2.3 小结

从整体上看，在移动终端上，通过框架层和驱动层调用底层的硬件资源来运行人工智能应用，应用软件、框架、人工智能芯片与整机系统在系统架构和层级接口上需要协同优化，才能更好地支持基于人工智能芯片的移动 AI 应用。移动终端通常采用 ASIC 芯片，移动终端推理框架需要在指令集层进行优化，才能使其工作效率更高、性能更好。当前，除了通用的移动推理框架，如 TensorFlow Lite、PyTorch Mobile、Paddle Lite 等，高通、华为、苹果等行业巨头也分别推出了各自的推理框架或 AI 加速引擎，如高通的 SNPE 引擎，华为的 HiAI Foundation、苹果的 Core ML 等。这些推理框架均具备上述软硬件结合的特点。第 4 章中将对这些框架具体进行介绍。

移动终端是 ASIC 芯片获得大规模应用的重要领域，因为目前只有这个领域才能撑起 AI 的专有应用。如何在目前各种 AI 加速硬件架构上提供足够好的编程性会是之后移动终端芯片设计的重点，例如发展人工智能芯片软件配套设施，打造包含硬件驱动、函数库、编译器等在内的软件开发工具包，形成对开发者友好易用的编译环境等。

参考文献

[1] 周彦武. 自动驾驶的算力（TOPS）谎言 [EB/OL]. 微信公众号：佐思汽车研究，

（2020-5-26）[2021-3-1]. https://mp.weixin.qq.com/s/EzCb50zACFJeusYQ8DByzA.

[2]　IDC，浪潮 . 2019—2020 中国人工智能计算力发展评估报告 [R/OL].（2019）[2021-3-1].https://aicconf.net/2019/.

[3]　赛迪顾问 . 2019—2021 年中国 AI 芯片市场预测与展望数据 [R]. 北京：中国电子信息产业发展研究院，2019.

Chapter 3 第3章

神经网络模型

神经网络模型是移动终端人工智能应用的“大脑”，决定了应用的推理逻辑。在深度神经网络（DNN）兴起和发展的二十多年里出现了很多种神经网络模型，这些模型有不同的层级数量、过滤器形状（如过滤尺寸、过滤器和通道的数量）、层级类型以及连接方式，所适用的任务也有很大不同，分别适用于完成图像分类、目标检测或其他人工智能应用任务。神经网络模型是整个移动终端人工智能技术的重要部分，正确地理解和使用深度神经网络模型对提高 AI 移动终端运行特定应用的效率至关重要。本章先简单向读者介绍什么是神经网络模型，然后进一步介绍神经网络模型的构成以及特点，最后列举几种经典且适合运行在移动终端上的神经网络模型。

3.1 神经网络模型概述

3.1.1 神经网络算法

在介绍神经网络算法之前，先让我们看一看人类的大脑是如何工作的。1981 年的诺贝尔医学奖颁发给了 David Hubel、Torsten Wiesel 以及 Roger Sperry。前两位的主要贡献是发现了人的视觉系统的信息处理是分级的。图 3-1 展示了人脑的视觉处理系统。

人眼捕获的图像信息从视网膜（Retina）出发，经过初级的 V1 区提取简单特征，到 V2、V3、V4 区域将简单特征组合成较为复杂的纹理与图案，最后到更高层的下额叶皮层进行分类判断等。也就是说高层的特征是低层特征的组合，从低层到高层的特征表达越来越抽象和概念化，即越来越能表现语义或者意图。这个发现激发了人们对神经系统的进一步思考。

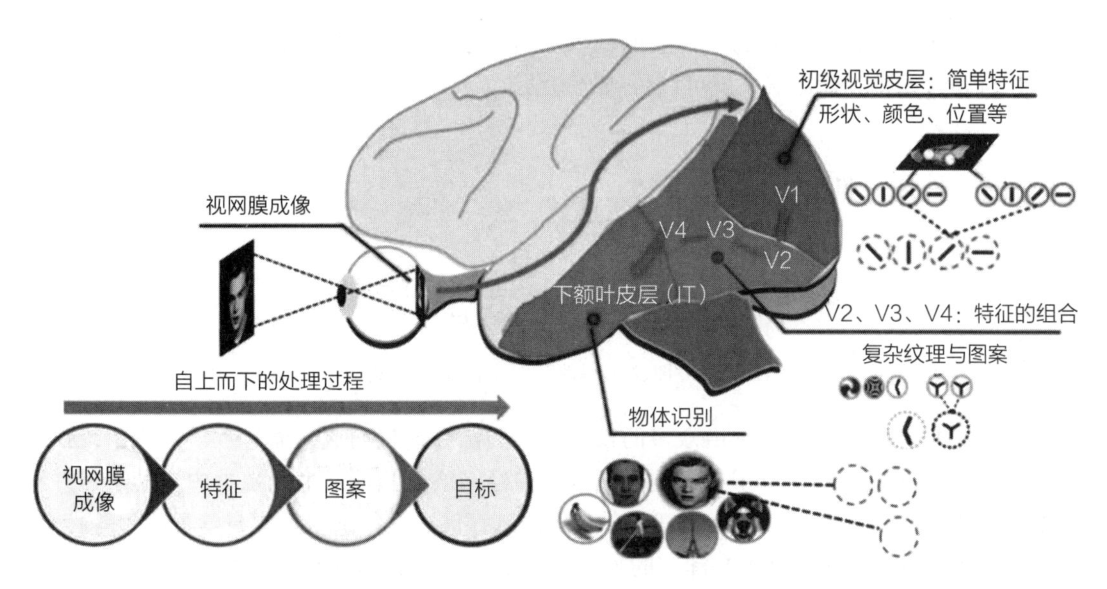

图 3-1 人脑的视觉处理系统

经科学家进一步研究发现，大脑的工作或许是一个不断迭代、不断抽象概念化的过程，如图 3-2 所示。例如，从原始信号摄入开始（瞳孔摄入像素），接着做初步处理（大脑皮层某些细胞发现边缘和方向），然后抽象（大脑判定眼前物体的形状，比如是椭圆形的），再然后进一步抽象（大脑进一步判定该物体是一张人脸），最后识别眼前的这个人是谁。这个过程其实和我们的常识是相吻合的，因为复杂的图形往往就是由一些基本结构组合而成的。同时我们还可以看出，大脑是一个深度架构，认知过程也是深度的。

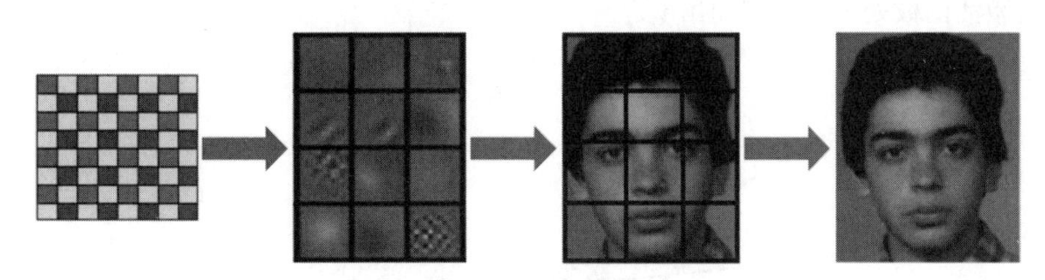

图 3-2 视觉的分层处理结构

大脑处理信息的基本单元是神经元。如图 3-3 所示，左侧就是一个神经元的模型，包括很多不同的输入以及一个轴突来处理这些输入，最终得到一个输出。这个对应到人工神经网络也是一样的，它会有多个输入，然后经过一些变换得到输出。受人脑处理逻辑的启发，科学家希望通过算法模拟人脑认知的过程。目前人脑的变换函数具体是怎样的还不清楚，最初科学家只能通过一组加权参数加上一个激活函数来模拟人脑。人脑是通过这种神经网络的网络状结构处理信息的，因此在人工神经网络结构中也是通过这样的一种多层结构来实现神经元的连接。如图 3-3 的右图所示，每一个圆圈都代表一个神经元，多个输入，一个输出，上一层的输出作为下一层的输入。通过这个多层结构的神经网络，输入数据从输入层到隐含层再到输出层，就可以得到处理结果。

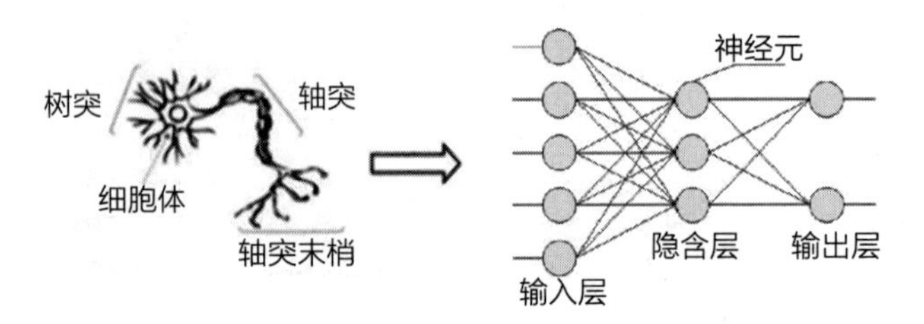

图 3-3　神经元和神经网络模型处理过程

这就是神经网络算法，它由众多的权重可调的函数连接而成，通过数学或概率统计方法处理诸如图像识别、语音识别等逻辑问题。神经网络算法能从大量数据中自动学习并不断提高准确性，具有大规模并行处理、分布式信息存储、良好的自组织自学习能力等特点。关于它的更多知识，可以参考郑泽宇的《TensorFlow：实战 Google 深度学习框架》一书。

3.1.2　神经网络模型的构成

随着技术的发展，神经网络的结构越来越复杂，能处理的逻辑也越来越多，比如不同的神经网络模型能处理图像分类、目标检测、图像分割、关键点检测、图像生成、场景文字识别、度量学习、视频分类和动作定位等多种任务。

受到生物神经元的启发，1943 年，美国数学逻辑学家沃尔特・皮茨和心理学家沃伦・麦克洛克提出了人工神经元结构，如图 3-4 所示。输入的数据 X_1，X_2，…，X_n 经过加权和偏置后，由激活函数处理后得到输出 y_k。

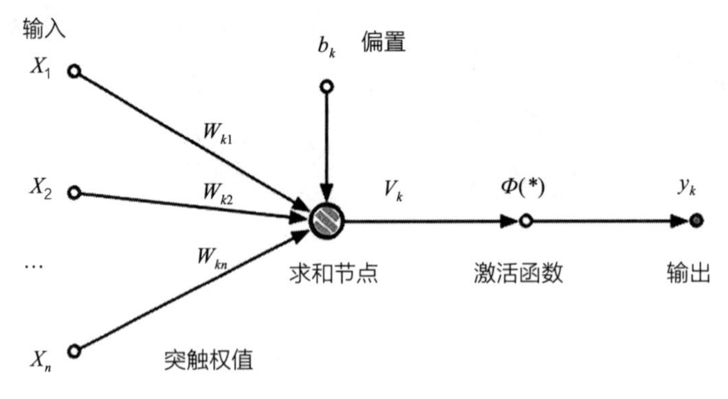

图 3-4　人工神经元示意图

后来的神经网络模型都以这个人工神经元的概念为基础进行演化和发展，慢慢形成了现在的各种结构，但从总体上说，神经网络模型都具备一定的网络结构、算子、参数和标签。

1. 结构

现在的神经网络模型大多采用分层结构，包含输入层、隐含层和输出层。其中，输入层用于数据的输入，输出层用于推理结果的输出，隐含层则是神经网络中的合成层，介于输入层（即特征）和输出层（即预测）之间。神经网络包含一个或多个隐含层。图3-5是一个含有隐含层的神经网络，隐含层的数量和节点越多，在非线性的激活函数下，神经网络就可以学习更深层次的特征。

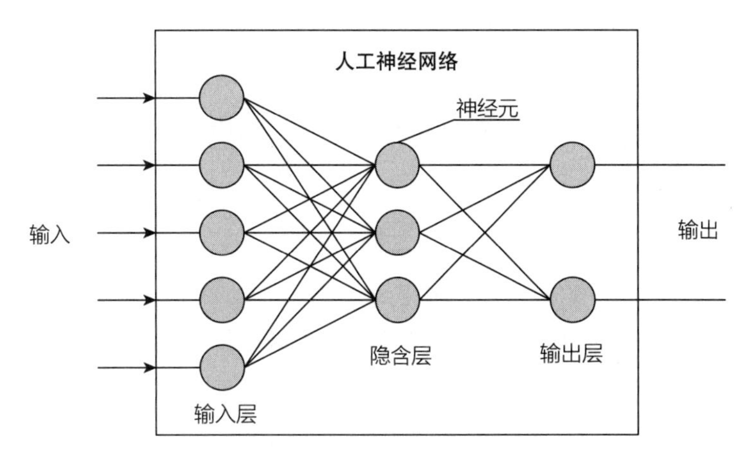

图3-5 神经网络模型层次结构

2. 算子

神经网络模型中各层每个节点的操作都是一个算子，也叫作函数。这些算子是神经网络的核心单元，用于将上一层的输出数据作为输入，计算后输出到下一层节点。算子的种类非常多，总的来说分为激活函数、计算类算子、归一化函数、特征提取函数、防过拟合算子、损失函数等。

- 激活函数

  激活函数能对上一层的所有输入求加权和，然后生成一个输出值（通常为非线性值），并将其传递给下一层，目标是为神经网络引入非线性。典型的激活函数包括ReLU、Sigmoid等。

- 计算类算子

  计算类算子用于张量计算。张量是人工智能计算使用的主要数据结构，最常见的是标量、向量或矩阵。计算类算子包括张量间的加、减、乘、除，BiasAdd，矩阵乘等多种运算。

- 归一化函数

  归一化函数用于将不同表征的数据归约到相同的尺度内，来进一步获得高频特征。主要的归一化函数包括BatchNorm、LRN等。

- 特征提取函数

  特征提取函数能提取待检测目标部分或全部的特征值，用于神经网络模型的训练和推理，主要的特征提取函数包括 Convolution、FullConnection、Correlation 和 DeConvolution 等。

- 防过拟合算子

  防过拟合算子用于神经网络模型的训练和推理，主要的防过拟合算子包括 Pooling、Mean、ROIPooling 等。

3. 参数

参数是指机器学习系统自行训练的模型变量。权重和偏置就是神经网络模型中的重要参数。假设输入为 X_1，X_2，…，X_n，输出为 Y，则函数 Y 为

$$Y=\sum_{i=0}^{n}W_iX_i+b_i$$

则权重为 W，偏置为 b，它们的值是机器学习系统通过连续的训练迭代逐渐学习到的。神经网络模型在训练过程中通过不断修改权重和偏置来减小损失函数值，最终达到训练效果。训练完成后，这些参数将被保存到神经网络模型中用于推理计算。

4. 标签

标签用于神经网络模型的训练和推理，表示神经网络模型可推理的范围。严格意义上，标签不属于神经网络模型本身的组成部分，主要用于配合进行结果的判断，通常是一个单独的文件。比如一个用于图像分类模型的标签文件的内容可能包括猫、狗、树木等不同物品及其对应的编号，而用于目标分类模型的标签文件可能还包括具体物品在图片中所处的区域参数。一般情况下，神经网络模型的输出为一个编号，这就需要通过标签文件的编号来匹配最终的推理结果。

3.1.3 获取移动终端神经网络模型

获取一个移动终端使用的神经网络模型通常需要两个步骤。首先使用深度学习框架在高性能 PC 或服务器上训练生成一个网络模型，然后使用推理框架的模型转换工具将训练好的模型转换为移动端支持的格式。下面我们来详细了解一下整个过程。

1. 神经网络的训练

深度学习框架主要使用梯度下降技术来训练神经网络模型。梯度下降技术是一种通过计算并且减小梯度，以将损失降至最低的技术，它以训练数据为条件来计算损失相对于模型参数的梯度。通常梯度下降法以迭代方式调整参数，逐渐找到权重和偏置的最佳组合，从而将损失降至最低。

开发人员使用深度学习框架的 API 将各种算子按照神经网络算法的结构进行搭建，组成神经网络模型的基本结构，然后选择合适的优化器和损失函数（loss function）。

- 优化器

  优化器是梯度下降法的一种具体实现，不同的优化器可能会利用一种或多种方法来增强梯度下降法在指定训练集中的效果。神经网络的目标是针对参数权重 W 和偏置 b 来求其损失函数的最小值。为了求解最优的权重 W 和偏置 b，我们可以重复梯度下降法的迭代步骤。

- 损失函数

  损失函数也叫作代价函数（cost function），是神经网络优化的目标函数，表示预测值与目标值之间的差距，主要用于神经网络模型的训练，神经网络训练或者优化的过程就是最小化损失函数的过程（损失函数值小了，对应的预测结果和真实结果的值就越接近）。

完成上述工作后，开发者首先初始化相关参数，然后就可以批量将训练数据输入神经网络模型进行训练了。深度学习框架会将输入数据（图像）从输入层经由隐含层传到输出层，不断通过特征提取函数提取输入的特征并通过激活函数向下层传递。在这一过程中还会利用归一化函数、防过拟合算子和其他算子修正特征值，最终得到一个推理结果。之后深度学习框架会使用反向传播算法对比期望输出结果与实际输出结果之间的差异，将此次误差反向从输出层传送到隐含层，直至传到输入层，进行传播计算，分摊给模型中的各个神经元，依次修正每个神经元的权重参数。这一计算过程将反复进行，在梯度下降法的控制下让神经网络模型不断修正自身参数并提高准确率，最后得到一个预期的神经网络模型。这个神经网络模型包含能最优处理问题的权重参数，可以用来对采集的数据进行计算和判断。此时将神经网络模型的结构和参数绑定在一起，就获得了一个训练好的神经网络模型。

由于训练一个神经网络模型的成本很高，一般开发者很难自己进行训练，因此各种框架厂商会在其官方网站上提供很多训练好的神经网络模型供开发者直接下载和使用，通常我们将这些训练好的模型称为预训练模型，除了模型文件本身外，还包括用于推理的标签文件，它们能满足大多数使用场景的需求。但当遇到网络上提供的预训练模型无法满足的特殊需求时，开发人员还是需要使用深度学习框架自己训练一个神经网络模型。

2. 神经网络模型的优化

由于移动终端上的计算和存储资源有限，因此需要对前面训练好的神经网络模型进行优化，得到更加小巧、快速的模型，同时在准确性和速度之间达到平衡。优化神经网络模型的方法有很多，这里主要介绍知识蒸馏和模型结构搜索技术。

- 知识蒸馏

  知识蒸馏是近几年出现的新型模型压缩方法，其理论基础是迁移学习，通过采用预先训练好的复杂模型作为“教师”，训练一个简单“学生”模型。“学生”模型的监督信号就是“教师”模型最后一层（通常是 softmax 层）的输出值。形象地看，我们也可以认为任何深度神经网络的训练都是对数据的拟合过程，复杂的网络成功实现了数据的拟合，但是网络中存在大量冗余，于是我们可以使用一个较小的网络结构去拟合这个复杂的网络，这个过程和化学中的蒸馏过程十分相近，所以称为知识蒸馏。

也许你会产生疑问：如果简单的网络可以对数据进行拟合，那么为什么不直接使用简单的网络训练？事实上，直接用简单网络训练是难以得到理想的训练结果的。以分类场景为例，数据集中的每个类别都会被编码为一个网络学习的标签，尝试用一个简单网络去逼近这些标签是十分困难的，这属于“硬标签”。而复杂的网络在这样的情况下更加容易收敛。我们通过复杂网络的最后一层输出作为简单网络的训练信号，实际上就是对标签的“软化”。简单网络实际上是在拟合复杂网络而不是直接对数据集进行学习，整个学习过程示意图如图 3-6 所示。

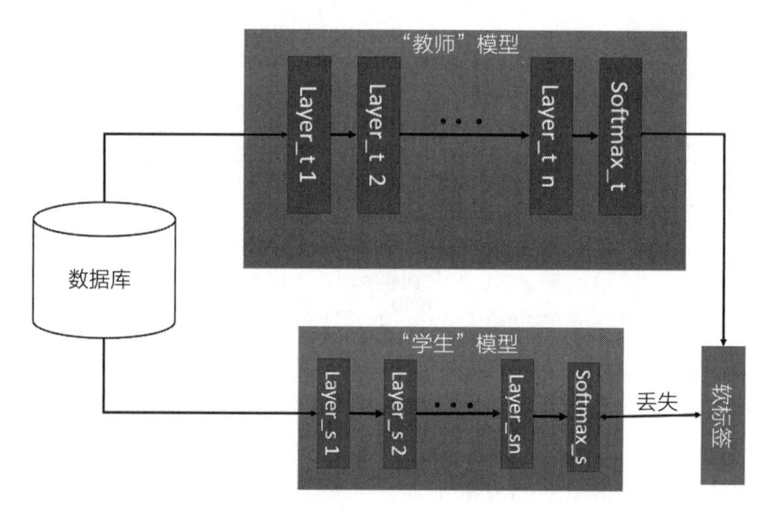

图 3-6　知识蒸馏示意图

❑ 模型结构搜索技术

目前神经网络模型结构仍然非常依赖行业专家面向任务对模型结构进行设计。这样的一个过程相当漫长，并且对工程师的要求很高，网络结构模型搜索技术能将模型设计过程转变成自动化构建网络模型的过程，不仅降低了设计网络模型的门槛，还能构建出更符合要求的模型，比如更适合在移动终端硬件环境中运行的模型。

模型结构搜索技术采用特定的搜索策略，从搜索空间中选择满足性能要求以及各种约束的网络模型，其主要包括三个方面：搜索空间、搜索策略以及评价策略。其中搜索空间定义了可获取的模型结构集合，搜索策略根据需求从搜索空间中选择网络模型结构，网络模型的评价策略则是对选择的网络模型进行评价，提供反馈，用于更新模型的搜索策略。

- 搜索空间

搜索空间定义了可选择的网络模型各个模块的范围，将无限的搜索空间约束到有限离散空间，使得网络模型结构的搜索成为现实。此外，限制搜索空间中的各个结构模块更适配于目标的硬件设备，可以起到加速模型的作用。常见的网络架构为：

- 链式结构

  可以看作 n 层模型的链式集合。该结构相对直观，并且定义简单。可定义的参数包括模型层数（深度）以及每一层可选择的操作类型，包括卷积、池化等。

- 多分支的网络结构

  在模型结构中引入跳层连接，构建更复杂、多分支的结构。每一层的输出不再仅仅是后一层的输入，也有可能作为之后某几层的输入。

- 元架构

  元架构（meta-architecture）是当前一种更为常见的结构，在元架构的每一层预定义各种可选用的块（block）的任意组合，每个块包含一些组合的卷积池化操作，引入残差模块等。定义一个超网结构（supernet）涵盖元架构和所有预定义的块，将搜索空间用一个超网结构的形式表达出来。利用预定义块的方法引入先验知识，在提高搜索获取的网络模型的效果的同时显著减小了搜索空间的大小。

● 搜索策略

搜索策略用于从搜索空间中选出不同的网络模型。网络模型的评价策略则可以对搜索得到的网络模型工作效果进行评价，反馈更新搜索策略。当前也有许多不同的搜索策略：

- 随机搜索

  随机搜索（random search）同等概率地选择每一层的各个块（block），组合获取对应的网络结构，再利用定义的评价策略评价获取的网络结构。在整个搜索过程中，所有网络结构都有同样的概率被选择，具有最高评价结果的几个模型被保留。

  随机搜索方案原理简单，但搜索结果不稳定，常用在其他搜索策略的开始阶段以获取若干初始模型。

- 强化学习

  强化学习（RL）方案引入代理人模型选择行为（action），根据行为获取对应的模型结构。利用评价策略对选择的模型效果的评价来更新代理人模型，引导代理人逐步选择具有较高评价的模型结构。代理人模型可以采用 RNN 结构、Q-Learning 算法、DDPG 算法等。基于 RL 的搜索策略通常搜索速度较快，并且可以根据代理人模型的选择获取 Pareto Front，解决多约束下的网络结构搜索问题。

- 基于梯度的优化方法

  研究者尝试将搜索时在超网结构中每一层离散的选择单个块的过程视作一个结构分布采样的问题。引入超参数来表示超网中各个结构的分布，并在训练过程中逐步优化结构的分布。在训练完成后根据结构的分布概率采样，获取的网络结构即为搜索到的目标网络模型。基于梯度的优化方法具有理论支持，但无法获取结构的最优解集（pareto front），并且搜索获取的结构并不一定满足多个约束条件的要求，需要对定义的损失函数进行修改。

❍ 进化算法

进化算法（EA）是一种常用的多目标约束算法，如图 3-7 所示。与随机搜索不同，该算法利用前代种群结构的信息交叉和变异地选择子代种群结构。因此，定义的交叉和变异方法能否充分探索整体结构空间，决定了该算法的工作效果。在网络结构搜索中常用的进化算法为 NSGA II 算法，该算法利用了非占优排序、拥挤度筛选、父代精英保留的策略，逐代筛选并保存满足约束要求，工作效果较好的网络模型个体。最终利用搜索到的网络模型结构绘制最优解集，供用户选择要使用的模型。

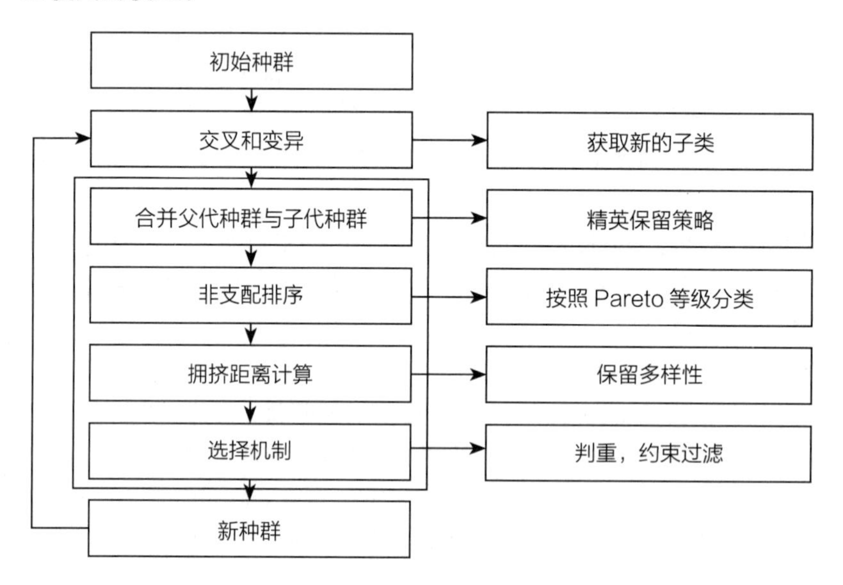

图 3-7　进化算法流程示意图

● 评价策略

网络模型的评价策略用于对搜索得到的网络模型进行评价，该过程较为耗时。该评价策略并不追求准确地衡量该网络模型实际的准确率，而是准确地衡量出各个网络模型彼此之间准确率的相对关系。利用该相对准确率的排序关系辅助搜索策略选择具有最佳准确率的网络结构。

❍ 完全训练

一种最简单直接的网络模型评价方法，是在搜索策略获取网络结构之后，完全训练获取的网络结构，并在验证集上验证该网络的工作效果，根据模型结构的效果去更新搜索策略。从头开始完全训练模型结构耗时久，计算力要求高，并不具有实用价值。

- 代理数据集训练

为了减少计算时间，研究人员尝试使用代理数据集训练选择的模型网络。与直接在整体训练数据集上完成训练相比，使用代理数据集减少了训练次数，降低了计算时间要求，模型也可以获取初步的训练。但选择的代理数据集如何完整地反映出整体训练数据集的特点，保证搜索获取的网络结构具有代表性还需要进一步探索。

- 学习曲线推测

根据选择的网络结构分布，基于结构的超参数构建模型准确度的预测网络。在搜索策略获取网络模型之后，不经过训练以及推断，而是利用预测网络实现当前网络模型效果的推测。预测网络模型的训练需要初始数据集，包括网络模型以及对应的模型准确率。常与代理数据集训练方法结合使用。

- 权重共享训练策略

单独训练每一个子结构耗时较久，并且丢弃了之前训练的信息。研究人员尝试在超网结构中采样获取子结构后，保持超网结构中与采样的子结构对应的参数在训练过程中同步更新。权重共享的方法大大减少了网络结构搜索需要的计算资源，是现在的一个热门研究方向，但对于该策略对每一个子结构效果带来的影响，目前还没有很好的理论解释。

3. 神经网络模型的转换

在移动终端上部署的模型和通过深度学习框架训练的模型不同，当开发人员获得一个深度学习框架的模型后，还需要通过端侧推理框架提供的模型转换工具对模型进行转换，之后才能用于移动 AI 应用的开发。开发人员在使用深度学习框架模型时，首先要考虑移动终端推理框架是否支持该模型的转换。不同的移动终端推理框架能转换的深度学习训练框架模型不同，具体如表 3-1 所示。

表 3-1　移动终端推理框架模型转换支持情况

移动终端推理框架	支持转换的深度学习训练框架模型
TensorFlow Lite	TensorFlow
PyTorch Mobile	PyTorch、ONNX
Paddle Lite	Caffe、TensorFlow、ONNX
VCAP	TensorFlow、Caffe、PyTorch
SNPE	TensorFlow、Caffe、Caffe 2、ONNX
HiAI	TensorFlow、Caffe
Core ML	Caffe、Keras API、TensorFlow1、TensorFlow2

在选择神经网络模型时还需要注意，移动终端的软硬件配置不同，一般轻量级的神经网络模型（指结构相对简单且占用存储空间较小的模型，比如MobileNet、ShuffleNet）等更适合部署在移动终端上处理人工智能任务。本书第4章还将详细介绍具体的转换方法。

3.2 典型神经网络模型介绍

本节将根据不同的应用场景向大家分别介绍不同的神经网络模型，其中会重点介绍几种常见的图像处理类神经网络模型。

3.2.1 图像分类

图像分类属于图像处理类人工智能技术。图像分类应用能分辨一张图中显示的是否是某类物体，通常适用于识别图片中的主体或者图片表示的一个具体场景。用于图像分类的神经网络能根据每张图片各自在图像信息中所反映的不同特征把不同类别的目标区分开来。这是目前人工智能领域应用最广泛的技术，主要用于图片内容检索、制造业分拣或质检以及医疗诊断等工作中。

用于实现图像分类应用的神经网络非常多，如AlexNet、VGG19、GoogLeNet、MobileNet[⊖]等。早期神经网络模型的算法深度非常深，而且网络参数量大，导致模型体积庞大且运算速度缓慢。随着技术的发展以及算法结构的不断优化，参数量不断减小，已经有很多模型兼具准确率高、体积小、计算量小和计算快速的特点，这些高效的模型非常适合部署在智能手机上。下面主要介绍两种非常流行的可以用于移动终端的图像分类神经网络——MobileNet和Inception，并简要了解一下其他模型。

1. MobileNet

MobileNet的目的是训练小而高效的神经网络模型，用于图像分类。它可以在基本不影响准确率的前提下大大减少参数数量和计算时间，在计算资源有限的平台上做出及时的反应。MobileNet为移动和嵌入式视觉应用提出了一种有效的解决方案，适用于机器人、自动驾驶、增强现实等应用场景。从命名中就能看出其设计思想，就是能够在移动端使用的网络模型。

MobileNet的网络结构非常简单，只有28层。其网络结构如表3-2所示（表中共有30层网络，其中Avg Pool和Softmax不计算在内）。

⊖ MobileNet出自Google团队在2017年IEEE国际计算机视觉与模式识别会议（CVPR）上发表的一篇论文，论文标题为“MobileNets: Efficient Convolutional Neural Networks for Mobile Vision Applications”。

表 3-2　MobileNet 结构参数

类型 / 步长	过滤器尺寸	输入尺寸
Conv / s2	3 × 3 × 3 × 32	224 × 224 × 3
Conv dw / s1	3 × 3 × 32 dw	112 × 112 × 32
Conv / s1	1 × 1 × 32 × 64	112 × 112 × 32
Conv dw / s2	3 × 3 × 64 dw	112 × 112 × 64
Conv / s1	1 × 1 × 64 × 128	56 × 56 × 64
Conv dw / s1	3 × 3 × 128 dw	56 × 56 × 128
Conv / s1	1 × 1 × 128 × 128	56 × 56 × 128
Conv dw / s2	3 × 3 × 128 dw	56 × 56 × 128
Conv / s1	1 × 1 × 128 × 256	28 × 28 × 128
Conv dw / s1	3 × 3 × 256 dw	28 × 28 × 256
Conv / s1	1 × 1 × 256 × 256	28 × 28 × 256
Conv dw / s2	3 × 3 × 256 dw	28 × 28 × 256
Conv / s1	1 × 1 × 256 × 512	14 × 14 × 256
5 × Conv dw / s1	3 × 3 × 512 dw	14 × 14 × 512
5 × Conv / s1	1 × 1 × 512 × 512	14 × 14 × 512
Conv dw / s2	3 × 3 × 512 dw	14 × 14 × 512
Conv / s1	1 × 1 × 512 × 1024	7 × 7 × 512
Conv dw / s2	3 × 3 × 1024 dw	7 × 7 × 1024
Conv / s1	1 × 1 × 1024 × 1024	7 × 7 × 1024
Avg Pool / s1	Pool 7 × 7	7 × 7 × 1024
FC / s1	1024 × 1000	1 × 1 × 1024
Softmax / s1	Classifier	1 × 1 × 1000

MobileNet 的核心创新点是使用深度可分离卷积（depthwise separable convolution）替代传统卷积，以达到减少参数数量，提升运算速度的目的。深度可分离卷积实质上是将标准卷积分成了两步：深度卷积（depthwise convolution）和逐点卷积（pointwise convolution）。深度卷积是对每个输入通道单独使用一个卷积核（见图 3-8b）处理。逐点卷积是对深度卷积计算出的结果进行 1 × 1 的卷积运算（见图 3-8c），将深度卷积的输出组合起来。通过图 3-8 和图 3-9 可以看到传统深度卷积与可分离卷积的区别，其中图 3-8 显示在逻辑结构上使用深度可分离卷积取代了标准卷积，图 3-9 显示了在算法层面上使用深度可分离卷积取代了标准卷积。

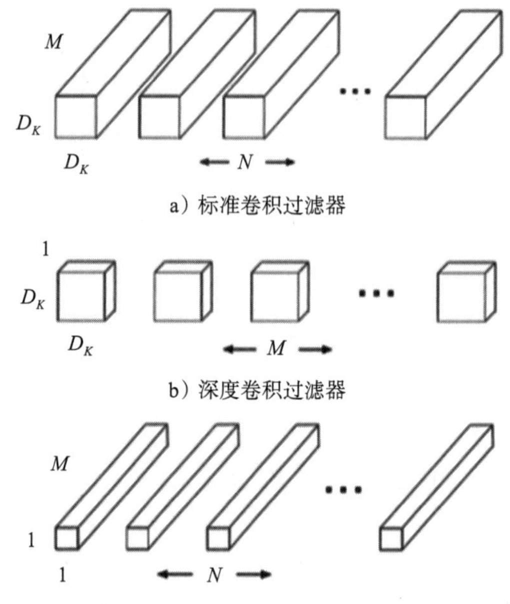

a）标准卷积过滤器

b）深度卷积过滤器

c）深度可分离卷积中的逐点卷积过滤器

图 3-8　标准卷积过滤器与深度可分离卷积过滤器的结构对比

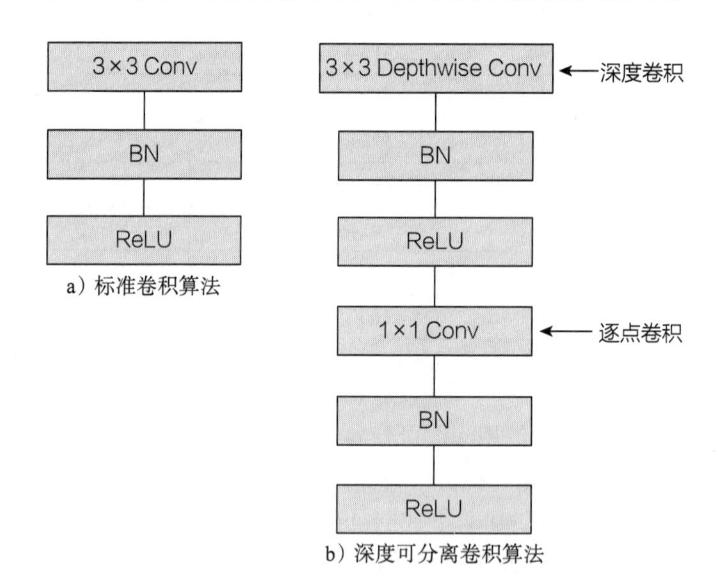

a）标准卷积算法

b）深度可分离卷积算法

图 3-9　标准卷积算法与深度可分离卷积算法的结构对比

这种分解方式的整体效果和一个标准卷积差不多，但极大地减少了计算量和模型的大小。我们假设输入特征图的大小为 $D_F \times D_F \times M$，而输出的特征图大小为 $D_F \times D_F \times N$。其中 D_F 为输入的宽和高，M 是输入的通道数。输出特征图的宽和高与输入相同，N 是输出的通道数，则当使用卷积核为 $D_K \times D_K$ 的标准卷积时，计算量为 $D_K \times D_K \times M \times N \times D_F \times D_F$。

而对于同样使用卷积核为 $D_K \times D_K$ 的深度卷积时，计算量为 $D_K \times D_K \times M \times D_F \times D_F$；同时其后续的逐点卷积计算量为 $M \times N \times D_F \times D_F$。所以经过上述两个操作后的深度可分离卷积的计算量为 $D_K \times D_K \times M \times D_F \times D_F + M \times N \times D_F \times D_F$，则深度可分离卷积计算量比标准卷积计算量可得如下公式：

$$\frac{D_K \times D_K \times M \times D_F \times D_F + M \times N \times D_F \times D_F}{D_K \times D_K \times M \times N \times D_F \times D_F} = \frac{1}{N} + \frac{1}{D_K^2}$$

所以 MobileNet 使用的卷积核大小 $D_K = 3$ 时，根据上面的公式，深度可分离卷积的计算量大约是普通卷积计算量的 1/9 ～ 1/8。

尽管基础 MobileNet 体系结构已经很小且延迟很低，但许多时候，特定用例或应用程序可能要求模型变得更小、更快。为了构造这些体积和计算量更小的模型，MobileNet 还引入了宽度乘子（width multiplier）和分辨率乘子（resolution multiplier）两个收缩超参数（shrinking hyperparameter）。

宽度乘子 α 的作用是在每层均匀地削薄网络。对于给定的层和宽度乘子 α，输入通道的数量 M 变为 αM，输出的通道数量 N 变为 αN。此时深度可分离卷积的计算量公式就变为

$$D_K \times D_K \times \alpha M \times D_F \times D_F + \alpha M \times \alpha N \times D_F \times D_F$$

α 的典型设置为 1，0.75，0.5 和 0.25。当 $\alpha=1$ 时我们得到一个标准的 MobileNet 模型，当 $\alpha<1$ 时则得到一个缩小的 MobileNet 模型。

分辨率乘子 ρ 是用于降低神经网络计算成本的第二个超参数。我们可以将其应用于输入图像的分辨率，此时深度可分离卷积的计算量公式进一步变为

$$D_K \times D_K \times \alpha M \times \rho D_F \times \rho D_F + \alpha M \times \alpha N \times \rho D_F \times \rho D_F$$

在实践中，我们通过设置输入分辨率隐式地设置 ρ。通常设网络的输入分辨率为 224，192，160 或 128。当 $\rho = 1$ 时我们得到一个标准 MobileNet 模型，当 $\rho<1$ 时则得到一个缩小的 MobileNet 模型。

通过精简的模型结构和收缩超参数的控制，MobileNet 在不损失精度的前提下极大地缩小了计算量和处理时间，效果如表 3-3 所示。

表 3-3　MobileNet 模型与主流模型运行效果的对比

模型	ImageNet 准确率	Mult-Adds（百万）	参数（百万）
1.0 MobileNet-244	70.6%	569	4.2
GoogleNet	69.8%	1550	6.8
VGG16	71.5%	15300	138

2. Inception

在卷积神经网络发展的前期阶段，各种算法模型（比如 AlexNet 和 VGG-Net）是通过

堆叠卷积层增加网络深度的方式来获得更好的效果，但这样会增加参数数量，容易出现过拟合问题，还会影响运行速度。而 Inception 架构通过拓展神经网络宽度的方式构建更优良的网络结构，这样做不仅提升了模型准确率，还有效地减小了模型的体积，这使得 Inception 神经网络模型成为非常优秀的图像分类模型，也非常适合在移动终端上运行。Inception 系列神经网络模型包括 Inception v1、Inception v2、Inception v3、Inception v4 和 Inception-ResNet 等。

（1）Inception v1

Inception v1 模型结构首先在论文“ Going deeper with convolutions”中提出，它对网络中的传统卷积层进行了修改，用于增加网络深度和宽度，提高深度神经网络性能。在 ImageNet 的计算机视觉竞赛 ILSVRC 2014（ImageNet Large Scale Visual Recognition Challenge）上，使用 Inception 结构的 GoogLeNet 模型取得了最好的成绩，如图 3-10 所示。

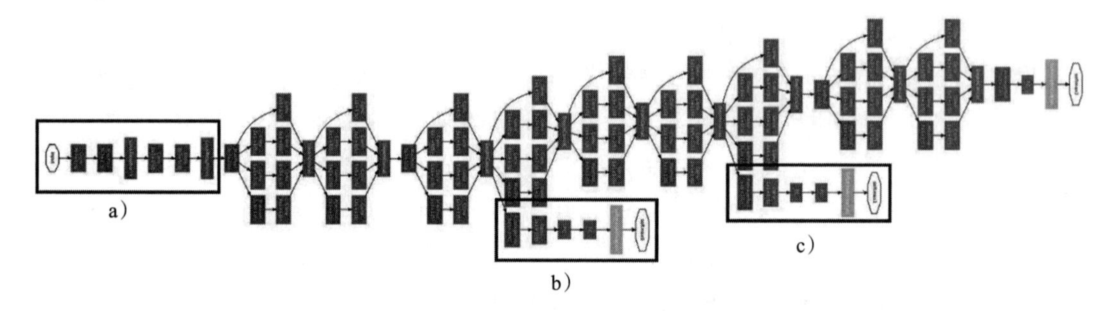

图 3-10　使用 Inception 结构的 GoogLeNet 模型

其中 a 框是 stem，包含一些初始卷积。之后线性堆叠了 9 个 Inception 模块，共有 22 层（包括池化层的话是 27 层）。该模型在最后一个 Inception 模块处使用全局平均池化。b 框和 c 框是用于解决梯度消失问题的辅助分类器，只是用于训练，在推理过程中并不使用。

设计 Inception 的初衷是解决在一张图片中信息位置的巨大差异导致的难以为卷积操作选择合适的卷积核大小的问题。在一张图片中，图像信息特征突出部分的大小和位置差别很大，特征分布面积占比更大的图像更适合使用较大的卷积核，相反，特征分布面积占比较小的图像偏好较小的卷积核。所以，当神经网络模型中使用单一尺寸的卷积核时就无法很好地“照顾”各种不同的图片。Inception 的作者试图在同一层上运行多个尺寸的卷积核当作过滤器，这就出现了最初的 Inception 结构，它使用 3 个不同大小的过滤器（1×1、3×3、5×5）对输入执行卷积操作，此外，它还会执行最大池化操作。所有子层的输出最后都会被级联起来，并传送至下一个 Inception 模块，如图 3-11a 所示。

在此基础上，在 3×3 和 5×5 卷积层之前添加额外的 1×1 卷积层来限制输入信道的数量。通过减少输入信道的数量，最终降低了整个网络结构的计算成本，如图 3-11b 所示。

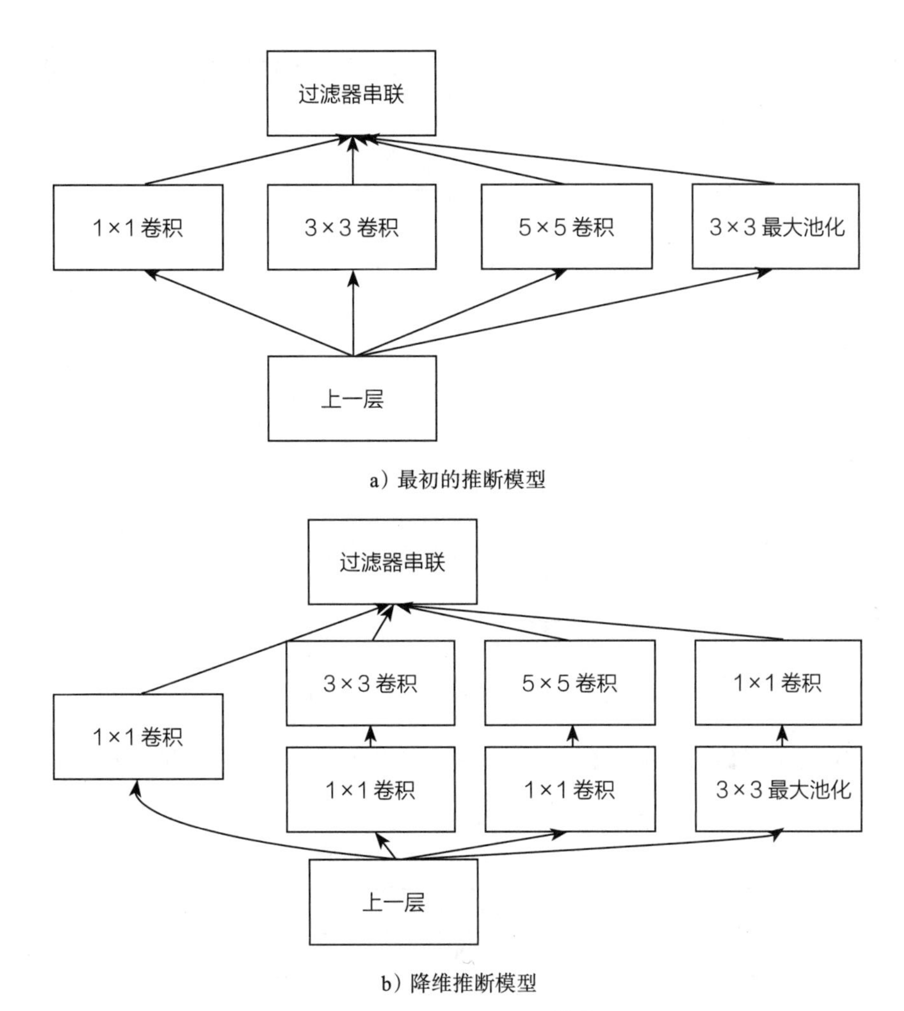

a）最初的推断模型

b）降维推断模型

图3-11 Inception v1模块

（2）Inception v2和Inception v3

Inception v2和Inception v3来自同一篇论文，即“Rethinking the Inception Architecture for Computer Vision”，目的是通过适当地分解卷积以及积极的正则化修改Inception v1的结构，最大限度地增加准确度，减少计算复杂度。

论文中演进了3种Inception v2结构，如图3-12所示。

a）图3-12a中，将5×5的卷积运算分解为两个3×3的卷积运算以提升计算速度。一个5×5的卷积在计算成本上是一个3×3的卷积的2.78倍。

b）图3-12b中，将$n \times n$的卷积核尺寸分解为$1 \times n$和$n \times 1$两个卷积。例如，一个3×3的卷积等价于首先执行一个1×3的卷积，再执行一个3×1的卷积。这种方法在成本上要比单独计算3×3的卷积低33%。

c）图 3-12c 中为扩展过滤器组以突破表征性瓶颈。如果该模块没有被拓展宽度，而是变得更深，那么维度会减少过多，造成信息损失。

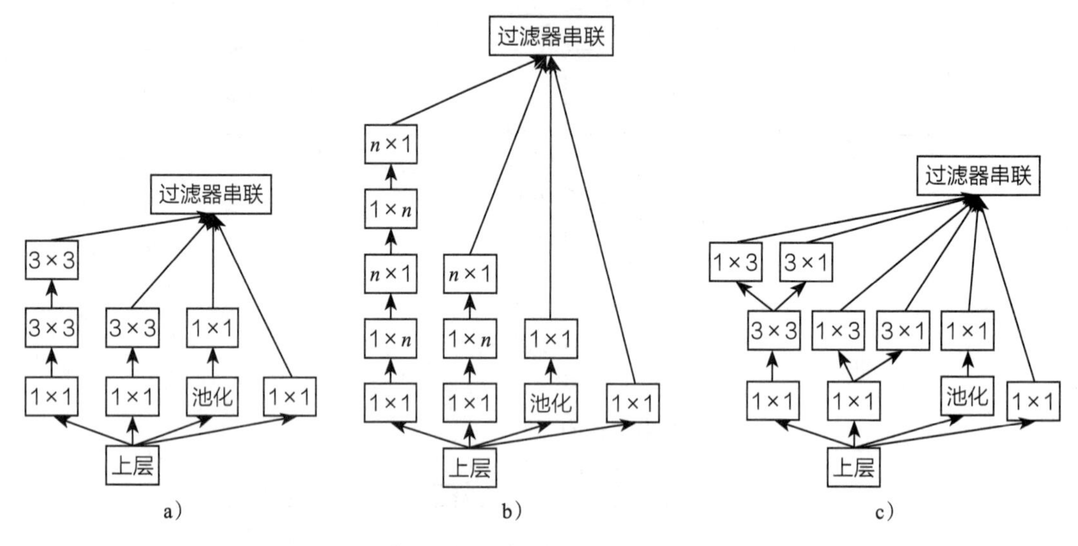

图 3-12　3 种 Inception v2 结构

Inception v2 的具体结构和参数如表 3-4 所示，其中 a、b、c 分别代表图 3-12 中的三种结构。

表 3-4　Inception v2 结构参数

类型	块区大小 / 步长	输入尺寸
conv	3 × 3 / 2	299 × 299 × 3
conv	3 × 3 / 1	149 × 149 × 32
conv padded	3 × 3 / 1	147 × 147 × 32
pool	3 × 3 / 2	147 × 147 × 64
conv	3 × 3 / 1	73 × 73 × 64
conv	3 × 3 / 2	71 × 71 × 80
conv	3 × 3 / 1	35 × 35 × 192
3 × Inception	结构 a	35 × 35 × 288
5 × Inception	结构 b	17 × 17 × 768
2 × Inception	结构 c	8 × 8 × 1280
pool	8 × 8	8 × 8 × 2048
linear	logits	1 × 1 × 2048
softmax	classifier	1 × 1 × 1000

论文中认为辅助分类器直到训练过程快结束时才有较多贡献，那时准确率接近饱和，而辅助分类器的功能是正则化，尤其是当它们具备 BatchNorm 或 Dropout 操作时，所以在 Inception v2 的基础上添加了如下内容，形成了 Inception v3：

- RMSProp（Root Mean Square Prop）优化器，采用了一种用于神经网络的优化算法，能优化损失函数在更新中摆动幅度过大的问题，加快函数的收敛速度。
- Factorized 7 × 7 卷积。
- 辅助分类器使用了 BatchNorm。
- 标签平滑（添加到损失函数的一种正则化项，旨在阻止网络对某一类别过分自信，即阻止过拟合）。

对比其他神经网络模型在 ILSVRC 2012 上的表现，Inception v3 在准确性上得到了提升，如表 3-5 所示，其中，准确性通过错误率反映，错误率越低，准确性越高。

表 3-5　Inception v3 错误率对比

神经网络	剪裁评估	Top-5 错误率	Top-1 错误率
GoogLeNet	10	—	9.15%
GoogLeNet	144	—	7.89%
VGG	—	24.4%	6.8%
BN-Inception	144	22%	5.82%
PReLU	10	24.27%	7.38%
PReLU	—	21.59%	5.71%
Inception-v3	12	19.47%	4.48%
Inception-v3	144	18.77%	4.2%

（3）Inception v4 和 Inception-ResNet

Inception v4 和 Inception-ResNet 在论文“Inception-v4，Inception-ResNet and the Impact of Residual Connections on Learning”（https://arxiv.org/pdf/1602.07261.pdf）中有介绍。

该论文的作者认为 Inception 架构可以用很低的计算成本达到很高的性能。为了进一步提升性能，他们将 Inception 架构和残差连接进行了结合。引入残差连接传统网络架构中曾在 ILSVRC 2015 挑战赛中获得当时的最佳结果。研究者通过实验证实了结合残差连接可以显著加速 Inception 的训练，还展示了多种新型残差和非残差 Inception 网络的简化架构。这些变体显著提高了在 ILSVRC 2012 分类任务挑战赛上的单帧识别性能。此外，该论文中还展示了适当的激活值缩放如何稳定非常宽的残差 Inception 网络的训练过程。通过三个 Inception-ResNet-v2 残差网络和一个 Inception v4 网络集成，这个模型在 ImageNet 分类挑战赛的测试集上取得了 3.08% 的 Top-5 错误率。详细情况可以查阅论文。

3. 其他图像分类神经网络模型

下面简单介绍一些其他用于图像分类的神经网络模型。

（1）AlexNet

AlexNet 使用了 8 层神经网络，其中有 5 个卷积层，2 个全连接隐含层，以及 1 个全连接输出层。AlexNet 以很大的优势在 ImageNet 2012 图像识别挑战赛中胜出，取得了 Top-1 准确率为 56.72%、Top-5 准确率为 84.7% 的成绩。它首次在卷积神经网络中成功应用了 ReLU、Dropout 和 LRN，并使用 GPU 进行运算加速，首次证明了学习到的特征可以超越手工设计的特征，从而一举打破计算机视觉研究的现状。

（2）VGG19

VGG19 模型是在 AlexNet 的基础上使用 3 × 3 小卷积核，增加了网络深度，具有很好的泛化能力，Top-1 准确率为 72.56%，Top-5 准确率为 90.93%。

（3）GoogLeNet

GoogLeNet 在不增加计算负载的前提下增加了网络的深度和宽度，Top-1 准确率为 70.70%，Top-5 准确率为 89.66%。

（4）ResNet50

ResNet50 是残差网络，引入了新的残差结构，解决了随着网络加深，准确率下降的问题，Top-1 准确率为 76.5%，Top-5 准确率为 93%。

（5）ResNet200_vd

ResNet200_vd 网络融合多种对 ResNet 的改进策略，其 Top-1 准确率达到 80.93%，Top-5 准确率为 95.33%。

（6）MobileNetV2

MobileNetV2 对 MobileNet 结构进行了微调，Top-1 准确率达到 72.15%，Top-5 准确率达到 90.65%。

（7）SENet154_vd

SENet154_vd 在 ResNeXt 的基础上加入了 SE（Sequeeze-and-Excitation）模块，提高了识别准确率，在 ILSVRC 2017 的分类项目中取得了第一名，Top-1 准确率达到 81.40%，Top-5 准确率达到 95.48%。

（8）ShuffleNetV2

ShuffleNetV2 是一个轻量级卷积神经网络，在速度和准确度之间做了很好的平衡。在同等复杂度下，ShuffleNetV2 比 ShuffleNet 和 MobileNetV2 更准确，更适合移动端以及无人车领域，Top-1 准确率达到 70.03%，Top-5 准确率达到 89.17%。

（9）efficientNet

efficientNet 模型同时对模型的分辨率、通道数和深度进行缩放，用极少的参数就可以达到 SOTA 的精度，Top-1 准确率达到 77.38%，Top-5 准确率达到 93.31%。

（10）xception71

xception71 是对 Inception v3 的改进，用深度可分离卷积代替普通卷积，降低参数量的同时提高了准确率，Top-1 和 Top-5 的准确率分别为 81.11% 和 95.45%。

（11）dpn107

dpn107 融合了 densenet 和 resnext 的特点，Top-1 和 Top-5 的准确率分别为 80.89% 和 95.32%。

（12）mobilenetV3_small_x1_0

mobilenetV3_small_ × 1_0 在 MobileNetV2 的基础上增加了 se 模块，并且使用 hard-swish 激活函数。在分类、检测、分割等视觉任务上都有不错表现，Top-1 和 Top-5 的准确率分别为 67.46% 和 87.12%。

（13）DarkNet53

DarkNet53 网络是检测框架 YOLOv3 使用的模型，在分类和检测任务上都有不错的表现，Top-1 和 Top-5 的准确率分别为 78.04% 和 94.05%。

（14）DenseNet161

DenseNet161 提出了密集连接的网络结构，更加有利于信息流的传递，Top-1 和 Top-5 的准确率分别达到了 78.57% 和 94.14%。

（15）ResNeXt152_vd_64x4d

ResNeXt152_vd_64 × 4d 提出了 cardinaNity 的概念，用于作为模型复杂度的另外一个度量，并依据该概念有效地提升了模型精度，Top-1 和 Top-5 的准确率分别为 81.08% 和 95.34%。

（16）SqueezeNet1_1

SqueezeNet1_1 提出了新的网络架构 Fire Module，通过减少参数来进行模型压缩，Top-1 和 Top-5 的准确率分别为 60.08% 和 81.85%。

3.2.2　目标检测

目标检测，也称为目标提取，是一种基于目标几何和统计特征的图像分割技术，能识别图中每个物体的位置、名称。适合用于有多个主体或要识别位置及数量的场景，如视频监控、工业质检和医疗诊断等领域。

1. SSD

SSD 网络出自发表于 2016 年 ICCV 的一篇论文“ Single Shot MultiBox Detector”，是目前主要的目标检测算法。

SSD 算法是在 YOLO 的基础上改进的单阶段方法（目标检测可以分为单阶段方法和双阶段方法）。它基于一个前向传播卷积神经网络，最主要的优点是能在兼顾速度的同时确保高精度，而且由于采用了 END-TO-END 的训练方式，即使处理分辨率比较低的图片，分类结果也很准确。

SSD 网络结构分为 4 个部分：基础网络 + 附加特征层 + 预测 + 非极大值抑制，如图 3-13 所示。

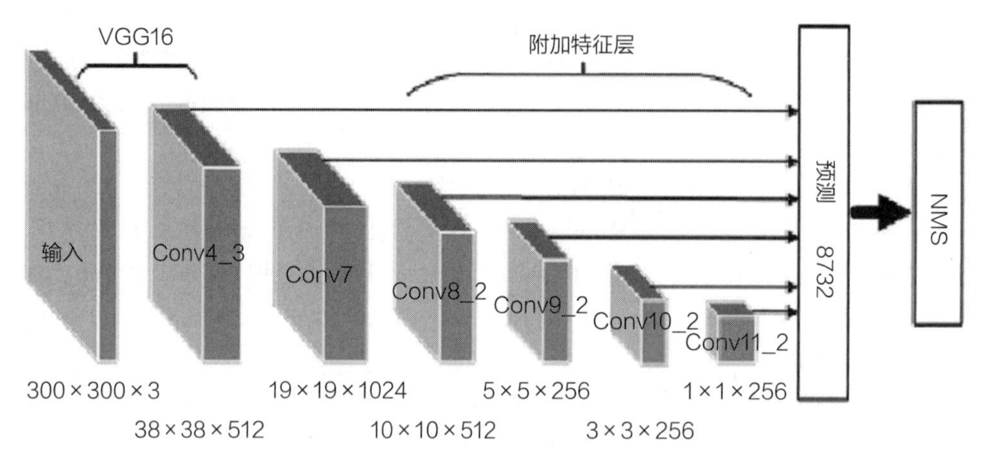

图 3-13 SSD 结构图

其中，基础网络是 VGG-16 的前 4 层网络，主要选取其中的 Conv4_3 作为第一个特征层用于目标检测，并将 VGG16 中的 FC7 改成了卷积层 Conv7。

附加特征层是在 VGG-16 基础网络上添加的特征图逐渐变小的特征提取层，分别为 Conv8_2、Conv9_2、Conv10_2、Conv11_2 层。它们和 VGG 中的 Conv4_3、Conv7 共同组成了 6 层的金字塔网络。金字塔网络是 SSD 的设计核心，能通过不同尺度的特征图来预测目标分类与位置，进而提高检测精度。对于每一层特征图，SSD 网络会对每个像素点预测多个边界框，如图 3-14 所示（假设每个像素点预测 4 个边界框），然后使用不同尺寸边界框的特征进行预测，这样模拟了类似人眼从远到近观察事物的特点，较大尺寸的特征图适合于对较大物体的预测，而较小尺寸的特征图适合于对较小物体的预测。

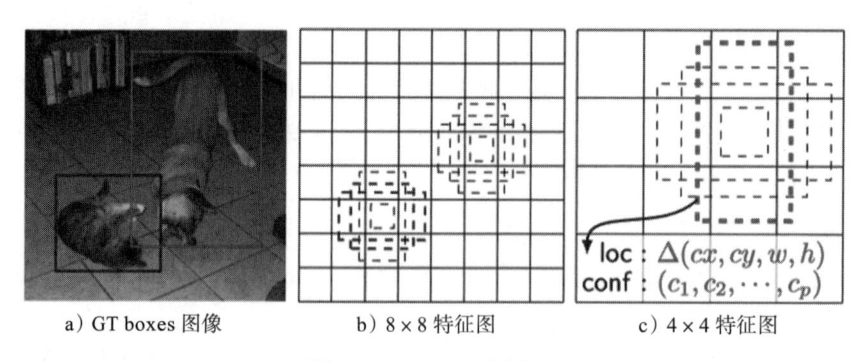

图 3-14 SSD 网络原理

预测层（detection layer）需要对边界框中目标的类别进行预测，同时还需要对边界框的实际位置进行预测。预测层分成 cls 分支和 loc 分支，每个分支中包含 6 个（因为有 6 个特征层）卷积层 conv，conv 的输出尺寸和输入尺寸相同。cls 分支预测每个边界框所有分类的得分；loc 分支预测 4 个对于边界框的位置偏移量。以 SSD300 网络为例，最终可以得到 8732 个边界框的预测结果。

非极大值抑制（Non-Maximum Suppression，NMS）将根据设置的置信度阈值对预测层输出的预测结果进行排序和筛选，删除不符合要求的边界框，保留与真实结果匹配度较高的预测结果。

上面四层完成了 SSD 网络的整个检测流程。在训练过程中 SSD 网络使用多框损失函数（MultiBoxLoss）优化网络。多框损失函数包括类别损失和位置损失两个部分。

下式中，N 是通过 NMS 匹配到真实结果的边界框数量；$L_{conf}(x, c)$ 为类别损失，是典型的 softmax 损失；$L_{loc}(x, l, g)$ 为位置损失，是采用 Smooth L1 的回归损失；α 参数用于调整类别损失和位置损失之间的比例，默认 α=1。

$$L(x,c,l,g)=\frac{1}{N}(L_{conf}(x,c)+\alpha L_{loc}(x,l,g))$$

此外，SSD 网络的训练过程中还使用了数据加强、匹配策略（matching strategy）、难分样本挖掘（hard negative mining）等技术提高准确率。最终 SSD 网络在性能上取得了进步，表 3-6 中展示了 SSD 网络在 PASCAL VOC2012 数据集上同其他模型的对比数据。

表 3-6　SSD 网络运行结果

模型	数据	mAP	人	猫	植物	汽车	TV	瓶子
Fast	07++12	68.4	72	89.3	35.1	71.6	64.2	38.7
Faster	07++12	70.4	79.6	88.5	40.1	75.9	61.5	49.8
Faster	07++12+COCO	75.9	84.1	91.3	52.2	82	70.2	59.6
YOLO	07++12	57.9	63.5	81.4	28.9	55.9	50.8	22.7
SSD300	07++12	72.4	79.4	89.2	45.9	76.1	67.5	46.2
SSD300	07++12+COCO	77.5	84.3	92	52.6	82.8	74.2	53.6
SSD512	07++12	74.9	83.3	90	50.2	81.5	72	52.6
SSD512	07++12+COCO	80.0	86.8	93.5	57.2	85.5	75.9	60.8

2. 其他目标检测神经网络模型

下面简单介绍一些其他用于目标检测的神经网络模型。

（1）Faster-RCNN

Faster-RCNN 创造性地采用卷积网络自行产生建议框，并且和目标检测网络共享卷积网络，建议框数目减少，质量提高。性能方面基于 ResNet 50 网络的均值平均准确率 mAP 可达 36.7%。

（2）Mask-RCNN

Mask-RCNN 在 Faster R-CNN 模型的基础上添加用于预测对象掩码的分支，得到掩码结果，实现了掩码和类别预测关系的解耦，可得到像素级别的检测结果。在性能方面，基于 ResNet 50 网络的均值平均准确率 mAP 可达 31.4%。

（3）RetinaNet

RetinaNet 由主干网络、FPN 结构和两个分别用于检测框位置回归和预测物体类别的子网络组成。在训练过程中使用 Focal Loss 解决了传统一阶段检测器存在前景、背景类别不平衡的问题，进一步提高了一阶段检测器的精度。在性能方面，基于 ResNet 50 网络的均值平均准确率 mAP 可达 36.7%。

（4）YOLOv3

YOLOv3 是速度和精度均衡的实时目标检测网络，在图片大小为 320 × 320 的情况下，YOLOv3 以 28.2 mAP 的速度在 22ms 内运行，与 SSD 一样准确，但速度快了 3 倍。在 Titan X 上处理图像时，YOLOv3 在 51ms 内达到 57.9 AP_{50}，而 RetinaNet 在 198ms 内达到 57.5 AP_{50}，性能相似，但 YOLOv3 的速度快了 3.8 倍。

（5）PyramidBox

PyramidBox 模型是百度自主研发的人脸检测模型，利用上下文信息解决人脸检测问题，网络表达能力高，鲁棒性强。目标检测性能评估指标均值平均准确率 mAP 在低、中、高三个难度的数据集上可以取得 96.0%/ 94.8%/ 88.8% 的结果。

（6）Cascade R-CNN

Cascade R-CNN 在 Faster R-CNN 框架下，通过级联多个检测器，在训练过程中选取不同的 IoU 阈值，逐步提高目标定位的精度，从而获取优异的检测性能。在性能方面，基于 ResNet 50 网络的均值平均准确率 mAP 可达 40.9%。

（7）FaceBoxes

FaceBoxes 是经典的人脸检测网络，被称为“高精度 CPU 实时人脸检测器”。网络中使用 CReLU、density_prior_box 等组件，使得模型的精度和速度得到平衡与提升。相比于 PyramidBox，FaceBoxes 的预测与计算速度更快，模型更小，精度也保持高水平。目标检测性能评估指标均值平均准确率 mAP 在低、中、高三个难度的数据集上可以取得 89.8%/87.2%/75.2% 的结果。

3.2.3 图像分割

图像分割也称为图像语义分割（image semantic segmentation)，融合了传统的图像分割和目标识别两个任务，能在图像中精确定位物体的轮廓，为每个像素分配一个语义标签的任务，如在照片中产生景深效果，进行手机视频分割等。语义图像分割比其他视觉实体识别任务（例如图像分类或边框检测）有更严格的定位精度要求。

DeepLab 系列模型

DeepLab 是 Google 公司优秀的图像语义分割模型，其目标是将语义标签（如人、狗、猫等）分配给输入图像的每个像素。经过多年的发展，目前 DeepLab 系列模型包括了 4 个版本：DeepLab v1，DeepLab v2，DeepLab v3，DeepLab v3+。

（1）DeepLab v1

DeepLab v1 模型于 2014 年的论文“Semantic image segmentation with deep convolutional nets and fully connected CRFs”中被提出，该模型结合了深度卷积神经网络（DCNN）和完全连接的条件随机场（DenseCRF）。DCNN 适合做图像级别的分类任务，但做语义分割时精准度不够，例如姿态估计、语义分割等。根本原因在于 DCNN 的高级特征的平移不变性（即高层次特征映射）。DeepLab 解决这一问题的方法是将 DCNN 层的响应和完全连接的条件随机场（CRF）结合，如图 3-15 所示。

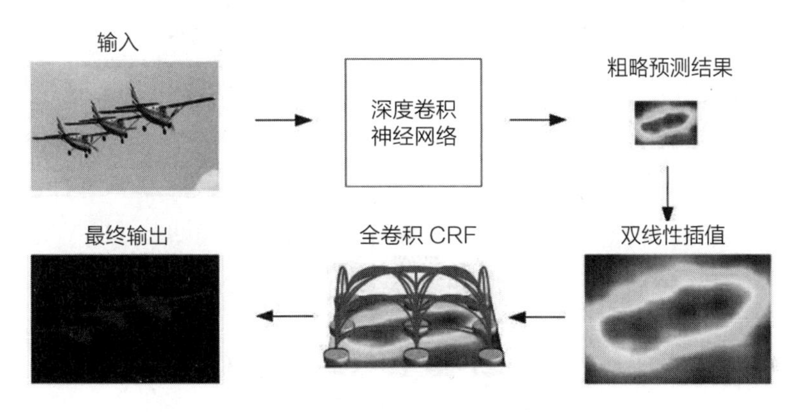

图 3-15　DeepLab v1 处理效果

DeepLab v1 利用 DCNN 对图像进行特征提取。它对 VGG-16 模型进行了调整，如图 3-16 所示，将其转为一个可以有效提取特征的语义分割系统。具体来说，先将 VGG-16 的全连接层转为卷积层，模型转变为全卷积的方式。为了控制视野域，同时减少计算量，对于 VGG 中的第一个全连接卷积层（fully connected convolution layer），即 7 × 7 的卷积层使用 3 × 3 或 4 × 4 的卷积来替代。把最后两个池化层（pool4、pool5）的步长由 2 改成 1，保证了特征的分辨率。将后两个最大池化（max pooling）后的普通卷积层改为使用空洞卷积，扩大感受野，缩小步幅。

空洞卷积是 DeepLab v1 的一大创新，可通过扩大输入核元素之间的输入步长（input stride）增大卷积核的感受野，使输入从高尺寸向低尺寸映射时获得更大面积的特征映射。应用空洞卷积，在增加感受野的同时不降低特征图的分辨率，使语义分割任务进度得到提高，如图 3-17 所示。

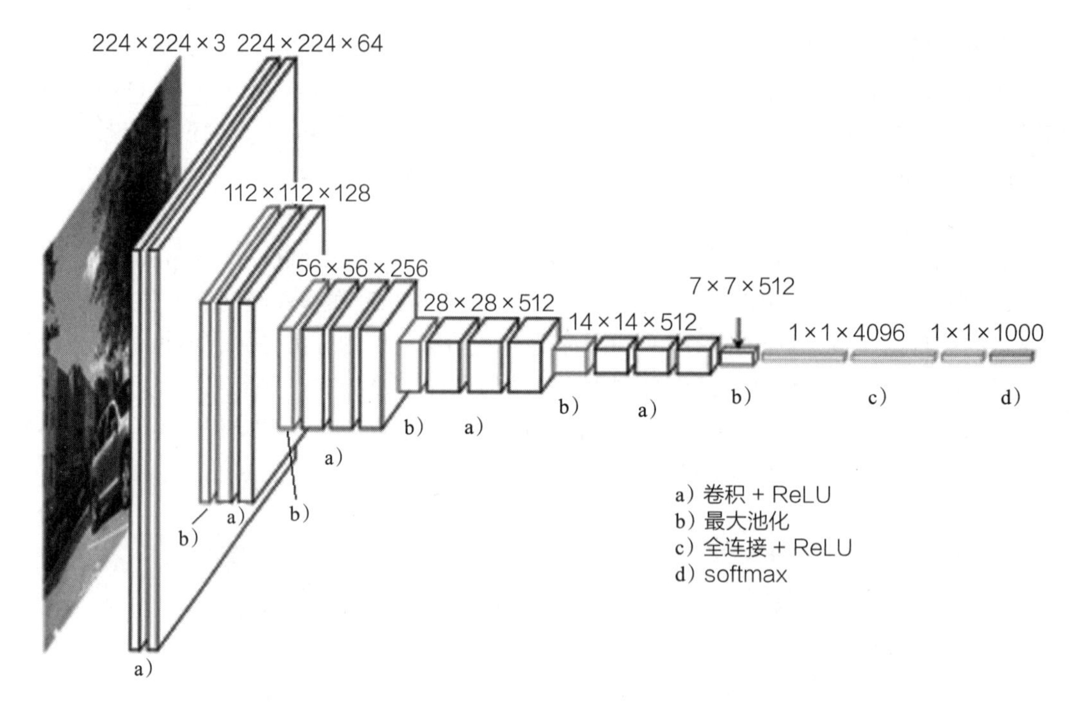

图 3-16 VGG-16 网络结构

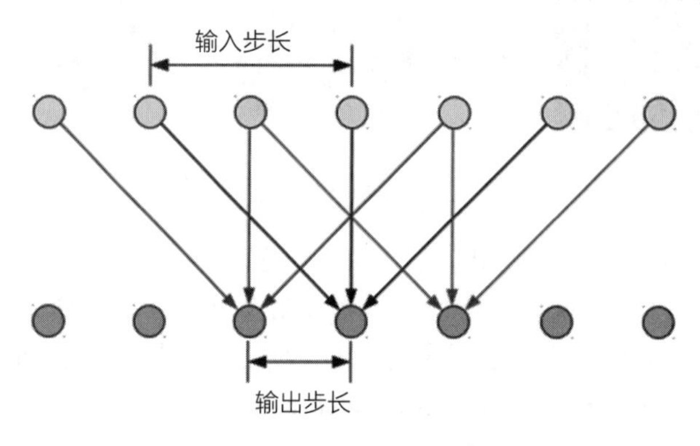

图 3-17 空洞卷积原理

将图像输入 DCNN 是一个被逐步抽象的过程，原来的位置信息会随着深度的增加而减少，甚至消失。使用 CRF 可以根据原图的色彩信息修正预测结果的边界。简单来说，CRF 能做到在决定一个位置的分类时，考虑周围邻居的像素分类信息。注意，我们说的是位置，DeepLab v1 不把像素点作为 CRF 节点，而是利用远程依赖关系，并使用 CRF 推理直接优化 DCNN 驱动的损失函数，CRF 作为后期处理，不参与模型训练。

DeepLab v1 结合了 DCNN 的识别能力和 CRF 的细粒度定位精度，能够产生准确的语义分割结果，如图 3-18 所示，其中 DeepLab-CRF 即 DeepLab v1 网络。

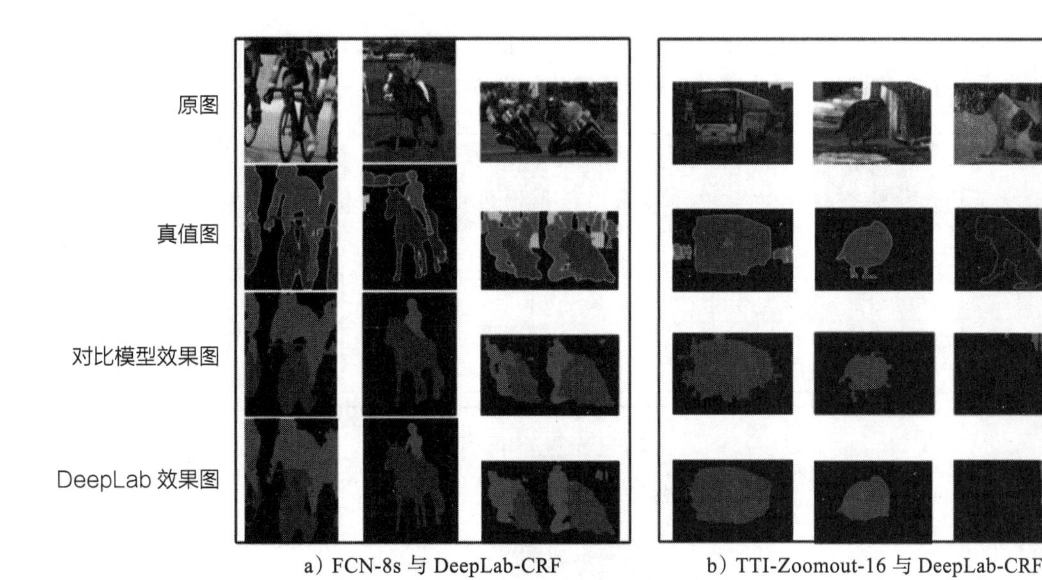

a）FCN-8s 与 DeepLab-CRF　　b）TTI-Zoomout-16 与 DeepLab-CRF

图 3-18　空洞卷积原理

（2）DeepLab v2

于 2017 年发表的论文“DeepLab: Semantic Image Segmentation with Deep Convolutional Nets, Atrous Convolution, and Fully Connected CRFs”中推出了 DeepLab 的 v2 版本。由于在 v1 版本中，当输入图片中的实例对象存在多种尺度时，固定的网络设置使得网络的感受野固定，对很小的实例对象和很大的实例对象识别效果不好。所以对于上一版本，DeepLab v2 做出了进一步调整。首先将 DeepLab v1 网络空洞卷积最后一部分改为并行的，以不同采样率的空洞卷积进行采样，再将特征融合，类似于空间金字塔结构，称为 ASPP（Atous Spatial Pyramid Pooling）结构，如图 3-19 所示。具体做法为在同一输入特征图的基础上并行使用 4 个核大小为 3×3 的空洞卷积，采样率分别为 6、12、18、24，最终将不同卷积层得到的结果进行像素加操作融合在一起。ASPP 结构能获得多个尺度的感受野，增强了对多尺度的适应性。另外，为了得到更好的性能表现，DeepLab v2 还尝试使用了更深的网络结构 Resnet 作为 DCNN。

（3）DeepLab v3

同样在 2017 年，论文“DeepLab v3: Rethinking Atrous Convolution for Semantic Image Segmentation”发表，该论文中提出了 DeepLab v3 模型。论文中进一步探讨了如何在图像分割任务中提升效果和性能。在图像分割领域存在两个挑战：一是通过连续池化和下采样，让深度卷积神经网络学习的特征表示越来越抽象，但同时导致特征分辨率下降，这会妨碍密集的定位任务执行；二是多尺度目标的存在也增加了图像分割的难度。为了解决上述问题，论文中研究了如何更好地发挥通过空洞卷积调整过滤器视野、控制卷积神经网络计算的特征响应分辨率的作用，并提出空洞卷积级联或不同采样率空洞卷积并行架构，此外，还改进了 ASPP 空间金字塔模块的结构，以提升图像分割的性能。最后，提出 DeepLab v3 算法，并给出了实验结论。DeepLab v3 算法结构如图 3-20 所示。

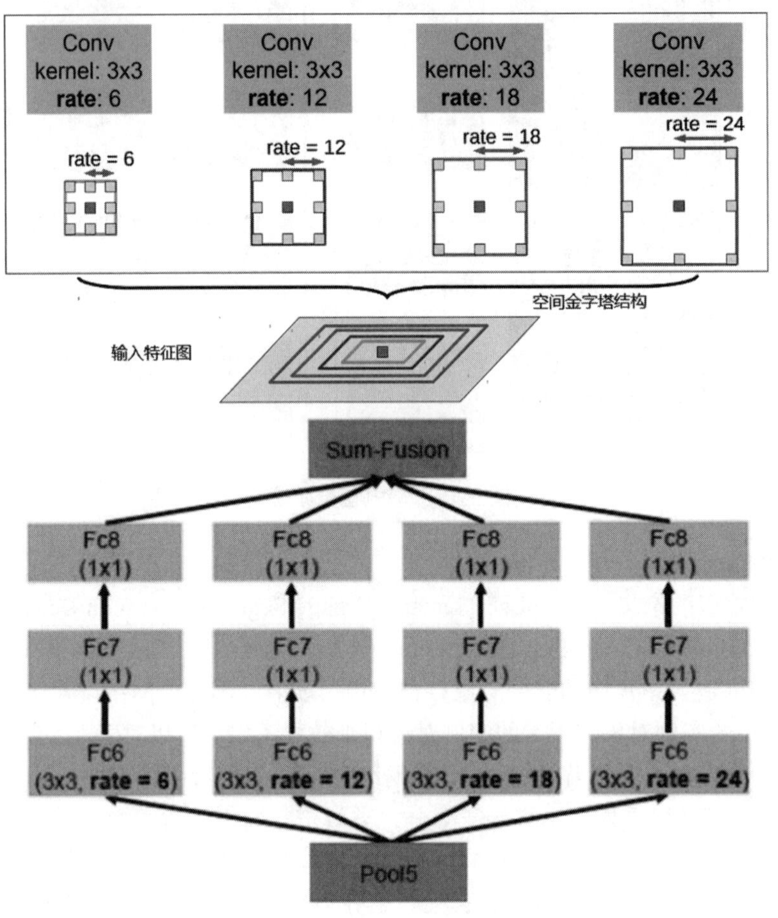

图 3-19 ASPP 原理和结构

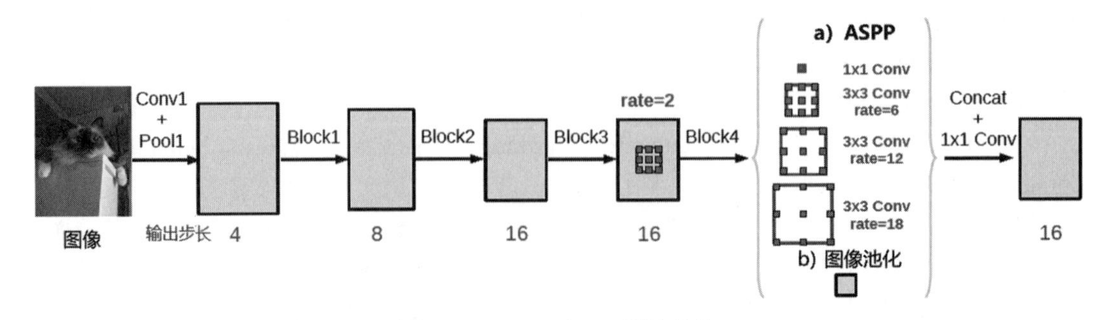

图 3-20 DeepLab v3 算法结构

DeepLab v3 基本沿用了 DeepLab v2 的结构，在 Resnet 的 Block4 层后增加了并行的

ASPP 模块，但对 ASPP 做出了两处改进，包括：

- 在原有的 ASPP 结构中，去掉了 rate=24 的分支，增加了一个 1×1 卷积，并使用另外 3 个 3×3 的采样率为 rate={6,12,18} 的空洞卷积。过滤器数量为 256，包含 BN 层。
- 为了获得全局图像特征，增加图像池化部分。它将 Block4 输出的特征进行全局池化，然后再使用双线性插值恢复到原始图像大小。

最后将 5 个分支连接，再做 1×1 卷积（通道数变化）。此外 DeepLab v3 以及后续的 DeepLab v3+ 模型不再使用 CRF。改进后的识别效果如图 3-21 所示。

图 3-21　改进后的识别效果

DeepLab v3 不仅具备优秀的图像分割效果，其性能也得到进一步提升，表 3-7 显示了不同模型在 Cityscapes 数据集上的表现。

表 3-7　DeepLab v3 与不同神经网络模型识别性能的对比

模型	使用额外训练集	mIOU
DeepLabv2-CRF		70.4
Deep Layer Cascade		71.1
ML-CRNN		71.2
Adelaide context		71.6

（续）

模型	使用额外训练集	mIOU
FRRN		71.8
LRR-4x	√	71.8
RefineNet		73.6
FoveaNet		74.1
Ladder DenseNet		74.3
PEARL		75.4
Global-Local-Refinement		77.3
SAC multiple		78.1
SegModel	√	79.2
TuSimple Coarse	√	80.1
Netwarp	√	80.5
ResNet-38	√	80.6
PSPNet	√	81.2
DeepLab v3	√	81.3

注：mIOU（Mean Intersection Over Union，平均交并比）是衡量目标检测和图像分割准确性的指标。

（4）DeepLab v3+

2018年，论文“Encoder-Decoder with Atrous Separable Convolution for Semantic Image Segmentation”中推出了DeepLab v3+模型。这是DeepLab系列模型中的最新研究成果，进一步解决了特征分辨率下降导致的预测精度降低，进而造成边界信息丢失的问题，能获得更好的处理效果，如图3-22所示。

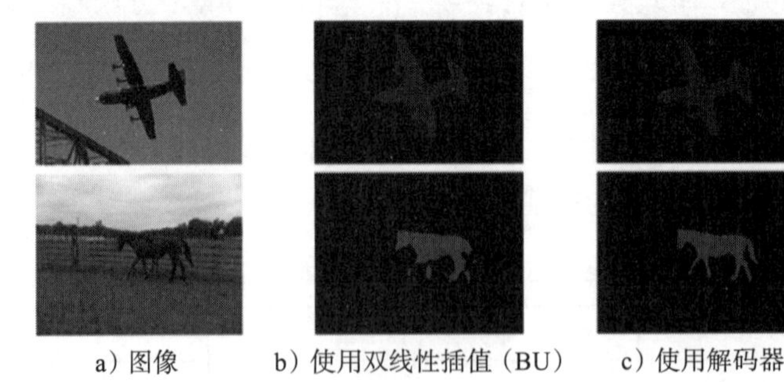

a）图像　b）使用双线性插值（BU）　c）使用解码器

图3-22　DeepLab v3+处理效果

DeepLab v3+架构的核心是提出了编解码结构（Encoder-Decoder），并使用Xception结构提升模型在语义分割任务上的性能。DeepLab v3+架构如图3-23所示。

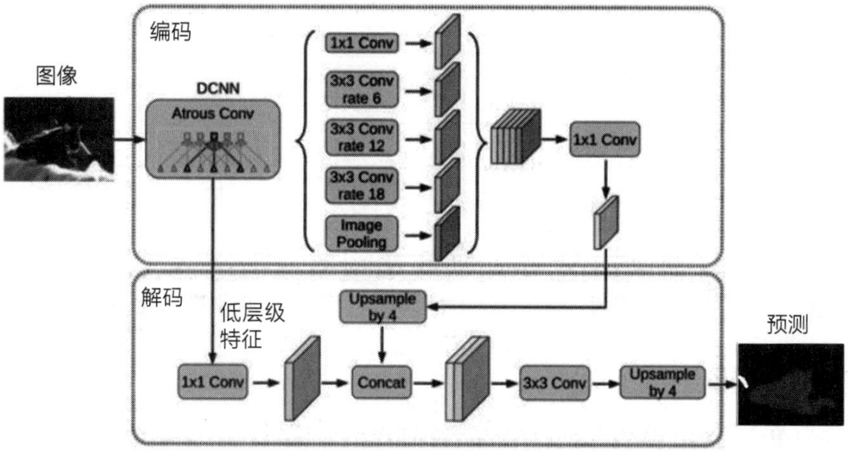

图 3-23　DeepLab v3+ 架构

编解码结构能通过逐渐恢复空间信息来捕捉清晰的目标边界，主要包括编码器（Encoder）和解码器（Decoder）两部分。Encoder 用来捕获高层语义信息，而在 DeepLab v3+ 中创造性地使用 DeepLab v3 作为编码器，其输出作为 Decoder 的输入。Decoder 则从 DCNN 的低层级选取一个特征，获得细节信息后，结合 Encoder 输出的高层特征逐渐恢复空间信息。

为了提升网络整体的处理性能，DeepLab v3+ 的骨架网络使用改进的 Xception 网络结构代替 Resnet 网络结构。Xception 网络结构能在参数和计算量更少的情况下学到同样的信息，不仅能在准确率上稍有提升，还能大幅降低计算量，提升处理速度。DeepLab v3+ 与其他模型的性能对比如表 3-8 所示。

表 3-8　DeepLab v3+ 与其他模型性能对比（测试集：PASCAL VOC 2012）

模型	mIOU
Deep Layer Cascade（LC）	82.7
TuSimple	83.1
Large Kernel Matters	83.6
Multipath-ReneNet	84.2
ResNet-38 MS COCO	84.9
PSPNet	85.4
IDW-CNN	86.3
CASIA IVA SDN	86.6
DIS	86.8
DeepLab v3	85.7
DeepLab v3-JFT	86.9

（续）

模型	mIOU
DeepLab v3+（Xception）	87.8
DeepLab v3+（Xception-JFT）	89

（5）其他图像分割神经网络模型

其他图像分割网络模型中，影响较大的还有 ICNet 网络，该模型主要用于图像实时语义分割，能够兼顾速度和准确性，易于线上部署，其图像分割评估指标 mIOU 为 67.0%。

3.2.4 其他神经网络模型简介

下面将简单介绍用于其他几种应用场景的神经网络模型。

1. 人体关键点检测

人体关键点检测，通过人体关键节点的组合和追踪来识别人的运动和行为，对于描述人体姿态、预测人体行为至关重要，是诸多计算机视觉任务的基础，例如动作分类、异常行为检测，以及自动驾驶等，也为游戏、视频等提供新的交互方式。典型的人体关键点检测模型 Simple Baselines 是 COCO2018 关键点检测项目的亚军方案，其网络结构非常简单，关键点检测模型评估指标 AP 为 72.7%。

2. 图像生成

图像生成是指根据输入向量生成目标图像。这里的输入向量可以是随机的噪声或用户指定的条件向量。具体的应用场景有：手写体生成、人脸合成、风格迁移、图像修复、超分重建等。当前的图像生成任务主要是借助生成对抗网络来实现的。生成对抗网络由两种子网络组成：生成器和识别器。生成器的输入是随机噪声或条件向量，输出是目标图像。识别器是一个分类器，输入是一张图像，输出是该图像是否是真实的图像。在训练过程中，生成器和识别器通过不断地相互博弈来提升自己的能力。典型的图像生成神经网络模型如下所示。

（1）CGAN

CGAN 即条件生成对抗网络，这是一种带条件约束的 GAN，使用额外信息对模型增加条件，可以指导数据生成过程。

（2）DCGAN

DCGAN 即深度卷积生成对抗网络，将 GAN 和卷积网络结合起来，以解决 GAN 训练不稳定的问题。

（3）Pix2Pix

Pix2Pix 用于图像翻译，通过成对的图片将某一类图片转换成另外一类图片，可用于风格迁移。

（4）CycleGAN

CycleGAN 用于图像翻译，可以通过非成对的图片将某一类图片转换成另外一类图片，可用于风格迁移。

（5）StarGAN

StarGAN 用于多领域属性迁移，引入辅助分类帮助单个判别器判断多个属性，可用于人脸属性转换。

（6）AttGAN

AttGAN 利用分类损失和重构损失来保证改变特定的属性，可用于人脸特定属性转换。

（7）STGAN

STGAN 用于人脸特定属性转换，只输入有变化的标签，引入 GRU 结构，更好地选择变化的属性。

（8）SPADE

SPADE 是一种考虑空间语义信息的归一化方法，能更好地保留语义信息，生成更为逼真的图像，可用于图像翻译。

3. 场景文字识别

许多场景图像中包含丰富的文本信息，对理解图像信息有重要作用，能够极大地帮助人们认知和理解场景图像的内容。场景文字识别是在图像背景复杂、分辨率低、字体多样、分布随意等情况下，将图像信息转化为文字序列的过程，可以说是一种特别的翻译过程：将图像输入翻译为自然语言输出。场景图像文字识别技术的发展也促进了一些新型应用的产生，如通过自动识别路牌中的文字来帮助街景应用获取更加准确的地址信息等。一些典型的场景文字识别模型如下所示。

（1）CRNN-CTC

识别图片中的单行英文字符，用于端到端的文本行图片识别方法，在场景文字中识别错误率为 22.3%。

（2）OCR Attention

识别图片中的单行英文字符，用于端到端的自然场景文本识别，在场景文字识别中错误率为 15.8%。

4. 度量学习

度量学习也称作距离度量学习、相似度学习。通过学习对象之间的距离，度量学习能够用于分析对象时间的关联、比较关系，在实际问题中应用较为广泛，可应用于辅助分类、聚类问题，也广泛用于图像检索、人脸识别等领域。以往，针对不同的任务需要选择合适的特征并手动构建距离函数，而度量学习可根据不同的任务来自主学习出针对特定任务的度量距离函数。度量学习和深度学习的结合，在人脸识别 / 验证、行人再识别（human Re-ID）、图像检索等领域均取得了较好的效果。一些典型的度量学习模型如下所示。

（1）ResNet50 未微调

使用 arcmargin loss 训练的特征模型，度量学习 Recall@Rank-1 指标为 78.11%。

（2）ResNet50 使用 triplet 微调

在 arcmargin loss 的基础上，使用 triplet loss 微调的特征模型，度量学习 Recall@Rank-1 指标为 79.21%。

（3）ResNet50 使用 quadruplet 微调

在 arcmargin loss 的基础上，使用 quadruplet loss 微调的特征模型，度量学习 Recall@Rank-1 指标为 79.59%。

（4）ResNet50 使用 eml 微调

在 arcmargin loss 的基础上，使用 eml loss 微调的特征模型，度量学习 Recall@Rank-1 指标为 80.11%。

（5）ResNet50 使用 npairs 微调

在 arcmargin loss 的基础上，使用 npairs loss 微调的特征模型，度量学习 Recall@Rank-1 指标为 79.81%。

5. 视频分类和动作定位

视频分类是视频理解任务的基础，与图像分类不同的是，分类的对象不再是静止的图像，而是一个由多帧图像构成的包含语音数据、运动信息等的视频对象，因此理解视频需要获得更多的上下文信息，不仅要理解每帧图像是什么、包含什么，还需要结合不同帧获得上下文的关联信息。视频分类方法主要包含基于卷积神经网络、循环神经网络的方法，或将这两者结合的方法。

动作定位通过序列图像和卷积神经网络来判断人类行为，在视频信息检索、日常生活安全、公共视频监控、人机交互、科学认知等领域都有广泛的应用。

以下是一些典型的视频分类模型和动作定位模型。

（1）TSN

TSN 模型是在 ECCV'16 会议上提出的基于 2D-CNN 的经典解决方案，其 Top-1 准确率指标达到 67%。

（2）Non-Local

Non-Local 用于视频非局部关联建模模型，其 Top-1 准确率达到 74%。

（3）StNet

StNet 模型是在 AAAI'19 会议上提出的视频联合时空建模方法，其 Top-1 准确率达到 69%。

（4）TSM

TSM 是基于时序移位的简单、高效的视频时空建模方法，其 Top-1 准确率达到 70%。

（5）Attention LSTM

Attention LSTM 是进行视频分类和动作定位的常用模型，速度快，精度高，其 GAP 指标达到 86%。

（6）Attention Cluste

Attention Cluste 是在 CVPR'18 会议上提出的视频多模态特征注意力聚簇融合方法，其 GAP 指标达到 84%。

（7）NeXtVlad

NeXtVlad 是 2nd-Youtube-8M 比赛中排名第三的模型，其 GAP 指标为 87%。

（8）C-TCN

C-TCN 是 2018 年 ActivityNet 竞赛中的夺冠方案，其 MAP 指标为 31%。

（9）BSN

BSN 为视频动作定位问题提供高效的 proposal 生成方法，其 AUC 指标为 66.64%。

（10）BMN

BMN 是 2019 年 ActivityNet 竞赛中的夺冠方案，其 AUC 指标为 67.19%。

（11）ETS

ETS 是视频摘要生成领域的基准模型，其 METEOR 指标为 10.0。

（12）TALL

TALL 是视频 Grounding 方向的 BaseLine 模型，其 R1@IOU5 指标为 0.13。

3.3　小结

人们设计神经网络模型的灵感来源于脑部结构。大脑由多个层构成（至少有一个是隐含层），每层都包含简单相连的单元或神经元。经过多年的发展，神经网络模型越来越复杂，发展出处理不同问题的结构，比如能处理图像分类问题的 MobileNet 网络，能处理目标检测问题的 SSD 网络，能处理图像分割问题的 DeepLab 网络等。神经网络的种类选择、结构设计以及参数调整等是一连串极其复杂的工作，因此算法的优劣和迭代速度将直接取决于算法设计人员的知识和经验储备，这也会进一步决定计算机视觉技术的准确率、可靠性等关键性能。ImageNet 竞赛中神经网络隐含层数对图像识别准确率的影响最能说明问题。2010—2015 年，随着神经网络隐含层数的增多，图像分类 Top-5 错误率显著降低（见图 3-24），但与此同时，算法设计的复杂度越来越高。

下一章将进一步介绍移动终端推理框架如何在移动终端上运行神经网络模型。

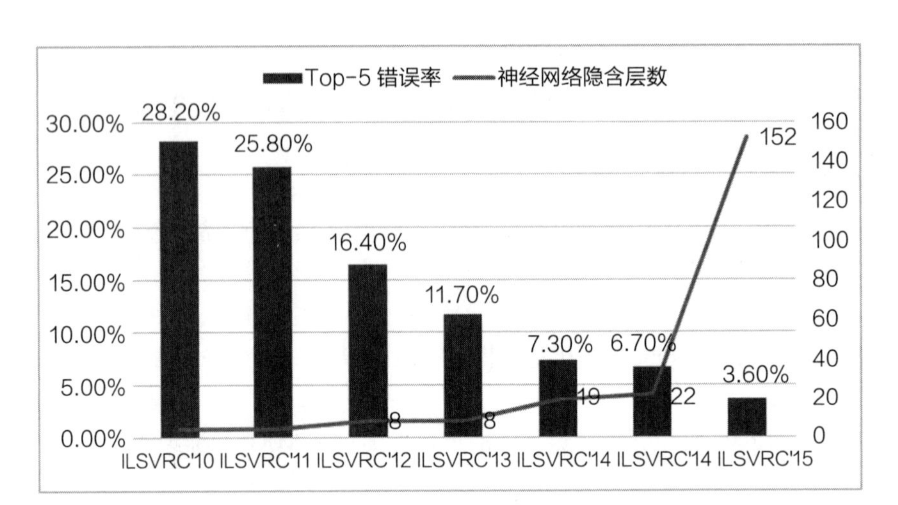

图 3-24 ImageNet 竞赛深度学习算法隐含层数量与图像识别错误率的变化趋势

来源：ImageNet

参考文献

[1] 郑泽宇，顾思宇 . TensorFlow：实战 Google 深度学习框架 [M]. 北京：电子工业出版社，2017.

第 4 章 Chapter 4

移动终端推理框架

移动终端的体积很小，而且使用电池供电，因此要求其搭载的芯片、内存等硬件具备尺寸小、功耗低等特点，所以移动终端上搭载的硬件与计算机所搭载的硬件不同。硬件配置的不同造成移动终端的计算能力、存储能力目前还无法达到计算机或服务器的水平，这就要求运行在移动终端上的推理框架运行高效、体量小巧，并且能适配移动芯片的指令系统的特点。本章首先向读者介绍推理框架的工作流程和工作原理，然后详细介绍主流的移动终端推理框架。

4.1 推理框架的工作原理

移动终端推理框架是移动终端人工智能技术的要素和核心特征，它能完成神经网络模型的转换、运行和底层硬件的调用过程，为开发者开发人工智能应用提供了模块化的基础。

移动终端推理框架主要包括模型转换工具和深度学习编译器两个部分。模型转换工具能将训练好的神经网络模型转换成移动终端推理框架支持的格式，深度学习编译器负责调度和驱动移动终端硬件运行人工智能推理计算。下面介绍二者的主要工作原理。

4.1.1 神经网络模型转换原理

目前移动终端上使用的神经网络模型是通过深度学习框架训练得到的。这些训练好的模型原本是通过深度学习框架部署在高性能 PC 或服务器上进行推理计算，但到了移动终端上，这些模型往往显得体积庞大，所以移动终端推理框架通常会提供一个模型转换工具，一方面将模型转换成移动终端推理框架支持的特定格式，另一方面也对模型进行压缩和优化，使其更适合在移动终端上运行。

1. 适配移动终端推理框架

模型转换工具首先会将神经网络模型变为框架支持的计算图表示。同时在这一过程中还会针对硬件情况，对神经网络模型在结构和参数方面进行改变和优化，以提供更高的准确率或更快的处理速度。如华为的 HiAI Fundation 框架，其提供的模型转换工具能根据算子支持情况对预训练模型进行切割和拆分，当预训练模型的算子都在可支持范围内时，将模型直接转换成其指定的格式；当预训练模型的算子只有部分在可支持范围内时，则在转换时生成混合模型，将支持的算子部分指定到 NPU 上执行，不支持的算子则回落到 CPU 上执行。

另外，由于移动终端的芯片硬件和指令集与计算机的不同，因此移动终端推理框架可能无法支持深度学习框架的所有算子。这造成模型转换工具在使用中也受到一些限制，当存在不支持的算子时，可能导致模型无法转换，所以需要开发者在选择模型时，在移动终端推理框架的官方网站上查阅最新版本框架的算子支持情况，尽可能选择支持性更好的神经网络模型，或者对不支持的算子的处理方法有所了解。各主要移动终端的算子支持情况如表 4-1 所示。

表 4-1　推理框架算子支持情况

推理框架	支持的深度学习框架 / 版本	支持算子数
TensorFlow Lite	TensorFlow	85
Paddle Lite	v2.6	158
VCAP	—	62
小米 MACE	—	54
HiAI Foundation	V100	44
	V150	90
	V200	150
	V300	208
高通 SNPE	Caffe	37
	Caffe 2	25
	TensorFlow	53
	Onnx	42
NCNN	—	67
MNN	TensorFlow	149
	TensorFlow Lite	58
	Caffe	47
	Onnx	74

2. 对神经网络模型的压缩和优化

除了适配推理框架，模型转换工具的另一个作用是缩小模型体积和提高运算效率。这里各推理框架会使用模型量化、极低化特量化、模型权重剪枝等多种模型压缩优化技术。

（1）模型量化技术

神经网络模型的参数通常为浮点类型数据，一个参数将占 32 位空间。通过模型量化技术，能将多位的参数转换成较少位的参数。比如一个整型参数所占的内存可以减小到 8 位或更小，如图 4-1 所示。

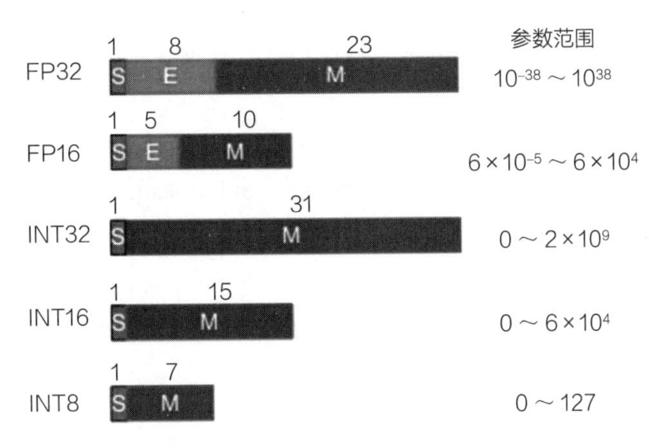

图 4-1　参数量化范围

对神经网络模型的量化可以有多种方式，一般来说，得到量化模型的转换过程按代价从低到高可以分为以下 4 种类型（Type 1 ～ Type 4），如图 4-2 所示。

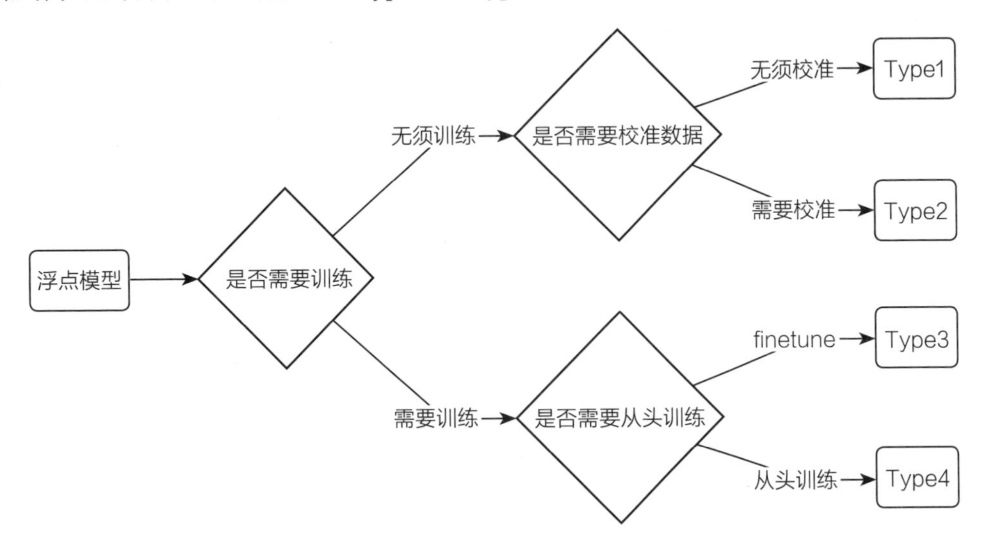

图 4-2　模型量化过程

由于 Type1 和 Type2 是在浮点模型训练之后介入，无须大量训练数据，因此转换代价更低，称为后量化（post quantization）。移动终端推理框架大多使用训练后的神经网络模型，并通过模型转换工具对其进行量化处理，故使用的是 Type1 或 Type2 量化技术。

此外，模型量化还可以在训练过程中完成。Type3 和 Type4 需要在浮点模型训练时就插入一些假量化（fake quantize）算子，模拟计算过程中数值截断后精度降低的情形，因此称为量化感知训练（Quantization Aware Training，QAT）。这种量化方式主要用在深度学习框架中，在模型的训练过程中就进行量化处理，但在一些特定情况下也会和移动端推理技术相关。比如 TensorFlow Lite 未来就会加入使用量化技术训练的神经网络模型进行推理，MegEngine 推理框架也采用 QAT 技术训练量化模型，并将其直接用于移动端的部署，无须再次转换。

具体转换时，以转换 8 位整型参数模型为例，具体做法为统计模型的权重和激活值的取值范围，找到最大值和最小值后进行最小到最大（min-max）映射，把所有的权重和激活映射到 INT8 范围（–127 ～ 128），如图 4-3 所示。

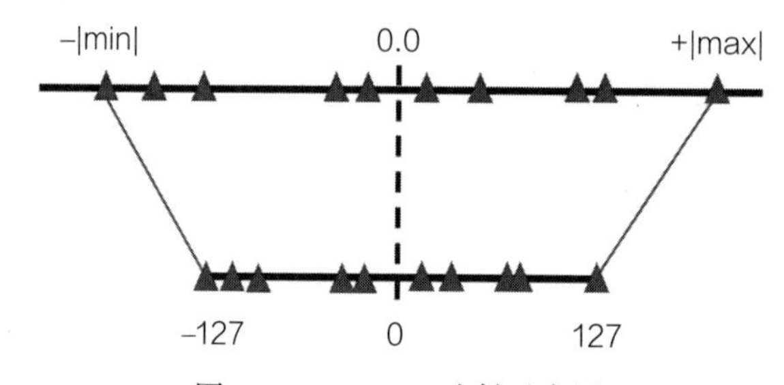

图 4-3　min-max 映射示意图

在神经网络模型中，不同的层往往具有不同的量化敏感程度，例如由于首层和尾层分别代表模型的输入和输出，因此对这两层进行量化往往会引入较大的误差。以卷积神经网络为例，首层的输入一般是包含 8 位特征的图片，相关工作表明，在第一层卷积层内引入相同数量的 0 会比在其他层引入产生更大幅度的准确率下降，同时第一层的输入通常仅包含少量的通道数，并且计算量只占总复杂度的很小一部分，因此在大多情况下不对第一层卷积的权重进行量化。而第一层的输出是可以进行量化后被后续网络结构使用的。

神经网络的尾层则是产生独热向量，这在定义上与量化后的位向量是相近的。同时，如果输出的类别数量较少，为了防止模型准确率下降过大，我们一般不对最后的全连接层进行量化。在实际使用中，BNN、XNOR-net 等网络都不对首层和尾层进行量化也验证了这一理论。

总结一下，量化技术有四个特点，首先，带来的变化是精度损失，这相当于给网络引入了噪声，但是神经网络一般对噪声不太敏感，所以只要控制好量化程度，对任务精度的影响就可以降到很小。

其次，神经网络模型量化前所有的操作都是在浮点型参数的状态下进行，在进行卷积等运算时将需要更多的时钟周期才能完成。模型通过量化技术压缩后，参与计算的权重位数少了，对应的卷积等操作的运算量也减少了，这样能极大限度地提高运算速度。

再次，量化操作不仅减少了参数的精度，同时也缩小了每个参数占的位数，这样还能极大地缩小模型的体积，这使得神经网络模型更加适合存储空间极其珍贵的移动终端。

最后，浮点型模型虽然能提供更高的准确率，但通常只能在 CPU 或 GPU 上执行，且运算速度较低。随着技术的发展，终端提供了异构的 AI 加速芯片，如 DSP、NPU 等，可以专门运行整型参数的计算，这能为人工智能计算提供更好的算力。表 4-2 显示了 TensorFlow Lite 使用量化技术压缩 Inception v3 模型的效果。

表 4-2　模型量化技术效果

精度	模型名称	模型大小	Top-1 准确率	Top-5 准确率	处理速度
浮点型	Inception_V3	95.3 MB	77.9%	93.8%	1433 ms
量化	Inception_V3_quant	23 MB	77.5%	93.7%	637 ms

（2）极低位量化

目前最新的模型量化技术当属极低位量化技术。当将一个浮点型 32 位的模型量化至 4 位甚至更低的位数时，模型的准确率往往会产生大幅下降，原因是较低的位数会引起较大的量化损失。此时运用再训练、替换激活函数、修改网络结构和混合量化等技术可以有效减少这一损失。

对低位量化后的模型实施再训练，可以使得模型精度得到有效提升，而量化模型再训练方法与传统模型训练方法不同。量化函数本身是离散不可导的，这导致其无法像标准神经网络一样使用反向传播计算梯度，而一般对梯度的估计也会随着位数的减少而更加不准。可以通过将量化本身考虑进去来解决这个问题，在训练过程中，算法需要保留完整精度的权重来进行梯度的计算，这使得由量化产生的模型梯度损失不会影响到训练过程，同时这一梯度的反向传播对量化后的权重也会产生影响。在训练过程中使用完整精度的网络进行知识蒸馏也可以进一步提升模型的准确率。

使用替换激活函数的方式同样可以对低位量化模型的准确率有较好的恢复。神经网络模型中比较常见的激活函数是 ReLU，而该函数没有上界，因此产生的激活值会导致低位（如 4 位）模型产生较大的量化误差。比较常见的方法包括使用有界的函数对 ReLU 进行替代。

修改神经网络模型结构则是更加有针对性地对模型进行低位量化，例如设计二值卷积模型来实现单位量化，以及设计更宽的网络结构来减轻量化带来的损失。其中比较典型的有 XNOR-net，如图 4-4 所示。

这类模型结构通过修改模型的权重和激活值，并对模型训练中梯度的传播做出相应的设计，使得模型能够在不损失准确率的情况下，对计算效率、存储消耗都有大幅提升。

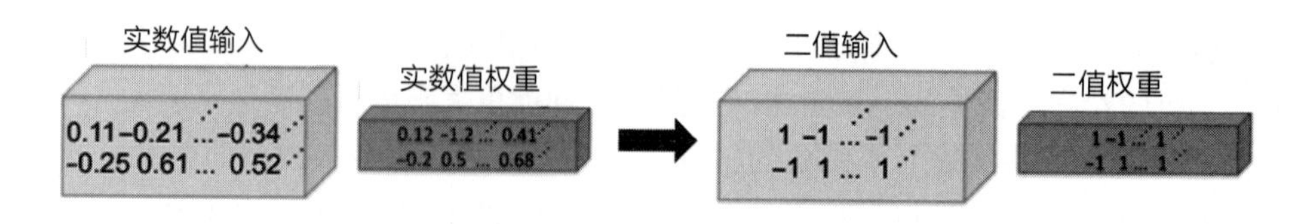

图 4-4　XNOR-net 示意图

同时，神经网络中激活值比模型权重对量化操作更加敏感，因此针对激活值和权重采用不同位的量化方式可以有效地避免模型准确率的损失。

（3）模型权重剪枝技术

另一个模型优化技术为模型权重剪枝技术。在神经网络模型中通过观察网络权重，往往会发现一些权重参数为 0 或者近似 0 的数值，这些单元在模型的推理中并不起作用，可以将其“剪”掉。除了权重参数接近 0 时可以进行剪枝操作外，在一些深度神经网络中，一些神经元的激活值总是接近 0，那么这些神经元同样可以被“修剪”，模型剪枝技术可以形象地通过图 4-5 表示。通过模型剪枝可进一步减少参数存储量，并且在运算时跳过这些权重参数，可以提高运算速度，减小功耗。

对模型剪枝的研究在很早就已经被提出，但在早期，使用剪枝技术的直接目的并不是压缩模型，而是将剪枝看作正则项，提高神经网络泛化能力。经过多年的发展，模型剪枝已经成为一种通用的模型压缩方法。一些学者将模型剪枝与其他模型压缩算法相结合，取得了非常显著的成果。其中最为典型的就是韩松等人结合量化和哈弗曼编码对 AlexNet 进行了压缩，该模型在 ImageNet 数据集上保持准确率的前提下，内存占用减少为原来的 1/35。此外，在工业级的一些移动终端推理框架，比如 TensorFlow Lite 上也在运用模型剪枝等相关技术对移动终端部署模型进行优化。

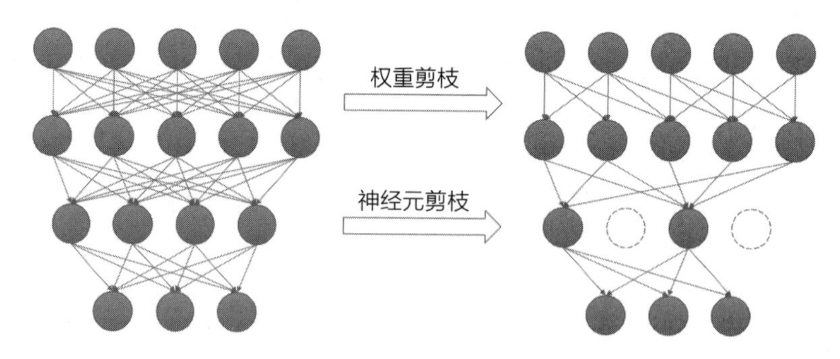

图 4-5　模型剪枝示意图

4.1.2　深度学习编译器执行原理

在获取了神经网络模型和输入数据后，就可以通过移动终端的深度学习编译器进行 AI 推理计算了。其实 AI 算法可以直接使用 Python、C 等语言通过原生编程方式实现，但这样做效果很差，一个原因是通过底层编码难度太高，还需要对各种芯片进行适配；另一个原因就是运行效率问题。由于人工智能推理计算涉及大量的矩阵乘、卷积、非线性变换等运算，原生编码在调度计算资源时会占用大量额外的开销。

而移动终端推理框架的深度学习编译器解决了上述问题，它提供了模型加载、计算图调度、内存分配、Op 操作实现、硬件适配等功能，并提供内存复用、多线程优化、异构计算等优化方案以加速推理计算的执行。开发人员只需要调用简单的 API 并对相关参数进行设置，深度学习编译器就能针对不同的移动终端硬件芯片，使用建图 – 运算方式让所有计算一次性在所需硬件资源上充分运行，节省大量开销，从而极大地提升运行效率并降低功耗。使用移动终端推理框架在移动终端上运行人工智能模型是目前在终端上最高效的 AI 实现方式。

深度学习编译器非常重要，我们将在第 5 章进一步详细说明，以下只简单介绍一些深度学习编译器常见的工作机制及优化方式。

在异构计算方面，不同移动终端推理框架运行时驱动硬件的方式不同。例如 TensorFlow Lite 的解释器可以支持 CPU、GPU、NN API 等运行时，当硬件不支持 AI 加速芯片时，还可以通过 NN API 回落到 CPU 上运行，如图 4-6 所示。

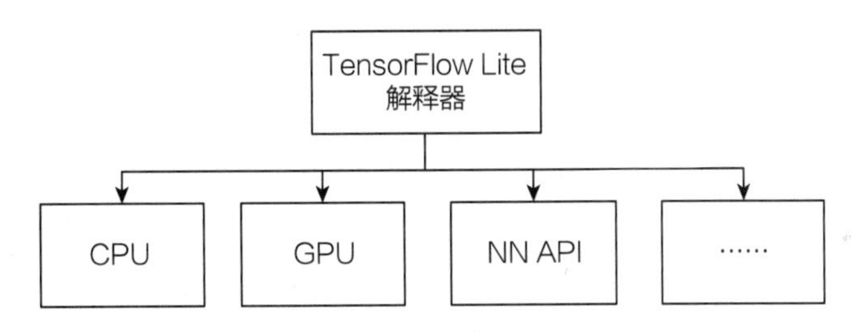

图 4-6 TensorFlow Lite 硬件支持情况

高通 SNPE 能读取芯片参数，并根据芯片能力指定数据在 CPU、GPU、DSP 或 AIP（AI Processor，人工智能处理）上执行，同时还能选择模型的运算精度。

华为 HiAI Foundation 能根据算子支持情况自动将数据分配给 CPU 或 NPU 执行。

内存优化方面则流行采用内存复用技术。移动终端推理框架不必为神经网络模型中的每个算子分配内存，它可以先识别并标注出神经网络模型的每个算子，并获得每个算子在运算时所需的内存大小。移动终端推理框架在执行推理计算时只需要为内存消耗最大的几个算子分配内存，然后按照神经网络模型的运行顺序依次复用这些内存即可。这种通过神经网络模型结构制定不同内存分配的策略，不仅可以大大缩小在神经网络推理运行时的内存消耗，还能提升处理速度。

框架提供商除了向用户提供工具或 SDK 外，还实现了通过其他方式供开发者进行 AI 应用的开发。厂商将经典的神经网络模型和深度学习编译器直接进行打包，封装成库。开发者在使用时，无须自己进行模型转换和部署操作，只需要在应用中集成上述集成好的库，使用 API 直接输入数据就能获得 AI 处理结果。这样处理能极大地简化开发过程，缩短开发周期。比如华为的 HiAI Engine 平台，提供了人脸识别、图片识别、自然语言处理等多个产品。

4.2 推理框架的工作流程

开发一个移动终端 AI 应用，最重要的工作就是使用移动终端推理框架。当开发人员准备好预训练神经网络模型、对应的标签文件和输入数据（比如从摄像头获取的图像或需要处理的图片）后，就可以开始执行推理工作了。抛开传统移动应用开发过程，使用移动终端推理框架进行推理计算，需要经过模型转换、数据预处理、执行推理和结果输出 4 个步骤，如图 4-7 所示。

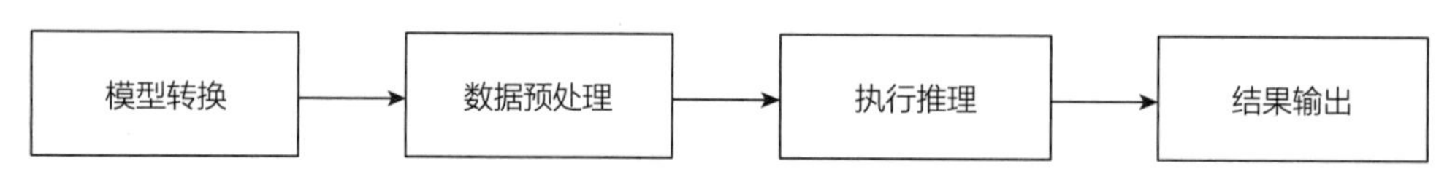

图 4-7　图推理框架工作流程图

4.2.1 模型转换

开发人员首先需要在用于开发的计算机上搭建相应的深度学习框架环境和移动终端推理框架环境，然后通过移动终端推理框架的模型转换工具对下载的预训练模型进行转换。如果开发人员准备好的预训练模型是移动终端推理框架可直接运行的格式，则该步骤可以忽略。

4.2.2 数据预处理

在处理人工智能任务前，通常还需要对输入的数据进行预处理。以图像识别为例，神经网络模型多以卷积等操作对图像数据进行处理，其中涉及卷积核大小、步长等参数设置，这就对输入数据提出了要求。一般每种神经网络模型都对图片有特定的尺寸要求，比如 MobileNet 模型可以支持处理尺寸为 224 × 224 的图片。在处理人工智能任务时，由于采集到的图片格式、尺寸都不相同，因此需要对图片进行预处理，按照特定尺寸进行缩放或格式转换后，符合模型要求后将数据输入神经网络模型。

4.2.3 执行推理

开发人员使用移动终端推理框架提供的 API 访问和操作深度学习编译器。API 能支持大多数常见的移动操作系统，如在 Android 操作系统中可以使用 Java 或 C++ 执行推理，在 iOS 操作系统中可以使用 Swift 或 Objective-C 语言编写等。在使用深度学习编译器运行模型推理时，开发人员需要指定加载的神经网络模型、输入的数据，构造解释器，配置运行的精度等参数，通过选择运行时指定运行推理的硬件等，并最终运行推理计算得到推理结果，如图 4-8 所示。

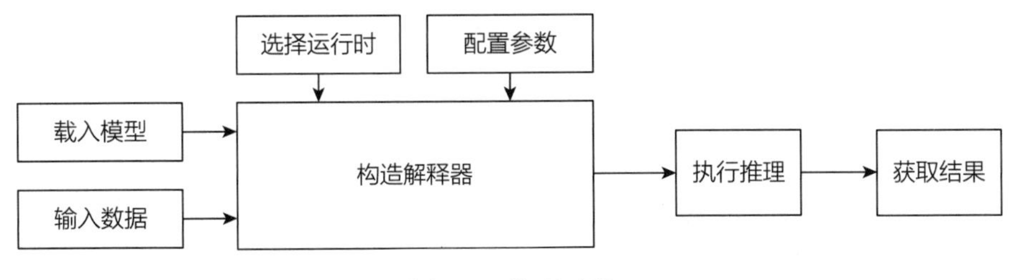

图 4-8　推理过程

4.2.4　结果输出

移动终端推理框架通过神经网络模型处理完输入数据后，会将结果用数组等数据结构返回给开发人员，开发人员需要根据数据结构读取和识别结果内容，挑选有效数据，用可读的方式反馈给用户。

例如在图像分类应用中，如果神经网络模型通过大量数据训练可以识别一定种类的物体。发布模型时除模型文件本身外还包括一个标签文件，改文件记录了模型可以识别的物体种类及对应的索引编码。当移动终端推理框架处理完一张图片后，会将每种分类对应的概率值进行返回。开发人员则需要根据标签文件，通过返回值的索引确定对应的类别，根据需要将概率最大的类别返回给用户，如图 4-9 所示。

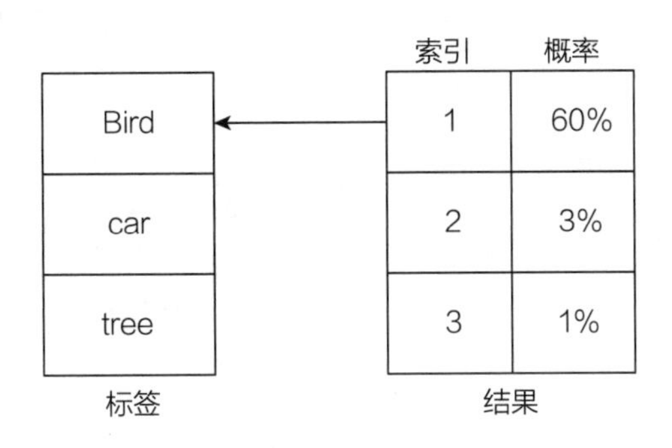

图 4-9　结果与标签对应示意图

4.3　主要移动终端推理框架介绍

本节首先介绍几种主要的通用移动终端推理框架，包括 TensorFlow Lite、PyTorch、Paddle Lite、VCAP 和 MegEngine。上述移动终端推理框架可以部署在不同硬件平台的移动终端上。随后介绍高通 SNPE、华为 HiAI Foundation 和苹果 Core ML 框架，以上移动终端推理框架只能分别在高通骁龙系列平台、华为海思系列平台和苹果手机上运行。

4.3.1 TensorFlow Lite

1. 概述

TensorFlow Lite 是 Google 公司于 2017 年推出的针对移动设备和嵌入式设备的移动终端推理框架。TensorFlow Lite 是 TensorFlow 的衍生品，专门用来部署在移动终端和嵌入式设备的轻量级的推理引擎，其特点是体量小、延迟低、不依赖互联网、能保护用户数据隐私且部署简单。

TensorFlow Lite 的重要组件包括模型转换工具（Converter）和解释器（Interpreter）。具体架构如图 4-10 所示。

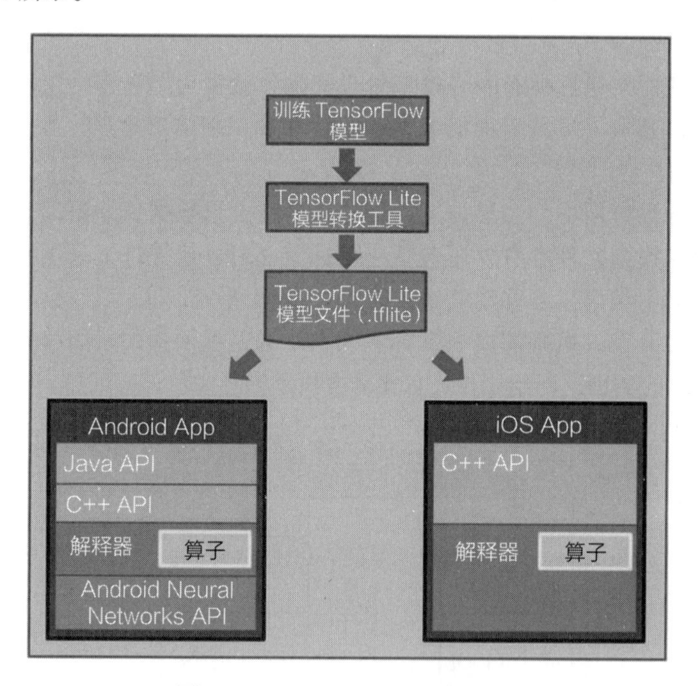

图 4-10　TensorFlow Lite 架构图

TensorFlow Lite 模型转换工具能将 TensorFlow 深度学习框架的模型转换成 TensorFlow Lite 解释器支持的格式模型。这种格式模型体积更小，便于安装。除了格式转换外，模型转换工具还提供模型量化等优化功能，可以进一步压缩模型体积并提升运行效率。依托于 TensorFlow 丰富的模型资源，Google 公司还在 TensorFlow 官方网站提供了很多预训练模型供开发人员直接使用。这些预训练模型种类丰富，能处理多种人工智能任务，包括图像分类、物体检测、智能回复、姿态估计、语义分割等。

解释器是 TensorFlow Lite 提供的另一个重要组件。它实际是一个库，可以接收一个模型文件，并执行模型文件中定义的各种操作和运算，然后提供接口让应用程序访问输出结果。TensorFlow Lite 解释器可以在不同的移动产品上运行神经网络模型，包括移动手机、搭载嵌入式 Linux 系统的设备和微控制器。目前 TensorFlow Lite 可以支持 Android、iOS 和 Linux 等系统，其中对于 Android 操作系统，Google 公司还为 TensorFlow Lite 量身打造了 Android NN API，它能让 TensorFlow Lite 解释器在不同硬件上高效运行。

对于不同的系统平台，TensorFlow Lite 还提供了多种开发语言 API，支持 Java、Swift、Objective-C、C++ 和 Python 等，这些 API 能够让开发者完成加载模型，输入数据和获取推理结果等工作。为了让 TensorFlow Lite 在不同平台上以最高运行效率执行推理任务，这些 API 在不同系统中可能会有一些差异。

（1）Android 系统

在 Android 系统上，开发人员可以使用 Java 或 C++ API 执行 TensorFlow Lite 推理。Java API 使用方便，开发人员可以直接在 Android Activity 类中使用。而 C++ API 则提供了更大的灵活性和速度，这需要开发人员自行编写 JNI 进行 Java 和 C++ 之间的数据交互。

（2）iOS 系统

在 iOS 系统上，TensorFlow Lite 为开发人员提供了使用 Swift 语言和 Objective-C 语言编写的本地 iOS 库。

（3）Linux 系统

在 Linux 平台（包括 Raspberry Pi）上，开发人员可以使用用 C++ 或 Python 语言编写的 API 进行推理。

2. 模型转换方法

TensorFlow Lite 模型转换工具可以在高性能 PC 上离线完成对模型的转换。它能将 TensorFlow 模型转换为 FlatBuffer 格式，供 TensorFlow Lite 解释器调用。注意，不是所有的 TensorFlow 模型都可以进行转换，TensorFlow Lite 能支持部分 TensorFlow 运算符（operation）或算子，算子支持情况可以参考官方网站（https://TensorFlow.google.cn/lite/guide/ops_compatibility）的说明。

FlatBuffer 是针对 C++、C#、C、Go、Java、JavaScript、Lobster、Lua、TypeScript、PHP、Python 和 Rust 的高效跨平台序列化库，最初由 Google 创建，用于游戏开发和其他对性能要求很高的应用程序。FlatBuffer 能以扁平的二进制形式表示层次结构数据，使得即使不进行解析 / 拆包也可以直接访问分层数据，能有效避免对每个对象进行内存分配，故其模型文件体积更小。TensorFlow Lite 的 FlatBuffer 格式模型文件扩展名为 .tflite。

TensorFlow Lite 2.0 模型转换工具可以通过 Python API 或命令行方式转换 SavedModel 格式模型，tf.Keras 模型以及 Concrete Function，如图 4-11 所示。

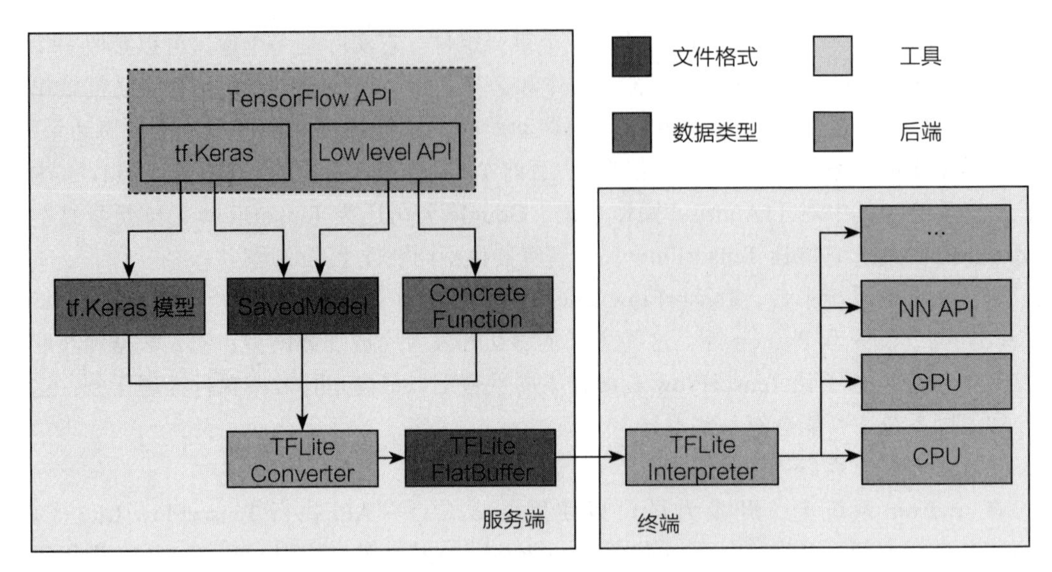

图 4-11　TensorFlow Lite 模型转换工具转换的模型

注意，当转换 TensorFlow 1.x 模型时，TensorFlow Lite 还支持转换 Frozen GraphDef（通过 freeze_graph.py 生成的模型）和从 tf.Session 得到的模型，这需要使用低版本的转换工具。

（1）安装模型转换工具

转换模型时首先需要在 PC 端安装 Python 环境和 TensorFlow 环境。其中 TensorFlow Lite 模型转换工具包含在 TensorFlow nightly 中，开发人员需要在 Python 中安装 TensorFlow nightly，安装指令为：

```
pip install tf-nightly
```

（2）使用 Python API 转换模型

下面是一个使用 Python API 转换模型的例子：

```
import TensorFlow as tf
…
converter = tf.lite.TFLiteConverter.from_saved_model(saved_model_dir)
tflite_model = converter.convert()
open("converted_model.tflite", "wb").write(tflite_model)
```

从示例中可以看到，使用 Python API 转换浮点型 TensorFlow Lite 模型基本分为三步：

第一步，将原 TensorFlow 模型转换为 TFLiteConverter 类。

第二步，使用 Converter 命令将模型数据转换为 TensorFlow Lite 支持的 FlatBuffer，返回一个序列化格式的数据。

第三步，使用 I/O 命令将 FlatBuffer 保存为 TensorFlow Lite 模型文件。

在使用 Python API 转换不同格式的 TensorFlow 模型时，除第一步需要针对不同格式使用不同命令外，第二步和第三步均相同。下面分别介绍转换 SavedModel 格式模型、tf.Keras 模型以及 Concrete Function 模型的命令。

1）转换 SavedModel 格式模型

```
converter = lite.TFLiteConverter.from_saved_model(saved_model_dir)
```

参数说明：

saved_model_dir：SavedModel 模型保存路径。

返回：

TFLiteConverter 对象。

2）转换 tf.Keras 格式模型

```
converter = lite.TFLiteConverter.from_keras_model(model)
```

参数说明：

model：tf.Keras.Model 对象。

返回：

TFLiteConverter 对象。

3）转换 Concrete Function 模型

```
converter = lite.TFLiteConverter.from_concrete_functions([func])
```

参数说明：

[func]：TensorFlow ConcreteFunctions 列表，该参数被设计为一个个 Concrete Function 的列表，然而目前仅支持每次调用时接受一个 Concrete Function。

返回：

TFLiteConverter 对象。

此外，对于旧版本 TensorFlow 常见的 Frozen GraphDef 模型，即扩展名为 .pb 的 TensorFlow 模型文件，使用 TensorFlow 1.X 版本（不包括 1.12 及之前的版本）的转换器可以进行转换，具体指令如下：

```
converter = lite.TFLiteConverter.from_frozen_graph(graph_def_file, input_arrays,
  input_shapes, output_arrays)
```

参数说明：

- graph_def_file：包含冻结 GraphDef 文件的完整文件路径。
- input_arrays：用于冻结图形的输入张量列表。
- input_shapes：表示输入张量名称到输入形状（shape）参数列表的字典（例如，{"foo" : [1, 16, 16, 3]}）。形状参数默认为 None，当输入形状为 None 时，自动确定形状参数（例如，{"foo" : None}）。
- output_arrays：用于冻结图形的输出张量列表。

返回：

TFLiteConverter 对象。

（3）使用命令行转换模型

虽然 TensorFlow 推荐使用 Python API 转换模型，但在 2.0 版本中仍然保留了使用命令行转换模型的方法。在命令行中使用 tflite_convert 命令可以进行基础的模型转换，该方法无法进行量化和更复杂的模型转换工作。

tflite_convert 是 TensorFlow Python 包的组成部分，通常可以在 Python 目录下的 \Lib\site-packages\TensorFlow\lite\python 路径下找到 tflite_convert 工具，在该路径下进入命令行，输入如下指令进行模型转换：

```
tflite_convert \
  --saved_model_dir=/tmp/mobilenet_saved_model \
  --output_file=/tmp/mobilenet.tflite
```

参数说明：

- saved_model_dir：类型为 string，指定含有 TensorFlow 1.x 或者 2.0 使用 SavedModel 生成文件的绝对路径目录。
- --output_file：类型为 string，指定输出文件的绝对路径。

注意，将 tflite_convert 路径配置到系统环境变量中能更方便地使用命令行转换模型。

另外，使用低版本的 TensorFlow（1.9 以上版本）可以对旧版本 .pb 模型进行转换，具体转换命令如下：

```
tflite_convert \
  --output_file=/tmp/mobilenet_v1.tflite\
  --graph_def_file=/tmp/mobilenet_v1_0.50_128/frozen_graph.pb \
  --input_arrays=input \
  --output_arrays=MobilenetV1/Predictions/Reshape_1
```

参数说明：

- -- output_file：输出模型路径。
- -- graph_def_file：包含冻结 GraphDef 文件的完整文件路径。
- -- input_arrays：用于冻结图形的输入张量列表。
- -- output_arrays：用于冻结图形的输出张量列表。

（4）量化模型

通过上述方法转换的模型的默认输出为 32 位浮点型。TensorFlow Lite 还可以使用 Python API 量化模型，将模型的权重量化为 8 位整型并在运行中设置解释器使用量化参数进行推理计算。开发人员可以在调用 convert() 方法前对模型进行量化压缩，在牺牲一定精度的情况下提升处理速度。具体方法是将 optimizations 标志设置为指定大小进行优化。示例如下：

```
converter = tf.lite.TFLiteConverter.from_saved_model(saved_model_dir)
converter.optimizations = [tf.lite.Optimize.OPTIMIZE_FOR_SIZE]
tflite_quant_model = converter.convert()
```

其中 tf.lite.Optimize 参数共有 3 个变量可供选择，包括默认的 DEFAULT，优化延时的 OPTIMIZE_FOR_LATENCY 和优化大小的 OPTIMIZE_FOR_SIZE。

TensorFlow Lite 还支持在训练过程中直接训练量化模型，但需要模型在训练过程中设置“假量化”节点，目前并不推荐使用此模型。

3. 模型推理方法

当开发人员转换好 TensorFlow Lite 模型文件后，就可以将其加载到移动设备或嵌入式设备中，通过解释器对输入的数据进行推理，获得预测结果。

（1）环境部署

TensorFlow Lite 的推理可以运行在 Android 系统、iOS 系统和 Linux 系统上，本节主要介绍如何在 Android 系统和 iOS 系统上部署 TensorFlow Lite。

在 Android 系统中，开发者可以在 Android Studio 或任何 Android 开发 IDE 中部署和使用 TensorFlow Lite。当在应用程序中使用 TensorFlow Lite 时，首先需要在 build.gradle 的依赖中指定 TensorFlow Lite AAR。

```
dependencies {
    implementation 'org.TensorFlow:TensorFlow-lite:0.0.0-nightly'
}
```

TensorFlow Lite AAR 托管在 JCenter 中，它包含了 Android ABI 中的所有二进制文件。为减少最终应用的大小，开发人员可以在 Gradle 配置中仅选定 armeabi-v7a 和 arm64-v8a，这可以涵盖大部分 Android 移动设备：

```
android {
…
defaultConfig {
        ndk {
            abiFilters 'armeabi-v7a', 'arm64-v8a'
            }
        }
}
```

abiFilters 是 Gradle 中对于 NDK 设置的一项属性，用来指定应用程序二进制接口（Application Binary Interface，ABI），它描述了应用程序和操作系统之间的接口。

在 iOS 环境中进行部署时，TensorFlow Lite 分别提供了以 Swift 和 Objective-C 编写的本地 iOS 库。首先需要添加依赖，当使用 CocoaPods 管理依赖时，需要在 Podfile 中添加 TensorFlow Lite pod，然后执行 pod install 命令。

Swift 语言为：

```
use_frameworks!
pod 'TensorFlowLiteSwift'
```

Objective-C 语言为：

```
pod 'TensorFlowLiteObjC'
```

当使用Bazel管理依赖时，需要在BUILD文件中将TensorFlowLite依赖项添加到目标中。

Swift语言为：

```
swift_library(
    deps = [
    "//TensorFlow/lite/experimental/swift:TensorFlowLite",
    ],
)
```

Objective-C语言为：

```
objc_library(
    deps = [
    "//TensorFlow/lite/experimental/objc:TensorFlowLite",
    ],
)
```

完成依赖添加后，调用TensorFlow Lite时还需要导入库。

Swift语言为：

```
import TensorFlowLite
```

Objective-C语言为：

```
#import "TFLTensorFlowLite.h"
```

如果在Xcode项目中设置了CLANG_ENABLE_MODULES = YES，则可以使用：

```
@import TFLTensorFlowLite;
```

（2）推理流程

推理是指在设备上执行TensorFlow Lite模型以基于输入数据进行预测的过程。要使用TensorFlow Lite模型进行推理，你必须用到解释器。TensorFlow Lite解释器旨在实现精简和快速的推理过程。解释器使用静态图排序和自定义（较少动态）内存分配器，以确保负载最小，初始化耗时和执行延迟最低。

TensorFlow Lite解释器可以使用C++、Java和Python进行推理。TensorFlow Lite推理通常遵循以下步骤：

第一步，载入模型。必须将.tflite模型加载到内存中，其中包含模型的执行图。

第二步，转换数据。模型的原始输入数据通常与模型期望的输入数据格式不匹配。例如，可能需要调整图像大小或更改图像格式以与模型兼容。

第三步，运行推理。此步骤涉及使用TensorFlow Lite API执行模型，包括构建解释器和分配张量。

第四步，解释输出。当开发者从模型推理中收到结果时，必须以有意义的方式展示给用户。例如，模型可能只返回概率列表。开发者需要将概率映射到相关类别并将其呈现给最终用户。

下面介绍如何用C++和Java运行TensorFlow Lite模型。

a）使用 C++ 运行 TensorFlow Lite

在 Android 系统或者 iOS 系统上，我们可以使用 C++ 运行推理计算，一般需要执行如下步骤：

第一步，使用 FlatBufferModel 类将模型加载到内存。

第二步，通过 FlatBufferModel 构建解释器。

第三步，设置输入张量大小并更新。

第四步，运行推理。

第五步，读取输出结果。

典型的 C++ 示例如下：

```
// 加载模型
std::unique_ptr<tflite::FlatBufferModel> model =
    tflite::FlatBufferModel::BuildFromFile(filename);

// 构建解释器
tflite::ops::builtin::BuiltinOpResolver resolver;
std::unique_ptr<tflite::Interpreter> interpreter;
tflite::InterpreterBuilder(*model, resolver)(&interpreter);

// 更新输入张量大小
interpreter->AllocateTensors();

// 填充输入
float* input = interpreter->typed_input_tensor<float>(0);

// 运行推理
interpreter->Invoke();

// 读取输出结果
float* output = interpreter->typed_output_tensor<float>(0);
```

以下是上面示例代码中主要方法的解析和注意事项：

- 载入模型的 FlatBufferModel 方法如下：

```
class FlatBufferModel {
    // 通过转换好的 .tflite 模型文件构造，当发生错误时将返回 nullptr
    static std::unique_ptr<FlatBufferModel> BuildFromFile(
        const char* filename,
        ErrorReporter* error_reporter);

    // 通过提前加入内存的 flatbuffer 构造，该 flatbuffer 需要保持到返回对象后才可以释放。当发
       生错误时将返回 nullptr
    static std::unique_ptr<FlatBufferModel> BuildFromBuffer(
        const char* buffer,
        size_t buffer_size,
        ErrorReporter* error_reporter);
};
```

如果 TensorFlow Lite 检测到 Android NN API 的存在，它将自动尝试使用共享内存来存储 FlatBufferModel。

创建好 FlatBufferModel 对象，可以同时使用多个解释器执行它。

在所有实例 Interpreter（解释器）被销毁之前，必须保持 FlatBufferModel 对象有效。

❑ `tflite::InterpreterBuilder(*model, resolver)(&interpreter);`

参数说明：

- `*model`：指向 `FlatBufferModel` 模型对象。
- `resolver`：实现 OpResolver 接口的实例，将 Flatbuffer Model 中引用的操作映射到可执行函数指针（TfLiteRegistrations）。

返回：

返回 kTfLiteOk 并将解释器设置为有效的解释器。

❑ `interpreter->AllocateTensors()`

更新输入张量的大小，设置完张量大小后需要立刻执行该指令。当张量尺寸没有变化时无须使用该方法，返回成功或失败。

❑ `interpreter->Invoke();`

根据依赖顺序运行整个模型。不得从并发线程访问解释器。

b）使用 Java 运行 TensorFlow Lite

在 Android 系统上，我们主要使用 Java 运行推理计算，一般需要执行如下步骤：

第一步，构建解释器。

第二步，运行推理并获取结果。

第三步，释放解释器。

典型的 Java 示例如下：

```
tflite = new Interpreter(tfliteModel, tfliteOptions);
…
tflite.run(input, output);
…
tflite.close()
```

解析和注意事项如下：

❑ `Interpreter(tfliteModel, tfliteOptions)`

参数说明：

- `tfliteModel`：模型的路径或 `MappedByteBuffer`。

在 TensorFlow Lite Java API 中提供了两种构建 `Interpreter` 的方法：

```
public Interpreter(@NotNull File modelFile);// 使用模型文件构建
public Interpreter(@NotNull MappedByteBuffer
mappedByteBuffer);// 使用 MappedByteBuffer 构建
```

- `tfliteOptions`：Interpreter.Options 类型，用于设置解释器的各种参数，包括可以设置 TensorFlow Lite 的运行时，默认为在 CPU 运行，还可以通过如下代码选择 Delegate 技术，在 GPU、NN API 或其他硬件上运行。

在 GPU 上运行：

```
gpuDelegate = new GpuDelegate();
```

```
tfliteOptions.addDelegate(gpuDelegate) ;
```

在 NN API 上运行：

```
nnApiDelegate = new NnApiDelegate();
tfliteOptions.addDelegate(nnApiDelegate) ;
```

- interpreter.run(input, output)

参数说明：

- input：输入数据，可能为数组或多维数组，或者是适当大小的 ByteBuffer。例如输入的图片数据，在输入图片前可能需要根据模型要求调整图片尺寸。可支持 float、int、long、byte、String 格式。
- output：输出结果，可能为数组或多维数组，或者是适当大小的 ByteBuffer，可支持 float、int、long、byte、String 格式。

run() 方法仅接受一个输入，仅返回一个输出。因此，如果模型具有多个输入或多个输出，请改用：

```
interpreter.runForMultipleInputsOutputs(inputs, map_of_indices_to_outputs);
```

在这种情况下，每个输入 inputs 对应于一个输入张量，并将 map_of_indices_to_outputs 输出张量的索引映射到相应的输出数据。

在上述两种情况下，张量索引都应与创建模型时提供给 TensorFlow Lite Converter 的值相对应。

请注意，张量的顺序 input 必须与给 TensorFlow Lite Converter 的顺序匹配。该解释器还为开发人员提供了获取使用操作名称的索引，以方便调用：

```
public int getInputIndex(String opName);
public int getOutputIndex(String opName);
```

- title.close 解释器会占用资源。为了避免内存泄漏，必须通过 close() 方法释放资源。

4.3.2　PyTorch Mobile

1. 概述

2017 年，Facebook 公司宣布发布深度学习框架 PyTorch。PyTorch 的前身是 Torch，其底层和 Torch 框架一样，采用 Python 作为主要开发语言，不仅更加灵活，支持动态图，而且提供了 Python 接口，使得搭建网络和调试网络非常方便。

为了提供最佳的用户体验，增强部署能力，从 PyTorch 1.0 版本之后 Facebook 公司将原来的 PyTorch 与 Caffe 2 进行了合并。Caffe 2 的重点是性能和跨平台部署，而 PyTorch 则专注于快速原型开发和研究的灵活性。PyTorch 1.3 版本中增加了 PyTorch Mobile，支持从 Python 到在 iOS 和 Android 上部署的端到端工作流，满足将 AI 能力部署在终端上运行，满足更低时延的需求。

PyTorch Mobile 的最新版本为 1.4.0，支持在 ARM CPU 执行移动终端推理。虽然暂时不支持 GPU 和其他硬件加速单元，但它仍然提供了量化神经网络内核库（Quantized Neural Networks PACKage，QNNPACK）对模型进行量化处理和加速。QNNPACK 是一款由 Facebook 开源的，针对移动 AI 进行优化的高性能内核库。这个库加速了多项操作，包括高级神经网络架构所使用的深度卷积。QNNPACK 的目标是为高级深度学习框架提供低级性能原语（low-level performance primitive）。QNNPACK 已经被集成到 Facebook 的一系列应用程序中。

开发人员还可以使用 Java 语言或者 C++ 语言开发 PyTorch，开发流程如图 4-12 所示。

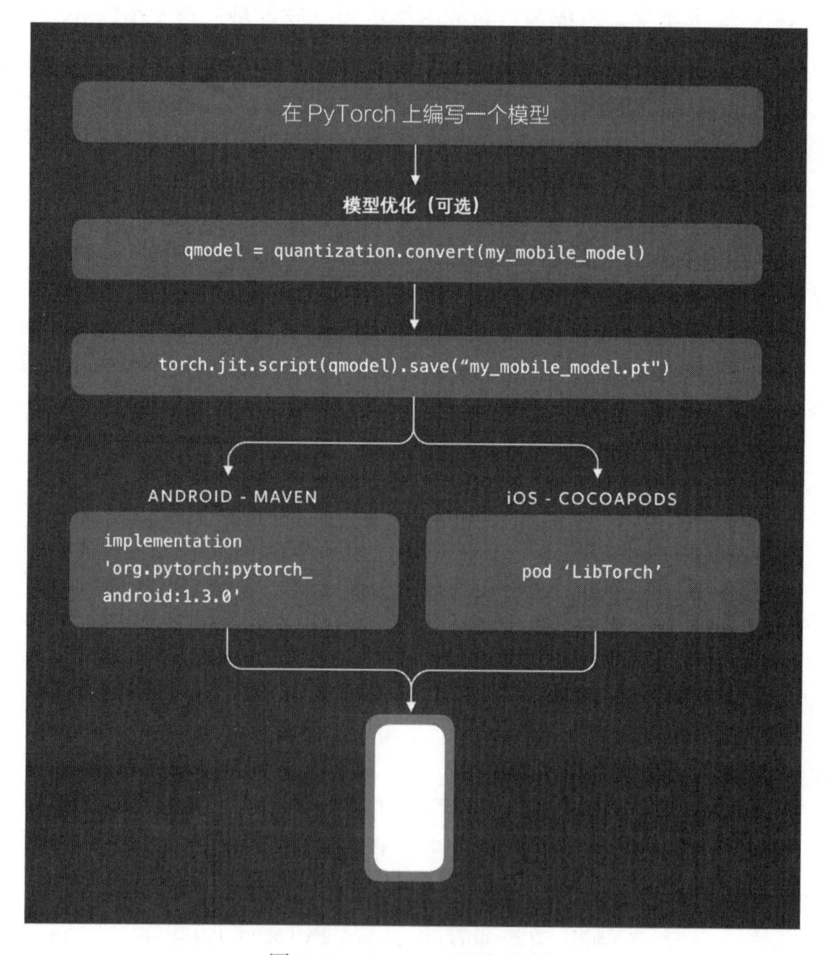

图 4-12　PyTorch 开发流程

详细步骤如下：

第一步，在 PyTorch 中编写神经网络模型并进行训练。

第二步，根据需要在 PyTorch 中将训练好的模型进行量化压缩（可选）。

第三步，保存预训练模型为 .pt 格式，作为终端部署用的神经网络模型。

第四步，分别通过 Android 或 iOS 库将模型集成在移动应用程序中，部署在移动终端上运行。

2. 模型转换方法

PyTorch 作为人工智能深度学习框架，提供神经网络模型编写功能，生成 .pt 格式模型。PyTorch Mobile 则可以支持使用 .pt 格式模型作为神经网络模型在终端上运行。除 PyTorch 的 .pt 格式模型外，还可以导出 ONNX 模型在其 ONNX 运行时环境下运行。

开发人员要想使用 PyTorch 的神经网络模型，首先需要安装 PyTorch 环境。PyTorch 可以通过 Python 的 pip 命令安装在 Linux、Mac 或者 Windows 系统上。

如果在 Linux 系统上安装，命令如下：

```
pip install torch==1.4.0+cu92 torchvision==0.5.0+cu92 -f
```

其他安装方法可以访问 https://pytorch.org/get-started/locally/ 了解。

（1）序列化模型

序列化模型指将编写的 PyTorch 模型保存为文件格式。在 PyTorch 中，使用如下 Python 指令即可将训练好的模型序列化为离线的 .py 模型文件：

```
torch.jit.save(m, f, _extra_files=ExtraFilesMap{})
```

参数说明：

- m：需要转换的 PyTorch 脚本模型，可以为一个 torch.jit.script（obj）对象。
- f：输出的 .py 模型名。
- _extra_files：需要存入模型文件中的额外文件（可选）。

（2）量化模型

PyTorch Mobile 获得量化模型比较复杂，在 PyTorch 训练模型阶段就需要进行相关转换操作。PyTorch 提供三种获得量化模型的方法：训练后动态量化（post training dynamic quantization），训练后静态量化（post training static quantization）和模拟量化训练（quantization aware training）。在完成量化设置和训练后，通过如下指令将模型的权重和参数从 float 型转换为 int 型。

```
torch.quantization.convert(module, mapping=None, inplace=False)
```

参数说明：

- module：需要量化的原始模型。
- mapping：float 模型类型和量化模型类型的映射。
- inplace：允许修改原始模型。

量化模型的转换会使模型尺寸更小，推理速度更快。完成模型量化后再执行模型序列

化获得 .py 模型。

3. 模型推理方法

PyTorch Mobile 可以分别在 Android 系统和 iOS 系统终端上进行推理任务。

在 Android 系统上，开发人员可以通过 PyTorch Android API 进行集成。开发环境推荐使用 Android Studio 3.5.1 及 Android Gradle Plugin 3.5.0 及以上版本，同时安装 Android NDK。此外，开发项目还需要依赖 org.pytorch:pytorch_android:1.3.0 库。

在 iOS 系统上，开发人员可以使用 PyTorch C++ API 的 LibTorch 库进行集成。

PyTorch Mobile 的推理过程可以通过读取图像、加载模型、准备输入、运行推理和处理结果五个步骤实现，如图 4-13 所示。

图 4-13　PyTorch 推理流程图

下面介绍在 Android 系统中的开发过程。

1）获取待处理图片。可以将图片数据赋值给一个 bitmap 对象备用。

```
Bitmap bitmap = BitmapFactory.decodeStream(InputStream is);
```

参数说明：

is：输入图片数据，类型为 InputStream。

返回：

bitmap 对象。

2）加载 PyTorch 模型，创建一个 Module 类的对象。

```
Module module = Module.load(modelPath);
```

Module 类在依赖的 org.pytorch 库中，该类封装了 torch::jit::script::Module 中的功能。通过 load 命令加载 assets 资源路径下的 .pt 模型。load 方法如下：

```
public static Module load(final String modelPath) {
    if (!NativeLoader.isInitialized()) {
        NativeLoader.init(new SystemDelegate());
    }
    return new Module(new NativePeer(modelPath));
}
```

参数说明：

modelPath：为模型路径。

返回：

返回一个 Module 类型的对象。

3）建立一个 Tensor 类型的输入张量。将输入的 Bitmap 图片转换为浮点型 Tensor。

```
Tensor inputTensor =
TensorImageUtils.bitmapToFloat32Tensor(bitmap,
TensorImageUtils.TORCHVISION_NORM_MEAN_RGB,
TensorImageUtils.TORCHVISION_NORM_STD_RGB);
```

使用 TensorImageUtils.bitmapToFloat32Tensor 方法可以将输入的图片传入输入张量。TensorImageUtils 类在依赖的 org.pytorch.torchvision 库中，使用该方法返回一个 Tensor 类的对象。bitmapToFloat32Tensor 方法原型如下：

```
public static Tensor bitmapToFloat32Tensor(
        final Bitmap bitmap, final float[] normMeanRGB, final float normStdRGB[]) {
    checkNormMeanArg(normMeanRGB);
    checkNormStdArg(normStdRGB);

    return bitmapToFloat32Tensor(
        bitmap, 0, 0, bitmap.getWidth(), bitmap.getHeight(), normMeanRGB, normStdRGB);
}
```

参数说明：

- bitmap：输入的图片。
- normMeanRGB：图像均值，用于将图像在 RGB 通道上进行归一化处理，内容为按 RGB 顺序排列的 3 个参数，其中 TORCHVISION_NORM_MEAN_RGB 如下：

```
public static float[] TORCHVISION_NORM_MEAN_RGB = new float[]{0.485f, 0.456f, 0.406f};
```

- normStdRGB：图像方差，用于将图像在 RGB 通道上进行归一化处理，内容为按 RGB 顺序排列的 3 个参数，其中 TORCHVISION_NORM_STD_RGB 如下：

```
public static float[] TORCHVISION_NORM_STD_RGB = new float[]{0.229f, 0.224f, 0.225f};
```

返回：

返回一个 Tensor 类型的对象。

4）运行推理，使用获得的 Tensor 进行推理：

```
Tensor outputTensor = module.forward(IValue.from(inputTensor)).toTensor();
```

forward 方法属于 Module 类，在依赖的 org.pytorch 库中。该方法原型如下：

```
public IValue forward(IValue... inputs) {
    return mNativePeer.forward(inputs);
}
```

参数说明：

inputs：输入张量，在 PyTorch Mobile 的 Java API 中，张量变量都保存在 IValue 类中。IValue 类在依赖的 org.pytorch 库中。

返回：

返回一个 IValue 变量，该变量存储了推理结果，可以赋值给用于处理输出的 Tensor 张量。

5）获取推理结果：

```
float[] scores = outputTensor.getDataAsFloatArray();
```

PyTorch Mobile 通过 getDataAsFloatArray() 方法返回每种分类的可能概率并存储在数组中，数组的索引号用于关联标签文件。开发人员可以通过概率最高的分类索引找到对应的分类。当调用的数据类型不是 float 类型时会报异常。方法原型如下：

```
public float[] getDataAsFloatArray() {
    throw new IllegalStateException(
        "Tensor of type " + getClass().getSimpleName() + " cannot return data as
        float array.");
}
```

4.3.3 Paddle Lite

1. 概述

Paddle Lite 是由百度推出并开源的轻量级推理框架，旨在支持广泛的硬件和设备，并支持在多个设备上混合执行单个模型，在各个阶段进行优化以及在设备上进行重量加权的应用程序。重点支持移动端推理预测，具有高性能、多硬件、轻量级的特点。

图 4-14 是 Paddle Lite 的设计框架图，使用 Paddle Lite 进行推理主要分为模型适配、模型分析阶段和模型执行阶段。Paddle Lite 支持 PaddlePaddle/TensorFlow/Caffe/ONNX 模型的推理部署，提供了 X2Paddle 工具，可将 Caffe、TensorFlow 模型转换成 Paddle 模型。

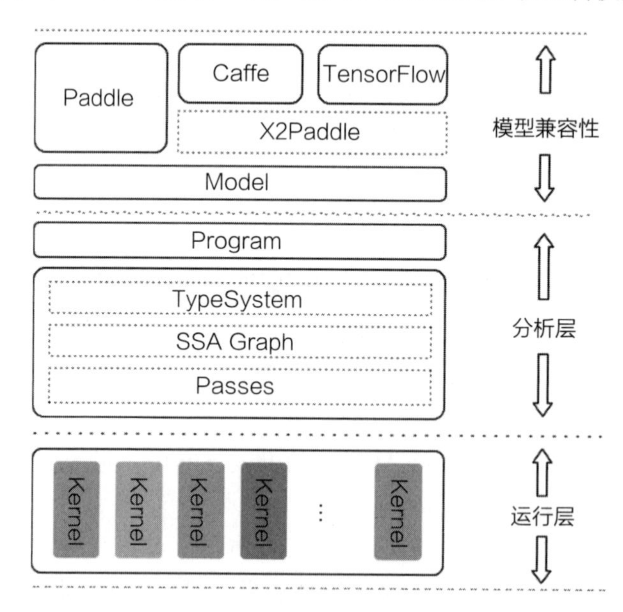

图 4-14　Paddle Lite 设计框架图

截至 2020 年 9 月，Paddle Lite 已经支持 ARM CPU、Mali GPU、Adreno GPU、Huawei

NPU、FPGA、X86 CPU、NVIDIA GPU、Cambricon 和 Bitmain 的 AI 微芯片等多款硬件，相关硬件性能业内领先。

Paddle Lite 的高性能来源于两方面：一是内核优化；二是框架执行。百度对相应硬件上的内核通过指令集、操作熔合、算法改写等方式进行了深入优化。在框架执行方面，通过简化算子和内核的功能，使得执行期的框架开销极低，目前已经支持 ARM CPU 和 ARM GPU 的内核自动混合调度，并验证了 X86 CPU 和 NVIDIA GPU 间的混合调度。

2. 模型转化方法

（1）转化工具编译

在进行 Paddle Lite 模型转换之前，需要针对开发人员的目标机器对 Paddle Lite 推理框架进行交叉编译，生成目标机器上的动态库及模型转化工具。Paddle Lite 提供了移动端的一键源码编译脚本 lite/tools/build.sh，编译流程如下。

1）交叉编译环境配置：百度提供了 Paddle Lite 的 Docker 交叉编译环境和 Linux 交叉编译环境。

2）编译：百度提供了 Paddle Lite 的一键编译脚本 build.sh，调用 build.sh 脚本一键编译即可。

目前百度支持三种编译的环境：Docker 容器环境、Linux（推荐 Ubuntu 16.04）环境和 Mac OS 环境。

① Docker 环境配置

Docker 是一个开源的应用容器引擎，使用沙箱机制创建独立容器，方便运行不同程序。开发人员需要安装好 Docker，准备 Docker 镜像。

有两种方式可用于准备 Docker 镜像，如下面的代码所示。推荐采用方式一。

方式一：从 Dockerhub 直接拉取 Docker 镜像。

```
docker pull paddlepaddle/paddle-lite:2.0.0_beta
```

方式二：使用本地源码编译 Docker 镜像。

```
git clone https://github.com/PaddlePaddle/Paddle-Lite.git
cd Paddle-Lite/lite/tools
mkdir mobile_image
cp Dockerfile.mobile mobile_image/Dockerfile
cd mobile_image
docker build -t paddlepaddle/paddle-lite .
```

镜像编译成功后，可以使用 `docker images` 命令，能够看到 `paddlepaddle/paddle-lite` 镜像。拉取 Paddle Lite 仓库代码的上层目录，执行如下代码，进入 Docker 容器：

```
docker run -it \
    --name paddlelite_docker \
    -v $PWD/Paddle-Lite:/Paddle-Lite \
    --net=host \
    paddlepaddle/paddle-lite /bin/bash
```

该命令将容器命名为paddlelite_docker，将当前目录下的Paddle-Lite文件夹挂载到容器中的/Paddle-Lite根目录下，并进入容器中。至此，完成Docker环境的准备。

② Linux环境配置

百度支持在移动终端和嵌入式开发板上使用Paddle Lite推理框架，当前移动终端操作系统主要分为Android和iOS系统，百度分别提供了相应的交叉编译环境配置方案。对于在Android系统上使用Paddle Lite推断框架，交叉编译环境要求如下：

- gcc、g++、git、make、wget、python、adb等软件包。
- Java运行环境。
- cmake（建议使用3.10或以上版本）软件包。
- Android NDK，建议使用ndk-r17c软件包。

此处以Ubuntu为例，其他Linux发行版与之类似，具体步骤如下。

i. 安装基础软件：

```
apt update
apt-get install -y --no-install-recommends \
    gcc g++ git make wget python unzip adb curl
```

ii. 准备Java环境：

```
apt-get install -y default-jdk
```

iii. 安装cmake 3.10或以上版本：

```
wget -c https://mms-res.cdn.bcebos.com/cmake-3.10.3-Linux-x86_64.tar.gz && \
    tar xzf cmake-3.10.3-Linux-x86_64.tar.gz && \
    mv cmake-3.10.3-Linux-x86_64 /opt/cmake-3.10 && \
    ln -s /opt/cmake-3.10/bin/cmake /usr/bin/cmake && \
    ln -s /opt/cmake-3.10/bin/ccmake /usr/bin/ccmake
```

iv. 在Linux-x86_64上安装Android NDK，如果NDK已经安装，就跳过这一步，推荐使用android-ndk-r17c-darwin-x86_64软件包，下载链接为https://developer.android.com/ndk/downloads。

```
cd /tmp && curl -O
https://dl.google.com/android/repository/android-ndk-r17c-linux-x86_64.zip
cd /opt && unzip /tmp/android-ndk-r17c-linux-x86_64.zip
```

v. 添加环境变量：

```
echo "export NDK_ROOT=/opt/android-ndk-r17c" >> ~/.bashrc
source ~/.bashrc
```

至此，我们完成了在Android系统上运行Paddle Lite推理框架的Linux交叉编译环境的准备工作。

③ 苹果Mac OS环境部署

在iOS操作系统上运行Paddle Lite推理框架，需要在苹果的Mac OS环境上配置交叉编译环境。百度提供了苹果Mac OS系统上对Android和iOS系统的交叉编译环境配置方案。交叉编译环境要求如下：

- gcc、git、make、curl、unzip、java 等软件包。
- cmake 软件包，Android 交叉编译请使用 3.10 版本，iOS 交叉编译请使用 3.15 版本。
- Android 交叉编译需要安装 Android NDK，建议使用 ndk-r17c 版本。
- iOS 交叉编译需要安装苹果的 XCode IDE 环境，版本为 10.1 以上。

具体步骤如下：

i. 安装基础软件：

```
brew install curl gcc git make unzip wget
```

ii. 安装 cmake，在 Mac 上实现 iOS 编译和 Android 上编译要求的 cmake 版本不一致，可以根据需求选择安装。在 Mac 环境下编译 Paddle Lite 的 Android 版本，需要安装 cmake 3.10，可以手动下载安装包 https://cmake.org/files/v3.10/cmake-3.10.3-darwin-x86_64.dmg，手动安装 cmake 3.10 后，设置环境变量命令如下：

```
echo "PATH=/Applications/CMake.app/Contents/bin:$PATH" >> ~/.bash_profile
source ~/.bash_profile
```

在 Mac 环境下编译 Paddle Lite 的 iOS 版本，需要安装 cmake 3.15，安装命令如下：

```
brew install cmake
```

iii. 下载 Mac 上的 Android NDK，推荐版本为 android-ndk-r17c-darwin-x86_64，下载链接为 https://developer.android.com/ndk/downloads。命令行操作指令如下所示：

```
cd ~/Documents && curl -O https://dl.google.com/android/repository/android-ndk-
r17c-darwin-x86_64.zip
cd ~/Library && unzip ~/Documents/android-ndk-r17c-darwin-x86_64.zip
```

iv. 配置环境变量：

```
echo "export NDK_ROOT=~/Library/android-ndk-r17c" >> ~/.bash_profile
source ~/.bash_profile
```

v. 安装 Java 环境：

```
brew cask install java
```

至此，就完成了 Mac 交叉编译环境的准备。需要注意的是，在 Mac 上编译 Paddle Lite 时，Paddle Lite 所在路径中不可以含有中文字符。

交叉编译环境配置成功之后，即可进行第二步，对 Paddle Lite 推理框架进行编译。首先下载源码，指令如下：

```
git clone https://github.com/PaddlePaddle/Paddle-Lite.git
cd Paddle-Lite
git checkout <release-version-tag>
```

然后编译脚本，执行如下命令：

```
./lite/tools/build.sh
```

编译脚本支持 tiny_publish、full_publish、test 三种编译模式，详细介绍如表 4-3 所示，使用 Paddle Lite 的开发人员只需要关心前两种模式即可。

表 4-3　推理框架编译参数 1

编译模式	介　绍	适用对象
tiny_publish	编译移动端部署库，无第三方依赖	用户
full_publish	编译移动端部署库，有第三方依赖，如 protobuf、glags 等，含有可将模型转换为无须 protobuf 依赖的 naive_buffer 格式的工具，供 tiny_publish 库使用	用户
test	编译指定 arm_os、arm_abi 下的移动端单元测试	框架开发人员

编译脚本 ./lite/tools/build.sh 可以追加参数，具体说明如表 4-4 所示。

表 4-4　推理框架编译参数 2

参数	介　绍	值
–arm_os	必选，选择安装平台	android、ios、ios64、armlinux
–arm_abi	必选，选择编译的 ARM 版本，其中 armv7hf 为 ARMLinux 编译时选用	armv8、armv7、armv7hf
–arm_lang	arm_os=android 时必选，选择编译器	gcc、clang
–android_stl	arm_os=android 时必选，选择静态链接 STL 或动态链接 STL	c++_static、c++_shared
–build_extra	可选，用于设置是否编译控制流相关 Op、Kernel（编译 Demo 时必须设置为 ON）	ON、OFF
target	必选，选择编译模式，tiny_publish 为编译移动端部署库、full_publish 为带依赖的移动端部署库、test 为移动端单元测试、iOS 为编译 iOS 端 tiny_publish	tiny_publish、full_publish、test、ios

Android 平台上使用追加参数编译 tiny_publish 模式的 Paddle Lite 动态库，示例代码如下所示：

```
./lite/tools/build.sh \
  --arm_os=android \
  --arm_abi=armv8 \
  --arm_lang=gcc \
  --android_stl=c++_static \
  tiny_publish
```

iOS 平台上使用追加参数编译 tiny_publish 模式的 Paddle Lite 动态库，示例代码如下所示：

```
./lite/tools/build.sh \
  --arm_os=ios64 \
  --arm_abi=armv8 \
  ios
```

使用 Mac 环境编译 iOS 时，cmake 版本需要高于 cmake 3.15；在 Mac 环境上编译 Android 时，cmake 版本需要设置为 cmake 3.10。

iOS tiny publish 支持的编译选项如下：

- --arm_os：可选 ios 或者 ios64。
- --arm_abi：可选 armv7 和 armv8，当 arm_os=ios 时只能选择 arm_abi=armv7，当 arm_os= ios64 时只能选择 arm_abi=armv8。

（2）模型转换命令

Paddle Lite 推理框架目前支持的模型结构为 PaddlePaddle 深度学习框架产出的模型格式。因此，在开始使用 Paddle Lite 推理框架前，开发人员需要准备一个由 PaddlePaddle 框架保存的模型。PaddlePaddle 项目提供了很多训练好的模型，可以直接下载使用。

如果开发人员手中的模型是由诸如 Caffe 2、TensorFlow 等框架产出的，则需要使用 X2Paddle 工具进行模型格式转换。

X2Paddle 支持将 Caffe/TensorFlow 模型转换为 PaddlePaddle 模型。目前 X2Paddle 支持 40+ 的 TensorFlow OP，40+ 的 Caffe Layer，覆盖了大部分 CV 分类模型常用的操作。X2Paddle 支持的模型转化参考 https://github.com/PaddlePaddle/X2Paddle/blob/develop/x2paddle_model_zoo.md。

X2Paddle 是一个 Python 包，在 Python 的环境中直接通过如下命令安装：

```
pip install x2paddle
```

安装最新版本的 X2Paddle，使用如下命令：

```
pip install git+https://github.com/PaddlePaddle/X2Paddle.git@develop
```

对于 Caffe 格式的模型，模型转化方法如下：

```
x2paddle --framework caffe \
         --prototxt model.proto \
         --weight model.caffemodel \
         --save_dir paddle_model
```

对于 TensorFlow 格式的模型，模型转化方法如下：

```
x2paddle --framework TensorFlow \
    --model model.pb \
    --save_dir paddle_model
```

执行模型转化命令后，在指定的 save_dir 下生成两个目录：

- inference_model：模型结构和参数均序列化保存的模型格式。
- model_with_code：保存了模型参数文件和模型的 Python 代码。

3. 模型推理方法

模型在移动端设备推理前可以进行优化，Paddle Lite 提供了丰富的优化组件，其中包括量化、子图融合、混合调度、内核优选等策略。为了使优化过程更加方便易用，Paddle

Lite 提供了 Model Optimize Tool 来自动完成优化步骤，输出一个轻量的、最优的可执行模型。具体使用方法如下：

```
./model_optimize_tool \
    --model_dir=<model_param_dir> \
    --model_file=<model_path> \
    --param_file=<param_path> \
    --optimize_out_type=(protobuf|naive_buffer) \
    --optimize_out=<output_optimize_model_dir> \
    --valid_targets=(arm|opencl|x86) \
    --prefer_int8_kernel=(true|false) \
    --record_tailoring_info =(true|false)
```

参数说明如表 4-5 所示。

表 4-5 model_optimize_tool 工具的参数说明

选项	说 明
--model_dir	待优化的 fluid 模型（非 combined 形式）的路径，其中包括网络结构文件和一个个单独保存的权重文件
--model_file	待优化的 fluid 模型（combined 形式）的网络结构路径
--param_file	待优化的 fluid 模型（combined 形式）的权重文件路径
--optimize_out_type	输出模型类型，目前支持两种类型：protobuf 和 naive_buffer，其中 naive_buffer 是一种更轻量级的序列化 / 反序列化实现。如果需要在 mobile 端执行模型预测，请将此选项设置为 naive_buffer。默认为 protobuf
--optimize_out	优化模型的输出路径
--valid_targets	指定模型可执行的 backend，目前可支持 x86、ARM、OpenCL，你可以同时指定多个 backend（以空格分隔），Model Optimize Tool 将会自动选择最佳方式。默认为 ARM
--prefer_int8_kernel	若待优化模型为 int8 量化模型（如量化训练得到的量化模型），则设置该选项为 true 以使用 int8 内核函数进行推理加速，默认为 false
--record_tailoring_info	当使用根据模型裁剪库文件的功能时，则设置该选项为 true，以记录优化后模型含有的 Kernel 和 Op 信息，默认为 false

注：如果待优化的 fluid 模型是非 combined 形式的，则需要设置 --model_dir，忽略 --model_file 和 --param_file。如果待优化的 fluid 模型是 combined 形式的，则需要设置 --model_file 和 --param_file，忽略 --model_dir。优化后的模型包括 __model__.nb 和 param.nb 文件。

如果通过 Model Optimize Tool 获取到了优化后的模型，那么使用优化模型进行预测也十分简单。为了方便使用，Paddle Lite 进行了良好的 API 设计，我们以 C++ API 为例进行说明，开发人员只需要简单的五步即可使用 Paddle Lite 在移动端完成模型推理。

1）声明 MobileConfig。在 config 中可以设置从文件加载模型，也可以设置从 memory 加载模型。从文件加载模型需要声明模型文件路径，如 config.set_model_dir(FLAGS_model_dir)；从 memory 加载模型现只支持加载优化后模型的 naive buffer，实现方法如下：

```
void set_model_buffer(model_buffer,model_buffer_size,param_buffer,param_buffer_size)
```

2）创建 Predictor。Predictor 即为 Lite 框架的预测引擎，为了方便用户使用，我们提供了 CreatePaddlePredictor 接口，用户只需要简单地执行一行代码即可完成预测引擎的初始化：

```
std::shared_ptr<PaddlePredictor> predictor = CreatePaddlePredictor(config)
```

3）准备输入。执行 predictor->GetInput(0)，开发人员将会获得输入的第 0 个域，同样地，如果开发人员的模型有多个输入，那可以执行 predictor->GetInput(i) 来获取相应的输入变量。得到输入变量后，用户可以使用 Resize 方法指定其具体大小，并填入输入值。

4）执行预测。开发人员只需要执行 predictor->Run()，即可使用 Lite 框架完成预测。

5）获取输出。与输入类似，开发人员可以使用 predictor->GetOutput(i) 来获得输出的第 i 个变量。开发人员可以通过其 shape() 方法获取输出变量的维度，通过 data<T>() 方法获取其输出值。

为了使开发人员更好地了解并使用 Lite 框架，Paddle Lite 开放了 Lite Model Debug Tool 和 Profile Monitor Tool。Lite Model Debug Tool 可以用来查找 Paddle Lite 框架与 PaddlePaddle 框架在执行预测时模型中的对应变量值是否有差异，进一步快速定位问题操作符，方便复现与排查问题。Profile Monitor Tool 可以帮助开发者了解每个操作符的执行时间消耗，它会自动统计操作符执行的次数，以及最长、最短、平均执行时间等信息，为性能调优提供基础参考。

4.3.4　VCAP

1. 概述

VCAP（vivo Computation Acceleration Platform）是 vivo 公司自主开发的移动端 AI 推理框架。VCAP AI 计算加速平台支持使用 Android 操作系统的终端，目前主要部署在 vivo 品牌手机上提供 AI 加速能力，比如为 vivo 手机的 AI 相册提供 AI 抠图功能，或者为 vivo Jovi 智能语音助手提供 AI 加速功能。VCAP AI 计算加速平台满足了 vivo 自身产品线的需求，它还是一款支持跨平台的产品，可以支持高通、MTK、三星等平台方案，属于通用人工智能推理框架。

VCAP 由 VCAP SDK 和 VCAP Tools 两部分组成，按照架构由上而下主要分为 4 个部分，包括模型层、工具层、框架层、运行时层。其中 VCAP Tools 为模型层和工具层提供工具，VCAP SDK 则负责处理框架层和运行时层相关功能，如图 4-15 所示。

模型层用于进行模型转换，VCAP 平台使用的模型为 vaim 格式，开发人员可以通过 VCAP Tools 工具将 TensorFlow、Caffe、PyTorch 等主流深度学习框架模型进行转换。模型转换工具采用了图优化、内存重排等方式，更好地支撑底层计算加速。

工具层提供了丰富的工具集，包括模型量化压缩工具、加密工具、评测工具、图像库、音频库。量化压缩工具用来对 vaim 模型进行量化和压缩处理，通过降低模型参数精度来获得更快的处理速度，并大幅减小模型占用的存储空间。加密工具是 VCAP 平台提供的特色功能，可以使用多种加密算法对模型进行加密处理，防止模型文件泄露，提高模型文件的隐私性，保护开发人员，尤其是使用自定义模型的开发人员的权益。评测工具会提供对平台和算法在性能、精度、功耗等维度的性能评测，可以很方便地对算法和芯片的能力进行度量。图像、语音库提供了常用的预处理和后处理操作 API，供开发人员直接调用。vivo 提供可视化工具，可以让开发人员查看模型结构，方便对模型进行分析和调试。

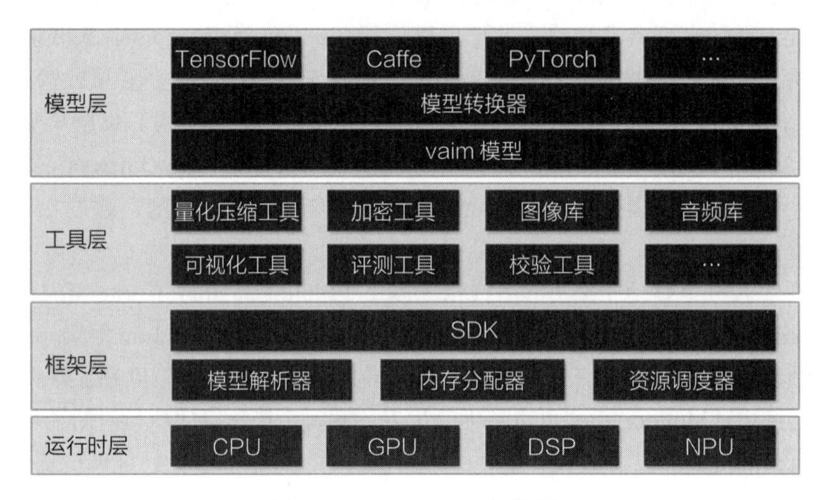

图 4-15 vivo VCAP 架构图

框架层由 VCAP SDK 实现，主要完成模型解析、内存管理、网络构建以及资源调度的任务。VCAP 为了实现算法在移动端更高效地运行，在这些处理过程中使用了多种深度优化方案。

- 算子优化：VCAP 使用了算子融合技术，将细粒度的算子合并成一个大的算子，减少计算时内存访问的次数，提升整体运行性能；对于卷积这类算子，为了更好地利用每个 CPU 核的寄存器，针对不同大小的卷积核，VCAP 采用了定制化实现方案。
- 内存优化：VCAP 使用内存复用技术，减小进程内存的占用。在模型解析的过程中，对于中间层的结果采用预先内存分配的方式，减少运行时内存分配的耗时。
- 调度优化：VCAP 采用了多线程调度的方式，尽可能发挥多核处理器的性能。
- 计算优化：VCAP 使用数据重排技术，预先对数据进行重排，优化数据排列，提升并行计算效率；VCAP 还采用低精度计算方式，降低数据传输带宽和内存占用，提升运行性能。

运行时层目前可以支持 CPU、GPU、DSP 等硬件进行推理计算，同时采用 Neon、OpenCL、HVX（Hexagon Vector eXtension，向量扩展内核）等优化技术对神经网络算子进行并行计算加速。

在 Android 终端上部署 vivo VCAP 移动端 AI 计算加速平台需要完成两个阶段的工作（见图 4-16）：一是离线进行模型的转换，二是在终端上进行模型的推理。

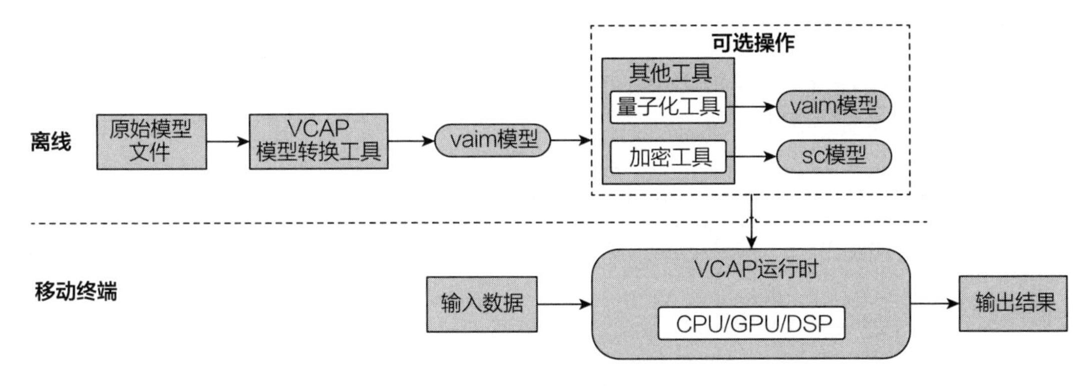

图 4-16　vivo VCAP 工作流程

模型的转换工作可以在高性能 PC 上完成，主要使用 vivo 提供的 VCAP Tools 将深度学习训练框架的预训练模型转换为 VCAP 支持的 vaim 模型格式。同时开发人员还可以根据需要将模型进行量化或者加密处理，该步骤为可选步骤。VCAP 提供的加密工具也支持对 vaim 量化模型进行加密。

模型转换获得 vaim 格式模型后，开发人员可以将 vaim 模型部署到终端上进行推理，通过传入输入数据，选择运行时，加载和执行模型，最后获取输出结果。

2. 模型转换方法

vivo VCAP 提供模型转换工具和模型加密工具。模型转换工具支持对 TensorFlow、Caffe、PyTorch 格式的神经网络模型进行转换，转换后的模型为 vaim 格式。加密工具则能对转换后的 vaim 格式模型进行加密，输出为 sc 格式模型。

（1）获取模型转换工具

vivo 为开发人员提供了一个大小为 500MB 左右的 VCAP Tools 压缩包，可以在 vivo 的官方网站上找到下载链接，地址为 https://dev.vivo.com.cn/documentCenter/doc/204。在 VCAP Tools\vcaptools\build\tools 路径下可以找到 converter 模型转换工具和 encrption 加密工具，如图 4-17 所示。

进行模型转换还需要准备如下环境配置：

- 开发环境推荐使用 Linux Ubuntu 14.04。
- 安装 TensorFlow，推荐版本 r1.9。
- 安装 Caffe，推荐版本 1.0.0。
- 安装 PyTorch，推荐版本 0.4.0。
- 安装 Python，推荐版本 2.7.6。
- 安装 Protobuf 推荐版本 3.5.0（需要支持 Python 和 C++）。

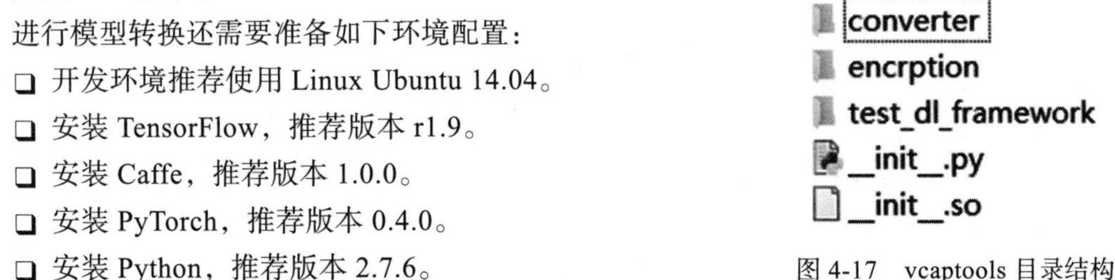

图 4-17　vcaptools 目录结构

此外，为了方便开发者使用，在 VCAP Tools 中还为用户提供了 Docker 镜像，开发人员可以根据 README 文件中的提示进行安装和使用。

（2）模型转换

运行 converter\script 目录下的 convert_to_vaim.py 命令可以完成对应模型的转换操作。

- TensorFlow 模型转换：

```
$python convert_to_vaim.py --src_framework tf
        --frozen_pb../Models/mobilenet.pb
        --input_shape 224 224 3
        --input_name input
        --output_name prediction
        --dst_path mobilenet.vaim
        --fuse_activation
        --fuse_bn
        --reoder_weights
```

参数说明：

- --src_framework：（必选）被转换模型的框架，TensorFlow 框架为 tf。
- -- frozen_pb：转换的 TensorFlow 模型文件。
- --input_shape：（必选）模型的输入图形维度。
- --input_name：模型输入节点名称。
- --output_name：输出节点名称。
- --dst_path：输出的 vaim 模型的路径和名称。
- --fuse_activation：融合激活操作。
- --fuse_bn：融合 bn 操作。
- --reoder_weights：重排权重，将 NxCxHxW 变为 N/4xC/4xHxWx4x4。
- Caffe 模型转换：

```
$python convert_to_vaim.py --src_framework caffe
         --network ../Models/mobilenet_deploy.prototxt
         --weights ../Models/mobilenet.caffemodel
         --input_shape 3 224 224
          --dst_path mobilenet-caffe.vaim
```

参数说明：

- --src_framework：（必选）被转换模型的框架，Caffe 框架为 caffe。
- -- network：转换的 Caffe 模型文件。
- --weights：转换的 Caffe 权值文件。
- --input_shape：（必选）模型的输入图形维度。
- --dst_path：输出的 vaim 模型路径和名称。
- PyTorch 模型转换：

```
$python convert_to_vaim.py --src_framework pytorch
--network ../Models/sr.pth
--input_shape 3 512 512
--dst_path mobilenet-pytorch.vaim
```

参数说明：

- `--src_framework`：（必选）被转换模型的框架，PyTorch 框架为 pytorch。
- `-- network`：转换的 PyTorch 模型文件。
- `--input_shape`：（必选）模型的输入图形维度。
- `--dst_path`：输出的 vaim 模型路径和名称。

（3）模型加密

运行 encrption 目录下的 convert_model_2sc.py 命令可以完成对应模型的转换操作：

```
$python convert_model_2sc.py --model mobilenet.vaim --sc mobilenet.sc --t 0
```

参数说明：

- `--model`：需要加密的 vaim 模型文件。
- `--sc`：输出加密文件的路径。
- `--t`：模型文件的校验算法，0 代表 crc32。

注意，crc32 是循环冗余校验（Cyclic redundancy check 32），常用于数据储存和数据通信领域，从性能和开销上考虑是一种非常优秀的文件校验算法。

3. 模型推理方法

vivo VCAP 平台可以使用 C++ 和 Java 语言的 API 执行模型推理，使用这两种语言进行开发的流程相同，下面主要介绍使用 Java 语言开发的方法。

（1）环境部署

在移动端部署 vivo VCAP 的开发工作还需要配置如下开发环境：

- 安装 Android Studio，推荐使用 2.3 或更高版本。
- 安装 NDK，推荐使用 NDK r14b 或更高版本。
- 安装 JDK，推荐使用 1.8 版本。

在 Android 项目中还需要使用 VCAP SDK 提供的 jar 包和 so 库。

首先，开发人员可以在 VCAP SDK\SDK\android\libs 路径下找到所需 jar 包和 so 库，如图 4-18 所示。

名称
arm64-v8a
armeabi-v7a
vivo_vcap_V2.4.1

图 4-18　VCAP 依赖包

然后需要在 Android 项目中添加依赖：

```
android {
    ...
    defaultConfig {
        ...
        ndk {
            abiFilters "armeabi-v7a"
            abiFilters "arm64-v8a"
        }
    }

    ...

    aaptOptions {
```

```
            noCompress "vaim"// 如果模型使用 mmap 加载方式，需要加非压缩标志
        }

    }

    dependencies {
        ...
            files('libs/vivo_vcap_V2.4.1.jar')
    }
```

（2）实现推理

第一步，创建 VcapBuilder 神经网络对象，VcapBuilder 为 SDK 提供的 jar 包中的类，用于构造网络，可以加载模型并设置模型推理时的一些参数：

```
VcapBuilder mVcapBuilder = null;
mVcapBuilder = new VcapBuilder();
```

第二步，加载模型，设置网络运行时等参数，并创建网络实例。在加载模型时，VCAP 提供三种加载模型的方式：

❑ 通过模型路径加载神经网络模型：

```
String modelPath = …
mVcapBuilder = mVcapBuilder.setRuntime(mVcapRuntime).setModelPath(modelPath).
setEncrypt(isEncrypt);
```

❑ 通过 byte array 方式加载模型：

```
InputStream mModelStream = mAssetManger.open(model);
mVcapBuilder = mVcapBuilder.setRuntime(mVcapRuntime).setModel Buffer(mModelStream).
setEncrypt(isEncrypt);
```

❑ 通过 mmap 方式加载模型：

```
mVcapBuilder = mVcapBuilder.setRuntime(mVcapRuntime).setModelFile(mapModelFromAss
et(context,mModelAssetsName)).setEncrypt(isEncrypt);
```

其中，mVcapRuntime 参数可以通过 Vcap.Runtime 中的枚举变量进行设置：

```
NEON(0),// 代表 CPU
OPENCL(1), // 代表 GPU_OPENCL
VULKAN(2), // 代表 GPU_VULKAN
HVX(3), // 代表 DSP_HVX
APU(4); // 代表 APU
```

isEncrypt 代表模型是否加密，true 表示加密模型，false 表示不加密模型。

第三步，加载模型并设置好网络参数后，可以通过 .build 方法创建 VCAP 网络实例，VCAP 类在 SDK 提供的 jar 包中：

```
private  Vcap mVcap = null;
…
if (mVcapBuilder != null)
{
    mVcap = mVcapBuilder.build();
}
```

第四步，VCAP 可以读取模型输入参数，创建输入张量（数组类型），并将图片输入数

据赋值给该张量。然后将该张量输入给模型的输入节点：

```
if (mVcap == null)
{
    Log.e("mVcap is null");
}
mChan = mVcap.getModelChan();
mWidth = mVcap.getModelWidth();
mHeight = mVcap.getModelHeight(); ...
// 处理输入
mInputarr = new float[mWidth * mHeight *mChan];
…
bitmapToFloatArray(bitmap, mImageMean, mImageStd, mInputarr);
…
mVcap.setInput(INPUT_NODE, mInputarr);// 将数据传给张量
```

主要参数说明：

- mVcap.getModelChan()：获取模型输入的通道数。
- mVcap.getModelWidth()：获取模型输入的宽。
- mVcap.getModelHeight()：获取模型输入的高。
- bitmapToFloatArray(bitmap, mImageMean, mImageStd, mInputarr)：将图片数据进行转换，其中：bitmap 为输入的图像数据；mImageMean 为图像的均值；mImageStd 为图像的方差。详细转换可以参考第 6 章示例。
- mVcap.setInput(INPUT_NODE, mInputarr)：设置网络的输入，将图片数据赋值给模型的输入节点。INPUT_NODE 为模型的输入节点。

第五步，进行模型推理：

```
mVcap.forward();// 执行模型推理
```

第六步，通过模型输出节点的参数，设置输出变量并获取推理结果：

```
mOutSize = mVcap.getOutSize(OUTPUT_NODE);
…
mOutputarr = new float[mOutSize];
…
mVcap.getOutput(OUTPUT_NODE, mOutputarr);// 获取输出张量数据
```

主要参数说明：

- mVcap.getOutSize(OUTPUT_NODE)：获取模型输出节点参数，其中，OUTPUT_NODE 为模型输出节点名称。
- mVcap.getOutput(OUTPUT_NODE, mOutputarr)：将推理结果赋值给结果变量。

第七步，在使用完推理后需要同时释放网络实例和构造器。

```
mVcapBuilder.release();
mVcapBuilder = null;
mVcap = null
```

注意，在同一网络中不推荐频繁地进行创建和释放操作。

4.3.5 高通 SNPE

1. 概述

美国高通公司创立于1985年，总部设于美国加利福尼亚州圣迭戈市，是全球3G、4G与5G技术研发的领先企业。目前已经向全球多家制造商提供技术使用授权，涉及世界上大部分电信设备和消费电子设备的品牌。在智能手机领域，高通最知名的产品就是旗下的骁龙处理器系列平台。

高通于2007年就开始布局人工智能领域，其人工智能的核心技术为AIE（Artificial Intelligence (AI) Engine，人工智能引擎），目标是在高通移动平台上快速、可靠地运行人工智能技术。目前AIE主要面向高通骁龙8系和6系移动平台，由软件开发工具和硬件开发工具两部分组成。其中软件开发工具涉及神经网络优化工具、应用优化工具、专门内核优化工具和智能相机解决方案。硬件开发工具则包括智能手机开发套件、物联网和嵌入式解决方案以及垂直平台开发套件。AIE希望利用高通平台的CPU、GPU和AI硬件加速单元（如HVX）等资源为用户从软硬件角度提供全面的人工智能解决方案。

高通SNPE（Snapdragon Neural Processing Engine）是AIE的组成部分，也是高通于2017年发布的用于神经网络优化工具的SDK，是专门用于高通平台的移动终端推理框架。通过高通SNPE，用户可以在高通骁龙多系列移动平台上执行深度神经网络。在硬件方面，SNPE的优点是能原生驱动高通DSP、HVX、HTA（Hexagon Tensor Accelerator，张量加速器）等AI硬件加速单元。在软件方面，高通SNPE可以兼容TensorFlow Lite、Caffe 2、ONNX等多种神经网络模型。开发人员无须进行太多更改，能直接将代码和算法套用到装配有高通骁龙芯片移动平台的设备中。此外，高通SNPE还为用户提供了将神经网络模型量化为8位定点型以在Hexagon DSP上运行的功能，以及调试和分析网络性能的工具。高通SNPE支持使用Java或C++进行开发，具体架构如图4-19所示。

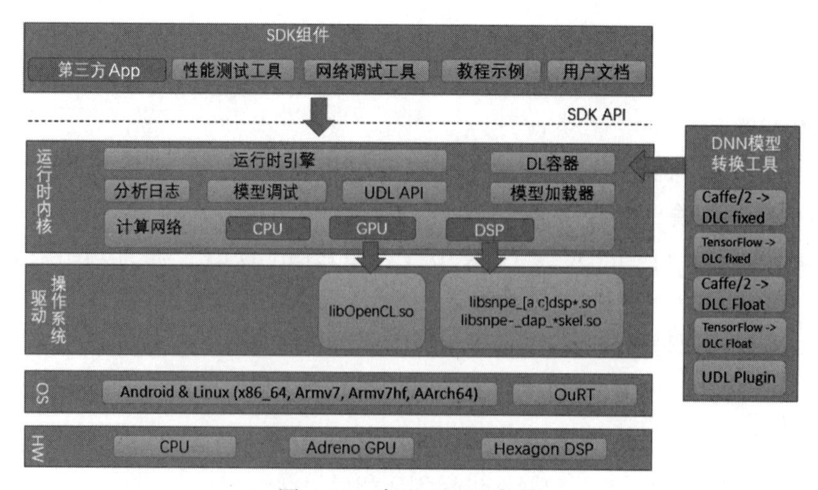

图 4-19　高通 SNPE 架构

（1）支持芯片

高通 SNPE 依靠芯片平台的算力支持，目前支持高通骁龙 8XX、7XX、6XX、4XX 系列部分移动平台，其中对 8XX 和 6XX 系列芯片支持较多。对于适用的平台芯片，高通 SNPE 针对 CPU 和 GPU 均提供了加速能力。此外，根据芯片核心配置，还能为 AI 硬件加速单元提供加速。高通的 AI 硬件加速包括 DSP（Digital Signal Processing，数字信号处理）和 AIP（AI Processor，人工智能处理）两种配置，其中 DSP 指支持 HVX 执行 AI 计算；AIP 指支持 HVX 和 HTA 混合运行。具体支持情况如表 4-6 所示。

表 4-6 高通 SNPE 芯片支持情况

骁龙系列芯片	CPU	GPU	DSP	AIP
高通 Snapdragon 855	支持	支持	支持（CDSP）	支持（CDSP）
高通 Snapdragon 845	支持	支持	支持（CDSP）	—
高通 Snapdragon 835	支持	支持	支持（ADSP）	—
高通 Snapdragon 821	支持	支持	支持（ADSP）	—
高通 Snapdragon 820	支持	支持	支持（ADSP）	—
高通 Snapdragon 710	支持	支持	支持（CDSP）	—
高通 Snapdragon 660	支持	支持	支持（CDSP）	—
高通 Snapdragon 652	支持	支持	—	—
高通 Snapdragon 636	支持	支持	—	—
高通 Snapdragon 630	支持	支持	—	—
高通 Snapdragon 625	支持	支持	—	—
高通 Snapdragon 605	支持	支持	支持（CDSP）	—
高通 Snapdragon 450	支持	支持	—	—

（2）SDK 内容

高通 SNPE 通过 SDK 软件开发工具包的方式供开发者使用，开发者可以去高通官网网站下载，下载地址为 https://developer.qualcomm.com/software/qualcomm-neural-processing-sdk。

SDK 中包含了支持 Android 和 Linux 系统，ARM、x86 等架构所需的库文件，性能测试工具及其他开发者所需的文件。

主要文件包括：

- aar 文件：开发 Android 应用时使用的依赖文件，开发时需要引入应用程序，部署在手机上运行。
- 各系统架构的二进制文件。
- 模型转换工具：多以脚本形式提供，用于将不同类型的神经网络模型转换为 DLC 格式。

高通 SNPE 提供的 SDK 具体文件内容如表 4-7 所示。

表 4-7 高通 SNPE SDK 资源及说明

SDK 资源	类型	编译器	C++ STL	说明
android	lib	—	—	开发 Android 应用时使用的 aar 文件
bin/x86_64-linux-clang	binary	clang3.4	gnustl	支持 x86 架构，用于 Linux 系统的二进制文件
bin/arm-android-clang6.0	binary	clang6.0	libc++	支持 ARM 架构，用于 Android 系统的二进制文件
bin/aarch64-android-clang6.0	binary	clang6.0	libc++	支持 AArch64 架构，用于 Android 系统的二进制文件
bin/arm-linux-gcc4.9sf	binary	gcc4.9	gnustl	支持 ARM 架构，用于 Linux 系统的二进制文件（Soft Float）
bin/aarch64-linux-gcc4.9	binary	gcc4.9	gnustl	支持 AArch64 架构，用于 Linux 系统的二进制文件
bin/arm-oe-linux-gcc6.4hf	binary	gcc6.4	gnustl	支持 ARM 架构，用于 Linux 系统的二进制文件（Hard Float）
bin/aarch64-oe-linux-gcc6.4	binary	gcc6.4	gnustl	支持 AArch64 架构，用于 Linux 系统的二进制文件
lib/x86_64-linux-clang	lib	clang3.4	gnustl	支持 x86 架构，用于 Linux 系统的二进制文件
lib/arm-android-clang6.0	lib	clang6.0	libc++	支持 ARM 架构，用于 Android 系统的二进制文件
lib/aarch64-android-clang6.0	lib	clang6.0	libc++	支持 AArch64 架构，用于 Android 系统的二进制文件
lib/dsp	lib	—	—	Hexagon DSP 运行时二进制文件
lib/arm-linux-gcc4.9sf	lib	gcc4.9	gnustl	支持 ARM 架构，用于 Linux 系统的二进制文件（Soft Float）
lib/aarch64-linux-gcc4.9	lib	gcc4.9	gnustl	支持 AArch64 架构，用于 Linux 系统的二进制文件
lib/arm-oe-linux-gcc6.4hf	lib	gcc6.4	gnustl	支持 ARM 架构，用于 Linux Hard Float 系统的二进制文件
lib/aarch64-oe-linux-gcc6.4	lib	gcc6.4	gnustl	支持 AArch64 架构，用于 Linux 系统的二进制文件
lib/Python	lib	—	—	SNPE Python 模型工具组件
include/zdl/SNPE	include dir	—	—	SNPE SDK API 头文件
examples	examples dir	—	—	示例程序源码，包括 C++ 和 Android Java 代码
doc	documents	—	—	用户参考文档

（续）

SDK 资源	类型	编译器	C++ STL	说明
benchmarks	scripts	—	—	基准性能测试工具，能抓取运行时的性能指标
models	resources	—	—	示例神经网络模型

SDK 目录下还为开发者提供了丰富的脚本工具，具体如表 4-8 所示。

表 4-8　SDK 目录下的脚本工具及说明

文件	类型	说明
envsetup.sh	script	环境变量设置脚本文件，可以设置 SDK 工具和二进制文件所需的环境变量
snpe-caffe-to-dlc	script	将 Caffe 模型转换为 DLC 文件的脚本文件
snpe-caffe2-to-dlc	script	将 Caffe 2 模型转换为 DLC 文件的脚本文件
snpe-onnx-to-dlc	script	将 ONNX 模型转换为 DLC 文件的脚本文件
snpe-TensorFlow-to-dlc	script	将 TensorFlow 模型转换为 DLC 文件的脚本文件
snpe-dlc-quantize	executable	将 DLC 文件量化为 8 位定点型
snpe-diagview	executable	查看 SNPE 运行时的耗时信息
snpe-dlc-info	script	查看 DLC 文件信息的脚本文件
snpe_bench.py	script	运行 DLC 文件的基准性能测试工具
snpe-net-run	executable	一个示例程序，可以运行神经网络模型
libSNPE.so	library	在主机和设备上开发所需的高通 SNPE 运行时库文件
libSNPE_G.so	library	支持在设备 GPU 上的高通 SNPE 运行时库文件
libsymphony-cpu.so	library	CPU 运行时库文件
libsymphony-cpu.so	library	Android 系统的 CPU 运行时库文件
libsnpe_adsp.so	library	支持 SDM820 的 DSP 运行时库文件
libsnpe_dsp_domains.so	library	支持非 SDM820 目标设备的 DSP 库文件（适用于 Android 系统）
libsnpe_dsp_domains_system.so	library	支持非 SDM820 目标设备的 DSP 库文件（适用于 Android 系统），由 /system 部分加载
libsnpe_dsp_skel.so	library	支持 SDM820 的 Hexagon DSP 运行时库文件
libsnpe_dsp_domains_skel.so	library	支持 v60 目标设备的 Hexagon DSP 运行时库文件（不包括 SDM820）
libsnpe_dsp_v65_domains_v2_skel.so	library	支持 v65 目标设备的 Hexagon DSP 运行时库文件
libsnpe_dsp_v66_domains_v2_skel.so	library	支持 v66 目标设备的 Hexagon DSP 运行时库文件
libc++_shared.so	library	分享的 STL 库文件

（3）环境配置

准备开发时所用的计算机，并在计算机中安装 Python 环境、对应的深度学习框架和 Android Studio，具体方法如下：

第一步，准备 Ubuntu 14.04 操作系统。

第二步，安装 Python 2.7 或 Python 3.4，具体方法请参考官方指南。

第三步，在系统上根据选择的模型格式安装 Caffe、Caffe 2、ONNX 或 TensorFlow（目前官方推荐使用 TensorFlow v1.0 版本）：

```
sudo apt-get install python-pip python-dev python-virtualenv

mkdir ~/TensorFlow; virtualenv --system-site-packages ~/TensorFlow; source ~/
TensorFlow/bin/activate

pip install -upgrade https://storage.googleapis.com/TensorFlow/linux/cpu/
TensorFlow-1.0.0-cp27-none-linux_x86_64.whl
```

第四步，安装最新版本的 Android Studio，包括 Android SDK（官方推荐 SDK 版本 23 和构建工具版本 23.0.2）和 Android NDK（官方推荐使用 android-ndk-r17c-linux-x86），具体方法请参考官方指南。

（4）安装高通 SNPE SDK

登录高通 SNPE 官方网站，下载高通 SNPE SDK，解压后通过 SDK 中提供的安装脚本完成 SDK 的安装，具体方法如下：

第一步，登录 https://developer.qualcomm.com/software/qualcomm-neural-processing-sdk，下载高通 SNPE SDK。

第二步，在 ubuntu home 目录下创建 ~/snpe-sdk 根目录。

第三步，将下载的 SDK 解压至根目录：

```
unzip -X snpe-X.Y.Z.zip
```

注意，X.Y.Z 表示 SNPE 的版本，例如 snpe-1.0.0.zip。

第四步，安装 SDK 依赖包：

```
sudo apt-get install python-dev python-matplotlib python-numpy python-protobuf
python-scipy python-skimage python-sphinx wget zip

source ~/snpe-sdk/bin/dependencies.sh # verifies that all dependencies are
installed

source ~/snpe-sdk/bin/check_python_depends.sh # verifies that the python
dependencies are installed
```

经过官方验证的依赖包版本包括 -numpy v1.8.1、-sphinx v1.2.2、-scipy v0.13.3、-matplotlib v1.3.1、-skimage v0.9.3、-protobuf v2.5.0、-pyyaml v3.10。

第五步，初始化 SDK 环境，以下指令对当前终端（terminal）有效，当开启新窗口时可能需要重新初始化。

```
cd ~/snpe-sdk/

export ANDROID_NDK_ROOT=~/Android/Sdk/ndk-bundle # default location for Android
Studio, replace with yours

source ./bin/envsetup.sh -t ~/TensorFlow # ~/TensorFlow is the path to the
TensorFlow installation, replace with yours
```

注意，SDK 的 AArch64 Linux 运行时环境还需要 libatomic.so.1 文件，如果没有，请手动复制到 ~/snpe-sdk/lib/aarch64-linux-gcc4.9/ 路径下。

2. 模型转换方法

高通 SNPE 需要将其他深度学习训练框架训练的神经网络模型转换为深度学习容器（DLC）格式来运行。

高通 SNPE 有条件地支持 Caffe，Caffe 2，ONNX、TensorFlow、PyTorch 等格式的神经网络模型。用户在选择和使用上述格式的神经网络模型前还需要注意深度学习框架和高通 SNPE 间的算子兼容性。对于不同格式的模型，高通 SNPE 可以支持的神经网络层和算子略有不同。同时这些算子对于 CPU、GPU、DSP/AIP 的支持情况也有差异。详细信息可以参阅官方网站的相关介绍。

（1）获取模型转换器

高通 SNPE 的模型转换器均采用 Python 脚本，开发人员可以在 SDK 的 $SNPE_ROOT/bin/x86_64-linux-clang 路径下找到并执行这些脚本文件。

（2）Caffe 模型转换为 DLC

经过训练的 Caffe 模型包括：

- 带有网络定义的 Caffe prototxt 文件（net_definition.prototxt）。
- 具有权重和偏差的 Caffe 二进制原型文件（trained_model.caffemodel）。

snpe-caffe-to-dlc 工具把 Caffe 模型转换成 SNPE DLC 文件。

示例：以下命令会将 AlexNet Caffe 模型转换成 SNPE DLC 文件，其中 $SNPE_ROOT 为 SDK 根目录。

```
snpe-caffe-to-dlc --input_network
$SNPE_ROOT/models/alexnet/caffe/deploy.prototxt --caffe_bin
$SNPE_ROOT/models/alexnet/caffe/bvlc_alexnet.caffemodel
--output_path alexnet.dlc
```

参数说明：

- `--input_network`：需要转换的 Caffe prototxt 文件路径。
- `--caffe_bin`：需要转换的 Caffe 二进制原型文件路径。
- `--output_path`：输出 DLC 路径和文件名。

（3）Caffe 2 模型转换为 DLC

经过训练的 Caffe 2 模型包括：

- 具有网络定义的二进制 protobuf 文件。

- 具有权重和偏差的二进制 protobuf 文件。

snpe-caffe2-to-dlc 工具将 Caffe 2 模型转换成 SNPE DLC 文件。

示例：以下命令会将 AlexNet Caffe 2 模型转换为 SNPE DLC 文件，其中 $SNPE_ROOT 为 SDK 根目录。

```
snpe-caffe2-to-dlc --predict_net predict_net.pb
                   --exec_net exec_net.pb
                   --input_dim data 1,3,227,227
                   --dlc alexnet.dlc
```

参数说明：

- --predict_net：需要转换的具有网络定义的二进制 protobuf 文件路径。
- --exec_net：需要转换的具有权重和偏差的二进制 protobuf 文件路径。
- --input_dim：输入图片参数，参数依次为批量（batch）、图像通道数、图像长、图像宽。
- --dlc：输出 DLC 路径和文件名。

（4）TensorFlow 模型转换

经过训练的 TensorFlow 模型可能包括：TensorFlow 模型（.pb 文件）或一对检查点和数据流图文件。

snpe-TensorFlow-to-dlc 工具转换 TensorFlow 模型或数据流图文件成 SNPE DLC 文件。SNPE 的转换器不支持使用 TensorFlow 工具量化的 TensorFlow 的模型进行转换。

示例：以下命令会将 Inception v3 TensorFlow 模型转换为 SNPE DLC 文件，其中 $SNPE_ROOT 为 SDK 根目录。

```
snpe-TensorFlow-to-dlc --input_network
$SNPE_ROOT/models/inception_v3/TensorFlow/inception_v3_2016_08_28_frozen.pb
--input_dim input "1,299,299,3" --out_node
"InceptionV3/Predictions/Reshape_1" --output_path
inception_v3.dlc --allow_unconsumed_nodes
```

参数说明：

- --input_network：需要转换的 PB 模型文件路径。
- --input_dim：输入图片参数，依次为批量、图片长、图片宽、图片通道数。
- --out_node：输出节点名称。
- --output_path：输出 DLC 路径和名称。
- --allow_unconsumed_nodes：兼容性选项。

注意，默认情况下，snpe-TensorFlow-to-dlc 转换器使用严格的层解析算法，该算法要求将 TensorFlow 图中的所有节点解析为一个层。如果你的图形具有与图层无关的节点（例如训练节点），则可能需要使用 allow_unconsumed_nodes 转换器选项。

（5）ONNX 模型转换

高通 SNPE 通过工具 snpe-onnx-to-dlc 将 ONNX 格式序列化的模型转换为 DLC。

使用下面的命令将 AlexNet 模型转换成 DLC 文件：

```
snpe-onnx-to-dlc --input_network
model/bvlc_alexnet/bvlc_alexnet/model.onnx --output_path
bvlc_alexnet.dlc
```

参数说明：

- --input_network：需要转换的 ONNX 模型文件。
- --output_path：输出 DLC 路径和名称。

（6）量化模型

高通 SNPE 的模型转换工具还提供量化功能，将浮点型的模型量化为定点型模型。浮点型模型指未量化的 DLC 文件，网络参数使用 32 位浮点表示形式。定点型模型指量化的 DLC 文件，网络参数使用 8 位定点表示。定点表示与 TensorFlow 量化模型中使用的定点表示相同。32 位网络参数能获得更高的准确率，而使用 8 位网络参数能获得更快的执行速度和更小的空间占用。

运行时方面，非量化的模型可以运行在骁龙芯片平台的 CPU、GPU 或 DSP 上，而量化模型除了可以运行在上述硬件上外，还可以运行在人工智能处理 AIP 上。运行模型时可以设置相应的运行时参数，选择 DSP 选项时，模型在 HVX 上运行，而选择 AIP 选项时，模型可以在 Hexagon DSP 中的 HVX 和 HTA 上根据特定的规则运行。

虽然高通 SNPE 支持在 CPU 或 GPU 上运行非量化模型和量化模型，但实际执行时高通 SNPE 将使用浮点（非量化）网络参数运行模型。也就是说当用户使用量化模型在 CPU 或 GPU 上运行时，高通 SNPE 将自动取消量化网络参数，以便在 GPU 和 CPU 上运行，这会导致网络初始化时间大大增加，所以不建议在 GPU 和 CPU 上直接使用量化模型。

在 DSP 上运行非量化模型和量化模型的情况相反。DSP 始终使用量化的网络参数执行神经网络模型。当用户使用非量化模型时，高通 SNPE 将自动量化网络参数以便在 DSP 上运行，这也会导致网络初始化时间大大增加，所以建议在 DSP 上使用量化后的模型。AIP 上只能运行量化模型，能获得更快的处理速度。具体差异如表 4-9 所示。

表 4-9　高通 SNPE 量化差异

运行	量化 DLC	非量化 DLC
CPU 或 GPU	兼容。运行时对模型进行量化，从而增加了网络初始化时间，准确性可能会受到影响	兼容。该模型是这些运行时支持的格式；模型可以直接传递到运行时，可能比量化模型更准确
DSP	兼容。该模型是 DSP 运行时支持的格式。模型可以直接传递到运行时，准确性可能与非量化模型不同	兼容。通过运行时对模型进行量化，增加了网络初始化时间，准确性可能不同于量化模型
AIP	兼容。该模型是 AIP 运行时支持的格式，模型可以直接传递到运行时	不兼容。AIP 运行时不支持非量化模型

模型的量化只能在转化好的非量化DLC格式模型上进行，具体量化方式需要使用snpe-dlc-quantize工具。

示例：可以使用以下命令运行snpe-dlc-quantize工具，这会将Inception v3 DLC文件转换为量化的Inception v3 DLC文件。

```
snpe-dlc-quantize --input_dlc inception_v3.dlc --input_list
image_file_list.txt --output_dlc inception_v3_quantized.dlc
```

参数说明：

- --input_dlc：输入非量化DLC文件名称。
- --output_dlc：输出DLC路径和名称。
- --input_list：优化图片列表指定用于量化的原始图像文件的路径。

注意，该工具要求在模型转换期间将DLC输入文件的批处理尺寸设置为1。通过在初始化期间调整网络大小，可以将批处理尺寸更改为其他值以进行推理。

为了正确计算量化参数的范围，需要使用--input_list参数将一组代表性的输入数据作为snpe-dlc-quantize的输入。官方建议，在最低要求下，在snpe-dlc-quantize的input_list中提供5～10个输入数据示例就足够了。为了获得更可靠的量化结果，可以提供50～100个代表性的输入数据，这些输入数据不建议使用训练集数据。理想情况下，有代表性的输入数据集应该覆盖训练模型的所有输出类别，每个输出类别提供若干输入数据示例。input_list的内容中只需要依次列出图片路径即可，如下所示：

/home/aitest/1.raw

/home/aitest/2.raw

/home/aitest/3.raw

/home/4.raw

/home/5.raw

3. 模型推理方法

高通SNPE支持以Java或C++语言进行开发，以下内容主要介绍使用Java语言开发的过程。

（1）环境配置

开发人员可以在Android Studio或任何Android开发IDE中部署和使用高通SNPE。首先需要在应用的build.gradle的依赖中指定platformvalidator-release.aar和snpe-release.aar文件，示例如下：

```
dependencies {
...
// 将 SNPE SDK 添加到项目依赖
compile(name: 'snpe-release', ext:'aar')
// 将 Platform Validator tool 添加到项目依赖（可选）
compile(name: 'platformvalidator-release', ext:'aar')
}
```

（2）推理流程

获得 DLC 格式的神经网络模型后，就可以开始推理工作了。高通 SNPE 根据神经网络模型在内存中构建一个神经网络，然后将输入数据通过 tenor（张量）从神经网络的输入层开始运行，并最终在神经网络的输出层获取结果。在高通 SNPE 中进行推理通常需要经过如下几个步骤：

第一步，构建神经网络。

第二步，创建输入张量。

第三步，执行推理。

第四步，获取结果。

第五步，释放资源。

1）构建神经网络。

开发人员首先需要根据神经网络模型构建神经网络，并配置相关运行时环境。

```
final SNPE.NeuralNetworkBuilder builder = new SNPE.NeuralNetworkBuilder(application)
.setRuntimeOrder(DSP, GPU, CPU) // 运行时优先顺序，本例中优先使用 DSP，然后是 GPU 和 CPU
.setModel(new File("<model-path>"));// 选择使用的 DLC 模型文件

final NeuralNetwork network = builder.build();// 构建神经网络
...
network.release();// 在运行完人工智能计算后还需要释放网络资源
```

2）创建输入张量。

需要将输入的图片数据转换成输入 float[] 并输入 tensor 中等待处理。

```
final FloatTensor tensor = network.createFloatTensor(height, width, depth);
float[] input =
tensor.write(input, 0, input.length);
tensor.write(input[0], y, x, z);
final Map<String, FloatTensor> inputsMap;
inputsMap.put(/* 神经网络输入层的名字 */, tensor);
```

3）运行网络。

将创建好的 tensor 输入神经网络并且运行：

```
final Map<String, FloatTensor> outputsMap = network.execute(inputsMap);
```

4）处理输出。

读取神经网络的推理结果：

```
final Map<String, FloatTensor> outputsMap = network.execute(inputsMap);
for (Map.Entry<String, FloatTensor> output : outputsMap.entrySet())
{
if (output.getKey().equals(/* 神经网络输出层的名字 */))

final FloatTensor tensor = output.getValue();
final float[] values = new float[tensor.getSize()];
tensor.read(values, 0, values.length);
// 结果将存储在变量 values 中
}
```

5）释放资源。运行完人工智能推理计算后，我们需要释放tensor资源和神经网络资源。

- 释放输入的tensor资源：

```
for (FloatTensor tensor: inputsMap) {
tensor.release();
}
```

- 释放输出的tensor资源：

```
for (FloatTensor tensor: outputsMap) {
    tensor.release();
}
```

- 释放神经网络资源：

```
network.release();
```

4.3.6 华为HiAI Foundation

1. 概述

华为HiAI平台是华为公司面向智能终端的AI能力开放平台，它包括面向芯片的HiAI Foundation，面向应用的HiAI Engine和面向云端的HiAI Service三个部分，如图4-20所示。这三部分功能分别对应华为AI战略的“芯、端、云”三层开放架构。芯片层的HiAI Foundation是华为的推断框架，将华为芯片的AI能力开放，让开发人员能够从底层快速转换模型并借助异构调度和NPU提升人工智能计算能力。终端层面的HiAI Engine是华为AI应用能力开放工具，它依靠华为自身的软硬件能力，将常用的模型和人工智能编译器进行封装，更加轻松地将AI能力与App进行集成并部署在移动终端上，避免像使用HiAI Foundation一样进行底层AI开发。云端层面的HiAI Service则是将华为AI服务能力开放，用户的应用通过云端接口获取AI服务能力，AI计算在云端上运行。华为AI能力开放平台将华为的芯片能力开放、应用能力开放、服务能力开放，构筑全面开放的智慧生态，让开发人员能够快速地利用华为强大的AI处理能力，为用户提供更好的智慧应用体验。

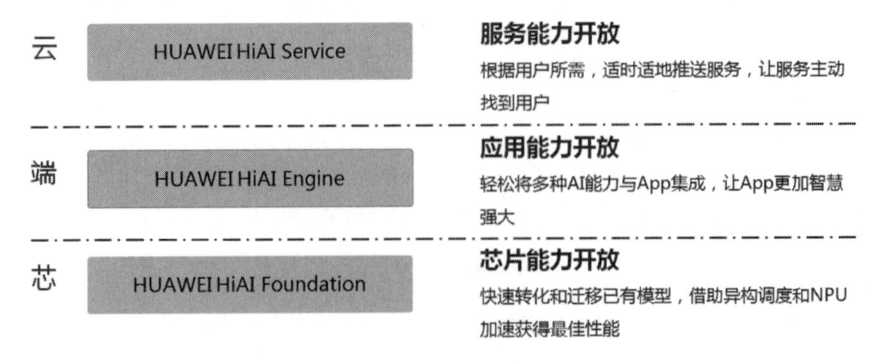

图4-20 华为HiAI人工智能平台

华为 HiAI Foundation 推理框架是适配华为手机的人工智能计算库，能支持 TensorFlow、Caffe 等多种深度训练框架模型。开发人员需要使用 HiAI DDK（Device Development Kit）开发工具操作 HiAI Foundation。在 DDK 中，提供了 HiAI Foundation API，这组 API 能通过 HiAI 异构计算平台来加速神经网络的计算，当前支持在集成到麒麟手机芯片的 Android 系统上运行。DDK 还包括针对模型进行量化和搜索的轻量化工具、基于移动设备的运行环境和调试工具。华为 HiAI Foundation 的架构如图 4-21 所示。

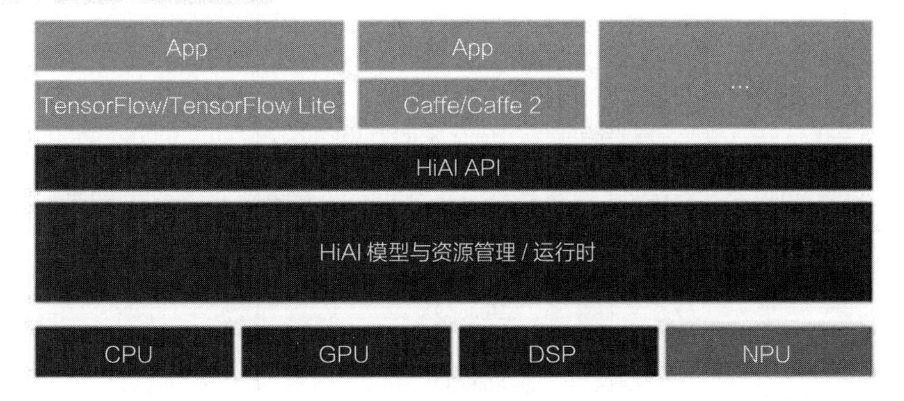

图 4-21　华为 HiAI Foundation 架构

HiAI Foundation API 提供常用的人工智能业务功能 API，包括支持模型量化、模型搜索、模型编译、模型加载、模型运行、模型销毁等 AI 模型管理接口。

使用 HiAI Foundation，开发者首先需要使用 DDK 的模型优化工具包完成对模型的优化，之后会输出模型和对应的配置文档，然后再通过 HiAI Foundation 的模型转换工具完成模型转换，并进一步完成模型的推理，整体的流程如图 4-22 所示。

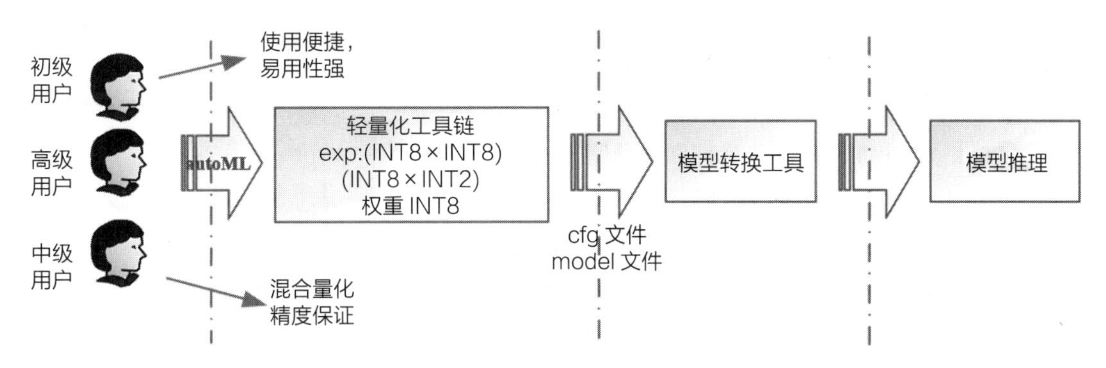

图 4-22　华为 HiAI 模型优化工具流程示意图

（1）支持的平台

华为 HiAI DDK 目前包含 V100、V150、V200、V300、V310、V320 等多个版本，具体说明如表 4-10 所示。

表 4-10　各版本 DDK 的说明

DDK 版本	终端型号	支持算子数
V100	Mate 10 Mate 10 Pro Honor V10	44
V150	P20 P20 Pro Mate RS Honor 10 Nova 3 Honor play Honor Note10	90
V200	Mate20 Mate20 Pro	150
V300	Nova 5 Nova 5i pro Honor 9X Honor 20S	178
V310	Mate 30 Mate30 pro	223
V320	P40	306

（2）HiAI DDK 内容

开发人员可以直接登录华为开发者网站下载不同版本的 DDK，地址为 https://developer.huawei.com/consumer/cn/hiai#Foundation。

下载前还需要注册并添加相关权限。

以 HiAI DDK V320 为例，一个完整的 HiAI DDK 包含 app_sample、ddk、document、tools 这 4 个文件夹，以及一个 ddk_info 文件，如图 4-23 所示，其中：

- app_sample 为 Android demo app 的源码。
- ddk 为 HiAI 开放的头文件和依赖库。
- document 为开发参考文档。
- tools 为 OMG 离线转换工具、模型加解密工具和轻量化工具以及算子兼容性评估及分割工具。
- ddk_info 为 DDK 版本信息。ddk 目录下包括以下模型推理与模型构建两部分内容，详见表 4-11 与表 4-12。

图 4-23　DDK 文件一览

表 4-11　模型推理文件说明

目录文件	说明
ai_ddk_lib\lib64\libhiai.so	DDK 模型推理依赖的动态库
ai_ddk_lib\include\HiAiModelManagerService.h	DDK 对外提供 C++ 接口头文件

表 4-12　模型构建文件说明

目录文件	说明
ai_ddk_lib\lib64\libhiai_ir.so	IR 算子定义和图构建依赖库
ai_ddk_lib\lib64\libhiai_ir_build.so	IR 模型编译依赖库
ai_ddk_lib\include\hiai_ir_build.h	DDK IR API 构建、算子定义、模型编译等接口头文件

模型转换等工具链则在 tools 目录下，华为 HiAI Foundation 目前提供了 3 种工具，如图 4-24 所示，其中：

- tools_dopt 为模型轻量化工具。
- tools_omg 为离线模型转换工具。
- tools_sysdbg 为模型调试工具。

tools_dopt
tools_omg
tools_sysdbg

图 4-24　tools 文件一览

（3）DDK 推理集成

HiAI Foundation 提供了多种推理集成方式，针对用户是否需要在线动态的生成模型、是否需要使用异步场景进行推理分别给出了不同方案。当用户获得第三方模型后，可以本机离线优化和生成离线模型，也可以通过网络在线生成离线模型。在推理时也可以根据同步获取处理结果和异步获取处理结果的需求选择不同的推理接口，如图 4-25 所示。

2. 模型优化

HiAI 模型优化工具包让开发者的 App 更快、更小。它主要分为量化和模型结构搜索两大主要功能，分别如图 4-26 和图 4-27 所示。

模型量化工具适用于不同的用户场景，可以减小模型大小、加速推理和降低功耗。使用模型量化工具包来量化模型，需要 3 步：打开模型量化工具包，输入 32 位大模型，得到混合比特的量化小模型。模型量化工具包括无数据量化模式、训练感知量化模式，同时支持 16 位、8 位、4 位、2 位及其混合量化。模型量化工具包可以自动化保证精度约束。

网络结构搜索工具包可以让网络设计更简单、更有效，支持多种类型的网络结构搜索任务，包含分类、检测和分割。通过精度、性能目标导向，协同硬件信息通过最优化搜索算法获得最优的网络结构，得到最佳的性能提升。

（1）HiAI DDK 轻量化工具链

华为 HiAI Foundation 中的模型量化与搜索功能是由 HiAI DDK 轻量化工具链承载的。轻量化工具链在 HiAI DDK V320 及其后续版本中发布，是一款集多种模型压缩算法和网络结构搜索算法于一体的自动模型轻量化工具，可针对移动终端架构对深度神经网络模型进行深度的模型优化和网络结构搜索任务。当前轻量化工具支持整网无训练量化和精度自动保障的重训练混合量化两种量化场景，网络结构搜索算法目前支持分类、分割和检测三个场景。

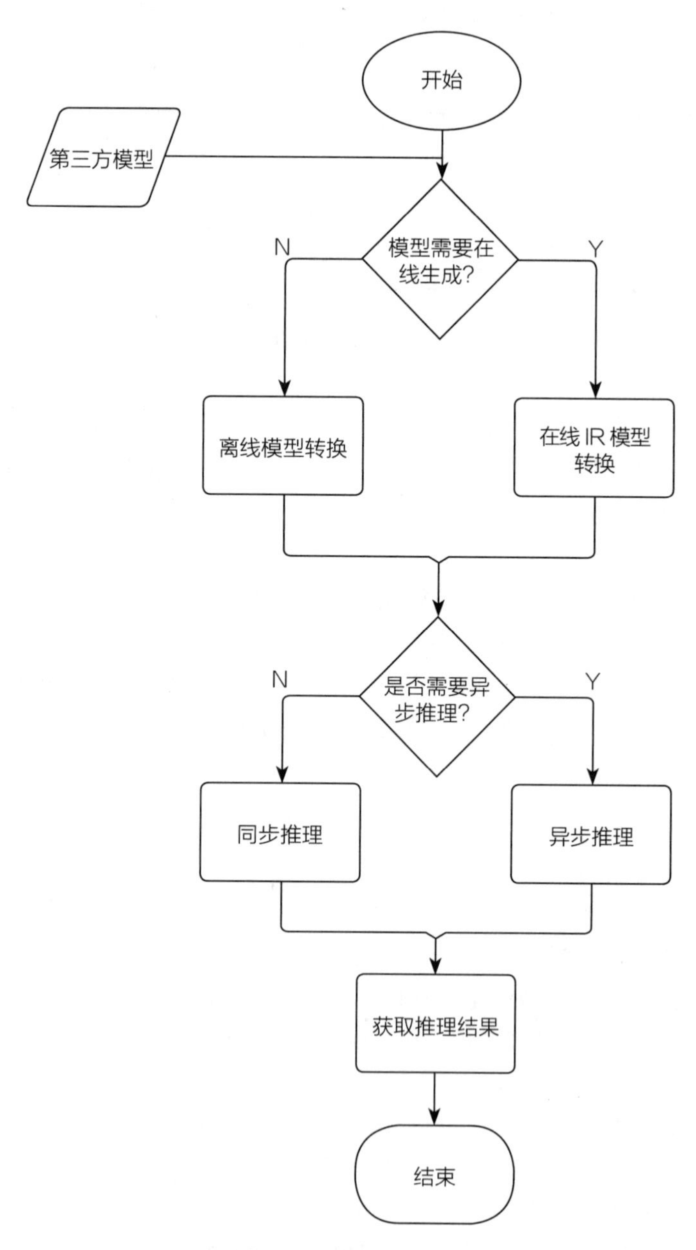

图 4-25 集成流程图

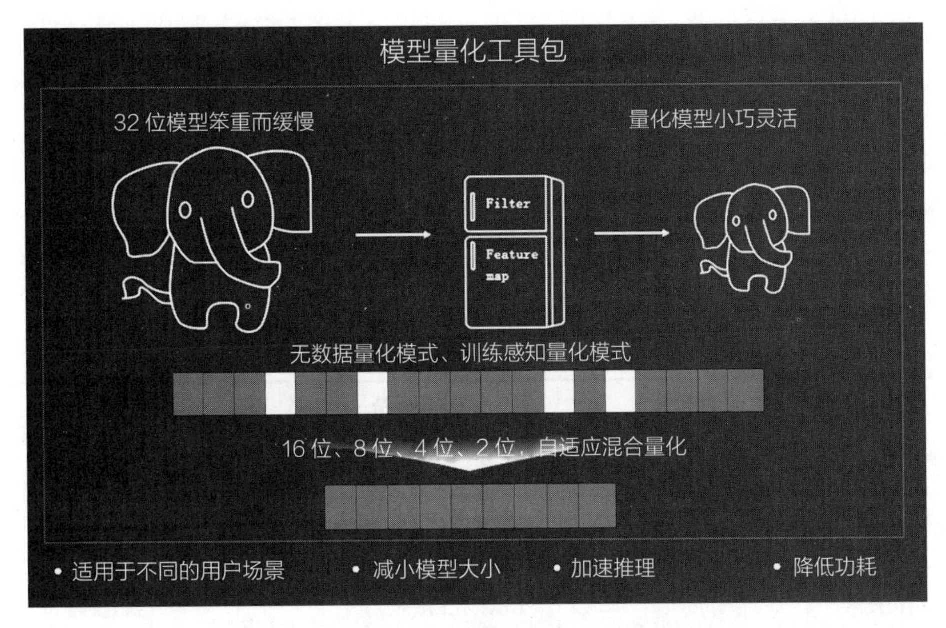

图 4-26 华为 HiAI 模型量化工具包功能示意图

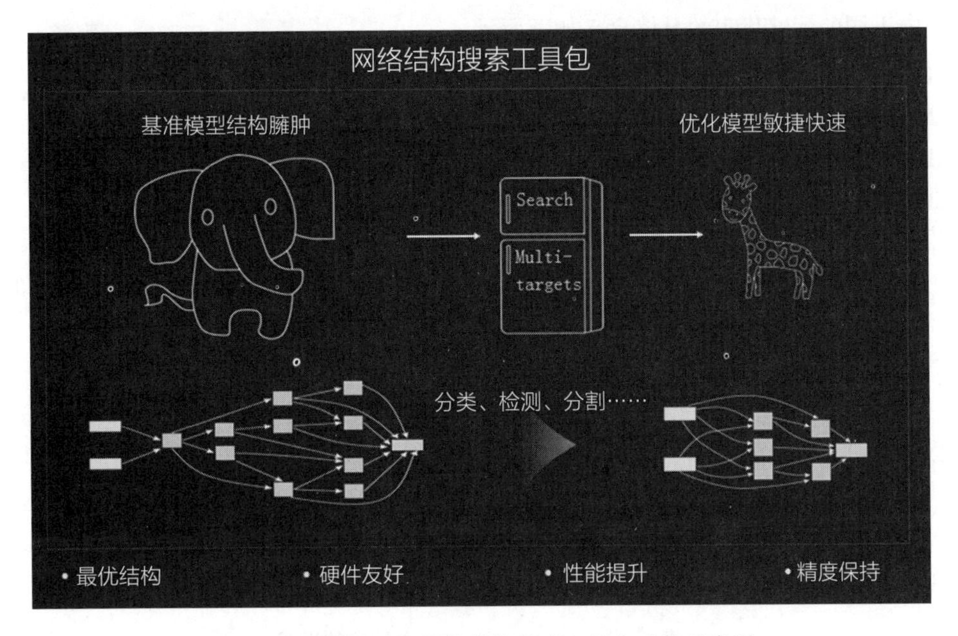

图 4-27 华为 HiAI 网络结构搜索工具包功能示意图

精度自动保障的重训练混合量化让用户能够基于预训练好的全精度基线模型进行重训练，在可接受的精度损失范围内使模型小型化。重训练场景下支持 Quant_INT8-8 和 Quant_INT8-2 轻量化算法，适合对精度要求较高的用户使用。

直接量化模式下，用户可以直接输入模型，无须重训练，快速完成模型量化操作。无训练场景下支持 Quant_INT8-8、Quant_Weight_INT8 轻量化算法，适用于快捷、方便量化的用户使用。

网络结构搜索目前支持分类网络、检测网络、分割网络三种网络类型。用户配置相应的搜索参数和接口函数后，使用网络结构搜索工具进行搜索，在设定的算力约束下得到优秀的网络模型，适合需要自动生成网络结构的用户使用。

轻量化工具的功能详情可参考表 4-13。

表 4-13 量化功能说明

模式	支持的框架	支持的策略	轻量化工具运行平台
直接量化	Caffe、TensorFlow	Quant_INT8-8、Quant_Weight_INT8	同时支持 CPU 和 GPU 模式，GPU 支持单机单卡
重训练量化	Caffe、TensorFlow	Quant_INT8-8、Quant_INT8-2	支持 GPU，支持单机单卡和单机多卡
网络结构搜索	TensorFlow	HiAIMLEA	支持 GPU，支持单机单卡和单机多卡

其中不同的策略代表的具体含义如下所示：

- Quant_INT8-8：权重 8 位量化，数据 8 位量化。
- Quant_Weight_INT8：权重 8 位量化，数据不量化。
- Quant_INT8-2：权重 2 位量化，数据 8 位量化。
- HiAIMLEA：基于遗传算法的网络结构搜索。

（2）模型量化

HiAI DDK V320 的轻量化工具中支持无训练量化和重训练量化两种方式，且同时支持 Caffe 用户和 TensorFlow 用户。

Caffe 用户的无训练量化的具体使用方法如下：

1）准备需要量化的 prototxt 和 caffemodel 模型。

2）准备 bin 格式或图片格式的校准集。

3）填写 config.prototxt 文件，参数说明如表 4-14 所示。其中 preprocess_parameter 的子参数 input_type 有两个模式，在 BINARY 模式下不进行预处理，在 IMAGE 模式下根据用户给出的均值方差进行预处理。

表 4-14 config.prototxt 文件参数说明

参数名称	典型参数值	描述
strategy	'Quant_INT8-8'	优化策略，目前支持两种方式：Quant_INT8-8 和 Quant_Weight_INT8，默认策略为 Quant_INT8-8

（续）

参数名称	典型参数值	描述
device	USE_GPU	必填，USE_GPU 表示 GPU 模式，USE_CPU 表示 CPU 模式
exclude_op	Conv2D	支持两种方式：1）使用一个 exclude_op，exclude_op 包含多个 op_name，用分号隔开；2）使用多个 exclude_op，每个 exclude_op 包含一个 op_name。两种方式可混合使用，当所给 op_name 不在模型内时，会报错
preprocess_parameter		必填，指定预处理及输入相关参数

表 4-15 所示是 preprocess_parameter 包含的子参数说明，对于模型有多输入的情况，每一个输入都需要配置一份 preprocess_parameter。

表 4-15　preprocess_parameter 参数说明

参数名称	典型参数值	描述
input_type	IMAGE	必填，BINARY 表示二进制输入，IMAGE 表示图片格式输入
image_format	BGR	图片格式。BGR 表示使用 BGR 图片格式输入，RGB 表示使用 RGB 图片格式输入。默认采用 BGR，可不填
mean_value	0.0	图片预处理的均值参数。类型为 float 的数值，范围为 0.0~255.0。mean_value 个数必须和输入的 C 维度相等。默认是输入 C 维度个 0.0，可不填。仅在 IMAGE 模式下生效
standard_deviation	255.0	图片与预处理使用的标准差。类型为 float 的数值，需要大于等于 0.0。仅在 IMAGE 模式下生效
input_file_path	"./demo/quant8-8/notrain/ tf_mobile/test"	输入校准集的绝对路径、bin 文件路径或存有图片的文件夹

4）准备 Caffe 及 PyCaffe 环境，需要自行安装编译环境。

5）运行以下脚本进行模型量化：

```
python ${ROOT}/caffe/dopt/py${PY_VER}/dopt_so.py
```

其中，${ROOT} 为发布包所在路径；py${PY_VER} 代表用户所用 Python 版本。

运行该脚本时涉及的参数如下：

- `-m, --mode`：运行模式，0 表示无训练模式，1 表示重训练模式。
- `--framework`：深度学习框架类型，0 表示 Caffe，3 表示 TensorFlow。
- `--weight`：权值文件路径，当原始模型是 Caffe 时需要指定。

- --model：Caffe prototxt 文件路径。
- --cal_conf：校准方式量化配置文件路径。
- --output：存放量化完成后的模型文件路径。
- --input_format：输入格式数据，如 NHWC 或 NCHW。
- --input_shape：输入数据的尺寸。
- --out_nodes：指定输出节点。
- --compress_conf：模型文件转为二进制格式文件的路径。
- --caffe_dir：Caffe 源代码的路径。
- --device_idx：GPU 或 CPU 设备号。

6）得到量化结果。运行量化脚本后，会输出用户在 --output 参数中传入同名的 prototxt 和 caffemodel，以及与在 --compress_conf 参数中传入的同名的量化配置文件，例如，用户在 --output 参数中输入 quantmodel.caffemodel，在 --compress_conf 中输入 param，最终会输出 quantmodel.prototxt、quantmodel.caffemodel 和 param。

TensorFlow 用户的无训练量化的具体使用方法如下：

1）准备 Tensorflow 1.12 CPU 或 GPU 版本。

2）进行模型量化：

```
python3 ${ROOT}/tools/tools_dopt/tensorflow/dopt/py3/dopt_so.py
```

其中，${ROOT} 为发布包所在路径。

运行该脚本时涉及的参数如下：

- -m, --mode：运行模式，0 表示无训练模式，1 表示重训练模式。
- --framework：深度学习框架类型，0 表示 Caffe，3 表示 TensorFlow。
- --weight：权值文件路径。当原始模型是 Caffe 时需要指定。
- --model：支持 pb 模型。
- --cal_conf：校准方式量化配置文件路径。
- --output：存放量化完成后的模型文件路径。
- --input_format：输入格式数据，如 NHWC 或 NCHW。
- --input_shape：输入数据的尺寸。
- --out_nodes：指定输出节点。
- --compress_conf：模型文件转为二进制格式文件的路径。
- --caffe_dir：Caffe 源代码的路径。
- --device_idx：GPU 或 CPU 设备号。

3）得到量化结果，运行量化脚本后，会输出用户在 --output 参数中传入同名的 pb，在 --compress_conf 参数中传入同名的量化配置文件。例如，用户在 --output 中输入 quantmodel.pb，在 --compress_conf 中输入 param，最终会输出 quantmodel.pb 和 param。

Caffe 用户的重训练量化的具体使用方法如下：

1）准备 Python 依赖：

```
pip2 install ruamel_yaml
pip2 install pathlib
pip2 install 'protobuf>=3'
pip2 install opencv-python;
```

2）安装 Caffe 编译环境，如果用户使用官方提供的 Caffe-1.0 release 版本，那么可以支持量化环境的自动构建：

i. 下载 Caffe release 版本。

ii. 解压源码文件，放置在 caffe/caffe-1.0 目录下。

iii. 配置原生 Caffe 基础环境。

iv. 执行 tools/tools_dopt/caffe/build_caffe.sh 脚本，该脚本自动将算法插件合入 Caffe 源码中，并完成 Caffe 和 Py_Caffe 的编译。

v. 编译完成后，会在 tools_dopt/caffe/ 下新增 caffe-mod 目录，其中 caffe-mod 包含 caffe 源码和轻量化插件补丁，如图 4-28 所示，caffe-mod（右侧）相比 caffe-1.0（左侧）新增了 opt/layers/ 源码及头文件。

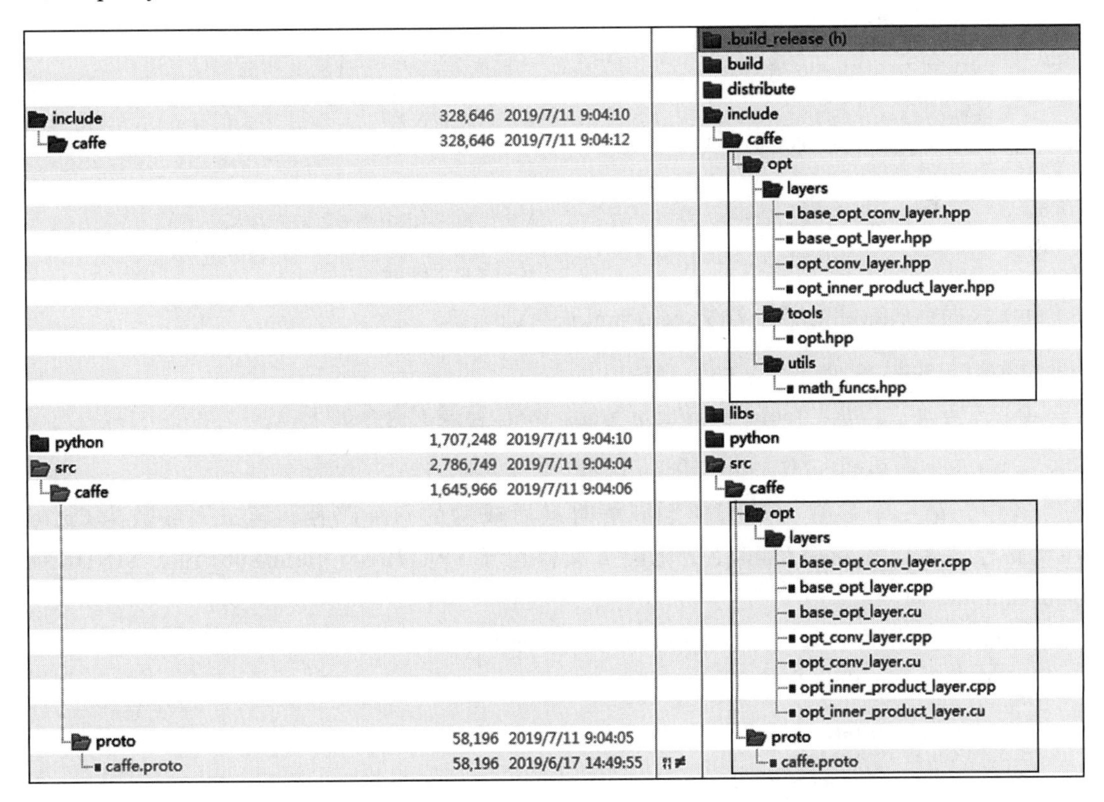

图 4-28　编译前后的区别

3）配置 res_caffe_standalone.yaml 资源文件。

4）配置 caffe/ 目录下的 res_caffe_standalone.yaml 文件，用户需要填写完整的框架路径，示例如下：

```
# Resources description
resource:
name: res_caffe_standalone
framework:
    type: caffe
    version: "1.0"
    framework_path: $PATH /caffe-mod/  #用户填写
    #computing type: (1) training (2)inference (3)both training and inference
    computing_type: 3
```

5）完成优化策略配置文件 scene.yaml 的配置，示例如下：

```
# Optimization Scenario
scenario:
  strategy:
    name: Quant_INT8-2                      # 或 Quant_INT8-8
    framework: caffe                        # 基线模型训练框架类型
    version: "1.0"                          # 表示所使用 Caffe/tf 框架的版本
    accuracy_name: accuracy                 # accuracy 层的输出名称
    accuracy_val: 0.91                      # 目标精度 0 ~ 1.0
    skip_layers:                            # 模型不做轻量化的层
    model: $PATH/basemodel.caffemodel       #基线 caffemodel 地址
    train_prototxt:$PATH/train.prototxt     # 训练模型配置 prototxt 路径
    test_prototxt: $PATH/test.prototxt      # 测试模型配置 prototxt 路径
    test_iter: 100                          # 测试迭代次数
    train_one_epoch_iter: 1000              # 训练迭代次数

  resource:
    name: caffe_standalone                  #执行重训练量化的资源对象名称，
                                            caffe_standalone 表示 Caffe 单机训练资源
    gpu_id: 0                               # 指定使用的 gpuID
```

6）根据重训练量化配置文件 scen.yaml 进行训练：

```
python  dopt_so.py  -c  scen.yaml
```

7）转换模型。进入 tools_dopt/dopt_trans_tools 目录，命令如下：

```
./trans_caffe.sh $PATH/opt_field/Sub_Task_$INDEX $PATH/caffe-mod
```

其中，第一个参数为进行模型训练时最后成功的 task 路径，第二个参数为 Caffe 环境路径。生成的新模型和轻量化配置文件位于 $PATH/opt_field/Sub_Task_$INDEX/transedmodel 内。

Tensorflow 用户的重训练量化的具体使用方法如下：

1）准备 Tensorflow 环境：

```
pip3 install ruamel_yaml
pip3 install pathlib
pip3 install 'protobuf>=3'
pip3 install opencv-python
pip install tensorflow-gpu==1.12
```

轻量化工具当前使用 Horovod 进行多卡训练，当前支持单机多卡的训练。Horovod 的安装请参见 Horovod 教程。

2）配置模型接口定义。

用户需要实现 UserModel 类中模型输入结构、输入数据、前向推理、loss 函数、衡量指标函数、学习率更新策略函数这 6 个接口的定义。函数定义如表 4-16 ～表 4-21 所示。

表 4-16　UserModelInterface 接口函数定义示例

函数描述	模型输入结构接口，用来创建和返回模型输入的 placeholder
接口定义	def get_input_placeholder(self):
参数描述	无
返回值	返回一个 list，包含 image input placeholder 和 labels input placeholder

表 4-17　get_next_batch 接口描述

函数描述	输入数据接口，用来读取一个 batch 的输入
接口定义	def get_next_batch(self, is_train):
参数描述	is_train 训练时为 True，测试时为 False
返回值	返回一个 list，包括下一个 batch 的输入 image 和 label

表 4-18　forward_fn 接口描述

函数描述	前向推理接口，通过读取 placeholder 格式的输入，定义模型的前向推理过程，并返回前向推理的输出结果
接口定义	def forward_fn(self, inputs, is_train):
参数描述	• inputs：get_input_placeholder 返回的 list • is_train：训练时为 True，测试时为 False
返回值	一个 tensor，为前向推理的输出结果

表 4-19　loss_op 接口描述

函数描述	定义并返回模型的损失函数
接口定义	def loss_op(self, inputs, outputs):
参数描述	• inputs：get_input_placeholder 返回的 list • outputs：forward_fn 返回的前向推理结果
返回值	一个 tensor，为用户定义的 loss

表 4-20 metrics_op 接口描述

函数描述	衡量指标函数，用来定义模型的评估方法
接口定义	def metrics_op(self, inputs, outputs):
参数描述	• inputs：get_input_placeholder 返回的 list • outputs：forward_fn 返回的前向推理结果
返回值	一个 tensor，为用户定义的模型评估方法

表 4-21 config_lr_policy 接口描述

函数描述	学习率更新策略函数，用来设置模型的学习率
接口定义	def config_lr_policy(self, global_step):
参数描述	global_step：TensorFlow 的 global step tensor
返回值	一个 tensor，包含 learning rate

3）优化策略文件配置，用户需要自行完成 scene.yaml 策略配置的优化，示例如下：

```
# Optimization Scenario
scenario:
  strategy:
    name: Quant_INT8-8                    # 或 Quant_INT8-2
    framework: TensorFlow                 # 基线模型训练框架类型
    version: "1.12"                       # 基线模型训练框架版本
    accuracy_val: 0.98                    # 目标精度 0 ~ 1.0
    skip_layers:                          # 模型不做轻量化的层
    optimizer:
        type: adam                        # adam / momentum
Momentum: 0.9                             # 动量（仅在 momentum 优化器时有效），默认值为 0.9
    model: $PATH/user_module.py           # 用户模型 .py 接口文件路径
    base_model: $PATH/basemodel.ckpt      # 基线模型 ckpt 文件路径
    dataset_dir: $PATH/dataset/           # 训练数据集路径
    train_batch_size: 600                 # 训练每轮迭代的批量大小（batch size）
    train_data_num: 60000                 # 训练数据集样本数量
    test_batch_size: 100                  # 测试每迭代的批量大小
    test_data_num: 10000                  # 测试数据集样本数量
    epoch: 2                              # 数据集训练轮次

  resource:
    name: tensorflow_standalone           # 执行重训练量化的资源对象名称；tensorflow_
                                            standalone 表示 TensorFlow 单机训练资源
    gpu_id: 0                             # 指定使用的 gpuID
```

4）根据重训练量化配置文件 scene.yaml 进行训练。

```
python  dopt_so.py  -c  scene.yaml
```

5）转换模型。进入 tools_dopt/dopt_trans_tools 目录，命令如下：

```
./trans_tensorflow.sh $PATH/opt_field/Sub_Task_$INDEX  output_op
```

其中，第一个参数为模型训练时最后成功的 task 路径，第二个参数为模型的输出节点。生成的新模型和轻量化配置文件位于 $PATH/opt_field/Sub_Task_$INDEX/curmodel/transedmodel 内。

（3）模型搜索

轻量化工具模型搜索支持三个工作场景：分类网络搜索、分割网络搜索以及检测网络搜索。搜索网络结构的整体流程可以分为三个阶段：工具配置初始化、网络模型的预热（warm up）以及网络搜索。用户更多地参与第一阶段，通过配置 scen.yaml 实现轻量化工具的工作初始化配置。

各个工作场景都提供了可运行示例，位于 tools/tools_dopt/demo/hiaiml 目录下，并根据工作场景分别将分类网络搜索、分割网络搜索、检测网络搜索放置在 ea_cls_imagenet、ea_seg_voc、ea_det_coco 目录下。在各个示例中，工具提供可运行脚本 run_release.py 一键式开启搜索，自动保存进行 supernet 预热后的权重数据以及搜索出来的网络模型结构。

搜索前用户需要在 scen.yaml 文件中设定好相应的配置，包括待处理图像的分辨率，可搜索块（block）的输出通道数等。此外，还需要用户提供预定义的 user_module 文件，包括预处理网络 PreNet，与工作场景相关的预测输出层 PostNet 以及损失函数的定义等。当前分类工作场景使用 ImageNet 数据集完成训练以及搜索，在实际使用中，用户可以根据需要选择不同的数据集，但需要在 user_module 中提供对应的数据集读取方法（build_dataset_search）。

1）预备工作：工作环境的初始化。

轻量化工具链当前可以在运行在 Docker 环境和 Linux 环境中，都支持单机单卡和一机多卡运行。

- Docker 环境：在 Docker 环境下，生成镜像需要使用 nvidia-docker2 工具，该工具的安装可以参考 https://github.com/NVIDIA/nvidia docker。在成功安装 nvidia-docker2 之后，环境设置流程如下：

i. 下载并解压 ddk 包，进入 tools 文件夹。

ii. 利用 tools 文件夹下的 Dockerfile 生成 HiAIML 的 Docker 镜像。Dockerfile 的具体路径为 tools/tools_dopt/env/docker_{env}/Dockerfile，{env} 表示需要使用的工具环境，包括 tf、Caffe 等。例如，生成支持 tf1.12 环境的 Docker 镜像的路径为 tools/tools_dopt/env/docker_tf1.12/Dockerfile。

生成 Docker 镜像的指令如下：

```
docker build -f /tools/tools_dopt/env/docker_tf1.12/Dockerfile -t hiai_ddk:v320 -
build-arg HTTP_PROXY="http://xxxxxx@xxxxx.com:8080" --no-cache .
```

当用户不需要配置代理时，可去除对应的 HTTP_PROXY 字段。注意命令中最后的“.”不可遗漏。

iii. 在成功构建 Docker 镜像之后，可以利用镜像生成对应的 Docker 容器并使用。启动方式参考如下：

```
nvidia-docker run -d -it --restart=always --net=host --privileged
--name my_docker -v /user_data:/data hiai_ddk:v320
```

参数说明：

- -d：以 daemon 形式在后台执行。
- -i：以交互模式运行容器，通常与 -t 同时使用。
- -t：为容器重新分配一个伪输入终端，通常与 -i 同时使用。
- --restart=always：机器重启时，会自动重启容器。
- --net=host：使用宿主机网卡，容器以宿主机 IP 和外部进行交互。
- --privileged：当运行多卡搜索时，需要较高权限，因此务必添加此选项。
- --name：指定 Docker 容器的名字。
- -v：用于映射宿主机目录到容器内。
- hiai_ddk:v320：镜像名。

2）使用轻量化工具完成分类网络搜索的流程如下：

i. 准备数据集，修改 scen.yaml 文件中对应的数据集位置。当使用的数据集为 ImageNet 时，可以利用 tensorflow-model 开源代码实现对数据的预处理以及读取。当使用其他数据集时，需要用户在 user_module 中提供对应的数据集读取方法。

ii. 在 scen.yaml 中设定对应的搜索参数，包括工具链使用的框架（TensorFlow 或者 Caffe）、预热迭代次数、训练数据批大小等。工具链支持在限定模型尺寸、每秒浮点运算次数（flops）或者延迟的情况下搜索网络模型，用户可以指定约束类型以及对应的约束值大小，最终搜索得到的多个模型会在限制值的 20% 范围内波动，并绘制在 Pareto Front 中供用户选择。

```
scenario:
  strategy:
    name: HiAIMLEA
    framework: TensorFlow
    batch_size: 104 # 必要参数，预热阶段的批量大小，必须大于 0
    epochs: 60 # 必要参数，预热阶段的 epoch 总数，必须大于 0
    supernet:
      input_shape: (224, 224, 3) # 选填项，支持的格式有 CHW、HWC
      data_format: "channels_last" # 选填项，与 input_shape 对应，支持的参数为 channels_
                                     first、channels_last
      filters: [64, 64, 128, 128, 256, 256, 512, 512] # 选填项，输入为列表
      strides: [1, 1, 2, 1, 2, 1, 2, 1] # 选填项，输入为列表，长度与设置的 filters 相同
    constraint:
      application_type: "image_classification" # 必填项，支持的工作场景为 image_
                                               classification、object_detection、
                                               semantic_segmentation
      constraint_type: "size" # 必填项，模型约束，支持 size、flops、latency
      constraint_value: 11000000 # 必填项，与 constraint_type 相关，必须大于 0
      processor_version: 'Kirin 990 5G' # 约束为 latency 时有效，仅支持麒麟 990
    dataset:
      train_dir: "/datasets/ImageNet_tfrecord/" # 必填项，训练数据集的位置
      val_dir: "/datasets/ImageNet_tfrecord/" # 必填项，验证数据集的位置
    searcher:
```

```
    generation_num: 100 # 选填项，遗传算法的迭代次数。必须大于 0，默认为 100
resource:
  name: tensorflow_standalone # 必填项，项目名称，仅支持 tensorflow_standalone
  gpu_id: "0,1,2,3,4,5,6,7" # 必填项，可使用的 gpu_id
```

iii. 在分类场景中，用户可以使用 user_module 中默认的类和函数接口，也可以进行修改，使用自定义的接口方法。可修改的内容包括 PreNet 类、PostNet 类、UserModule 类中的数据集读取方法 build_dataset_search、学习率更新策略 lr_scheduler、评估函数 metrics_op、loss 计算函数 loss_op。

执行脚本 run_release.sh 开启训练以及搜索。在训练过程中，生成的中间信息保存在 log_* 目录中，可以使用 Tensorboard 进行观测。在搜索成功后，工具会保存一个或多个模型文件，命名为 model_arch_result_*.py。可以根据 tensorboard 中的日志或者输出的 Pareto Front 选择合适的网络结构，如图 4-29 所示。

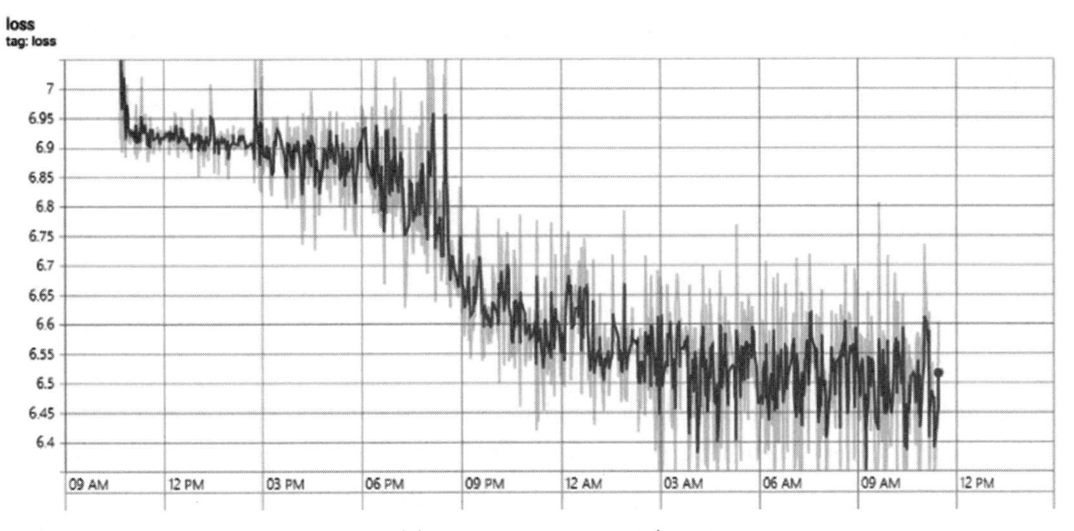

图 4-29　tensorboard 日志

iv. 搜索出的模型默认是 tf.keras 实现的，可以直接使用。用户也可以根据搜索的模型框架将其手动翻译为所需要的版本模型。

3）使用轻量化工具完成分割网络搜索。

该流程与使用轻量化工具完成分类网络搜索的过程较为相似，可参考对应操作流程。这里仅说明一些不同之处。

在步骤 ii 中，用户需要在 scen.yaml 中配置数据库路径，提供预训练数据集 ImageNet，训练数据集 VOC，也可以提供经过预训练的带参网络模型以及训练数据集 VOC。

在步骤 iii 中，若使用 user_module 中默认的类和接口时，需要对环境以及调用的模型进行修改，详细过程可参考 DDK 包中 tools 路径下的相关教程（../ hwhiai-ddk-xxxx/tools/tools_dopt/demo/hiaiml/ea_seg_voc/README）。

4）使用轻量化工具完成检测网络搜索。

该流程与使用轻量化工具完成分类网络搜索的过程较为相似，可参考对应操作流程。这里仅说明一些不同之处。

在步骤 ii 中，用户需要在 scen.yaml 中配置数据库路径，提供预训练数据集 ImageNet，训练数据集 COCO；也可以提供经过预训练的带参网络模型以及训练数据集 COCO。此外，与分类和检测网络搜索参数配置不同，可以在 scen.yaml 配置文件中设置 feature_choose，选择是否使用模型中间层提取的特征。

在步骤 iii 中，若使用 user_module 中默认的类和接口时，需要对环境以及调用的模型进行修改，详细过程可以参考 DDK 包中 tools 路径下的相关教程（../ hwhiai-ddk-xxxx/tools/tools_dopt/demo/hiaiml/ea_det_coco/README）。

3. 模型转换

业界模型类型众多，包括 Tensorflow、Caffe、PyTorch 等，各个框架的模型结构、算子定义均有一定的差异，所以华为定义了一套标准的 IR（Intermediate Representation）层，包含模型图的定义与各类算子的定义。将模型转换为 IR 表示的模型后，就可以忽视训练平台的差异，使模型可以在硬件平台上获得一致的性能功耗体验。用户可以选择以下两种方式进行 IR 模型的转换：

- 普通开发者：通过离线模型转换工具进行转换。
- 推理框架开发者：通过编码，将其推理框架的模型结构与 IR 层对接，在线生成 IR 模型。

（1）离线模型转换

使用 HiAI DDK 时，需要将 Caffe 和 TensorFlow 模型转换为达芬奇（davinci）离线模型。模型转换工具运行在 Linux Ubuntu16.04 平台上，Linux 各镜像下载地址为 http://mirrors.ustc.edu.cn/。

Linux 平台下使用 OMG 转换工具，该工具位于 DDK 包中的 tools\tools_omg 文件夹下，OMG 是将 Caffe 和 TensorFlow 框架的模型转换为 OM 模型的离线转换工具，在使用 OM 模型之前需要先进行环境配置：

```
export LD_LIBRARY_PATH=./lib64/.
```

离线模型转换工具的参数说明如表 4-22 所示。

表 4-22 OMG 模型转换工具参数列表

参数名称	参数描述	是否必选	默认值
--h/help	显示帮助信息	否	—
--mode	运行模式 0：生成 davinci 模型 1：模型转换为 json 3：检查原始模型是否可以正常转换 davinci 模型	否	0

（续）

参数名称	参数描述	是否必选	默认值
--model	原始框架模型文件路径	是	—
--framework	原始框架类型 0：Caffe 3：TensorFlow	mode 为 0 或 3 时必选； 当 mode = 1 时可选	—
--weight	权值文件路径	当原始模型是 caffe 时必选。 当原始模型是 tensorflow 时不需要填写	—
--output	存放转换后的离线模型文件的路径（包含文件名）。转换后的模型文件会自动以 .om 扩展名结尾	是	—
--hiai_version	指定使用 OMG 的版本，当前支持 V300、V310、V320、IR	否	IR
--om	使用 Json 转换功能时，输入 om 模型文件路径	当 mode 为 1 时必填。 当 mode 为其他值时不需要填写	—
--json	模型转换为 json 文件时的路径		—
--input_shape	输入数据的 shape。 例如，input_name1: n1, c1,h1, w1; input_name2: n2, c2, h2,w2	否	—
--input_format	输入数据格式。 支持 NCHW 和 NHWC 两种设定	否	当原始框架为 Caffe 时，默认为 NCHW； 当原始框架为 TensorFlow 时，默认为 NHWC
--input_type	输入数据类型。 支持 FP32、FP16、INT32、UINT8 例如，input_name1:FP16;input_name2:UINT8	否	FP32
--input_fp16_nodes	指定数据类型为 FP16、NCHW 的输入节点名称。 不支持与 --input_type 同时设置。 例如，node_name1;node_name2	否	—
--out_nodes	指定输出节点	否	网络中最末尾节点
--output_type	输出数据类型。 支持 FP32、FP16、INT32、UINT8 例如，input_name1:FP16;input_name2:UINT8	否	FP32

（续）

参数名称	参数描述	是否必选	默认值
--is_output_fp16	指定数据类型为 FP16、NCHW 的输出节点名称。 不支持与 --output_type 同时设置。 例如，false, true, false, true	否	false
--stream_num	模型使用的 stream 数量	否	1
--cal_conf	量化配置文件路径。 当前支持 Convolution、Full Connection、ConvolutionDepthwise 这 3 种算子的量化，包括权重、偏置、数据量化	否	—
--check_report	预检结果保存文件路径。若不指定该路径，在模型转换失败或 mode 为 3（仅做预检）时，将预检结果保存在当前路径下	否	—
--net_format	指定网络算子优先选用的数据格式，包括 ND 和 5D。 • ND：模型中算子按 NCHW 转换成通用格式 • 5D：模型中算子按华为自研的 5 维转换成华为格式	否	—
--insert_op_conf	输入预处理算子的配置文件路径	否	—
--op_name_map	算子映射配置文件路径，包含 DetectionOutput 网络时需要指定 例如，不同的网络中 DetectionOutput 算子的功能不同，指定 DetectionOutput 到 SRDetectionOutput 或者 SSDDetectionOutput 的映射 算子映射配置文件的内容示例如下： DetectionOutput:SSDDetectionOutput	否	—
--target	当前仅支持设置为 Lite	否	Lite

下面介绍具体模型转换方式：

1）Caffe 模型转换

Caffe 模型转换命令模板如下：

```
./omg --model xxx.prototxt --weight yyy.caffemodel --framework 0 --output ./
modelname
```

以 squeezenet 网络为例，可以从 GitHub 上下载 squeezenet v1.1 网络（参考链接 https://github.com/forresti/SqueezeNet/tree/master/SqueezeNet_v1.1），并执行以下命令：

```
./omg --model deploy.prototxt --weight squeezenet_v1.1.caffemodel --framework 0
--output ./squeezenet
```

命令执行后将会有如图 4-30 所示的命令提示，说明转换成功，会在当前目录下生成 squeezenet.om。

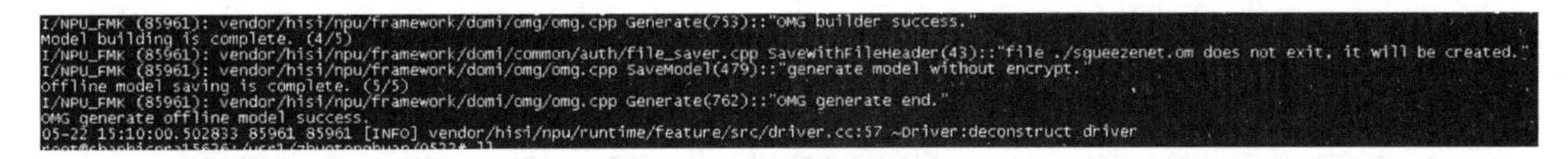

图 4-30　模型转换成功

2）TensorFlow 模型转换

与 Caffe 场景类似，TensorFlow 常用的转换模型模板如下：

```
./omg --model xxx.pb --weight xxx.pb --framework 3
--output ./modelname --input_shape "xxx:n,h,w,c"
```

我们以 mobileNetv2 网络模型为例（模型脚本参考链接 https://github.com/tensorflow/models/tree/master/research/slim/nets/mobilenet)，执行以下命令：

```
./omg --model mobilenet_v2_1.0_224_frozen.pb --weight
mobilenet_v2_1.0_224_frozen.pb --framework 3
--output ./mobilenet_v2 --input_shape "input:1,224,224,3"
```

3）使用 DevEco IDE 进行在线的模型转换

通过 Android Studio，使用 HiAI Foundation 的 DevEco IDE 插件还能在线完成模型转换工作，如图 4-31 所示。具体操作方法如下：

i. 首先打开 Android Studio，进入 File → Settings → Plugins，在 Plugins 中查找 DevEco IDE，并且单击 Install 按钮进行安装。

图 4-31　DevEco IDE 安装界面

ii. DevEco IDE 安装完成后，在 Android Studio 的菜单栏中找到 DevEco，打开在线模型转换工具，设置方法如图 4-32 ～图 4-35 所示。

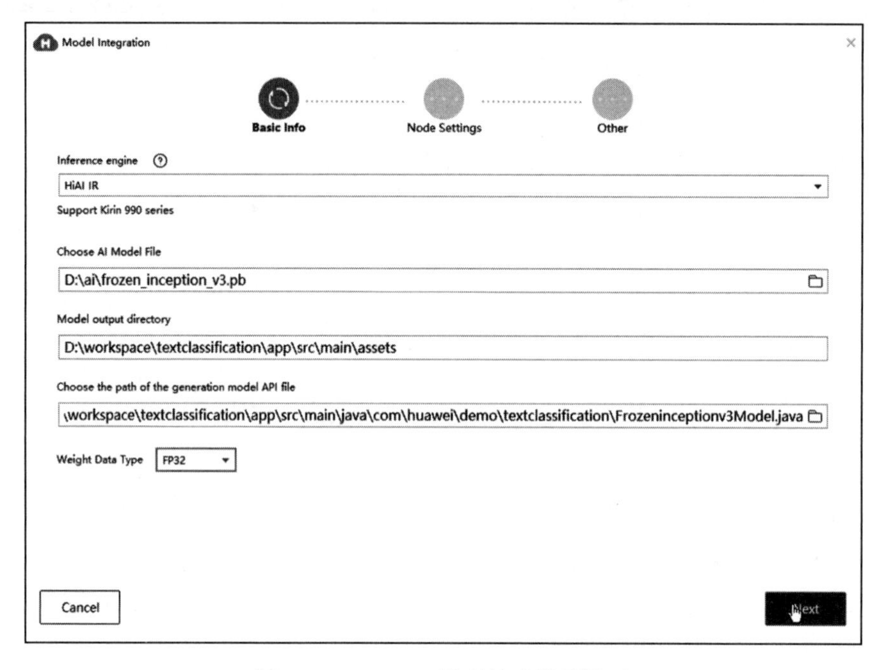

图 4-32　DevEco 模型基础设置界面

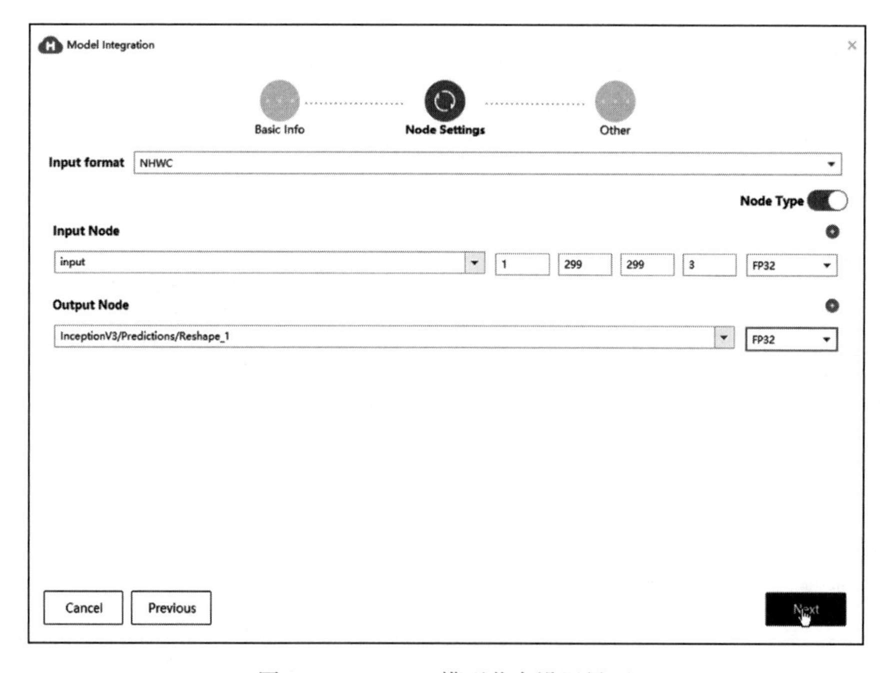

图 4-33　DevEco 模型节点设置界面

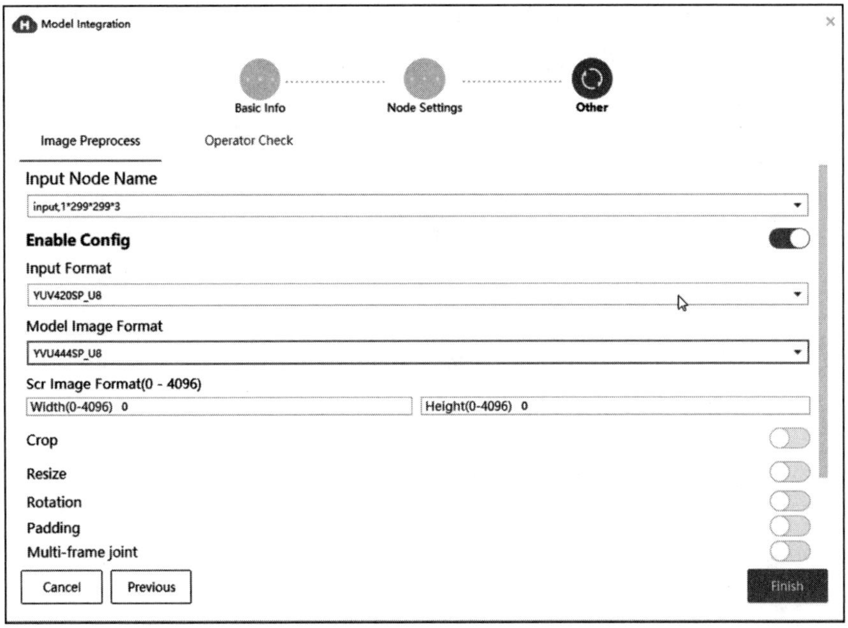

Model Integration
Basic Info
Node Settings
Other
Image Preprocess
Operator Check
Input Node Name
input,1*299*299*3
Enable Config
Input Format
YUV420SP_U8
Model Image Format
YVU444SP_U8
Scr Image Format(0 - 4096)
Width(0-4096) 0
Height(0-4096) 0
Crop
Resize
Rotation
Padding
Multi-frame joint
Cancel
Previous
Finish

图 4-34　DevEco 模型图像预处理设置界面

Model Integration
Basic Info
Node Settings
Other
Image Preprocess
Operator Check
Operator Heterogeneity Check
Operator Name
Execute Device
InceptionV3/InceptionV3/Mixed_7c/Branch_3/Conv2d_0b_1x1/BatchNorm/batchnorm/mul NPU
InceptionV3/InceptionV3/Mixed_7c/Branch_3/Conv2d_0b_1x1/BatchNorm/batchnorm/add_1 NPU
InceptionV3/InceptionV3/Mixed_7c/Branch_3/Conv2d_0b_1x1/Relu NPU
InceptionV3/InceptionV3/Mixed_7c/concat NPU
InceptionV3/Logits/AvgPool_1a_8x8/AvgPool NPU
InceptionV3/Logits/Conv2d_1c_1x1/convolution NPU
InceptionV3/Predictions/Softmax NPU
transpose_before_netoutput_1 NPU
InceptionV3/Predictions/Reshape_1 NPU
Cancel
Previous
Finish

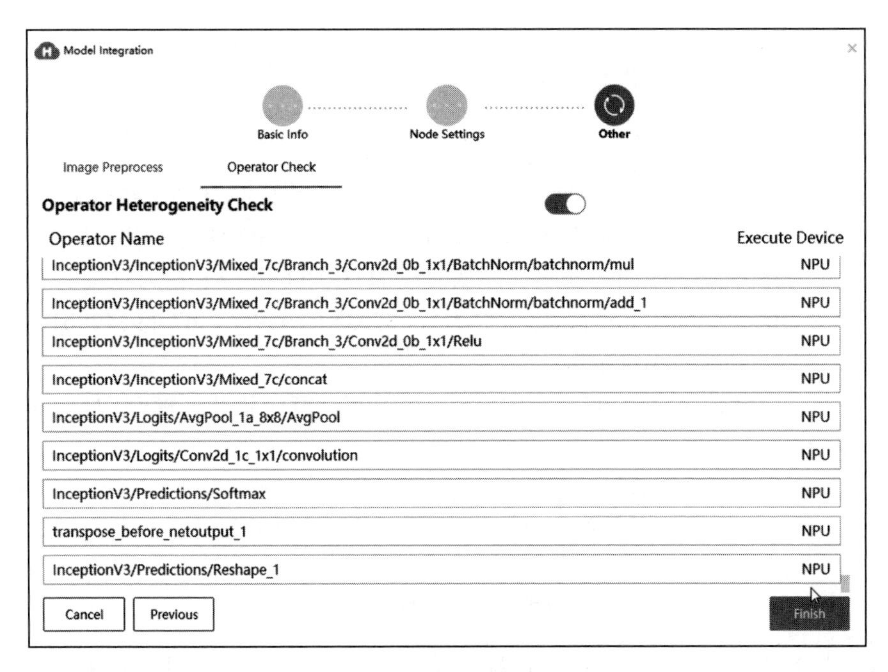

图 4-35　DevEco 模型算子异构设置界面

iii. 在 DevEco 界面中选择 DDK 版本和 AI 模型文件并选择在线转换，DevEco 会自动载入输入节点和输出节点信息，并给出默认的模型输出路径和引用API文件路径，开发人员只要单击开始运行按钮即可完成模型在线转换，如图4-36所示。

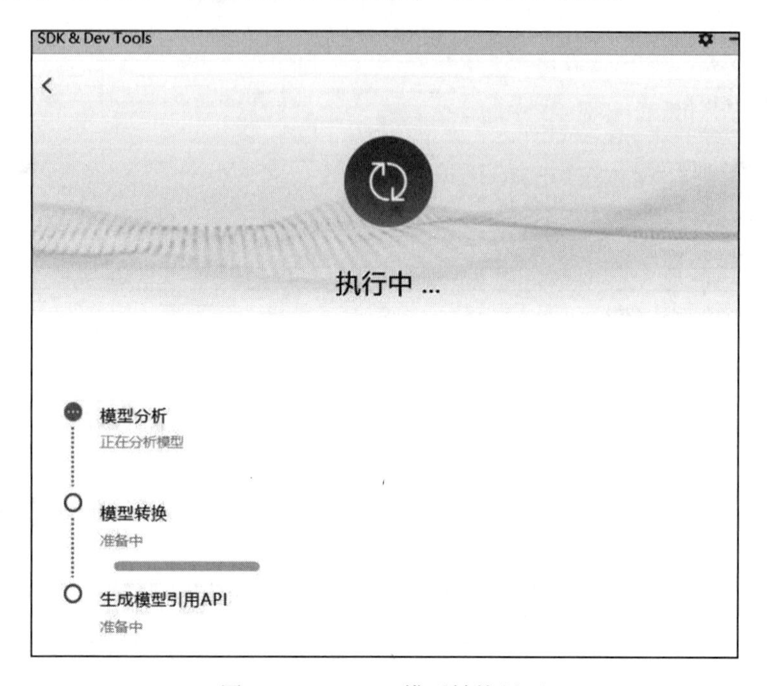

图4-36　DevEco模型转换界面

（2）IR在线模型转换

第三方框架可以通过IR对接的方式，在模型解析过程中将其框架转换为华为的HiAI Foundation定义的IR图结构，激活HiAI Foundation带来的高强算力。当前MNN、TNN等多个框架均已对接HiAI Foundation，可以从对应的GitHub链接上看到对接实现（以TNN为例，地址为https://github.com/Tencent/TNN/tree/523b2cc9595643d74b95420b1b4b31a2a715661b/source/tnn/device/huawei_npu）。

从流程上，模型转换大致可以分为以下三个流程：算子构建、模型构建、模型编译，如图4-37所示。

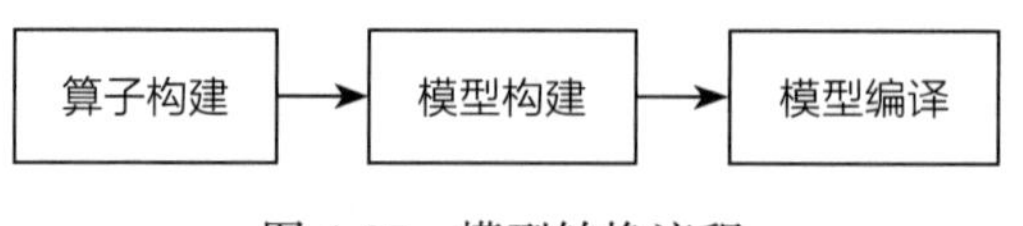

图4-37　模型转换流程

下面分别介绍IR在线模型转换的过程。详细的API这里不做详述，如果需要了解，可参照华为开发者联盟的HiAI Foundation API参考，地址为https://developer.huawei.com/consumer/cn/doc/overview/HUAWEI_HiAI。

1）算子构建。

i. 输入类算子 Data & Const。

Data 算子通常作为网络的变量输入，其构造方式请参考如下示例代码：

```
TensorDesc desc(Shape({in_channels, out_channels, h, w}), format,  datatype);
string data_name = op_name;
data = op::Data(data_name);
data.update_input_desc_x(desc);
```

其中有两项关键属性：一项是 TensorDesc，包含了输入 Shape、Format、Datatype 的描述信息；另一项是 name，在同一个图结构中，name 需要保证唯一性。

Const 算子通常作为算子的权值输入。在框架解析流程中，可以很简单地从内存中获取权值的内存地址，此处我们将这部分省略，主要看一下 Const 算子的构造方式。

```
ge::AttrValue::LIST_TENSOR weightList;
TensorDesc fdesc(Shape({64, 3, 3, 3}), FORMAT_NCHW, DT_FLOAT);
TensorPtr filter = std::shared_ptr<ge::Tensor>(new (std::nothrow) ge::Tensor());
filter->SetTensorDesc(fdesc);
vector<float> dataValuec;
// 向 dataValuec 中读权重数据
filter->SetData(reinterpret_cast<uint8_t*>(dataValuec.data()), w * h * inChannels
* outChannels * sizeof(float));
weightList.push_back(filter);
hiai::op::Const conv1_const_0 = hiai::op::Const("conv1_const_0").set_attr_
value(weightList[0]);
```

ii. 计算类算子

计算类算子数量众多，使用方式相似。IR 算子定义于 ddk\ai_ddk_lib\include\graph\op 中，按照类型分别存放于不同的 .h 文件中，此处单以卷积神经网络中最常用的卷积（convolution）算子为例，说明计算类算子的使用方式。

在 nn_defs.h 头文件中可以查找到 convolution 的算子 IR 定义如下：

```
/*
 * 使用输入张量和过滤器，并计算输出。
 * < 输入 >
 *    x        : 输入张量的尺寸，格式为 [N, Ci, Hi, Wi]。
 *    filter   : 过滤器形状，格式为 [Co, Ci/group, Hk, Wk]，必须为 Const-OP 操作。
 *    bias     : 偏移量，格式为 [Co]，必须为 Const-OP 操作。
 *    offset_w  : 保留，用于量子化。
 * < 输出 >
 *    y        : 输出张量。
 * < 算子属性 >
 *    strides      : 每个维度的步长。
 *    dilations    : 过滤器每个维度的膨胀值。
 *    pads         : 每个维度的补 0 值，格式为 [hh, ht, wh, wt]。
 *    pad_mode     : pad 的模式，可设置为 not set、using pads、SAME 或 VALID。
 *    groups       : 输入通道和输出通道划分的组数。
 *                   当 groups = 1，将执行传统卷积
 *                   当 groups > 1，特征图按 group 值分组，然后每组分别
 *                   卷积。若 group 的数量等于输入特征图的数量，表示深度卷积。
 *    data_format   : 数据初始化格式，为 'NCHW' 或 'NHWC'. 默认为 'NCHW'。
 *    offset_x      : 保留，用于量子化。
 * <Added in HiAI version>HiAI 版本
```

```
 *    100.300.010.011
 */
REG_OP(Convolution)
.INPUT(x, TensorType({ DT_FLOAT }))
.INPUT(filter, TensorType({ DT_FLOAT }))
.OPTIONAL_INPUT(bias, TensorType({ DT_FLOAT }))
.OPTIONAL_INPUT(offset_w, TensorType({ DT_INT8}))
.OUTPUT(y, TensorType({ DT_FLOAT }))
.REQUIRED_ATTR(strides, AttrValue::LIST_INT)
.ATTR(dilations, AttrValue::LIST_INT ({ 1, 1 }))
.ATTR(pads, AttrValue::LIST_INT ({ 0, 0, 0, 0 }))
.ATTR(pad_mode, AttrValue::STR { "SPECIFIC" })
.ATTR(groups, AttrValue::INT { 1 })
.ATTR(data_format, AttrValue::STR { "NCHW" })
.ATTR(offset_x, AttrValue::INT { 0 })
.OP_END()
```

IR 定义中有如下几类属性类型：

- INPUT：算子输入，必选，通常来自 Data 或 Const 算子。使用 Tensor 进行设置。OPTIONAL_INPUT 为可选输入，在构造算子 IR 时，根据网络情况确定是否进行相关设置。构造算子输入的 API 的形式为“set_input_[算子输入名称]”。
- OUTPUT：算子输出。算子的输出在 API 上的形式为算子的构造 API 的返回值。
- ATTR：算子属性，可选，为常量，使用 AttrValue 进行设置。REQUIRED_ATTR 为必选属性，如果未设置，在构造过程中会报错。构造算子属性的 API 形式为“set_attr_[算子属性名称]”。

结合上述说明，我们得知可按照下述方式构造 Convolution 单算子 IR 定义：

```
auto conv0 = op::Convolution("conv0")
.set_input_x(data)
.set_input_w(conv0_const_0)
.set_attr_kernel(AttrValue::LIST_INT({7,7}))
.set_attr_mode(1)
.set_attr_stride(AttrValue::LIST_INT({2,2}))
.set_attr_dilation(AttrValue::LIST_INT({1,1}))
.set_attr_group(1)
.set_attr_pad(AttrValue::LIST_INT({3, 3, 3, 3}))
.set_attr_pad_mode(4)
.set_attr_num_output(64)
```

2）模型构建。

模型中各个对象的逻辑关系如图 4-38 所示。

一个模型中可以包含多个图，常规场景下，一个图已经可以使用。我们通过设定一个图的输入 / 输出节点来确定一个图，并将图设定到模型中：

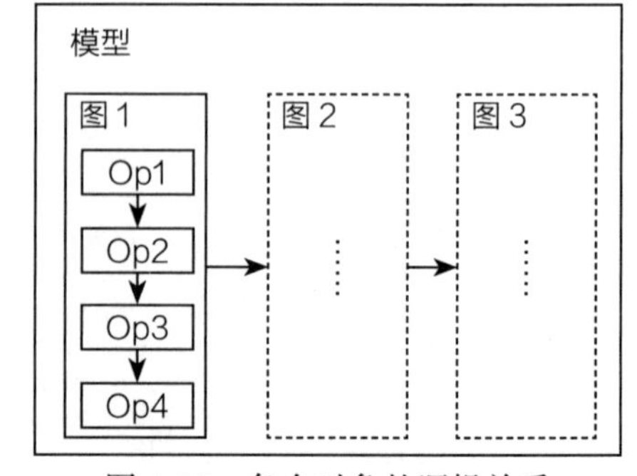

图 4-38　各个对象的逻辑关系

```
Graph graph("squeezeNetGraph");

// 算子构建过程
//auto data = …
//auto conv = …
//…
```

```
//auto softmax =

std::vector<Operator> inputs{data};
std::vector<Operator> outputs{softmax};
graph.SetInputs(inputs).SetOutputs(outputs);

// 构造 Model
ge::Model model("model", "model_v00001");
model.SetGraph(graph);
```

至此，我们已经有了一个 IR 模型对象，但在模型正式执行之前，还需要进行一轮编译。这轮编译过程是在手机上执行的，逻辑实现在华为手机的 ROM 中，通过在线的编译流程解决不同手机终端硬件之间的硬件兼容性问题。

实现方式如下：

```
domi::HiaiIrBuild ir_build;
domi::ModelBufferData om_model_buff;

ir_build.CreateModelBuff(model, om_model_buff);
// 模型对象存储在 om_model_buff 中
bool ret = ir_build.BuildIRModel(model, om_model_buff);
```

4. 模型推理

模型执行推理通常需要经过如图 4-39 所示流程，下面我们着重介绍模型编译、模型加载和模型推理三个部分。

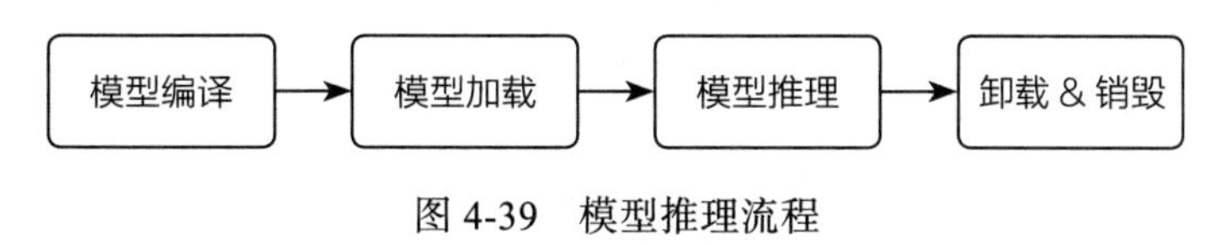

图 4-39　模型推理流程

（1）模型编译

IR 模型是一个中间态的纯数学概念。在实际的模型执行过程中存在许多的优化点，可以使得模型在特定硬件上能更高效执行。这些优化包括算子的特定融合、数据类型的转换、数据存放时内存对齐方式的调整。如果将这些过程放在推理过程中，将大大影响整个推理的性能，而且此操作是一次性的。所以模型编译过程被独立了出来，建议 App 的开发者独立于推理流程之外，在初始化流程中调用此接口。

在 HiAI Foundation 的 DDK 对象中有一个名为 AiModelBuilder 的类，用于模型编译。该类中提供的 BuildModel 接口可以在线编译离线模型，API 的定义如表 4-23 所示。

可以参照如下代码实现模型编译的调用流程：

```
shared_ptr<AiModelMngerClient> mclientBuild = make_shared<AiModelMngerClient>();
auto ret = mclientBuild->Init(NULL);
shared_ptr<AiModelBuilder> mcbuilder = make_shared<AiModelBuilder>(mclientBuild);
// 从 OM 文件或其他位置将模型复制到对象 offlinemodel 中
MemBuffer* onlineBuffer = mcbuilder->ReadBinaryProto(string(offlinemodel));
MemBuffer* offlineBuffer = mcbuilder->OutputMemBufferCreate(0, input_membuffer );
uint32_t offModelSize = 0;
```

```
int ret = mcbuilder->BuildModel(input_membuffer, offlineBuffer, offModelSize);
ret = mcbuilder->MemBufferExportFile(offlineBuffer, offModelSize, string(offlinemodel));
mcbuilder->MemBufferDestroy(offlineBuffer);
mcbuilder->MemBufferDestroy(onlineBuffer);
```

表 4-23　OM 离线模型在线编译接口

功能描述	OM 离线模型在线编译接口
接口原型	AIStatus BuildModel(const vector<MemBuffer *> &input_membuffer, MemBuffer *output_model_buffer, uint32_t &output_model_size);
参数说明	输入参数 input_membuffer：输入的 OM 离线模型 buffer 输出参数 output_model_buffer：输出模型 buffer 输出参数 output_model_size：输出模型大小（单位为 byte）
返回值	AIStatus::AI_SUCCESS：成功 Others：失败

（2）模型加载

在编译好模型之后，需要将其加载到 ROM 内存中，以此保证在每次推理调用时可以有毫秒级的响应效率。

可以使用模型管家类（AiModelMngerClient）的 Load 接口，API 定义如表 4-24 所示。

表 4-24　加载模型接口

功能描述	加载模型
接口原型	AIStatus Load(vector<shared_ptr<AiModelDescription>> &model_desc);
参数说明	输入参数 model_desc：模型描述信息数组，可输入多个模型，模型名称不能重复
返回值	AIStatus::AI_SUCCESS：成功 Others：失败

接口调用可以参照如下流程：

```
string modelNameFull = string("DemoModel.om");
vector<shared_ptr<AiModelDescription>> modelDescs;
modelDescs.push_back(desc);
shared_ptr<AiModelDescription> desc =
make_shared<AiModelDescription>(modelNameFull,
AiModelDescription_Frequency_HIGH, HIAI_FRAMEWORK_NONE,
HIAI_MODELTYPE_ONLINE, AiModelDescription_DeviceType_NPU);
desc->SetModelBuffer(buffer->GetMemBufferData(), buffer->GetMemBufferSize());
//Load 模型支持同时加载多个模型，此处单纯以一个模型为例
modelDescs.push_back(desc);
ret = client->Load(modelDescs);
```

模型加载完成后就可以调用推理接口进行推理了。

（3）模型推理

模型推理过程分为同步推理与异步推理，推理方式的选择主要取决于开发者应用场景。

例如，对于常规的图像识别场景，同步场景即可满足要求，相对实现也更简单一点，而对于视频帧之间无依赖的视频超分场景，异步可以很好地将前后的处理过程和推理过程联系起来，一定程度上提高了整体的推理性能，能够充分利用计算单元的算力。

同步推理与异步推理使用的接口是一致的，即模型管家类（AiModelMngerClient）中的 Process 接口，API 定义如表 4-25 所示。

表 4-25 模型推理接口

功能描述	模型推理接口
接口原型	AIStatus Process(AiContext &context, vector<shared_ptr<AiTensor>> &input_tensor, vector<shared_ptr<AiTensor>> &output_tensor, uint32_t timeout, int32_t &iStamp);
参数说明	输入参数 context：模型运行上下文，必须带 model_name 字段 输入参数 input_tensor：模型输入节点 Tensor 信息 输入 / 输出参数 output_tensor：模型输出节点 Tensor 信息 输入参数 timeout：推理超时时间（毫秒） 输出参数 iStamp：异步返回标识，基于该标识和模型名称做回调索引
返回值	AIStatus::AI_SUCCESS：成功 Others：失败

在同步流程下，需要在 APK 中集成的代码片段逻辑如下：

```
static shared_ptr<AiModelMngerClient> g_client = nullptr;
static vector<vector<shared_ptr<AiTensor>>> input_tensor;
static vector<vector<shared_ptr<AiTensor>>> output_tensor;

//g_client 是全局的 AiModelMngerClient 对象，需要如上述流程一样进行 Init、Load 等操作
//input_tensor 是模型推理的输入数据，需要在读取外部数据后，将其转换成模型需要的输入，赋值在此对象中
//output_tensor 是模型推理的输出数据存放位置，但需要实现指定输出的 shape
// 上述初始化过程并不是此处的重点，如果希望了解实现细节，可以参见华为开发者联盟上 HiAI
   Foundation 提供的 Demo 程序

AiContext context;
string key = "model_name";
string value = modelName;
value += ".om";
context.AddPara(key, value);

//istamp 是异步返回的标识，在同步场景下，此标识无实际作用
// 计算完成后，output 中存放的就是模型的推理结果，可以用于后续的 APK 流程
int istamp = 0;
int ret = g_client->Process(context, input_tensor, output_tensor, 1000, istamp);
```

异步流程和同步流程相比，主要有两点不同：

- 指定异步场景下的回调函数。
- 指定 istamp 参数。

istamp 参数的指定较为简单，此处不再赘述。下面重点介绍回调函数的实现与传递。

回调函数的接口定义在 \ddk\ai_ddk_lib\include \HiAiModelManagerType.h 文件中，其 API 定义如表 4-26 所示。

表 4-26　模型执行的结果异步回调虚函数

功能描述	模型执行结果的异步回调虚函数，需要用 APK 实现，在模型初始化时注册进来
接口原型	virtual void OnProcessDone(const AiContext &context, int32_t result, const vector<shared_ptr<AiTensor>> &out_tensor, int32_t iStamp)
参数说明	输入参数 context：用户自定义可扩展上下文 输入参数 result：推理结果 输入 / 输出参数 out_tensor：推理后的输出 Tensor 输入参数 iStamp：异步处理标识
返回值	无

用户可以基于上述 C++ 定义实现回调，也可以在 Java 层通过 JNI 实现回调接口，详细内容可以参见 7.6 节。

4.3.7　旷视天元

1. 概述

旷视天元（MegEngine）框架由北京旷视科技有限公司（以下简称“旷视”）研发。旷视成立于 2011 年，是一家业界领先的人工智能产品和解决方案公司，其核心竞争力源于深度学习技术。2020 年 3 月，旷视正式对外推出自研的 AI 生产力平台 Brain++ 并开源其核心——深度学习框架“天元”，实现了算法的高效开发与部署。旷视在推动 AI 产业的商业化落地方面非常成功，业务聚焦个人物联网、城市物联网、供应链物联网领域，为客户提供包括算法、软件和硬件产品在内的全栈式、一体化解决方案。

Brain++ 由 MegEngine 深度学习框架、MegCompute 云计算平台和 MegData 数据管理平台三部分组成，如图 4-40 所示。

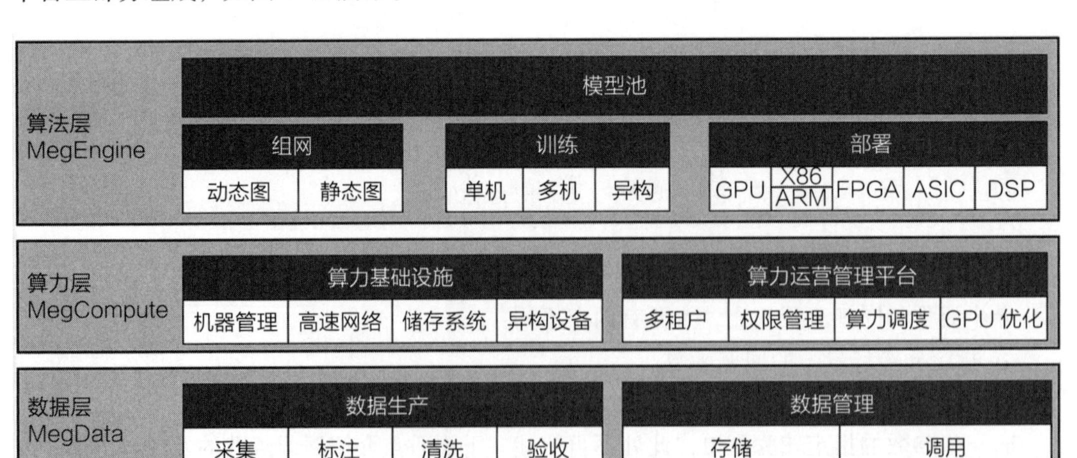

图 4-40　Brain++ 平台架构

MegEngine 诞生于 2014 年并于 2020 年 3 月开源，是 Brain++ 最为核心的组件，也是一款工业级深度学习开源框架。MegEngine 可以帮助开发者用户借助友好的编程接口，进行大规模深度学习模型训练和部署。MegEngine 框架具备训练推理一体、全平台高效支持、动静结合等特点，可极大简化算法开发流程，实现了模型训练速度和精度的无损迁移，支持动静态的混合编程和模型导入，内置高性能计算机视觉算子，尤其适用于大模型算法训练。

MegData 是旷视研究院自主研发的人工智能数据管理平台，全面覆盖数据获取、数据处理、数据标注、数据管理、数据安全五大维度。以数据生产为起点，支持以不同业务场景和训练方式对数据进行处理和标注。平台提供对结构化数据的标注、特征处理、衍生、筛选等标准处理流程，同时对多种非结构化数据提供在线标注能力，通过标准化标注流程实现对标注数据、标注任务、标注人员、标注进度、标注质量和标注工具的统一管理，为 AI 模型训练提供高质量训练数据。同时，MegData 中设计了多重数据安全功能，以保障数据安全和隐私。

分布式深度学习平台 MegCompute 是旷视自主研发的大规模人工智能算力平台，其中包含基础设施、数据存储、计算调度、上层服务等功能模块。通过分布式集群管理最大化提高资源利用率，算法生产全流程服务化使训练过程更加高效，详细信息可参考 https://www.brainpp.com/product-introduce。

（1）系统架构

在架构上，MegEngine 具体分为计算接口、图表示、优化与编译、运行时管理和计算内核五层，如图 4-41 所示。

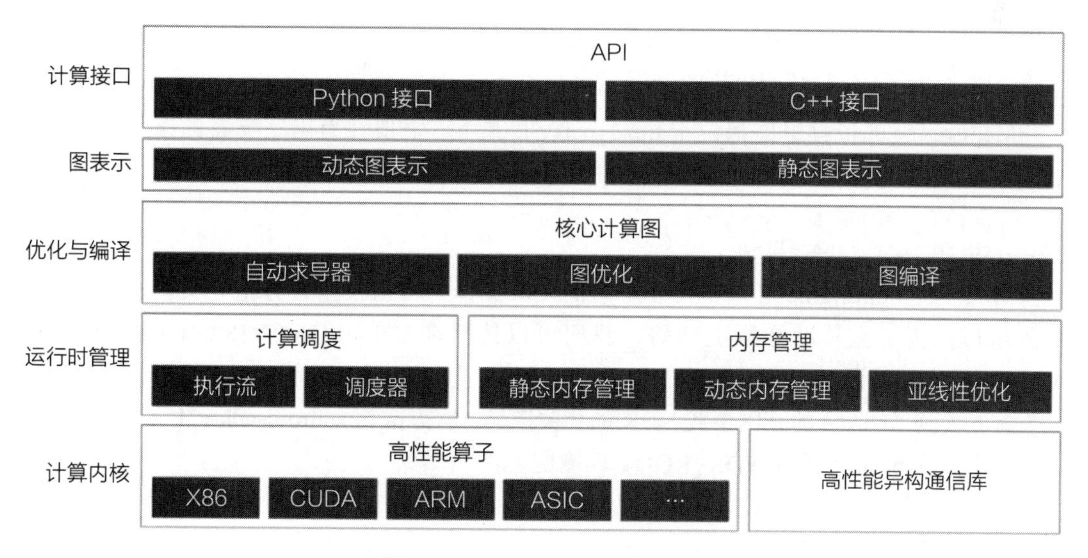

图 4-41　MegEngine 系统架构

计算接口为开发者提供了 Python 和 C++ 接口。其中 MegEngine 的顶层 API 基于 Python，采取了类似于 PyTorch 的风格，简单直接，易于上手，便于现有项目进行移植或整合。

图表示层上，MegEngine 框架能支持静态图和动态图。动态计算图的核心特点是计算图的构建和计算同时发生（define by run）。静态计算图模式将计算图的构建和计算分开（define and run）。动态图易调试，静态图好部署。通过图表示层，MegEngine 对静态图和动态图都有很好的支持，而且实现了内置动态图和静态图的转化。

优化与编译层的核心组件是核心计算图部分，这个部分包含自动求导器自动求导的部分，包含图优化和图编译的机制，使得它能够对上层的动态图和静态图都有所支撑。

运行时管理则能为模型的训练和推理提供计算调度和内存管理。MegEngine 底层的高性能算子库对于不同的硬件架构进行了深度适配和优化，并提供高效的亚线性内存优化策略，对于生产环境繁多的计算设备提供了极致的性能保证。高效易用的分布式训练的实现能有效支持富有弹性的大规模训练。

在计算内核中，MegEngine 支持多种硬件平台（CPU、GPU、ARM）。不同硬件上的推理框架和 MegEngine 的训练框架无缝衔接。部署时无须做额外的模型转换，速度 / 精度和训练保持一致，有效解决了 AI 落地中“部署环境和训练环境不同，部署难”的问题，同时有高性能异构通信库来支持大规模的分布式学习和分布式训练。

（2）环境部署

第一步，通过包管理器 pip 安装 MegEngine，完成 Python 库的安装：

```
pip3 install megengine -f https://megengine.org.cn/whl/mge.html
```

第二步，下载 MegEngine 的代码仓库。我们需要使用 C++ 环境进行最终的部署，所以这里需要通过源文件来编译安装 C++ 库：

```
git clone https://github.com/MegEngine/MegEngine.git
```

MegEngine 的依赖组件都位于 third_party 目录下，需要在有网络支持的条件下使用如下脚本进行安装：

```
./third_party/prepare.sh
./third_party/install-mkl.sh
```

第三步，MegEngine 可以支持多平台的交叉编译，可以根据官方指导文档选择不同目标的编译。为了在移动终端上部署，我们可以选择在 Ubuntu(16.04/18.04) 上进行 ARM-Android 的交叉编译。

首先，到 Android 的官网下载 NDK 的相关工具，官方推荐 android-ndk-r21 以上的版本。

其次，在 bash 中设置 NDK_ROOT 环境变量：

```
export NDK_ROOT=NDK_DIR
```

最后，使用以下地址中的 cross_build_android_arm_inference.sh 脚本文件进行 ARM-Android 的交叉编译：https://github.com/MegEngine/MegEngine/tree/master/scripts/cmakebuild。

编译完成后，我们可以在 build_dir/android/arm64-v8a/Release/install 目录下找到编译生成的库文件和相关头文件。这时，可以检查一下生成的库是否对应目标架构：

```
file build_dir/android/arm64-v8a/Release/install/lib64/libmegengine.so
#libmegengine.so: ELF 64-bit LSB shared object, ARM aarch64, version 1 (SYSV),
    dynamically linked, BuildID[sha1]=xxxxx, stripped
```

2. 模型转换方法

（1）模型序列化

MegEngine 框架不需要使用其他深度学习训练框架的预训练模型进行转换工作，只需要将 MegEngine 框架训练好的神经网络模型进行序列化即可。MegEngine 框架在 Python 环境中训练神经网络模型，使用序列化操作可以将神经网络模型导出并得到一个基于静态图的神经网络模型文件，之后就可以将模型迁移到无须依赖 Python 的环境中进行推理计算。

在 MegEngine 中，序列化对应的接口为 dump()，对于一个训练好的网络模型，我们使用以下代码来将其序列化：

```
from megengine.jit import trace

# 使用 trace 装饰该函数，实现动 / 静态图的转换
# pred_fun 经过装饰之后已经变成了 trace 类的一个实例，而不仅仅是一个函数
@trace(symbolic=True)
def pred_fun(data, *, net):
    net.eval()
    pred = net(data)
    pred_normalized = F.softmax(pred)
    return pred_normalized

# 使用 trace 类的 trace 接口无须运行 / 直接编译
pred_fun.trace(data, net=xor_net)

# 使用 trace 类的 dump 接口进行部署
pred_fun.dump("xornet_deploy.mge", arg_names=["data"],
optimize_for_inference=True)
```

解析：

❑ trace 实现动静态图的转换：

```
@trace(symbolic=True) # 设置为静态图模式
```

参数说明：

-- symbolic：True 代表静态图，False 代表动态图。

❑ pred_fun 计算图：

```
def train_func(data, label, *, opt, net):
…
return pred_normalized
```

pred_fun 可视为计算图的全部流程，计算图的输入严格等于 pred_fun 的位置参数（positional arguments，即参数列表中“*”前的部分，这里的 data 变量），计算图的输出

严格等于函数的返回值（这里的pred_normalized）。这也会进一步影响到部署时模型的输入和输出，即如果运行部署后的该模型，则会需要一个data格式的输入，返回一个pred_normalized格式的值。

- dump()序列化操作。

```
pred_fun.dump(fpath, *, arg_names=None, append=False, optimize_for_inference=False)
```

参数说明：

- --fpath：输出文件所在路径。
- --arg_names：被追溯（traced）函数的输入张量的名字。
- --append：是否在fpath后追加输出。
- --optimize_for_inference：是否在模型转储之前打开推理优化开关。当设为True时，将在dump()方法中对模型针对推理进行优化，提高推理时的模型运行效率。具体信息可以参考dump optimize API。

执行代码，并完成模型转换后，我们就获得了可以通过MegEngine C++ API加载的预训练模型文件xornet_deploy.mge。对于在静态图模式下训练得到的模型，可以使用dump()方法直接序列化，无须对模型代码做出任何修改，这就是“训练推理一体化”的由来。

（2）模型量化

MegEngine框架可以训练神经网络模型，相对地可以进行Type2类量化和Type3类量化（参考4.1.1节对不同量化方式的分类）。MegEngine的量化一般以一个训练完毕的浮点模型为起点，通过三个步骤将模型进行量化：

第一步，基于Module搭建网络模型，并按照正常的浮点模型方式进行训练，本书不再详细介绍。

第二步，使用quantize_qat()将浮点模型转换为QFloat模型，其中可被量化的关键Module会被转换为QATModule，并基于量化配置QConfig设置好假量化算子和数值统计方式。

第三步，使用quantize()将QFloat模型转换为Q模型，对应的QATModule则会被转换为QuantizedModule，此时网络无法再进行训练，网络中的算子都会转换为低位计算方式，这时就可以用于部署了。

上述流程是Type3对应QAT的步骤，Type2对应的后量化则需要使用不同的QConfig，且需要使用evaluation模式运行QFloat模型，而非训练模式。

下面我们以ResNet18为例来讲解量化的完整流程，完整代码参见https://github.com/MegEngine/Models/blob/master/official/quantization/train.py。主要分为以下几步：

第一步，修改网络结构，使用已经融合（fuse）好的ConvBn2d、ConvBnRelu2d、ElementWise代替原先的Module。

第二步，在正常模式下预训练模型，并在每轮迭代中保存网络检查点。

第三步，调用 quantize_qat() 转换模型，并进行模型微调（finetune）。

第四步，调用 quantize() 转换为量化模型，并执行 dump 用于后续模型部署。

网络结构参见 https://github.com/MegEngine/Models/blob/master/official/quantization/models/resnet.py，相比惯常写法，我们修改了其中一些子 Module，将原来单独的 conv、bn、relu 替换为融合过的 Quantable Module。

```
class BasicBlock(Module):
    def __init__(self, in_planes, planes, stride=1):
        super(BasicBlock, self).__init__()
        self.conv_bn_relu = ConvBnRelu2d(
            in_planes, planes, kernel_size=3, stride=stride, padding=1, bias=False
        )
        self.conv_bn = ConvBn2d(
            planes, planes, kernel_size=3, stride=1, padding=1, bias=False
        )
        self.add_relu = Elemwise("FUSE_ADD_RELU")
        self.shortcut = Sequential()
        if stride != 1 or in_planes != planes:
            self.shortcut = Sequential(
                ConvBn2d(in_planes, planes, kernel_size=1, stride=stride, bias=False)
            )

    def forward(self, x):
        out = self.conv_bn_relu(x)
        out = self.conv_bn(out)
        cut = self.shortcut(x)
        out = self.add_relu(out, cut)
        return out
```

然后对该模型进行若干轮迭代训练，并保存检查点，这里省略细节：

```
for step in range(0, total_steps):
    # Linear learning rate decay
    epoch = step //steps_per_epoch
    learning_rate = adjust_learning_rate(step, epoch)

    image, label = next(train_queue)
    image = image.astype("float32")
    label = label.astype("int32")

    n = image.shape[0]

    optimizer.zero_grad()
    loss, acc1, acc5 = train_func(image, label)
    optimizer.step()
```

再调用 quantize_qat() 来将网络转换为 QATModule：

```
from megengine.quantization import ema_fakequant_qconfig
from megengine.quantization.quantize import quantize_qat

model = ResNet18()
if args.mode != "normal":
    quantize_qat(model, ema_fakequant_qconfig)
```

这里使用默认的 ema_fakequant_qconfig 来进行 int8 量化。

然后我们继续使用与上面相同的代码进行模型微调训练。值得注意的是，如果这两步全在一次程序运行中执行，由于模型参数发生了变化，因此需要使用不同的训练的 trace 函数，并重新进行编译。示例代码中采用在新一轮执行中读取检查点并重新编译的方法。

在 QAT 模式训练完成后，我们继续保存检查点，执行 inference.py 并设置 mode 为 quantized，这里需要将原始 Float 模型转换为 QAT 模型，之后再加载检查点：

```
from megengine.quantization.quantize import quantize_qat
model = ResNet18()
if args.mode != "normal":
    quantize_qat(model, ema_fakequant_qconfig)
if args.checkpoint:
    logger.info("Load pretrained weights from %s", args.checkpoint)
    ckpt = mge.load(args.checkpoint)
    ckpt = ckpt["state_dict"] if "state_dict" in ckpt else ckpt
    model.load_state_dict(ckpt, strict=False)
```

将模型转换为量化模型包括以下过程：

```
from megengine.quantization.quantize import quantize

# 定义 trace 函数
@jit.trace(symbolic=True)
def infer_func(processed_img):
    model.eval()
    logits = model(processed_img)
    probs = F.softmax(logits)
    return probs

# 执行模型转换
if args.mode == "quantized":
    quantize(model)

# 准备数据
processed_img = transform.apply(image)[np.newaxis, :]
if args.mode == "normal":
    processed_img = processed_img.astype("float32")
elif args.mode == "quantized":
    processed_img = processed_img.astype("int8")

# 视情况执行一遍 evaluation 或者只通过 trace 进行编译
if infer:
    probs = infer_func(processed_img)
else:
    infer_func(processed_img).trace()

# 将模型 dump 导出
infer_func.dump(output_file, arg_names=["data"])
```

至此，便得到了一个可用于部署的量化模型。

3. 模型推理方法

我们以官方提供的 Inference-Demo-master\native 举例来介绍模型推理方法，详细信息读者可以参考 https://github.com/MegEngine/Inference-Demo。

（1）预处理图像数据

在通过 C++ 接口实现自己的基于 ShuffleNet V2 的推理代码之前，首先需要根据 ShuffleNet V2 模型要求，先将图像数据转换为指定格式的 Tensor。具体来说，要先将图像格式转换为 BGR，再将图像缩放到 256×256，以避免在后续的裁切中有更多的信息损失。然后将图像中心裁切到 224×224 的大小，保留 ROI 区域，并适配模型输入要求，最后将裁切后的图像做归一化处理，根据 ModelHub 上的说明，这里用到的 mean 和 std 如下：

- mean：[103.530, 116.280, 123.675]
- std：[57.375, 57.120, 58.395]

关于图像转换的步骤，可以参考 https://github.com/MegEngine/Models/blob/master/official/vision/classification/shufflenet/inference.py：

```
transform = T.Compose(
   [
      T.Resize(256),
      T.CenterCrop(224),
      T.Normalize(
         mean=[103.530, 116.280, 123.675], std=[57.375, 57.120, 58.395]
      ),  # BGR
      T.ToMode("CHW"),
   ]
)
```

如果通过 C++ 代码实现，也同样分成三步，我们以 OpenCV 为例：同样将图片宽高设置为 256×256，并将中心大小裁切为 224×224，最后对图像做归一化处理。代码片段如下：

```
constexpr int RESIZE_WIDTH = 256;
constexpr int RESIZE_HEIGHT = 256;
constexpr int CROP_SIZE = 224;
void image_transform(const cv::Mat& src, cv::Mat& dst){

    cv::Mat tmp;
    cv::Mat tmp2;
    // 更改尺寸
    cv::resize(src, tmp, cv::Size(RESIZE_WIDTH, RESIZE_HEIGHT), (0, 0), (0, 0),
        cv::INTER_LINEAR);

    // 中心剪裁
    const int offsetW = (tmp.cols - CROP_SIZE) / 2;
    const int offsetH = (tmp.rows - CROP_SIZE) / 2;
    const cv::Rect roi(offsetW, offsetH, CROP_SIZE, CROP_SIZE);
    tmp = tmp(roi).clone();
    // 归一化
    tmp.convertTo(tmp2, CV_32FC1);
    cv::normalize(tmp2, dst, 0, 1,cv::NORM_MINMAX, CV_32F);
}
```

（2）将转换好的图像数据传给 Tensor

原始图像数据格式是 HWC，需要转成模型需要的 CHW 数据格式。HW 表示宽高，C 表示通道数（CHW 是 NCHW 的子集，N 表示批量大小）。更多相关信息，读者可以参考 https://github.com/MegEngine/Inference-Demo/blob/master/native/shufflenet_interface/src/

shufflenet_interface.cpp。代码片段如下：

```
auto data = network.tensor_map.at("data");
data->resize({1,3,224,224});

auto iptr = data->ptr<float>();
auto iptr2 = iptr + 224*224;
auto iptr3 = iptr2 + 224*224;
auto imgptr = dst.ptr<float>();
// 给输入 Tensor 赋值
for (size_t j =0; j< 224*224; j++){
    iptr[j] = imgptr[3*j];
    iptr2[j] = imgptr[3*j +1];
    iptr3[j] = imgptr[3*j +2];
}
```

注意，此处网络的输入层名称为 data，需要和执行 dump 时传入的名称保持一致。

（3）调用 MegEngine C++ 推理接口

完成数据格式转换后，调用 MegEngine 的推理接口，对输入图像数据进行预测。动态库主体 shufflenet_interface.cpp 主要实现了模型初始化、模型推理和销毁资源的功能，可参见 https://github.com/MegEngine/Inference-Demo/blob/master/native/shufflenet_interface/src/shufflenet_interface.cpp。

- 模型初始化的示例代码如下：

```
// 读取通过运行参数指定的模型文件，inp_file 需要输入的 shufflenet_v2.mge 文件
std::unique_ptr<serialization::InputFile> inp_file =
serialization::InputFile::make_fs(argv[1]);

// 使用 GraphLoader 将模型文件转换成 LoadResult，包括计算图和输入等信息
auto loader = serialization::GraphLoader::make(std::move(inp_file));
serialization::GraphLoadConfig config;
serialization::GraphLoader::LoadResult network =
   loader->load(config, false);
```

- 模型推理的示例代码如下：

```
// 将网络编译为异步执行函数
// 输出 output_var 为一个字典的列表，second 拿到键值对中的值，并保存在 predict 中
HostTensorND predict;
std::unique_ptr<cg::AsyncExecutable> func =
        network.graph->compile({make_callback_copy(
            network.output_var_map.begin()->second, predict)});
func->execute();
func->wait();

float* predict_ptr = predict.ptr<float>();
```

推理函数执行完毕后，会通过回调函数 make_callback_copy 将结果保存在 predict 参数中，predict 的类型为：

```
HostTensorND predict;
```

我们可以通过打印函数来确认 predict 参数的 shape(1,1000) 和 dimension(2)：

```
//shape
predict.shape()
//dimension
predict.shape().ndim
```

对于 ShuffleNet V2 这个例子来说，类别数保存在 predict.shape(1) 中，我们设为 num_class。根据类别数量，可以打印出每个类别的置信率 confidence，根据预设的阈值 THRESHOLD，打印出高于阈值的类别。置信率最高的类别就是此次预测的 Top-1 结果。代码片段如下：

```
for (int i = 0; i < num_classes; i++){
   sum += predict_ptr[i];
   if (predict_ptr[i] > THRESHOLD)
      std::cout << " Predicted: " << predict_ptr[i] << " i: "<< i << std::endl;
}
```

调用 MegEngine 推理接口的完整代码可以参考 https://github.com/MegEngine/Inference-Demo/blob/master/native/shufflenet_interface/src/shufflenet_run.cpp。

- 销毁资源的示例代码如下：

```
void shufflenet_close(ShuffleNetContext_PTR sc)
{
    LOGFUNC();
    ShufflenetContextPtr context = reinterpret_cast<ShufflenetContextPtr>(sc);
    if(context == nullptr) {
        return;
    }
    context->labels.clear();
    context->graph_loader = nullptr;
    context->network.~LoadResult();
}
```

（4）封装 SDK

基本了解 C++ 推理过程后，我们接着将相关通用过程封装为 SDK 动态库，提供 API 给主程序使用，方便后面通过 JNI 部署到 Android App 上。主要有如下过程：

1）设计 API 并实现 API 功能。

2）交叉编译动态库。

3）测试验证。

JNI 整体的目录结构设计如图 4-42 所示。

（5）设计 API，提取公共流程代码为单独函数

接下来，我们来看看如何进行 ARM-Android 的动态库封装，以使 Android 应用程序可以正常调用推理接口。推理过程主要有 init、recognize 和 close 三步，将其分别封装为 API，其他函数则作为动态库的 static 函数，供内部使用。

文件 shufflenet_interface.h 代码片段如下，具体信息可参考 https://github.com/MegEngine/Inference-Demo/blob/master/native/shufflenet_interface/src/shufflenet_interface.h：

```
typedef void *ShuffleNetContext_PTR;
ShuffleNetContext_PTR PUBLIC_API shufflenet_init(const ModelInit &init);
void PUBLIC_API shufflenet_recognize(ShuffleNetContext_PTR sc,
```

```
    const FrameData &frame, int number,FrameResult *results, int *output_size);
void PUBLIC_API shufflenet_close(ShuffleNetContext_PTR sc);
```

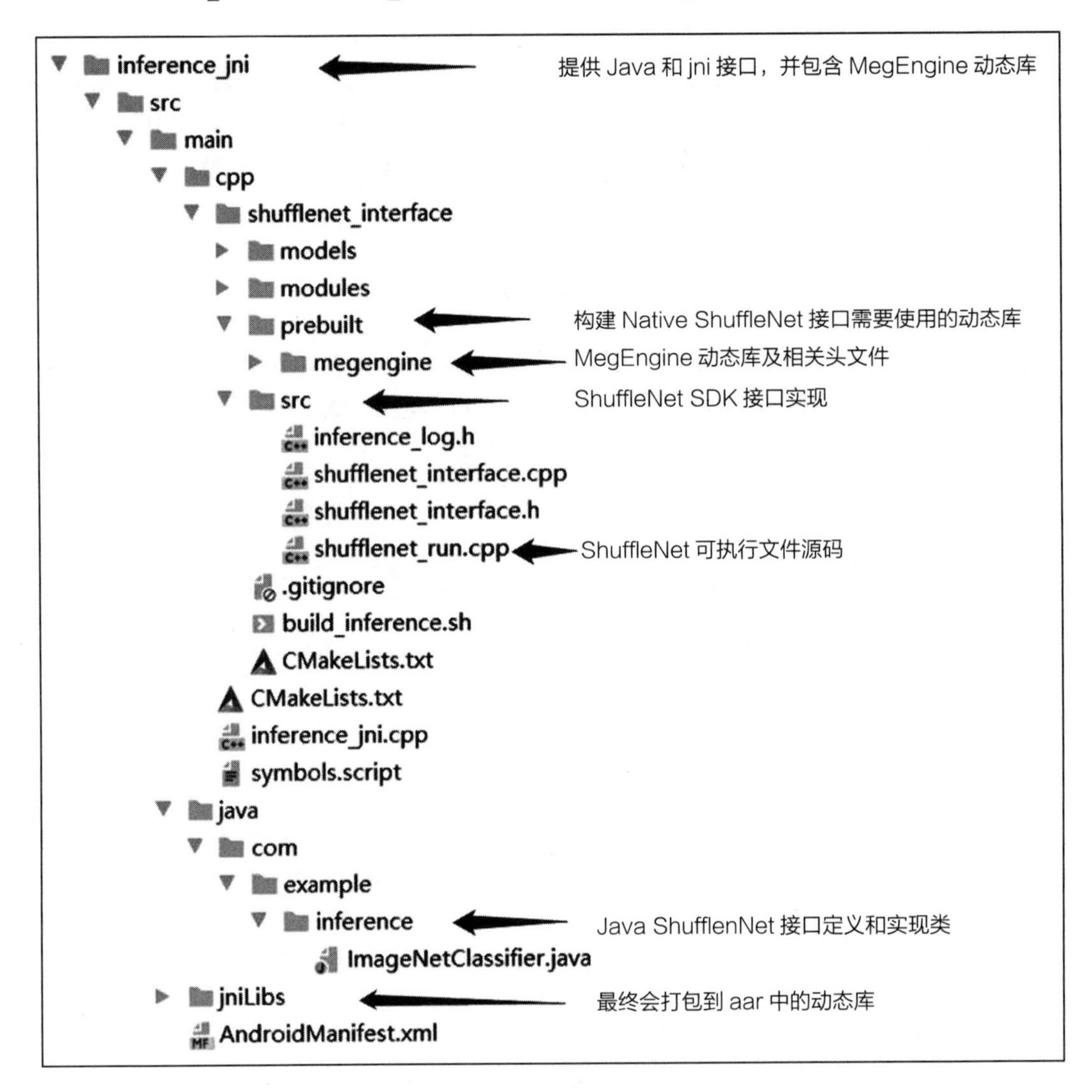

图 4-42　JNI 整体目录结构设计

开发者还可以通过 shufflenet_loadrun.cpp 代码了解本地化推理方法并测试 C++ 接口是否能正常工作：

```
#include "shufflenet_interface.h"

using namespace std;

int main(int argc, char *argv[])
{
    if (argc != 3)
```

```
    {
        std::cout << " Wrong argument" << std::endl;
        return 1;
    }

    //BGR
    cv::Mat bgr_ = cv::imread(argv[2], cv::IMREAD_COLOR);

    fprintf(stdout, "pic %dx%d c%d\n", bgr_.cols, bgr_.rows, bgr_.elemSize());
    vector<uint8_t> models;
    // 读取模型文件
    readBufFromFile(models, argv[1]);
    fprintf(stdout, "======== model size %ld\n", models.size());
    int num_size = 5;
    int output_size = 0;
    FrameResult f_results[5];

    // 初始化识别接口
    ShuffleNetContext_PTR ptr = shufflenet_init({.model_data = models.data(),
        .model_size = models.size(), .json = IMAGENET_CLASS_INFOS, .limit_count = 1,
        .threshold=0.01f});
    if (ptr == nullptr)
    {
        fprintf(stderr, "fail to init model\n");
        return 1;
    }

    // 调用识别接口
    shufflenet_recognize(ptr, FrameData{.data = bgr_.data, .size = static_cast
        <size_t>(bgr_.rows * bgr_.cols * bgr_.elemSize()), .width = bgr_.cols,
        .height = bgr_.rows, .rotation = ROTATION_0}, num_size, f_results, &output_size);
    for (int ii = 0; ii < output_size; ii++)
    {
        printf("output result[%d] Label:%s, Predict:%.2f\n", ii, (f_results + ii)-
            >label,
             (f_results + ii)->accuracy);
    }
    printf("test done!");

    // 销毁识别句柄
    shufflenet_close(ptr);

    return 0;
}
```

（6）交叉编译动态库

代码准备好之后，可以先使用 CMake 构建动态库和测试程序，在 PC 上编译 C++ 代码并手动推送到手机上验证功能是否正确。相关资源可以在官方网站下载，地址为 https://github.com/MegEngine/Inference-Demo/tree/master/native/shufflenet_interface。构建的启动脚本可参考 build_inference.sh。CMake 构建脚本参考 libshufflenet_inference CMake。

编译完成后，在 install 目录下有如下文件：

```
install/
├── cat.jpg
├── libmegengine.so
```

```
├── libshufflenet_inference.so
├── shufflenet_deploy.mge
└── shufflenet_loadrun
```

可以推送相关文件到手机上运行验证功能。

```
adb shell "rm -rf /data/local/tmp/mge_tests"
adb shell "mkdir -p /data/local/tmp/mge_tests"
files_=$(ls ${NATIVE_SRC_DIR}/install)
for pf in $files_
do
    adb push ${NATIVE_SRC_DIR}/install/$pf /data/local/tmp/mge_tests/
done
```

执行命令行示例：

```
adb shell "chmod +x /data/local/tmp/mge_tests/shufflenet_loadrun" &&
adb shell "cd /data/local/tmp/mge_tests/
&& LD_LIBRARY_PATH=./ ./shufflenet_loadrun ./shufflenet_deploy.mge ./cat.jpg"
```

执行测试程序后，可以从标准输出获得 predict 参数中的结果：

```
# 阈值设置为 0.01f
========output size 5
========output result[0] Label:Siamese_cat, Predict:0.55
========output result[1] Label:Persian_cat, Predict:0.05
========output result[2] Label:Siberian_husky, Predict:0.03
========output result[3] Label:tabby, Predict:0.03
========output result[4] Label:Eskimo_dog, Predict:0.03
```

4.3.8 苹果 Core ML 框架

1. 概述

Core ML 是苹果公司发布的一个机器学习框架。相对于其他框架，它的特点是能将已经训练好的数据模型直接用于自己的项目，苹果称之为预训练模型（pre-trained model），从而大大节省硬件开支与训练时间。Core ML 机器学习模型主要包含三个部分，分别为模型数量、权重数量、权重大小。当量化权重时，推荐采用权重的最小值和权重的最大值并映射它们。有许多方法可以映射它们，但该项目使用的方法是线性量化和查找表量化。线性量化是指均匀映射权重并减少它们。在查找表量化中，模型构造表格。并基于相似性对权重进行分组并减少它们。

Core ML 框架把事先训练好的模型在移动终端进行推理，并返回结果。Core ML 提供了一套底层算法库，目前 Core ML 框架已经能支持神经网络、树组合、支持向量机、广义线性模型、特征工程和流水线模型等算法模型的运算，只要是基于这些算法架构训练出来的模型，Core ML 都可以支持推理。

（1）框架结构及原理

Core ML 是领域特定（domain-specific）框架和功能的基础所在。Core ML 为 Vision（视觉）提供了图像处理的支持，为 Foundation 动态库提供了自然语言处理的支持（例如

NSLinguisticTagger 类)，为 GameplayKit 动态库提供了对学习决策树（learned decision tree）进行分析的支持。Core ML 本身是基于底层基本类型建立的，包括 Accelerate、BNNS 以及 Metal Performance Shaders 等。其中 Vision 所支持的功能包括人脸追踪、人脸识别、人脸特征点识别（landmark)、文本识别、矩形识别、条形码识别、对象追踪以及图像配准（image registration)。自然语言处理用于处理文本和音频信息，可以进行音频到文本的转换或音频分析功能，具体包括语言识别、词语切分、词性标注、词形还原和命名实体识别等。如图 4-43 所示为 Core ML 基础框架示意图。

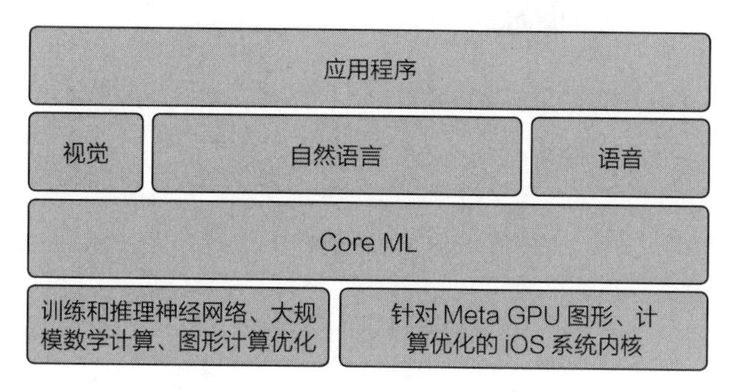

图 4-43　Core ML 基础框架示意图

（2）创建 Core ML 模型

对于 Core ML 的应用开发人员来说，首先需要获取 Core ML 模型。Core ML 支持各种机器学习模型，包括神经网络、树集成、支持向量机和广义线性模型。

使用 Create ML 接口和开发人员自己的数据，开发人员可以训练自定义模型来执行任务，例如识别图像，从文本中提取含义或查找数值之间的关系。使用 Create ML 训练的模型以 .mlmodel 作为文件扩展名，可以直接在 App 中加载、读取。将 Create ML 与 Swift 和 macOS 等结合使用，可以在 Mac 上创建和训练自定义机器学习模型，如图 4-44 所示。

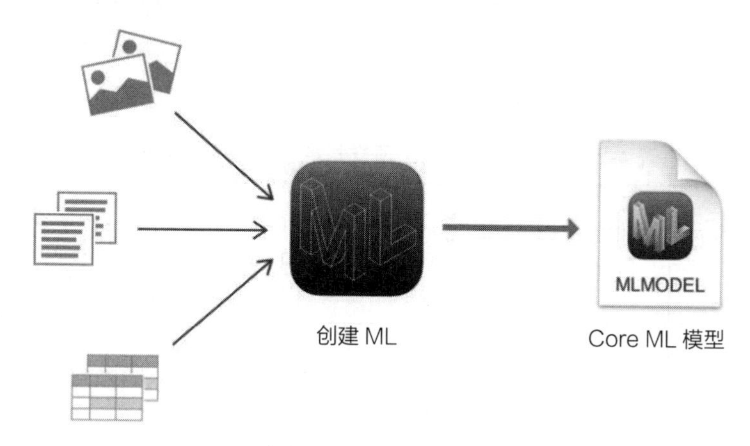

图 4-44　创建和训练自定义机器学习模型示意图

可以通过显示模型样本来训练模型以识别模式。例如，可以通过向模型显示大量不同狗的图像来训练模型，进而识别狗，训练模型后，可以使用训练时未见过的数据对其进行测试，并评估其执行任务的效果。当模型表现良好时，开发人员就可以使用 Core ML 将训练生成的模型集成到应用程序中了，如图 4-45 所示。

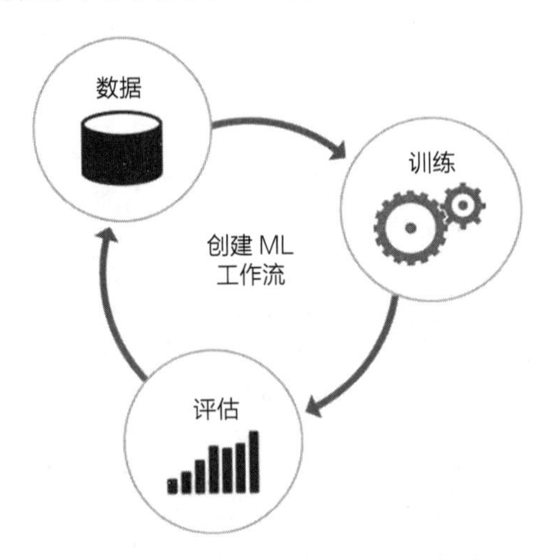

图 4-45　Core ML 将训练生成的模型集成到应用流程图

Create ML 利用 Apple 产品（如 Photos 和 Siri）内置的机器学习基础结构，这意味着开发人员的图像分类和自然语言模型更小，所需的训练时间更少。Apple 还提供了一些已经采用 Core ML 模型格式的主流开源模型，开发人员可以下载这些模型并在应用中使用它们。

此外，各种研究小组和大学都会发布其模型和培训数据，而这些数据和模型可能不是 Core ML 模型格式的，因此在使用模型之前需要进行模型转换。

2. 模型转换方法

如果模型是第三方机器学习框架创建和训练的，则需要将训练后的模型转换为 Core ML 模型格式。Core ML Tools 是一个 Python 软件包，可将各种模型类型转换为 Core ML 模型格式，表 4-27 列出了 Core ML Tools 所支持的模型和第三方框架。

表 4-27　Core ML Tools 所支持的模型和第三方框架

模型类型	支持的模型	支持的框架
神经网络	前馈神经网络、卷积神经网络、循环神经网络	Caffe v1 Keras 1.2.2+
决策树集成学习	随机森林、增强树、决策树	Scikit-Learn 0.18 XGBoost 0.6
支持向量机	标量回归、多标签分类问题	Scikit-Learn 0.18 LIBSVM 3.22

（续）

模型类型	支持的模型	支持的框架
广义线性模型	线性回归、逻辑回归	Scikit-Learn 0.18
特征工程	稀疏向量化、密集向量化、无序类别特征处理	Scikit-Learn 0.18
机器学习流	马尔可夫链模型	Scikit-Learn 0.18

可以使用与模型的第三方框架相对应的 Core ML 转换器转换模型。调用转换器的 convert 方法并将结果模型保存为 Core ML 模型格式（.mlmodel）。例如，如果使用 Caffe 训练的模型，则将 Caffe 模型（.caffemodel）传递给 coremltools.converters.caffe.convert 方法。使用如下代码：

```
import coremltools
coreml_model = coremltools.converters.caffe.convert('my_caffe_model.caffemodel')
```

然后将结果模型保存为 Core ML 模型格式：

```
coremltools.utils.save_spec(coreml_model, 'my_model.mlmodel')
```

关于 Core ML 转换器更详细的信息，请参考 https://apple.github.io/coremltools/。

当开发人员需要转换表 4-27 中所列工具不支持的格式的模型时，可以创建自己的转换工具。编写自己的转换工具涉及将模型的输入、输出和体系结构的表示形式转换为 Core ML 模型格式。可以通过定义模型体系结构的每一层及其与其他层的连接来实现。以 Core ML Tools 提供的转换工具为例，这里演示了如何将通过第三方框架创建的各种模型类型转换为 Core ML 模型格式。Core ML 模型格式由一组协议缓冲区文件定义，并在 Core ML 模型规范中进行了详细描述。更详细信息请参考 https://apple.github.io/coremltools/coremlspecification/。

3. 模型推理方法

将模型直接拖到 Xcode 项目导航器中，即可实现将模型添加到 Xcode 项目中。通过在 Xcode 中打开模型，开发人员可以查看有关模型的信息，包括模型类型及其预期的输入和输出。以 Apple 提供的模型库中预测火星上的栖息地价格的模型 MarsHabitatPricer.mlmodel 为例，模型的输入是太阳能电池板和温室的数量，以及栖息地的大小（以英亩[㊀]为单位），输出是栖息地的预计价格。

Xcode 还使用有关模型输入和输出的信息来自动生成模型的自定义编程界面，开发人员可以使用该界面与代码中的模型进行交互。对于模型 MarsHabitatPricer.mlmodel，Xcode 生成代表模型（MarsHabitatPricer）、模型输入（MarsHabitatPricerInput）和模型输出（MarsHabitatPricerOutput）的接口。使用生成的 MarsHabitatPricer 类的初始化程序创建模型，iOS 支持用 Swift 语言进行开发，创建模型的代码示例如下：

㊀ 1 英亩≈4046.86 平方米。——编辑注

```
let model = MarsHabitatPricer()
```

载入模型后，需要获取输入值以传递给模型，这里使用 UIPickerView 从用户获取模型的输入值：

```
func selectedRow(for feature: Feature) -> Int {
    return pickerView.selectedRow(inComponent: feature.rawValue)
}

let solarPanels = pickerDataSource.value(for: selectedRow(for: .solarPanels),
    feature: .solarPanels)
let greenhouses = pickerDataSource.value(for: selectedRow(for: .greenhouses),
    feature: .greenhouses)
let size = pickerDataSource.value(for: selectedRow(for: .size), feature: .size)
```

获取输入值后，即可使用模型进行预测，MarsHabitatPricer 类被生成了 prediction(solarPanels:greenhouses:size:) 方法，以根据模型的输入值（在这种情况下，输入值是太阳能板的数量、温室的数量和栖息地的大小）来预测价格：

```
guard let marsHabitatPricerOutput = try?
model.prediction(solarPanels: solarPanels, greenhouses: greenhouses,
    size: size) else {
    fatalError("Unexpected runtime error.")
}
```

访问 marsHabitatPricerOutput 的 price 属性以获取预测价格，并将结果显示在应用的用户界面中：

```
let price = marsHabitatPricerOutput.price
priceLabel.text = priceFormatter.string(for: price)
```

当开发人员使用 Core ML 时最常见的错误类型是输入数据的详细信息与模型期望的详细信息不匹配，例如，对于格式错误的图像，Xcode 自动生成的 prediction(solarPanels:greenhouses:size:) 方法会抛出一个异常。

Xcode 将 Core ML 模型编译为经过优化以在设备上运行的资源。该模型的优化表示形式包含在开发人员的应用程序包中，当应用程序在设备上运行时，用于进行预测。

4.3.9 其他深度学习推理框架

1. 小米 MACE 框架

MACE（Mobile AI Compute Engine）是一个专为移动终端异构计算设备优化的深度学习前向预测框架。MACE 覆盖了常见的移动端计算设备（CPU、GPU、Hexagon DSP、Hexagon HTA、MTK APU），并且提供了完整的工具链和文档，开发人员借助 MACE 能够很方便地在移动端部署深度学习模型。MACE 已经在小米内部广泛使用，并且具有十分优良的性能和稳定性。MACE 的基本架构如图 4-46 所示。

MACE 定义了类似于 Caffe 2 的自定义模型格式 MACE Model，可以将 TensorFlow、Caffe 或 ONNX 模型转换成 MACE 模型。Mace Interpreter 主要解析神经网络图并管理图中的张量，CPU/GPU/DSP 运行时对应于不同设备的操作，支持高通、联发科以及松果等系列芯片的 CPU、GPU 与 DSP（目前仅支持 Hexagon）计算加速。CPU 模式支持 Android、iOS、Linux 等系统。

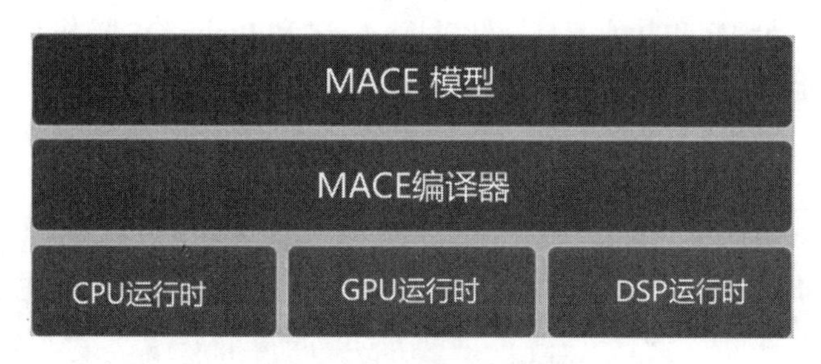

图 4-46　MACE 基本架构

MACE 的代码经过 NEON 指令、OpenCL 以及 HVX 的专门优化，并且采用 Winograd 算法来进行卷积操作的加速。此外，还对启动速度进行了专门的优化，MACE 支持芯片的功耗管理，包括 ARM 的 big.LITTLE 调度，以及高通 Adreno GPU 功耗选项。MACE 支持自动拆解长时间的 OpenCL 计算任务来保证 UI 渲染任务能够做到较好的抢占调度，从而保证系统 UI 的响应和用户体验，通过运用内存依赖分析技术以及内存复用来减少内存的占用。另外，保持尽量少的外部依赖，保证代码尺寸精简。模型文件是重要的知识产权和智力成果，MACE 对模型文件进行了加密和保护，支持将模型转换成 C++ 代码，以及进行关键常量字符混淆，增加模型被逆向工程破解的难度。

MACE 的使用流程如图 4-47 所示。

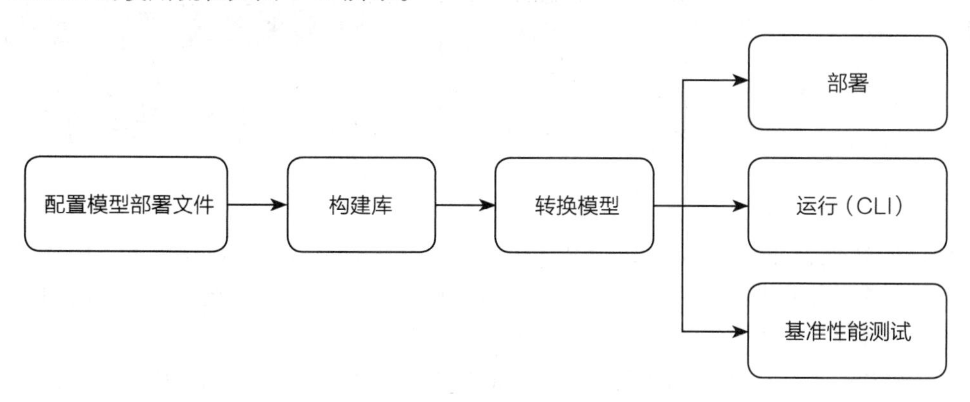

图 4-47　基于 MACE 的应用开发流程图

2. MTK NeuroPilot AI

MediaTek 公司于 2018 年推出了 AI 加速引擎 NeuroPilot。NeuroPilot 是一个以异构运算为基础的 AI 加速引擎，可以广泛应用在智能手机、智能家居、可穿戴设备、物联网和联网汽车等不同终端上。使用 NeuroPilot 技术将使设备不再依赖互联网连接和云服务，利用终端 AI 处理器高效完成 AI 工作。同时，因为用户的数据保留在设备上，所以还可以保障用户数据安全。

NeuroPilot 为用户提供的主要组件包括模型转换器、TensorFlow Lite 解释器、NeuroPilot NN 运行时、NN 驱动程序和其他工具，针对 Android 和 Linux OS 操作系统提供了完整的编译器、分析器和应用程序库。具体架构如图 4-48 所示。

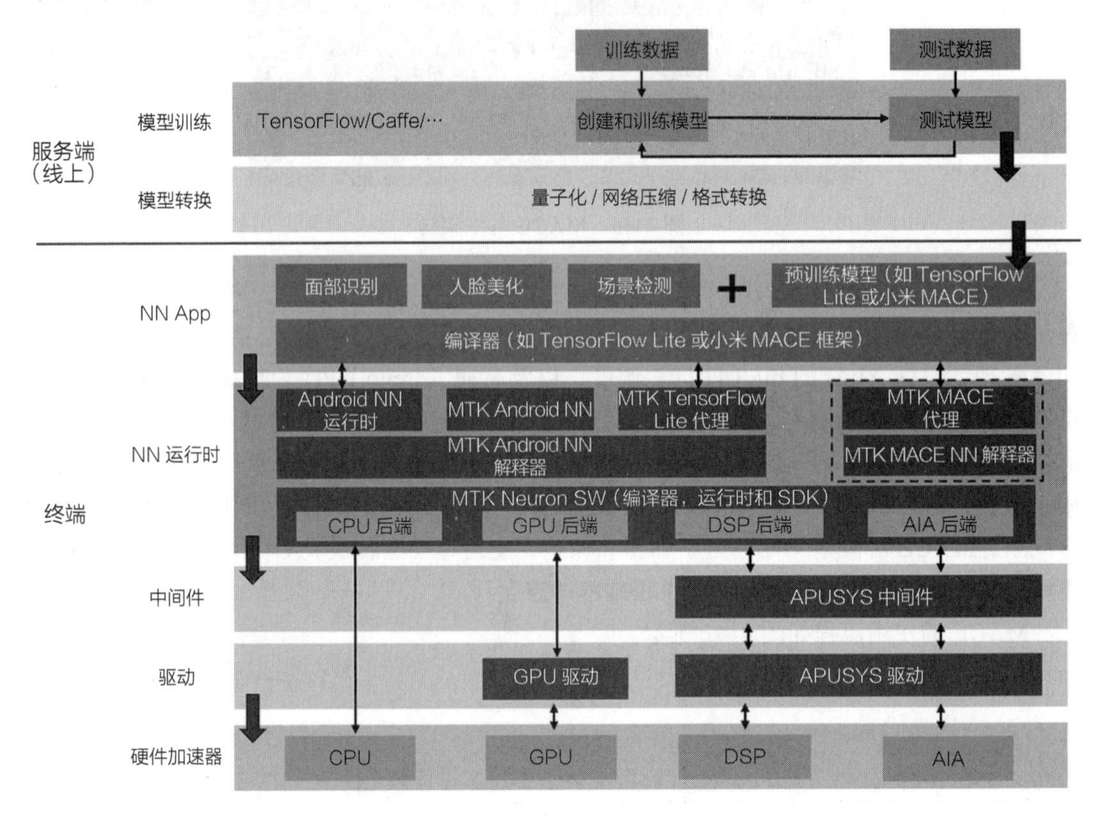

图 4-48　MTK NeuroPilot 架构

在模型转换器方面，NeuroPilot 主要支持 TensorFlow、TensorFlow Lite、Caffe 框架。通过模型转换器能将训练框架模型（针对 TensorFlow 和 Caffe 模型）转换为 TensorFlow Lite 模型运行，同时为了提升运行效率，还提供了量化处理能力。

NeuroPilot 的运行时层则主要基于 Android NN API。通过直接使用 Android NN API 和 NeuroPilot 扩展 API 进行编程来开发神经网络应用程序。NeuroPilot 运行时与 Android Neural Network API 兼容。APU 和 GPU 支持的操作是通过 NN HAL 接口实现的。在 NeuroPilot Runtime 中集成了基于 TensorFlow Lite 的解释器，以将 TensorFlow Lite 模型向 Android NN API 进行解释。

在底层硬件及驱动方面，NeuroPilot 通过整合联发科的 SoC 中的 CPU、GPU、APU

(Artificial Intelligence Processing Unit，AI 处理器)，共同为应用提供 AI 算力。通过 NeuroPilot Runtime，应用可以在 CPU、GPU 和 APU 之间自动选择，而供应商提供的 NN 驱动程序为 NeuroPilot 运行时提供了硬件加速操作的实现。

此外，NeuroPilot 还为开发者提供了两大工具：一个是用于性能监测的 profiling 工具；另一个是调试时使用的 Debugger 工具。通过 profiling 工具可以让开发人员实时掌握模型端到系统端的各种资源消耗信息，有效评估应用的 AI 性能。当一个模型推论过程中发生错误，甚至崩溃时，可以使用 Debugger 工具，NeuroPilot 也可以提供相应的解决方法。

官方宣称 NeuroPilot 主要支持 P90、Dimensity 1000 等移动平台以及 MT8183、MT8167S 等家用平台。不过由于与 Android NN API 兼容，因此 NeuroPilot 实际可以在大多数主流平台上运行。目前联发科已经与一些战略性合作伙伴合作，实现了基于 NeuroPilot 的背景虚化、场景检测、人脸识别等多种应用。

3. NCNN

NCNN 是由腾讯推出的开源的为手机端极致优化的高性能神经网络前向计算框架。开发人员可以基于 NCNN 将深度学习算法轻松移植到手机端高效执行，开发出人工智能 App。NCNN 目前已在腾讯多款应用中使用，如 QQ、Qzone、微信等。

NCNN 代码全部使用 C++ 实现，使用跨平台的 cmake 编译系统，可以在已知的绝大多数平台上编译运行，支持 Android、iOS 等移动平台。由于 NCNN 不依赖第三方库，且采用 C++03 标准实现，只用到了 std::vector 和 std::string 两个 STL 模板，可以轻松移植到其他系统和设备上。

此外，支持卷积神经网络，支持多输入和多分支结构，可计算部分分支，不依赖 BLAS/NNPACK 等计算框架，支持 Android 和 iOS 等操作系统，支持 CPU 和 GPU 指令优化。NCNN 利用 ARM NEON 汇编级优化，支持多核并行计算加速，提供了基于 openmp 的多核心并行计算加速，在多核心 CPU 上启用后能够获得很高的加速收益。NCNN 提供线程数控制接口，可以针对每个运行实例分别调控，满足不同场景的需求。针对 ARM big.LITTLE 架构的手机 CPU，NCNN 提供了更精细的调度策略控制功能，能够指定使用大核心或者小核心，获得极限性能和耗电发热之间的平衡。最新的 NCNN 支持基于全新低消耗的 Vulkan API GPU 加速，可以进一步提升在移动端上的性能。

NCNN 对内存使用进行了优化，在卷积层、全连接层等计算量较大的层实现中，采用原始的滑动窗口卷积实现，并在此基础上进行优化，大幅节省了内存。在前向网络计算过程中，NCNN 可自动释放中间结果所占用的内存，进一步减少内存占用。

NCNN 使用自有的模型格式，主要存储模型中各层的权重值，加载其自己定义的 param 和 bin 模型文件。支持 8 位量化和半精度浮点存储，可导入 caffe/pytorch/mxnet/onnx 模型。NCNN 模型中含有扩展字段，用于兼容不同权重值的存储方式，如常规的单精度浮点，以及半精度浮点和 8 位量化数。大部分深度模型都可以采用半精度浮点减小一半的模型体积，减少 App 安装包大小和在线下载模型的时长。在使用 NCNN 之前，需要对模型进行转换。NCNN 带有 Caffe 模型转换器，可以将 Caffe 模型转换为 NCNN 的模型格式。如图 4-49 所示为 NCNN 将预先训练好的 Caffe 模型通过模型转换器转换成 NCNN 自定义的 .bin 文件。

NCNN 提供的转换工具只支持转换新版的 Caffe 模型，所以在进行模型转换之前需要利用 Caffe 自带的工具将旧版的 Caffe 模型转换为新版的 Caffe 模型，命令如下：

```
upgrade_net_proto_text deploy.prototxt new_deplpy.prototxt
upgrade_net_proto_binary bvlc_alexnet.caffemodel new_bvlc_alexnet.caffemodel
```

NCNN 中提供了 Caffe2 NCNN 工具，可以直接将 Caffe 模型转换成 NCNN 的模型格式，命令如下：

```
./caffe2ncnn mobilenet_deploy_new.prototxt mobilenet_new.caffemodel
mobilenet.param mobilenet.bin
```

其中 new.prototxt 是待转换的 Caffe 模型的参数文件，new.caffemodel 是待转换的 Caffe 模型，mobilenet.param 是转换后的 NCNN 模型的参数，mobilenet.bin 是转换后的 NCNN 模型文件。

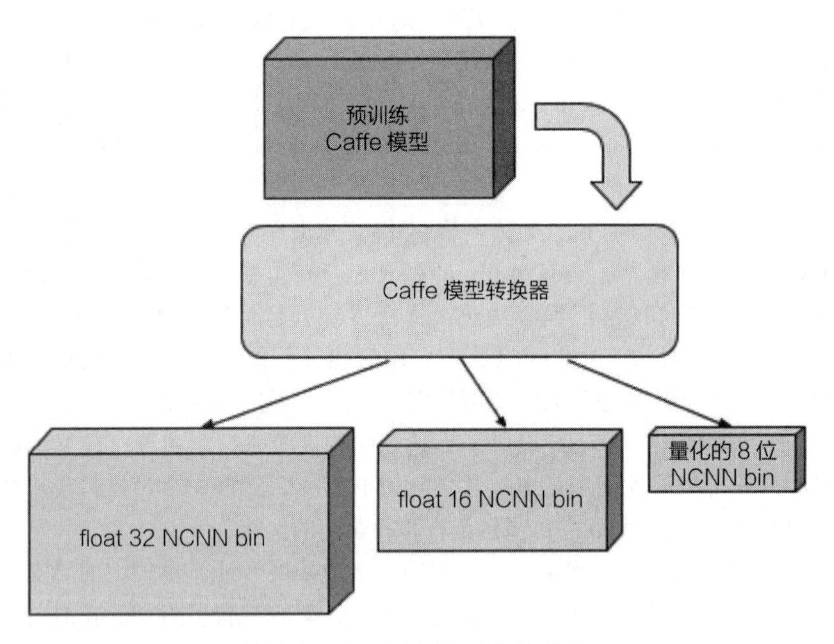

图 4-49　NCNN 模型转换示意图

4. MNN

MNN（Mobile Neural Network，移动神经网络）是轻量级的深度神经网络推理引擎，由阿里巴巴发布并且开源。MNN 加载模型并在设备上进行推理。目前，MNN 已集成到淘宝、天猫、优酷等 20 多个应用程序中，涵盖直播、短视频捕捉、搜索推荐、按图片搜索产品、互动营销、股权分配、安全风险控制和其他方案。此外，MNN 还用于嵌入式设备（例如 IoT）上。

如图 4-50 所示为 MNN 的工作流图，MNN 加载网络模型，进行推理，做出预测并返回相关结果。推理过程包括加载和解析模型，调度计算图以及在异构后端设备上有效运行模型。

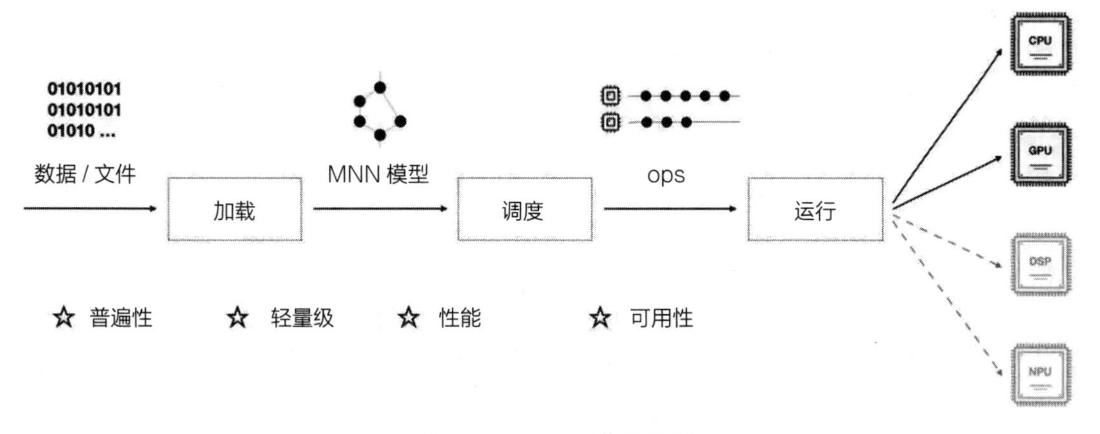

图 4-50　MNN 工作流程图

MNN 的核心模块如图 4-51 所示。MNN 中将系统分为两个模块：转换器（Converter）和解释器（Interpreter）。Converter 由前端（Frontend）和图优化（Graph Optimize）组成，前端负责支持不同的训练框架，图优化负责对模型进行优化；Interpreter 由引擎（Engine）、后端（Backend）和运行时优化（Runtime Optimize）组成，引擎负责模型的加载和计算图的调度，后端包括每个计算设备下的内存分配和操作符实施，在运行时优化中采用了多种优化方案，包括在卷积和反卷积中应用 Winograd 算法，在矩阵乘法中使用 Strassen 算法、低精度计算、Neon 优化、手写组装、多线程优化、内存重用、异构计算等。

MNN 具有三个优点：功能多样性、轻量级、高性能。

- 功能多样性：支持 TensorFlow、Caffe、ONNX 等流行框架，并支持卷积神经网络和循环神经网络等通用网络模型；支持 86 个 TensorFlow 操作符，34 个 Caffe 操作符，支持的 MNN 操作符包括 71 个用于 CPU、55 个用于 Metal、40 个用于 OpenCL 和 25 个用于 Vulkan 的操作符；支持 iOS 8.0 +、Android 4.3+ 和带有 POSIX 接口的嵌入式设备；支持在多个设备上进行混合计算，目前支持 CPU 和 GPU，可以动态加载 GPU 操作符插件以替换默认（CPU）操作符实现。
- 轻量级：MNN 是针对移动设备定制和优化的，没有依赖性。它可以轻松部署到移动设备和各种嵌入式设备。在 iOS 平台上，ARMv7 + ARM64 平台的静态库大小约为 5 MB，链接的可执行文件的大小增加约为 620 KB，metallib 文件的大小约为 600 KB。

在 Android 平台上，动态链接库的大小约为 400 KB，OpenCL 库文件大小约为 400 KB，Vulkan 库文件大小约为 400 KB。

- 高性能：MNN 独立于第三方计算库。它依靠大量的手写汇编代码来充分利用 ARM CPU 来实现核心操作；对于 iOS，可以启用 GPU 加速（Metal）。MNN 在 8.0 版之后才支持 iOS。MNN 中的通用模型比 Apple 的 CoreML 更快。对于 Android，可以使用 OpenCL、Vulkan 和 OpenGL 来满足尽可能多的设备要求。MNN 已针对主流 GPU（Adreno 和 Mali）进行了深调。卷积和转置卷积算法高效且稳定。Winograd 卷积算法被广泛用于有效实现从 3×3 到 7×7 之类尺寸的卷积。新的 ARM v8.2 体系结构还进行了其他优化，具有半精度计算支持，可以进一步加速。

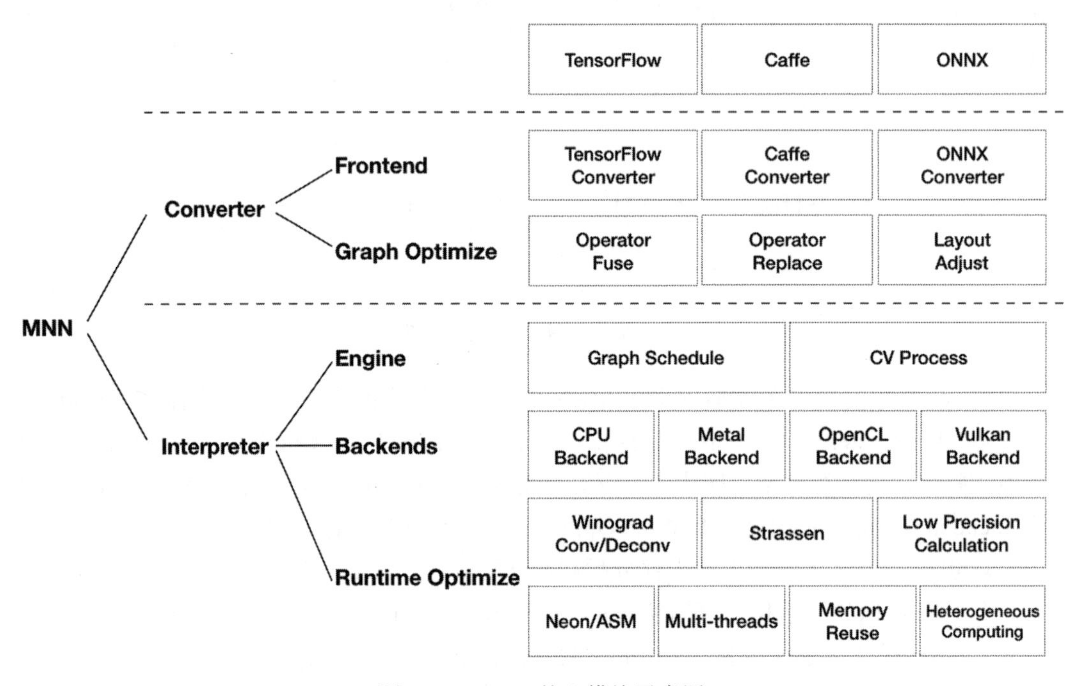

图 4-51　MNN 核心模块示意图

5. 腾讯 TNN

腾讯在 2020 年 6 月开源的新一代移动端深度学习推理框架 TNN 是由腾讯优图实验室打造的移动端高性能、轻量级的推理框架，拥有跨平台、高性能、模型压缩、代码裁剪等众多突出优势。

如图 4-52 所示是 TNN 的架构图。可以看出腾讯 TNN 目前支持业界主流的模型文件格式，包括 ONNX、PyTorch、TensorFlow 以及 Caffe 等。TNN 将 ONNX 作为中间层，借助于 ONNX 开源社区的力量来支持多种模型文件格式。TNN 充分利用和融入不断完善的 ONNX 开源生态，目前支持 80 个 ONNX 算子，覆盖主流卷积神经网络。TNN 推理框架提供了模型的解析与转换功能，支持模型的低精度优化，提供了算子编译优化功能，支持算子 tuning、布局优化、操作符（Op）融合以及计算图优化功能。TNN 框架在原有 Rapidnet、NCNN 框架的基础上进一步加强了移动端设备的支持以及性能优化，借鉴了业界主流开源框架高性能和良好拓展性的优点。TNN 适配社交娱乐、游戏 AI、推荐搜索、IPC 场景等多个业务场景，目前已经在手机 QQ、微视、P 图等应用中落地。

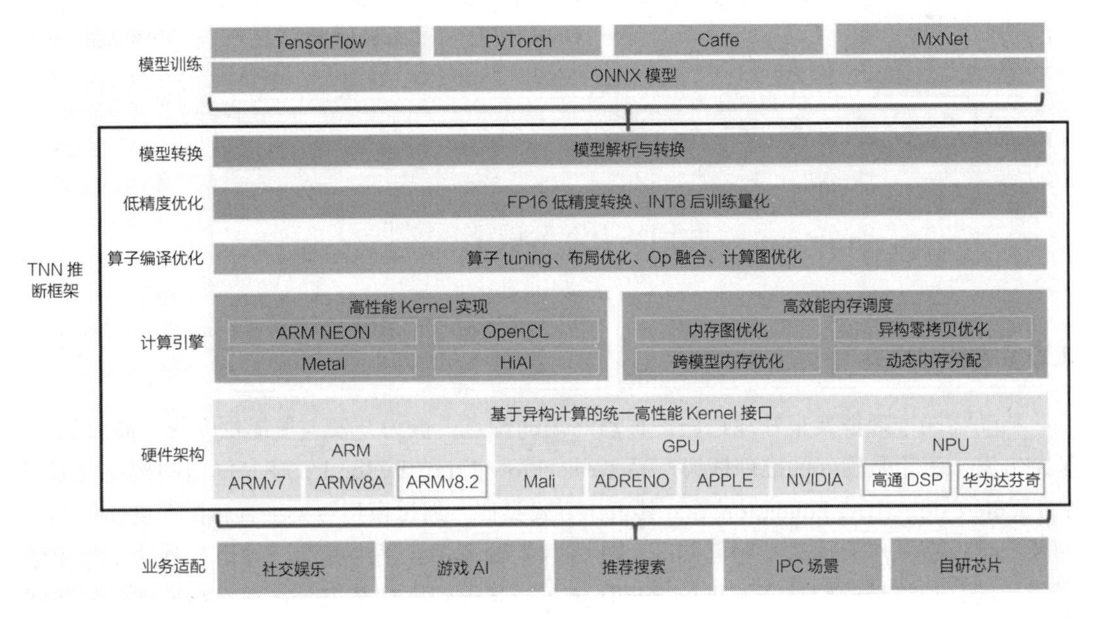

图 4-52　TNN 架构示意图

相比于 NCNN，TNN 有更高性能的内核实现，支持 ARM NEON、OpenCL、Metal 以及华为 HiAI 等硬件加速平台，通过模块化设计，将模型解析、计算图构建、优化、底层硬件适配、高性能 Kernel 实现各部分抽象隔离，方便接入更多的底层硬件加速方案。TNN 提供了高效的内存优化技术，通过 DAG 网络计算图分析，实现无计算依赖的节点间复用内存，降低 90% 的内存资源消耗，支持跨模型内存复用，实现"多个模型，单份内存"。TNN 支持主流 Android、iOS、嵌入式 Linux 等操作系统，支持 ARMv7、ARMv8、Mali GPU、ADRENO GPU、华为达芬奇 NPU 等硬件。

在使用 TNN 之前，需要针对框架运行的目标机器进行编译。TNN 提供了针对 iOS、Android 跨平台编译的脚本，提供了针对目标硬件、优化方法、使用不同硬件加速的编译选项，AI App 开发者可以根据需要进行编译，具体细节请参见 https://github.com/Tencent/TNN/blob/master/doc/cn/user/compile.md。

使用 TNN 框架推理之前，需要将 PyTorch、TensorFlow、Caffe 及 ONNX 等模型文件格式转换为 TNN 格式。TNN 模型转换流程如图 4-53 所示，首先使用对应的模型转换工具，将各种模型格式统一转换成 ONNX 模型格式，然后再使用 onnx2tnn 工具将 ONNX 模型转换成 TNN 模型。

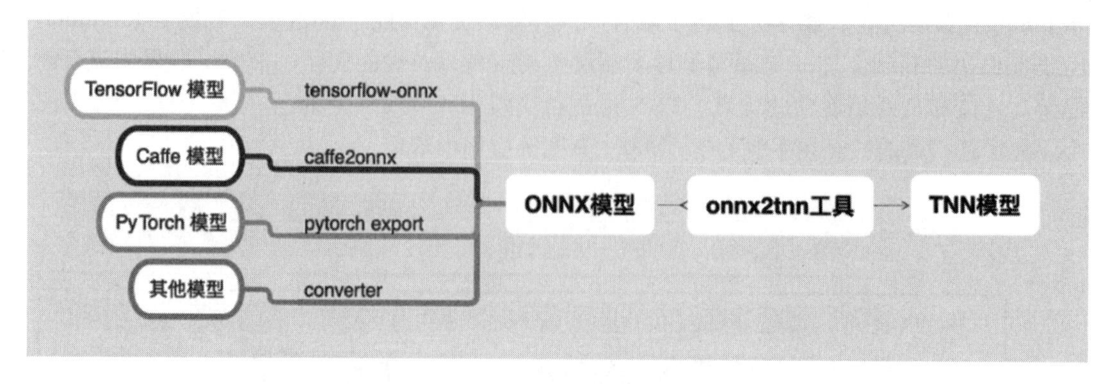

图 4-53 TNN 模型转换流程图

4.4 小结

移动终端推理框架很好地适应了移动终端的特点，能为开发人员提供方便、高效的 AI 解决方案。不论是国外的推理框架产品 TensorFlow Lite、PyTorch，还是国内的推理框架产品 Paddle Lite、HiAI Foudation 等，其工作方式类似，通过模型转换工具转换深度学习框架的预训练模型，然后通过推理框架的 API 将数据输入神经网络模型，并由各种深度学习编译器调度移动终端的硬件资源进行推理计算，最终得到推理结果。移动终端推理框架还提供各种优化功能，比如模型量化、内存复用等，用来提升计算效率，加速推理执行。有些厂商会将神经网络模型和框架进行深度打包，供开发者直接使用，虽然本章对此介绍得不多，但这种方式能极大地方便开发者使用，缩短开发周期。

学习完不同移动终端推理框架的使用方法，下一章将具体介绍各框架主要使用的深度学习编译器的工作原理，这能让读者更好地理解推理框架是如何与底层系统软硬件进行对接和交互的，帮助开发者在开发过程中更好地制定运行策略。

参考文献

[1] ZHOU A J, YAO A B, GUO Y W, et al.Incremental Network Quantization: Towards Lossless CNNs with Low-precision Weights[C/OL]. ICLR 2017,(2017-8-25) [2021-4-6]. https://arxiv.org/abs/1702.03044v1.

[2] MISHRA A, NURVITADH E, COOK J J, et al.WRPN: Wide Reduced-Precision Networks[C/OL]. ICLR, 2018,(2017-9-4)[2021-4-6]. https://arxiv.org/abs/1709.01134v1.

[3] LIN X F, ZHAO C, PAN W.Towards Accurate Binary Convolutional Neural Network

[C/OL]. NIPS 2017,(2017-11-30)[2021-4-6]. https://arxiv.org/abs/1711.11294.

[4] HAN S, MAO H, DALLY W J. Deep compression: Compressing deep neural networks with pruning, trained quantization and huffman coding[C/OL]. ICLR 2016, (2016-2-15)[2021-4-6]. https://arxiv.org/abs/1510.00149.

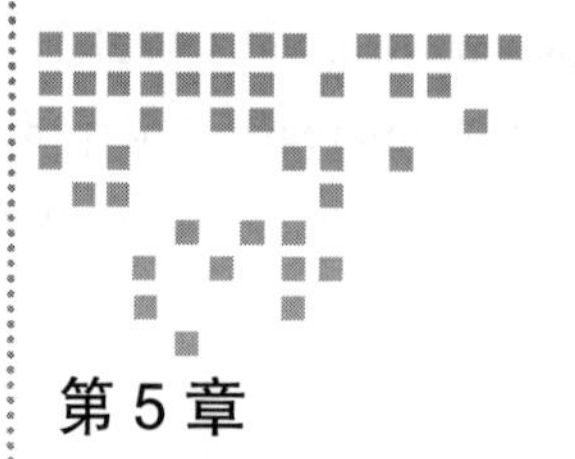

Chapter 5 第5章

深度学习编译器

在计算机科学中，编译器通常用于将高级语言“翻译”成机器可以执行的低级语言。在人工智能领域，深度学习计算过程中包含大量的向量、矩阵运算，但是传统的编译器并不支持向量运算符，只能将计算过程转换成标量的加减运算，产生大量循环操作，效率极低。由此产生了专门用于AI计算的深度学习编译器，它能够对深度学习算法中的算子进行优化，生成能在芯片上执行的、更加高效的机器代码进行深度学习计算。移动终端上的深度学习编译器在实现以上功能的基础上，进一步将不同推理框架转换的深度学习模型翻译成移动端芯片或特定AI硬件加速器可执行的代码，它不仅能对模型的计算起加速作用，还能帮助开发者从特定移动终端推理框架和芯片的适配工作中解脱出来。

本章首先向读者介绍传统编译器，在此基础上引出深度学习编译器的概念和作用，然后详细介绍当前产业界和学术界推出的多种移动端深度学习编译器，如Google的NN API（Android Neural Networks API，安卓神经网络接口）、高通的SNPE、华为的HiAI Foundation、百度的Paddle Lite等产品，帮助读者理解移动终端不同主流推理框架的技术特点。

5.1 深度学习编译器的概念

5.1.1 传统编译器

随着软件技术的发展，编程人员当前普遍使用便于编写、阅读和维护的高级语言（high-level language）进行编码和开发工作，比如Pascal、C、C++、C#、Java等。但计算机硬件仍然只能运行那些复杂、难以理解的低阶机器语言（machine code），如汇编语言或目标机器的目标代码（object code）。这时我们就需要使用传统编译器（compiler）将高级编程语言写成的源代码转换成机器可以运行的目标代码。

传统编译器的架构通常包括前端（frontend）、优化器（optimizer）、后端（backend）三部分，如图 5-1 所示。

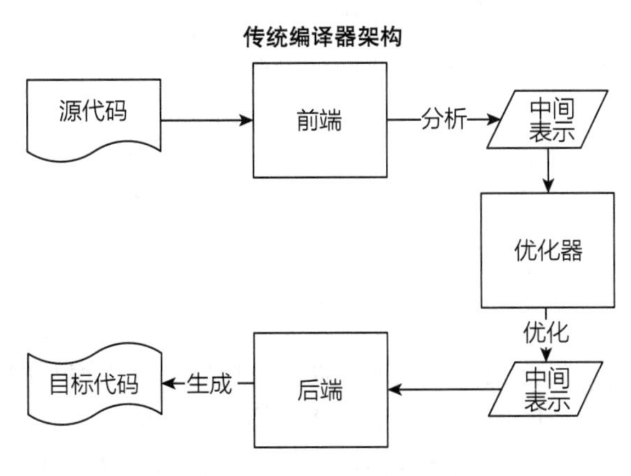

图 5-1　传统编译器架构

传统编译器的前端负责解析源代码。在分析阶段，前端会读取源程序，然后检查词法、语法和语法错误，生成源程序的中间表示（Intermediate Representation，IR），它介于高级语言和机器语言之间。

中间表示被送往优化器进行优化。优化工作大致包括删除不必要的代码行，并安排语句序列等，以便在不浪费资源（CPU、内存）的情况下加快程序执行。优化过程中对编译对象的编译处理称为 pass（遍）。pass 是一种编译器开发的结构化技术，传统编译器的优化工作通常由多个 pass 共同完成，每个 pass 通过遍历整个程序完成特定的优化工作。pass 一般分为分析和转换两类，分析类 pass 以提供信息为主，转换类 pass 会修改中间表示。

最后后端将利用目标机器的特殊指令集，将中间表示转换为不同目标机器的代码。

目前影响力最大的传统编译器是底层虚拟机（Low Level Virtual Machine，LLVM㊀）。LLVM 是一个自由软件项目，以 C++ 写成。它起源于 2000 年伊利诺伊大学厄巴纳–香槟分校（UIUC）的维克拉姆·艾夫（Vikram Adve）与克里斯·拉特纳（Chris Lattner）的研究，而现在我们熟知的 iOS、Android 等移动端操作系统都采用 LLVM 作为其编译器。高通、海思等手机端 SoC 芯片供应商也对 LLVM 进行支持和优化。LLVM 前端将不同计算机语言开发的程序编译成 LLVM 中间表示，支持 Java 字节码、Objective-C、Swift、Python 等多种语言。LLVM 优化器针对不同的芯片后端对 LLVM 中间表示进行优化。LLVM 后端可以支持多种芯片架构，如 X86、Power PC、ARM 等，如图 5-2 所示，不同的 LLVM 后端将中间

㊀ https://en.wikipedia.org/wiki/LLVM

表示生成特定芯片上的机器码。

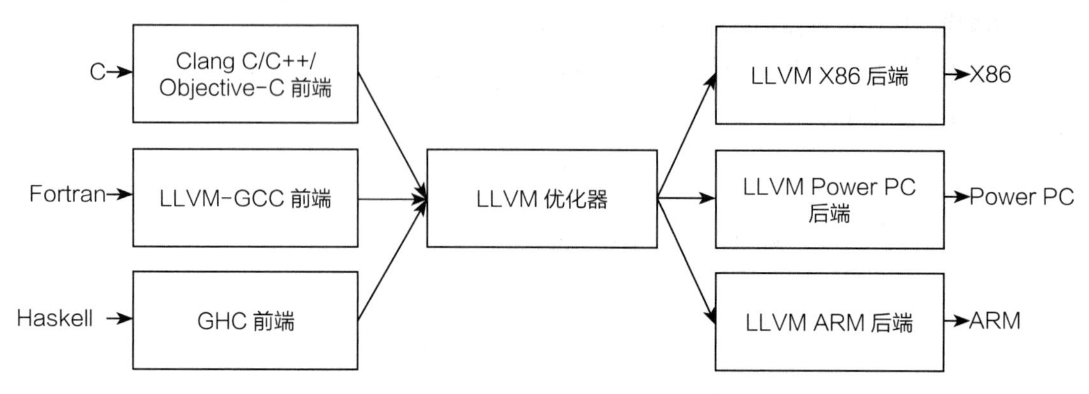

图 5-2 传统 LLVM 编译器示意图

通过 LLVM 的例子我们知道，传统编译器不仅能完成人工编写的高级语言到机器代码的转换，更解决了人们希望能使用一个编译器来编译多种语言，并在不同硬件设备上运行的诉求，能很好地应对越来越多的高级编程语言和不同架构的芯片的出现。

5.1.2 移动端深度学习编译器

介绍完传统编译器之后，我们进一步了解下移动端深度学习编译器。移动端开发者要在终端硬件上完成模型部署，主要会面临两方面的问题：一是可移植性问题，我们知道，各个软件框架的底层实现技术不同，当前市场上有多种深度学习训练框架可以训练神经网络模型，这些模型各有优势，而且封装和格式也各有不同，导致在不同软件框架下训练的模型之间相互转换存在困难；二是适配性问题，深度学习训练框架厂商和计算芯片厂商需要确保软件框架和底层计算芯片之间具有良好的适配性。随着终端设备上的推理需求逐渐增大，采用 GPU、DSP、ASIC 等硬件设备计算的需求愈发广泛。市场上各处理器厂商自主研发的加速芯片的架构差异较大，深度学习模型在硬件上部署的方案也日趋复杂。如果市场上每新推出一个硬件加速器，每一个深度学习框架都针对该硬件加速器进行适配，随着越来越多的硬件加速器出现，需要完成的工作量将非常巨大，就像图 5-3 中展示的一样。

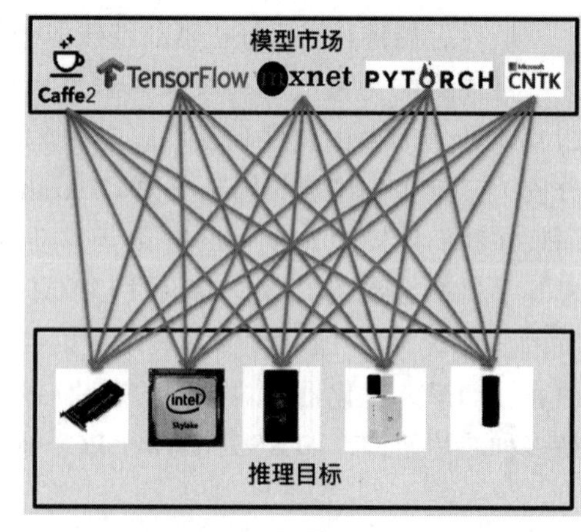

图 5-3 不同框架在不同硬件上进行推理部署

移动端深度学习编译器较好地解决了上述问题，它和传统编译器的工作原理类似，通过扩充面向深度学习网络模型计算的专属功能，增加对深度学习算法基础算子（卷积、残差网络及全连接计算等）的优化，同时对多种形态的人工智能计算芯片进行适配，以解决深度学习模型部署到多种设备时可能存在的可移植性和适配性问题，如图 5-4 所示。

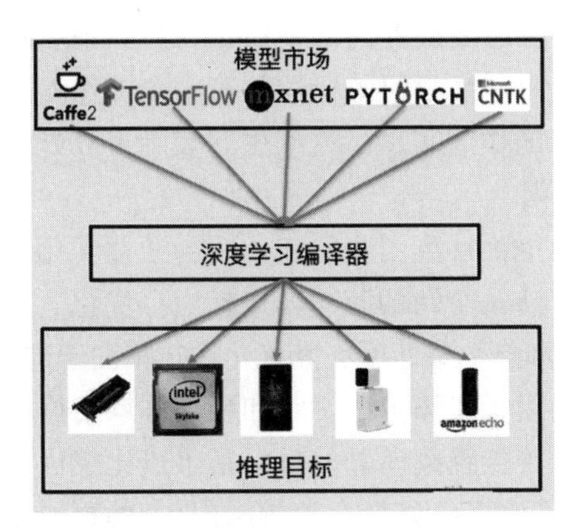

图 5-4　深度学习编译器示意图

移动端深度学习编译器也采用了与传统编译器类似的架构和工作流程，同样可以分为前端、优化器和后端三部分，如图 5-5 所示。

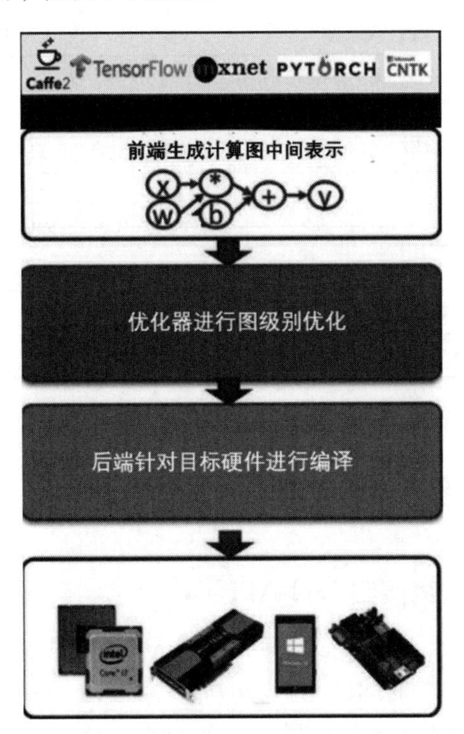

图 5-5　深度学习编译器加速深度学习计算流程示意图

深度学习编译器前端的作用是从不同的神经网络模型生成计算图中间表示。与传统编译器相比，深度学习编译器前端的输入对象不是高级语言的源代码，而是不同格式的神经网络模型。开发人员搭建神经网络模型时，使用的是深度学习框架提供的 API，不同的框架有不同的 API。但在深度学习编译器内部则通过计算图来表示神经网络模型，其中图的节点是算子，边为张量。所以深度学习编译器的第一个工作就是从这些不同的 API 组成的神经网络模型生成自己独特的中间表示。这些中间表示可以是多级中间表示，它横贯前端和后端，主要用于模型的优化。

移动端深度学习编译器得到计算图中间表示后会通过优化器对其进行优化。这个优化器主要进行图级别的优化，涉及全局的改写，包括内存优化、算子融合等。而传统编译器则更注重于优化寄存器使用和指令集匹配，其优化往往偏向于局部。

深度学习编译器的后端用于代码生成。它和硬件体系结构相关，根据不同的硬件后端生成对应的执行代码。相比于传统编译器的目标是生成比较优化的通用代码，深度学习编译器的目标则是生成用于处理卷积、矩阵乘法等 AI 计算的更加高效的特定代码。

总体上说，深度学习编译器与传统编译器在架构上有许多共通和相似之处，但具体处理对象和工作方法却存在很大差异，我们为读者总结了二者之间的区别，如表 5-1 所示。

表 5-1　传统编译器与深度学习编译器的区别对比

对比项	传统编译器	深度学习编译器
编译器输入	C/C++/Java/C# 等编程语言开发的程序	TensorFlow、Caffe、Pytorch、MXNet 等 AI 框架训练生成的模型
编译器输出	CPU 的指令集	CPU、GPU、FPGA、ASIC AI 芯片的指令集
支持 AI 算子优化	否	Prelu、Im2col、Pool、FC、Dropout、Softmax、Sigmoid、LRN、Split、Eltwise 等
中间表示	有	有
前端工作	词法解析、语法解析	图计算
计算单元	标量	标量、张量

5.2　主流编译器介绍

5.2.1　Android 神经网络接口 NN API

从 Android 8.1 版本开始，Google 公司为了让 Android 设备能更高效地运行神经网络，推出了一组神经网络接口，简称 NN API。NN API 可以在 Android 设备上驱动 DSP、GPU 和 AI 加速芯片等硬件进行人工智能计算。目前 Android 8.1 以上的所有 Android 设备均支持 NN API。

NN API 的核心是一个基于 C 语言的移动端深度学习编译器，它位于移动终端推理框架和后端驱动程序之间。当开发人员使用 TensorFlow Lite 等推理框架在 Android 设备上运行神经网络模型时，就可以选择 NN API 执行硬件加速的推理运算。NN API 由面向用户的 Android NN API、Android 神经网络运行时和面向硬件驱动的 Android NN HAL 三部分组成，其架构如图 5-6 所示。

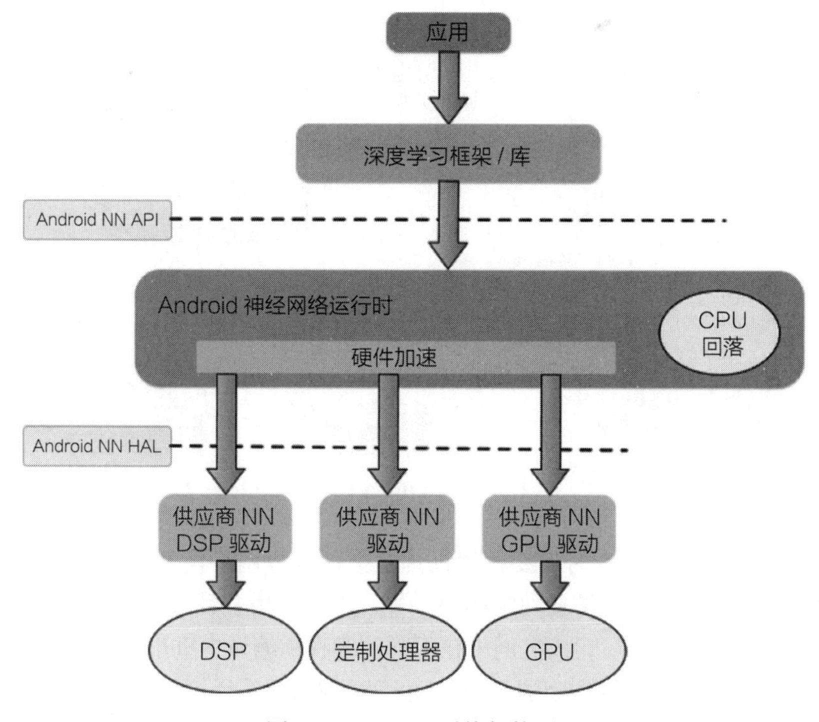

图 5-6　NN API 系统架构图

面向用户的 Android NN API 是一组 C 语言接口。接口可进行常见的网络定义、编译、执行等操作。它包含在最新版本的 NDK 中，开发人员可以通过在应用中引入 NDK 来调用 NN API。为了便于开发者使用，NN API 将接口封装在了 TensorFlow Lite 和 PyTorch/Caffe 2 等移动端深度学习推理框架中。当进行移动应用开发时，开发者可以使用推理框架提供的相关接口直接调用 NN API。这部分内容读者可以在 4.3.1 节进一步了解。Google 公司为了保证其他框架能正常调用 NN API，还在 Android 兼容性测试套件（CTS）和供应商测试套件（VTS）中设置了相关测试内容，对于需要驱动 NN API 进行 AI 计算的推理框架都需要通过相关测试。

Android 神经网络运行时模块是位于应用和后端驱动程序之间的共享库，用来实现神经网络的构建、编译、运行、内存管理等全部操作，完成编译器运行 AI 计算的功能。NN API 的运行时可以根据应用的要求和 Android 设备的硬件配置，在终端可用的 DSP、GPU 和 AI 加速芯片之间高效地分配计算工作负载。而当终端不具备上述硬件配置或者 NN API 缺少对应硬件的驱动时，NN API 运行时将回落到 CPU 上执行请求，见图 5-6。NN API 的工作流程如图 5-7 所示。

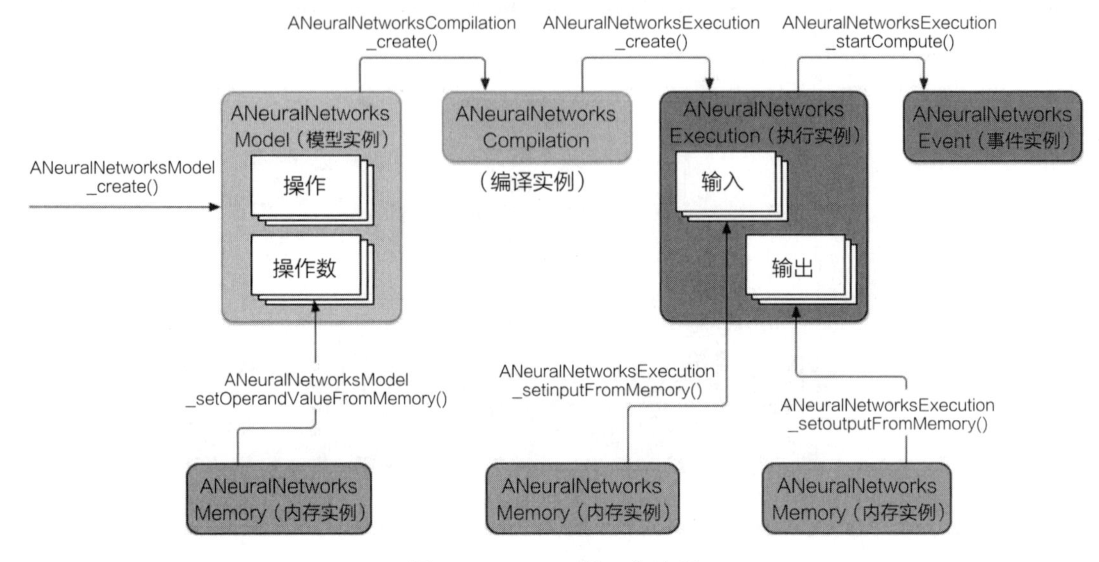

图 5-7　NN API 的工作流程

1）Android 神经网络运行时需要根据推理框架的神经网络模型创建 ANeuralNetworks-Model 模型实例。模型实例与神经网络模型一样，都包括由各种操作组成的有向图和权重、偏差等操作参数。成功创建后，该实例可在不同的线程和编译中重用。

2）获得模型实例后，Android 神经网络运行时将进行编译工作，在这一步可确定模型将在哪些计算芯片上执行，开发者可以选择更快的运行模式或者更节能的运行模式，同时进行缓存设置等操作，最后要求对应的驱动程序为其执行操作做好准备，生成运行模型的处理器专用的机器代码，即 ANeuralNetworksCompilation 编译实例。创建编译是一项同步操作，成功创建后便可在线程和执行之间重用编译实例。

3）执行步骤是进行 AI 计算前的最后准备，NN API 在内存中分配了输入和输出的用户缓冲区，此时将确定应用在何处读取计算的输入值，在何处写入输出值。NN API 有同步执行和异步执行两种模式，需要注意的是异步执行会有一定的延时。执行完成后就可以调用硬件进行 AI 计算了。

NN API 的最下层是 Android NN HAL，它定义了产品（例如手机或平板电脑）中各种计算芯片的接口，这些计算芯片的驱动程序均符合 NN HAL 的要求。图 5-8 显示了框架和驱动程序之间的接口遵循的一般流程。

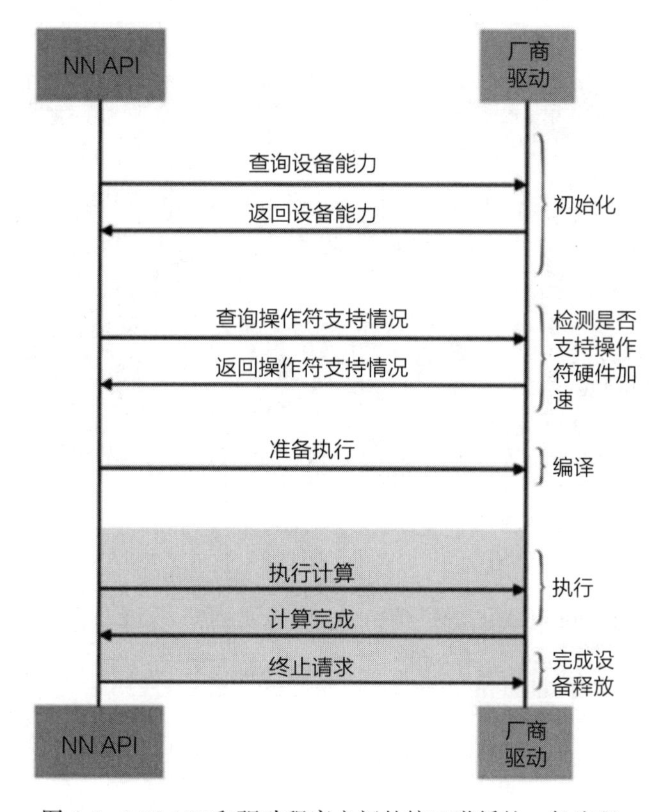

图 5-8　NN API 和驱动程序之间的接口遵循的一般流程

5.2.2　高通 SNPE 编译技术

高通 SNPE 编译技术可以支持神经网络模型在高通骁龙芯片的 CPU、GPU 和 DSP 数字信号处理单元中运行，其中 DSP 数字信号处理单元包括 HVX 和 HTA 两部分硬件，可以提高多元数学运算、非线性方程等方面的运算能力。图 5-9 描述了 SNPE 运行时在设备上运行的架构。

SNPE 运行时库用来处理神经网络模型的加载和各种计算和优化策略的设置。其中的 DL 模型加载器（DL container loader）用来加载各类由 snpe-framework-to-dlc 转换工具创建的 DLC 模型。模型校验器（model validation）可以根据 SNEP 算子支持情况验证所需的运行时是否支持已加载的 DLC 模型。运行时引擎（runtime engine）能在请求的运行时上执行加载的模型，包括收集性能分析信息和支持的 UDL（User-Defined Layer，用户自定义层）。分区逻辑（partitioning logic）用于处理和优化模型，包括验证模型的层，并根据需要和目标运行时特点将模型划分为子网。对于 UDL，分区逻辑会自动为模型创建分区，包括目标运行时支持的部分和不支持的部分。当目标设备支持且启动 CPU 回落时，分区逻辑将模型中支持的子网运行在指定的目标硬件运行时上，而将其他不支持的部分运行在 CPU 运行时上。

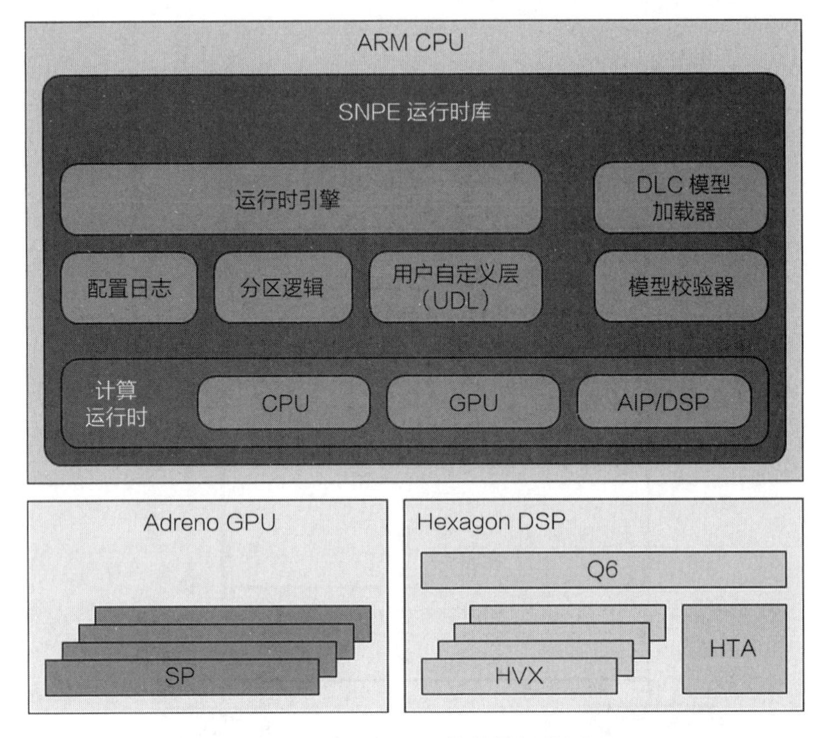

图 5-9　高通 SNPE 软件栈架构图

SNPE 运行时库的最下层则是不同目标硬件的运行时。CPU 运行时可以在 CPU 上运行模型，支持 32 位浮点或 8 位量化执行。GPU 运行时可以在 GPU 上运行模型，支持混合或全 16 位浮点模式。DSP 运行时可以在 DSP 数字信号处理单元中的 HVX 上运行模型，支持 8 位量化执行。AIP 运行时则可以在 DSP 数字信号处理单元的 HVX 和 HTA 上运行模型，同样支持 8 位量化执行。下面着重了解一下 AIP 运行时和其子网划分过程。

1. AIP 运行时

DSP 是高通芯片进行 AI 计算的核心部件，而 AIP 运行时可以同时驱动 DSP 中的 HVX 和 HTA 进行 AI 计算。下面详细介绍一下 AIP 运行时技术，其硬件加速流程图如图 5-10 所示。

AIP 运行时主要将 HVX 和 HTA 抽象为一个统一的单元提供给开发人员调用，这意味着当目标设备支持 HVX 和 HTA 时，开发人员可以选择 AIP 运行时进行人工智能计算，这时由 Q6 计算单元根据模型划分的子网情况，将模型通过多种方式部署在 HVX 和 HTA 上运行。

要使用 AIP 运行时，首先推荐开发人员在 SNPE 模型转换过程中先使用量化压缩技术将模型进行量化，此时 SNPE 模型转换工具能根据 CPU、GPU、HVX 和 HTA 对不同算子的支持情况，将整个神经网络划分成对应的子网，然后 AIP 运行时可以直接运行对应支持的子网。另外，开发人员也可以不使用模型量化压缩，因为高通的运行时引擎还提供强大的识别和分配能力，可以根据用户的选择动态的对模型进行划分。当我们在模型转换过程中不进行量化压缩时，开发人员可以直接选择 AIP 运行时运行，此时 SNPE 运行时会在加载模型的过程中对模型进行划分，再进行运算。

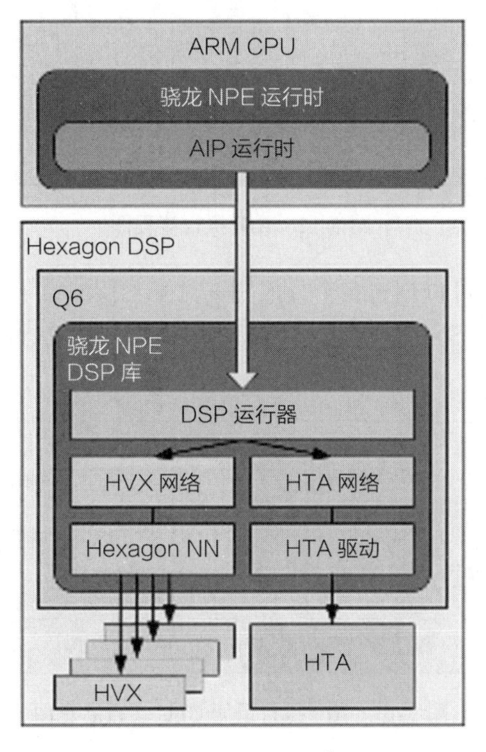

图 5-10　使用 AIP 硬件加速流程图

2. AIP 运行时子网划分过程

我们以如下神经网络模型为例介绍模型子网划分及执行情况，这里以圆圈表示模型中的操作，矩形表示包含并实现这些操作的网络层，如图 5-11 所示。

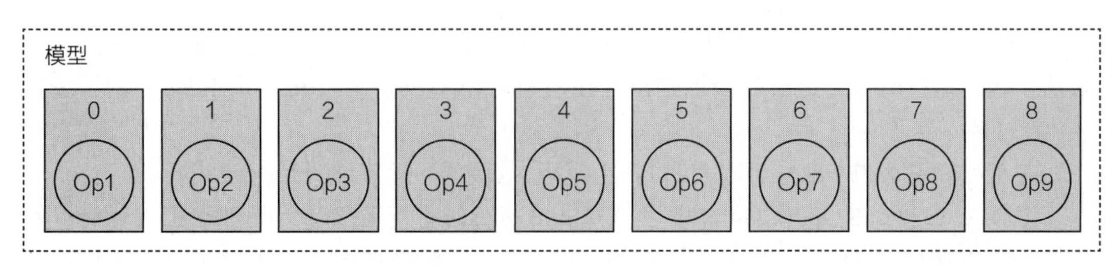

图 5-11　模型转换时子网划分及执行示意图

SNPE 分区逻辑首先将模型的执行细分为子网，当该神经网络所有算子均支持在 DSP 上运行时，整个网络完全使用 AIP 运行时执行，如图 5-12 所示。

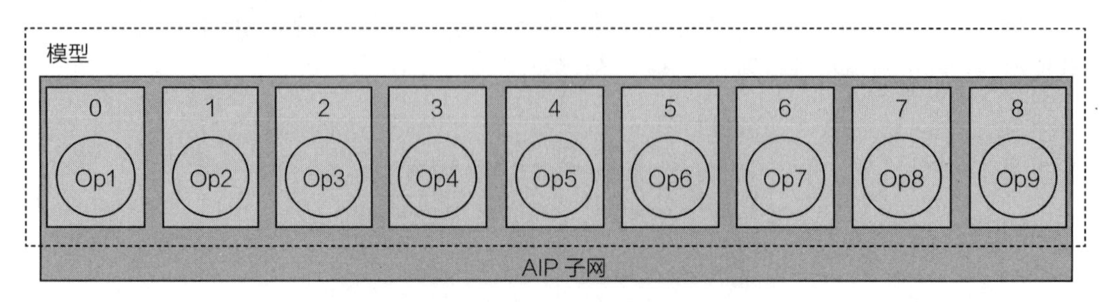

图 5-12 AIP 执行流程图

或者 SNPE 分区逻辑可以创建多个分区——对于支持的算子在 AIP 运行时执行，其余部分退回到 CPU 运行时，SNPE 将自动添加 CPU 运行时，以执行确定回退到 CPU 的部分，如图 5-13 所示。

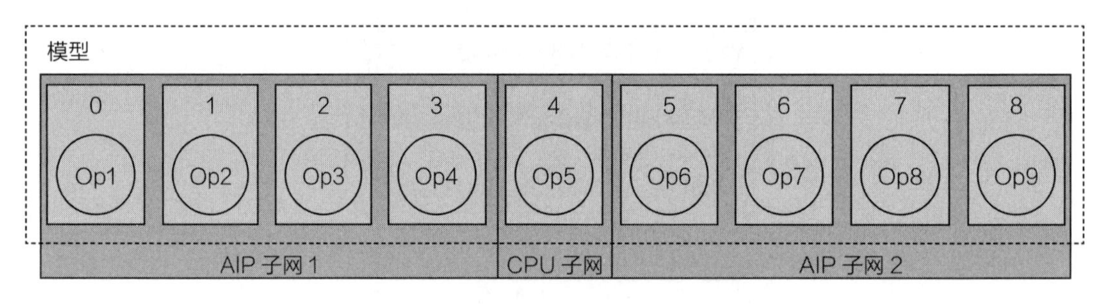

图 5-13 AIP 执行退回 CPU 运行示意图

确定模型可以运行在 AIP 运行时后，AIP 运行时会进一步将 AIP 子网分解为 HTA 子网和 HNN（Hexagon NN）子网。HTA 子网由 HTA 编译器编译，HNN 子网则使用 Hexagon NN 库编译，之后数据将在 HVX 中运行。上述两部分子网在 AIP 运行时中可能产生几种不同的组合。

（1）AIP 子网可以完全在 HTA 上运行

如图 5-14 所示，在这种情况下，整个 AIP 子网都与 HTA 兼容。将 DLC 加载到 SNPE 并选择 AIP 运行时时，运行时会识别出存在一个 HTA 部分，其中的单个 HTA 子网等于整个 AIP 子网。

（2）AIP 子网的一部分可以在 HTA 上运行，其余部分可以在 HNN 上运行

将 DLC 加载到 Snapdragon NPE 并选择 AIP 运行时时，运行时会识别出 HTA 部分，其余部分可以使用 HNN 运行，如图 5-15 所示。这时无法在 HTA 上处理整个 AIP 子网。在这种情况下，HTA 编译器仅为网络中较小的层子集生成 HTA 子网。或者开发者也可以通过 snpe-dlc-quantize 工具提供的功能手动划分网络，以选择他们希望在 HTA 上处理的部分。

在这两种情况下，HTA 子网由 HTA 编译器处理，并在 DLC 文件中确定 HTA 的子网范围和其他子网范围，而 HNN 子网则交由 HVX 处理。

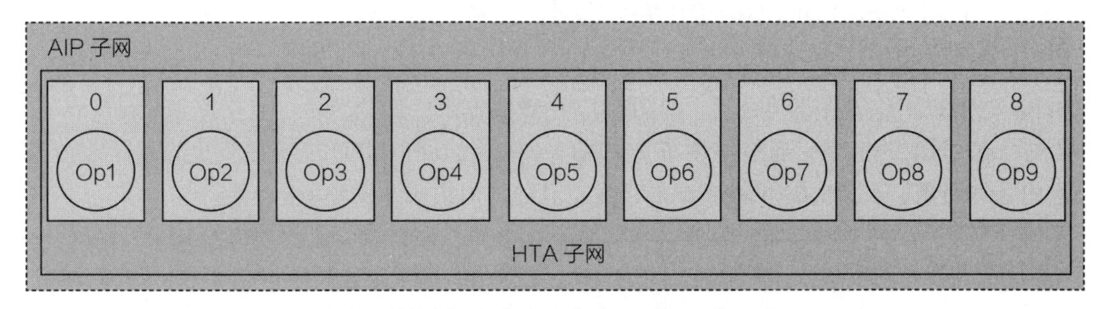

图 5-14　AIP 子网在 HTA 上运行示意图

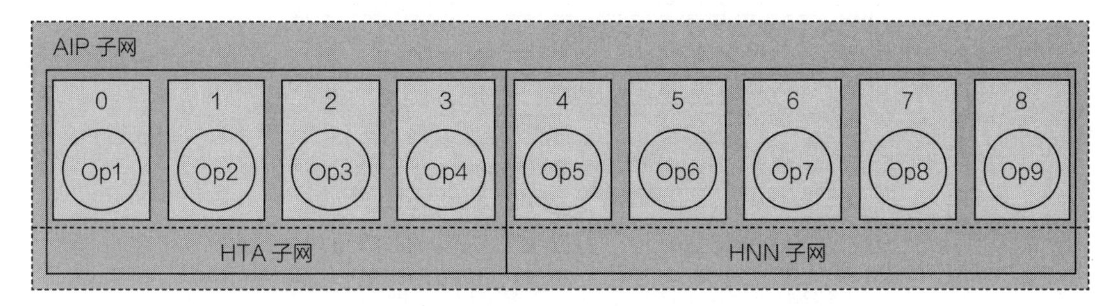

图 5-15　AIP 子网在 HTA 和 HNN 上运行示意图

（3）AIP 子网分为多个分区

作为情况 2 的扩展，你可能会发现 HTA 编译器只能处理已标识的 AIP 子网的某些部分，而其余部分则由多个 HNN 子网覆盖。或者开发者可以通过 snpe-dlc-quantize 工具提供其他选项来将网络手动划分为多个 HTA 子网，运行方式如图 5-16 所示。这样整个模型将分别交由 HTA 和 HVX 处理对应的子网，和情况 2 类似。

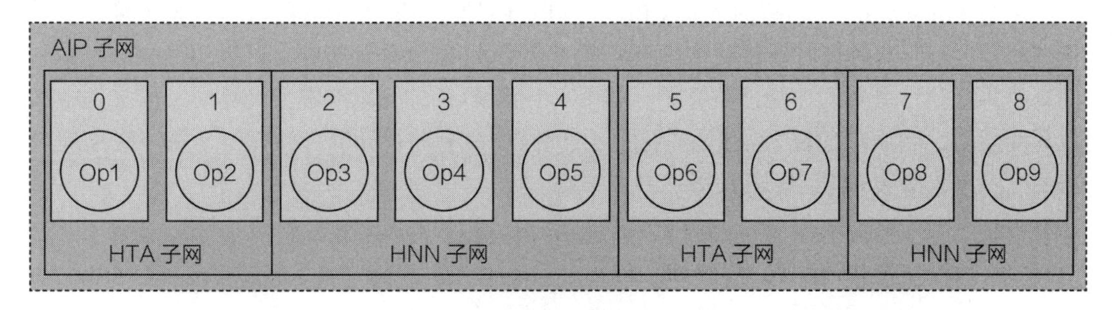

图 5-16　AIP 子网多个分区示意图

高通的 SNPE 编译器主要为高通骁龙芯片服务，通过运行时引擎可以将模型灵活地部署在包括 CPU、GPU 和 DSP 等硬件上进行运算，尤其是 DSP 单元能为图像和人工智能计算提供基于 8 位量化的强大算力。

5.2.3 华为 HiAI Foundation 编译技术

HiAI Foundation 是华为公司推出的面向移动终端的 AI 推理框架。HiAI Foundation 的编译器位于应用和硬件驱动之间，如图 5-17 中虚线框出的部分所示，它支持 TensorFlow 框架和 Caffe 框架的模型，通过调度华为 CPU、GPU、DSP、NPU 等各种芯片的计算能力进行 AI 推理计算，此外，提供端到端的开发工具链，即集成开发环境。

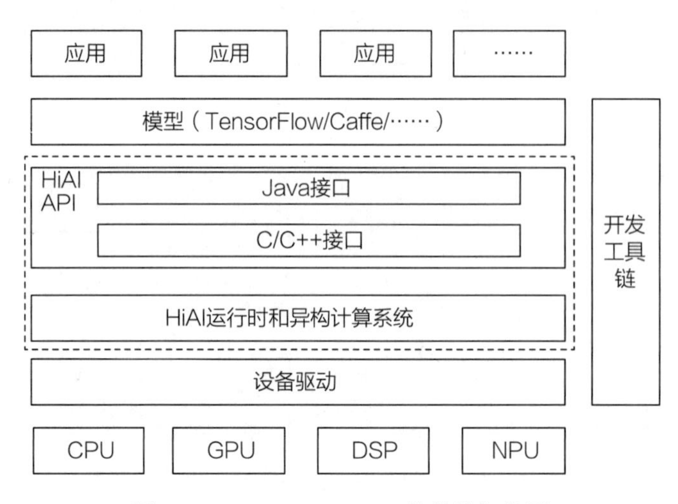

图 5-17 HiAI Foundation 软件栈架构图

HiAI Foundation 包括 API 和运行时。API 提供对上层应用的接口，移动应用首先调用 HiAI Foundation 的 Java 接口，用来载入模型进行推理。Java 接口则进一步调用 HiAI Foundation 提供的 C/C++ 接口，由 C/C++ 接口调用 HiAI Foundation 的运行时环境对模型进行解释、加速，并通过调度算法将不同的计算分配到不同的芯片上，进行模型推理加速。

HiAI Foundation 的运行时支持 CPU 和 NPU 两种场景，开发人员可以从相关接口中进行选择。运行时支持针对神经网络模型运算的专用 AI 指令集和策略，可以用最少的时钟周期高效并行执行更多的神经网络算子。如图 5-18 所示，进行离线模型计算时，从文件中加载离线模型，将用户的输入数据复制在 HiAI 的 NPU 上进行计算。计算时，每一次推理只需要把用户数据从 DDR 到 NPU 导入导出一次。

图 5-18 华为 HiAI Foundation 离线模型运行过程

图 5-19 所示为 HiAI Foundation 编译器工作原理简图。图中的算法指不同的深度学习

模型，不同的深度学习模型直接调用 HiAI Foundation 的私有框架，HiAI Foundation 的硬件加速过程对 AI 算法开发者完全透明。HiAI Foundation 通过调用 IR API（中间表示接口）生成硬件无关的中间表示计算图，再对中间表示计算图进行硬件相关的图优化，通过异构处理引擎进行硬件加速器的调度。

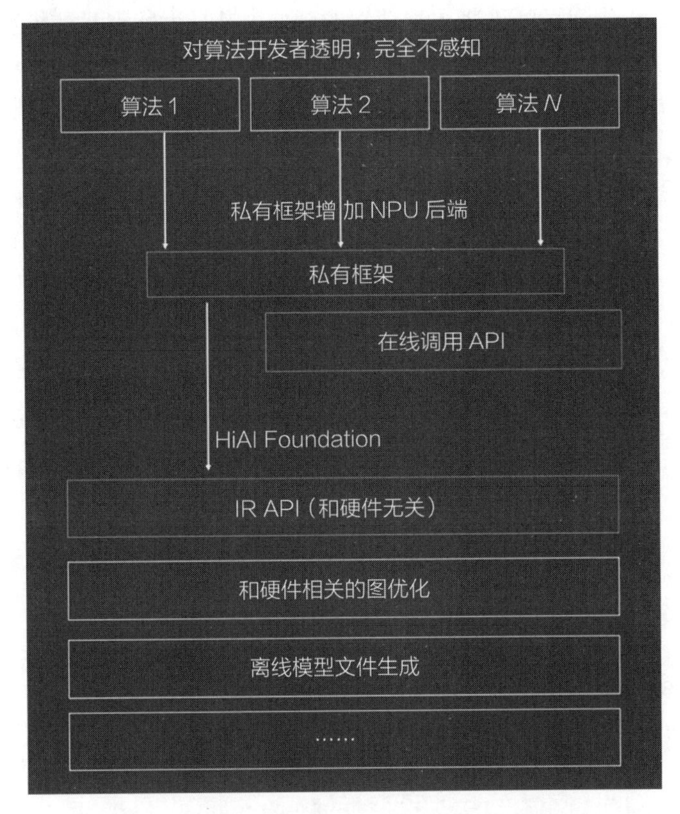

图 5-19　HiAI Foundation 编译器工作原理简图

HiAI Foundation 还可以根据硬件加速器对算子的支持情况将计算图分割成不同的子图，分别分配给不同的硬件进行加速计算，如图 5-20 所示。

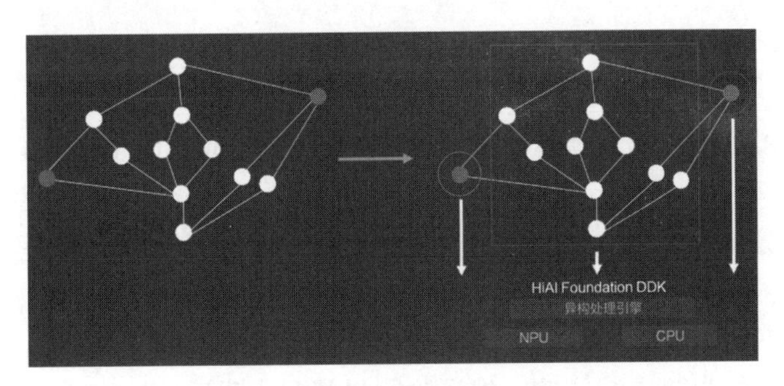

图 5-20　通过自动图分割解决算子不支持问题

因此算子支持非常关键，HiAI Foundation V320 不仅支持超过 300 个算子，而且支持用户自定义算子，并将这些算子和硬件特性很好的适配。

5.2.4 百度 Paddle Lite 编译技术

百度 Paddle Lite 作为百度飞桨在移动端的延伸，其最大特点是使模型可以在终端的多个计算芯片上同时进行计算，支持多个硬件的混合执行。Paddle Lite 将 AI 模型的推理执行过程分为编译阶段和执行阶段，图 5-21 所示为 Paddle Lite 深度学习编译器框架示意图。

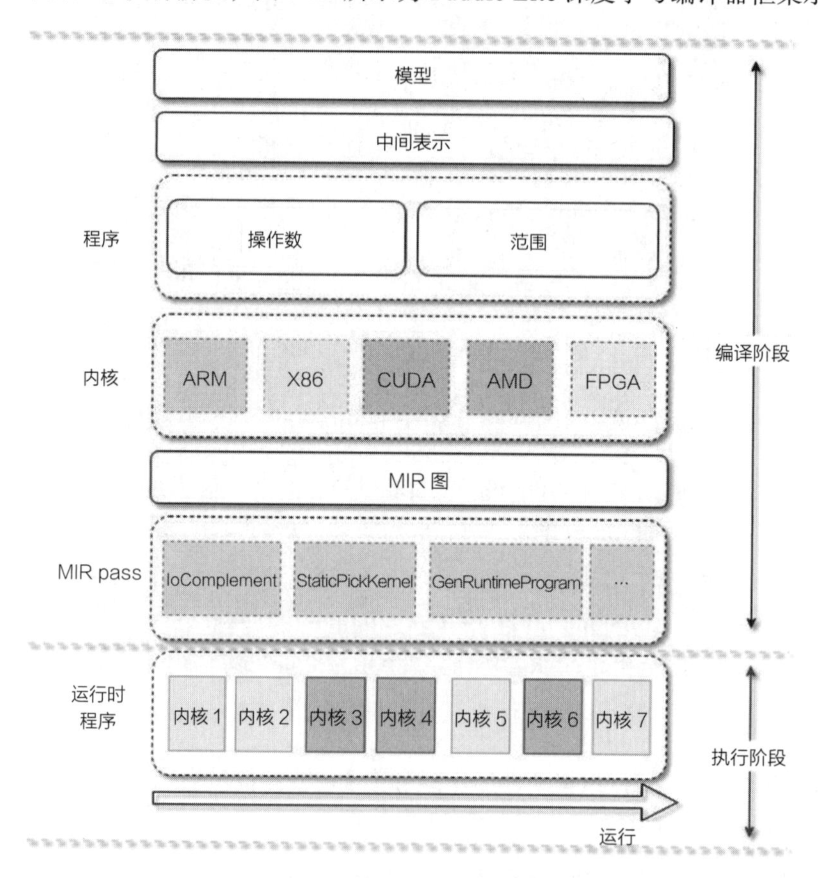

图 5-21　Paddle Lite 深度学习编译器框架示意图

可以看出，Paddle Lite 编译器中定义了机器中间表示 MIR（Machine IR），类似于传统编译器里的中间表示，加上了硬件和执行期的信息参与分析优化，通过 MIR 实现精细复杂的计算图的分析和优化。在编译阶段，Paddle Lite 将模型转化成基于 MIR 的计算图，Paddle Lite 对计算图进行算子融合、内存优化等操作，将计算图转换成对应的算子运算，Paddle Lite 针对不同的硬件上的算子计算注册了对应的内核的实现，对当前的算子计算选择最优的硬件对应的内核进行加速。编译阶段将模型优化后，Paddle Lite 将优化信息存储到模型中，进入执行阶段载入并运行。

Paddle Lite 编译器执行阶段的关键因素是后端多硬件支持以及多硬件算子混合调度算法。在内核层，一段算法可以在多个硬件上执行，而且在每个硬件上还可以注册多个实现。如图 5-22 所示，最上边的算法可以运行在三种硬件上，并有六种实现。在一个设备上有多个运算芯片时，这种模式就能发挥比较好的作用。比如在 Android 手机上，除了 ARM CPU 之外，可能还有 Mali GPU 可用，这时就需要混合调度多种硬件的内核。为了较完备地支持这些场景，Paddle Lite 编译器通过跨设备复制、数据排布等内核实现技术，实现多种硬件、多种量化精度和数据排布方式的混合调度推理的过程。

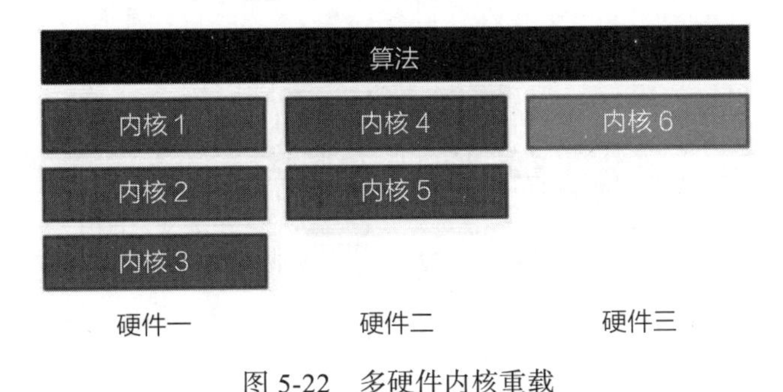

图 5-22　多硬件内核重载

5.2.5　其他深度学习编译器

1. TensorFlow RunTime

2020 年 4 月，Google 宣布开源 TensorFlow RunTime（TFRT），这是其 TensorFlow 2.0 机器学习框架的一个新运行时，它提供了统一的、可扩展的基础架构层，在各种硬件上都具有高性能。TFRT 可以减少开发、验证和部署企业级模型所需的时间，并且 Google 透露，TFRT 未来有望取代现有的 TensorFlow 运行时。

TFRT 的架构图如图 5-23 所示，它位于 TensorFlow API 与底层硬件之间，灰色元素都属于 TFRT 的组成部分。TensorFlow 2.0 有急切执行和图执行两种执行模式，在进行急切执行时，TensorFlow API 会在 TFRT 中直接调用，而在进行图执行时，程序的计算图会通过 MLIR（Multi-Level Intermediate Representation，多级中间表示）针对特定目标进行优化后分派给 TFRT。在这两种执行路径当中，新的运行时都会调用 TFTR 内核，这些内核负责调用底层不同硬件以完成模型执行，注意在新的 TFRT 内核中包括了移动端内核，这说明 TensorFlow 可以直接部署在移动终端上，而不用转化为 TensorFlow Lite 运行。

2. 亚马逊 NNVM/TVM

NNVM 是亚马逊和华盛顿大学合作发布的开源端到端深度学习编译器，它基于 TVM 堆栈中的两个组件：用于计算图的 NNVM（神经网络虚拟机）和用于张量运算符的 TVM（张量虚拟机)。该编译器提供图形级和操作符级优化，方便开发人员在各种硬件后端上移植 AI 应用。NNVM 前端支持 MXNet、PyTorch、Caffe 2、CoreML 等深度学习框架，后端支持树莓派、FPGA 板卡、服务器和各种移动式设备。其中对于 ARM 处理器和苹果 Metal 的支持可以使其部署在移动终端上。NNVM/TVM 的架构如图 5-24 所示。

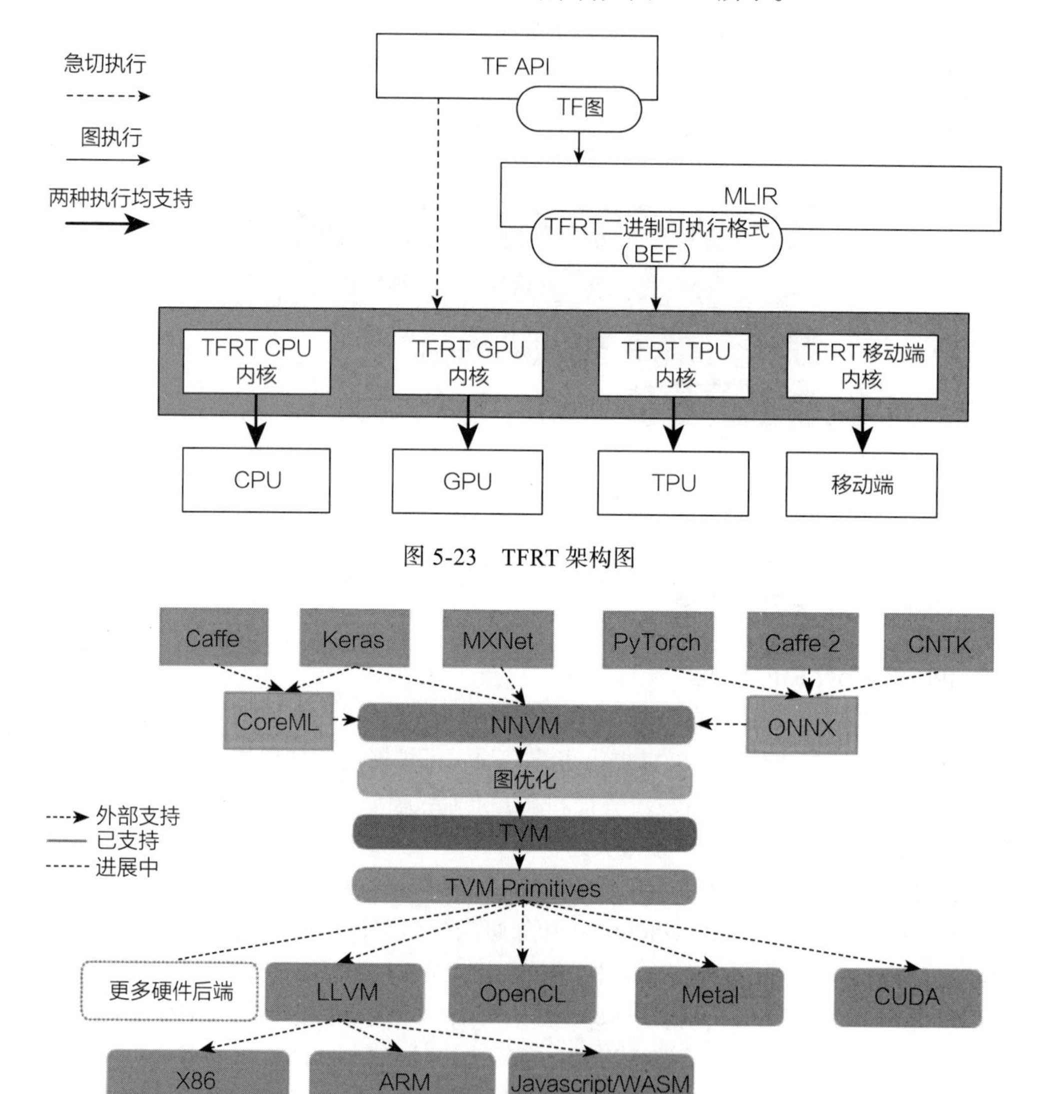

图 5-23　TFRT 架构图

图 5-24　NNVM/TVM 架构图

5.2.6 不同深度学习编译器的差异

本节介绍了当前影响力较大的移动端深度学习编译器和相关技术，目前深度学习编译器技术并没有统一的标准，尚处在百家争鸣的阶段，不同的编译器有自己的实现方案和优缺点，本节从以下几个方面对深度学习编译器进行对比，如表 5-2 所示。

表 5-2　推理框架算子支持情况

编译器	支持的编程语言	支持的深度学习训练框架	支持的芯片	支持的硬件加速器后端编程语言
NN API	Java，C++	TensorFlow Lite、SNPE、HIAI、VCAP、PyTorch	CPU、GPU、NPU	LLVM、OpenCL、OpenGL、Meta、Vulkan
TFRT	Java，C++，Python	TensorFlow	CPU、GPU、NPU	LLVM、OpenCL
TVM	C++，Python	TensorFlow、CoreML、PyTorch、Caffe 2	CPU、GPU、NPU	LLVM、OpenCL、OpenGL、Meta
高通 SNPE	C++	TensorFlow Lite、PyTorch、Caffe 2	CPU、GPU、NPU、DSP	LLVM、OpenCL、OpenGL
HiAI Foundation	C++	TensorFlow Lite、PyTorch、Caffe 2	CPU、GPU、NPU	LLVM、OpenCL、OpenGL
Paddle Lite	C++、Python	Paddle Lite、TensorFlow Lite、PyTorch	CPU、GPU、NPU、FPGA	LLVM、OpenCL、OpenGL、Meta、Vulkan

可以看出，深度学习编译器领域还没有通用的标准，不同的深度学习编译器支持的编程语言、深度学习训练框架以及硬件加速器后端编程语言不完全一致。深度学习应用开发者在开发应用时需要对应用的性能和兼容性做全盘考虑：若开发者更加注重应用的性能，则建议优先考虑硬件加速芯片厂商提供的有针对性的推理框架，如华为的 HiAI Foundation 和高通的 SNPE；若开发者更加注重应用的兼容性，则建议优先考虑支持多种硬件加速器后端编程语言，并且有操作系统官方提供的推理框架，如在 Android 系统上可以优先考虑兼容 Google 的 NN API。

5.3　小结

深度学习编译器属于深度学习推理框架的重要组成部分，是深度学习框架和硬件加速器之间的桥梁，为上层应用提供硬件调用接口，解决不同上层应用在使用不同底层硬件计算芯片时可能存在的不兼容等问题。当有新的硬件加速器上市时，供应商只需要适配深度学习编译器的硬件抽象层接口即可支持所有框架，开发者也不再需要将大量精力投入不同框架模型在不同芯片上的适配中，极大地降低了深度学习框架使用者使用硬件加速器的难度。AI 移动应用开发过程中，开发者不需要直接对深度学习编译器进行操作，但是了解深度学习编译器有助于开发者充分利用当前运行环境的硬件资源，提高 AI 应用的用户体验。

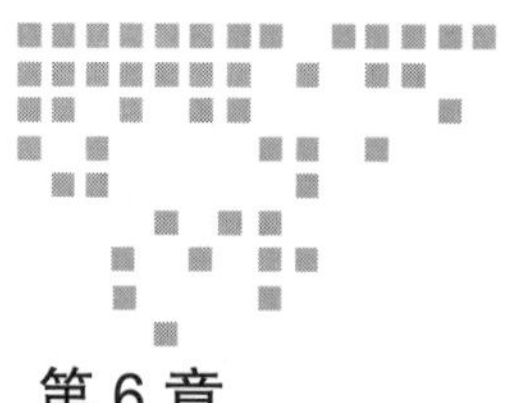

Chapter 6　第 6 章

移动终端 AI 推理应用开发过程

了解移动终端推理框架的工作原理和方法后，我们进入移动终端 AI 应用的开发环节。AI 应用的开发过程同普通移动应用的开发过程有许多相似之处，区别在于开发人员还需要考虑神经网络模型的选择和推理框架的使用。本章首先从软件工程角度介绍移动终端 AI 推理应用开发的一般过程，其中重点介绍涉及人工智能技术的开发部分。

6.1　总体开发过程

普通移动端应用的开发流程，一般首先进行需求分析，设计软件的功能、总体结构和模块，然后进行编码开发，实现算法和方法，最后进行调试。移动终端 AI 推理应用的开发同样需要经过上述流程，不同之处在于移动 AI 推理应用的核心计算逻辑由神经网络算法实现，所以在开发过程中，开发人员需要注意如何通过移动终端 AI 推理框架提供的 API 将神经网络模型部署在移动终端上。当开发人员没有特别需求时，可以使用一些成熟的预训练模型。移动终端 AI 推理应用总体开发流程如图 6-1 所示。

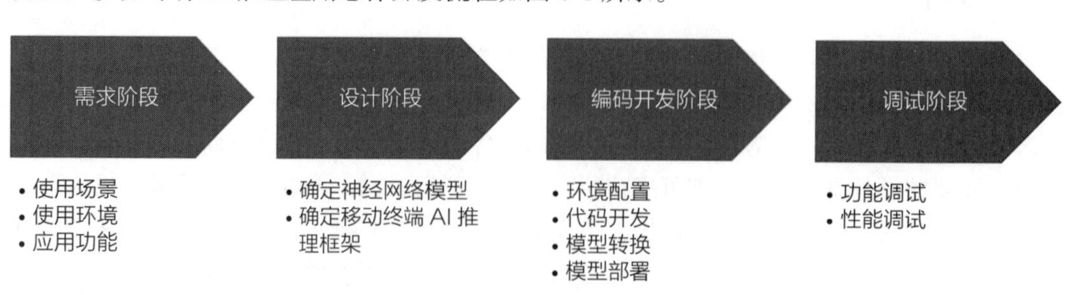

图 6-1　移动终端 AI 推理应用总体开发过程

- 需求阶段：开发人员对项目进行需求分析，包括确定应用的使用场景、使用环境和具体功能。
- 设计阶段：在需求分析的基础上进一步对应用进行总体设计和技术选型，其中最重要的工作是确定需要使用的神经网络模型和移动终端 AI 推理框架。
- 编码开发阶段：完成需求阶段和设计阶段的工作后，就可以进入实际的编码开发阶段了。这一阶段的主要工作包括开发环境配置、代码开发、模型转换和模型部署。
- 调试阶段：这是整个开发工作的最后一个环节，通过功能调试和性能调试，确保应用能满足需求，并提供较好的用户体验。

6.2　需求阶段

需求阶段是软件开发周期中的一个重要环节，该阶段是分析应用在功能上需要“实现什么”，而不是考虑如何去“实现”。在这一过程中，开发人员首先需要确定以下问题：

1. 确定使用场景

开发人员首先需要确认 AI 应用的应用场景，是图像类的应用、语音类的应用、自然语言处理类的应用还是其他功能的应用。

2. 确定使用环境

开发人员需要确认移动终端 AI 应用的使用环境。当计划开发的应用需要在无网络环境下离线使用，同时要求提供较高的响应速度并最大限度的保护用户隐私数据时，使用移动终端 AI 推理框架技术进行开发是一个好的选择，否则可能需要开发一个基于端云结合技术的 AI 应用，将主要的 AI 计算放在云端实现。

3. 确定应用功能

（1）输入方式

AI 应用可以处理图片数据、视频数据、语音数据或其他形式的数据。相对地，智能手机可以通过多种方式获取输入数据，这需要开发人员在需求阶段确定应用获取数据输入的具体形式。

对于图像类输入，包括图片数据和视频数据，开发人员可以通过智能手机的摄像头实时获取，也能以存储在手机相册或其他位置的图片文件或视频文件作为数据输入。

对于语音类输入，同样也可以通过智能手机的麦克风实时采集或者通过智能手机存储的音频文件作为数据输入。

对于其他类型的 AI 应用，开发人员还可以通过智能手机的内置传感器，甚至连接的可穿戴设备或其他外接传感器采集数据作为 AI 应用的输入。

（2）输出方式

根据 AI 应用的使用场景，可以进一步确定 AI 应用的输出方式。目前 AI 技术多以识别类应用为主，而识别结果多种多样，开发人员需要考虑用户希望得到何种输出方式。以图像类AI技术为例，需要明确用户的需求是只是识别出图片中的目标物体，还是需要进一步将图片中的目标物体所在区域圈定出来。

（3）性能需求

对于AI应用，在性能需求方面也比普通AI应用更加严格一些。首先，当开发人员选择使用推理框架在终端上进行AI计算时，大部分因素是考虑能避免数据在网络上传输而带来的延迟，所以此类应用对AI处理的响应速度要求更高。其次，因为AI推理计算量大，与之对应的对终端硬件的负载也较大，所以功耗也应当是性能需求中重要的考量因素。

（4）其他功能需求

其他功能需求则与一般移动应用类似，开发人员需要考虑用户登录、权限管理、业务逻辑、结果呈现等模块，以满足客户的各种需求。

6.3 设计阶段

确认好需求后进入软件设计阶段。这个阶段需要确定AI应用开发的技术路线，主要是对于神经网络模型和移动终端推理框架的确定。

1. 确定神经网络模型

在需求阶段确定应用场景和输出方式后，首先需要根据AI应用的具体功能选择合适的神经网络模型。比如要识别图片中的物体，是需要明确物体的种类即可，还是需要确定目标所在的区域。如果是前者，可以使用简单的分类模型，如MobileNet网络；如果是后者，则需要使用目标检测类的神经网络模型，如SSD网络。再比如说人脸识别应用，是简单地需要确定人脸的位置，还是需要识别出画面中的人脸是否属于某个人，这就需要开发人员在目标检测类模型或人脸检测类模型间进行选择。相关内容读者可以参阅第3章。

2. 确定移动终端推理框架

（1）操作系统支持情况

开发人员首先需要了解移动终端推理框架对各个操作系统的支持情况，并且根据需要确定AI应用需要安装在什么操作系统的终端上并运行，比如是Android系统、iOS系统还是其他操作系统。移动终端推理框架对不同移动终端操作系统的支持情况如表6-1所示。

表6-1 移动终端推理框架对不同移动终端操作系统的支持情况

移动终端推理框架	支持的移动终端操作系统
TensorFlow Lite	Android、iOS
Pytorch Mobile	Android、iOS
Paddle Lite	Android、iOS

（续）

移动终端推理框架	支持的移动终端操作系统
VCAP	Android
SNPE	Android、Linux
HiAI Foundation	Android
Core ML	iOS
MACE	Android、iOS、Linux
NeuroPilot	Android、Linux
NCNN	Android、iOS
MNN	Android、iOS

对于一般的移动 AI 应用，开发人员通常希望能适配更多的机型，扩大用户的受众范围，这时需要开发人员重点关注推理框架的适配性。而对于某些特殊应用，可能仅需要部署在某些特定设备上运行，比如在行车记录仪上处理路况信息，这时则需要开发人员更多地关注那些在目标设备上可以运行的推理框架。

（2）神经网络模型支持情况

接下来需要确定移动终端推理框架是否支持选择的神经网络模型。目前网络上有许多成熟的预训练模型可供开发人员直接使用，这些模型已经经过大量数据训练，具备一定的处理范围和精度，开发人员根据需求选择合适的预训练模型。当网络上的现有资源无法满足需求的时候，开发者就应当考虑自己训练一个神经网络模型，这一技术不在本书的讨论范围内，有兴趣的读者可以阅读相关的书籍或资料进行学习。关于各种神经网络模型的特点可参考第 3 章。

（3）终端硬件支持情况

之后需要确定使用的移动终端 AI 推理框架对目标终端硬件，尤其是计算芯片的支持情况，需要开发人员考虑目标终端是否配备了 DSP、NPU 等 AI 计算单元。对于目前的低端移动智能手机，其计算芯片一般只包括 CPU 和 GPU，这时推荐使用 GPU 进行 AI 计算，而目前的中高端移动智能手机产品大多配备了专用 AI 计算单元，这就要求开发人员在进行设计选型时充分考虑推理框架是否能很好的支持目标终端的 AI 加速单元。这部分内容可参考第 4 章。

3. 传统应用开发设计

移动应用中，传统的应用开发设计也必不可少。通常传统应用开发设计阶段可依次进行概要设计和详细设计。概要设计包括基本处理流程、系统的组织结构、模块划分、功能分配、接口设计、运行设计、数据结构设计和出错处理设计等。对于移动应用，UI 体验设计显得尤为关键。在概要设计的基础上通常还需要进行详细设计，描述实现具体模块所涉及的主要算法、数据结构、类的层次结构及调用关系，本书不再详细展开。

6.4 编码开发阶段

对于开发移动终端 AI 应用，首先需要开发人员配置好开发环境，这需要完成安装 IDE 工具、安装并配置深度学习框架和配置移动终端 AI 推理框架环境三方面工作，具体体现如下。

1. 安装 IDE 工具

IDE（Integrated Development Environment，集成开发环境）是用于提供程序开发环境的应用程序。IDE 一般包括代码编辑器、编译器、调试器和图形用户界面等功能和工具。开发人员可以在 IDE 上完成代码编写功能、分析功能、编译功能、调试功能等。目前主流的移动终端操作系统为 Google 公司的 Android 操作系统和苹果公司的 iOS 操作系统，都有对应的 IDE。当开发 Android 应用时，开发者可以使用 Google 公司的 Android Studio 开发工具，而开发 iOS 应用则主要使用苹果公司的 Xcode 开发工具。对于 Android Studio 和 Xcode 工具的安装和配置方法可以参阅对应官方网站的详细教程，此处不再赘述。

2. 安装并配置深度学习框架

移动终端推理框架在进行模型转换过程中需要处理不同深度学习框架训练的模型，这时就需要安装相应的深度学习框架的库来帮助完成模型转换工作。比如使用 SNPE 进行开发时，如果需要转换 TensorFlow 的模型文件或者 Caffe 的模型文件，就需要对应地安装 TensorFlow 环境或者 Caffe 环境。不过本步骤是一项可选工作，在推理框架没有特别要求或者像 Python Mobile 这样可以直接使用深度学习框架模型的情况下，可以跳过此步骤。

3. 配置移动终端 AI 推理框架环境

对于在 Android 上使用 TensorFlow Lite 和在 iOS 上使用 CoreML 框架的开发人员来说，需要配置 TensorFlow Lite 或 CoreML 的使用环境，在程序中引用 TensorFlow Lite 的 Jar 包或者 CoreML 的动态链接库；对于其他推理框架，开发人员首先需要将推理框架针对自己的目标机器进行编译，生成相应的文件库。推荐优先去推理框架的官方网站下载对应的文件库，然后开发人员需要在配置 IDE 开发环境时，将对应的库文件引用到移动 App 工程中。

配置好开发环境后，就可以开始编写代码进行开发了。开发人员需要根据设计实现包括用户界面、基本处理流程、I/O 控制、数据库功能、摄像头或麦克风等外围设备的调用功能。当然，在所有开发工作中，最重要的还是神经网络模型的转换和模型部署工作。在开发过程中，开发人员需要注意优化 API，方便调用移动终端推理框架并获得返回结果，还需要加强源码易读性并通过 QA 保证代码质量。

6.5 调试阶段

软件调试是指发现软件缺陷问题，定位和查找问题根源，最终解决问题的过程。由于移动终端的 AI 应用的计算量很大，因此除常规的功能调试外，还需要对应用进行性能调试。调试阶段可以同编码阶段并行，并贯穿在整个开发过程中（先介绍功能调试和性能调试，以及分别可以解决什么问题）。

6.5.1　功能调试

功能调试是将应用程序投入实际运行前，用手工或编译程序等方法进行测试，发现并排除软件程序中语法错误和逻辑错误的过程。语法错误将导致应用程序在编译或运行过程中无法正常执行，而逻辑错误则会导致应用程序的功能未能按照开发人员的设计实现。我们可以通过单元测试的方式来进行功能调试。

单元测试是应用程序测试策略中的基本测试。通过对代码进行单元测试，可以轻松地验证单个单元的逻辑是否正确。单元测试是参与项目开发的工程师在项目代码之外建立的白盒测试工程，其中，单元指的是测试的最小模块，通常指函数。单元测试代码在应用程序打包时不会被编译进 APK 中。

进行单元测试的过程如图 6-2 所示。

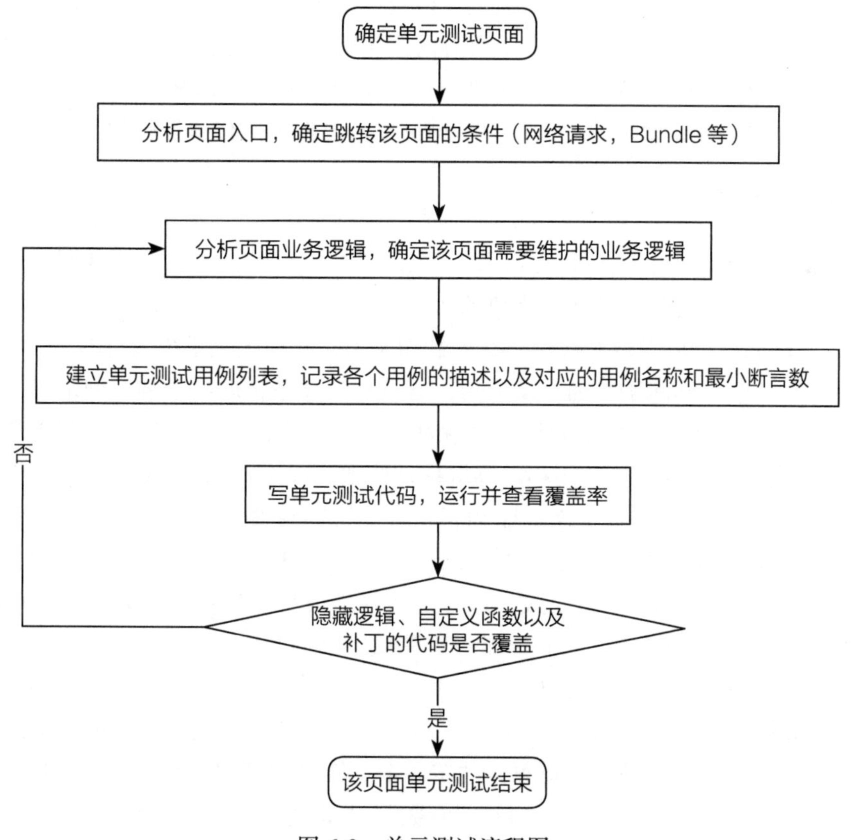

图 6-2　单元测试流程图

进行单元测试时，首先需要找到页面的入口，这里并不建议跨页面，以免增加单元测试用例的维护成本。

然后开发人员需要分析项目页面中的元素、业务逻辑。这里的逻辑不仅包括界面元素的展示以及控件组件的行为，还包括代码的处理逻辑。单元测试的测试用例将来源于简短的业务逻辑，单元测试用例需要对这段业务逻辑进行验证。

再然后，根据这些逻辑来设计单元测试的测试用例。可以创建单元测试用例列表，用于记录项目中单元测试的范围，便于进行单元测试的管理以及其他开发人员了解业务流程。列表中记录了单元测试对象的页面、对象中的测试用例逻辑以及名称等。

之后开发人员可以根据这个列表开始写单元测试代码。以 Android 项目为例，开发人员可以使用 JUnit 5 测试类，为每个测试用例编写本地单元测试类。JUnit 是非常受欢迎且应用广泛的 Java 单元测试框架。与原先的版本相比，JUnit 5 能以更简洁且更灵活的方式编写测试。一个基本的 JUnit 5 测试类可以包含一个或多个测试方法。测试方法以 @Test 注解开头，并且包含用于运用和验证要测试的组件中的单项功能的代码。具体编写测试类的方法可以参考相关资料，此处不再赘述。

写完测试例后需要运行一遍单元测试并检查覆盖率报告，当覆盖率报告中缺少一些单元测试用例列表中没有但是实际逻辑中会有的逻辑时，需要更新单元测试用例列表，添加遗漏的逻辑，并将对应的代码补上。直到所有需要维护的逻辑都被覆盖，该项目中的单元测试才算完成。单元测试并不是 QA 的黑盒测试，需要保证对代码逻辑的覆盖。

6.5.2 性能调试

除了功能调试外，进行 AI 推理应用的开发还需要进行性能调试。性能调试是通过多次运行 AI 应用，并通过监测每个功能模块的运行速度、响应时间等指标来验证应用是否符合用户需求。性能调试可以发现系统中存在的性能瓶颈，起到优化系统的目的。

移动终端 AI 应用不同于普通移动应用，其核心计算逻辑取决于神经网络模型，而神经网络模型的推理过程对于开发者和用户来说都是黑盒计算，所以对其性能需要进行更多的验证。另外，当开发人员选择使用移动终端推理框架离线进行 AI 任务时，说明应用对实时性要求较高，再加上端侧推理框架能驱动移动终端不同硬件进行推理计算，导致各种情况下应用处理速度存在较大差异，所以更需要开发人员通过性能调试优化应用的性能。

性能调试可以在设计阶段就介入，用于神经网络模型的选择和部署方案的确定。通常各种移动终端推理框架官方都会提供基准性能测试工具给开发人员使用。

比如 Google 公司会为 TensorFlow Lite 提供一个 C++ 库用于评测 TFlite 模型。这个评测工具可以部署在开发计算机或 Android 手机上（对于 iOS 手机，TensorFlow Lite 另外提供了一个 iOS 测试应用）。开发人员可以选定一个转换好的模型，通过测试工具设置运行的线程数，驱动 GPU、NN API 等运行时相关参数，对模型进行性能评测。评测可展示每一个运算符的性能数据，这有助于理解性能瓶颈和哪些运算符主导了运算时间。

SNPE 则提供一个用于性能测试的 Python 脚本，在目标 Android / Linux 嵌入式设备上运行网络并收集性能指标，包括计时信息和内存消耗测量值，如图 6-3 所示。不同的移动终端推理框架通过不同方式向开发人员提供测试工具，对选择的神经网络模型进行测试。对于测试工具的使用方法，读者可以在相关官方网站上获得更详细的信息。

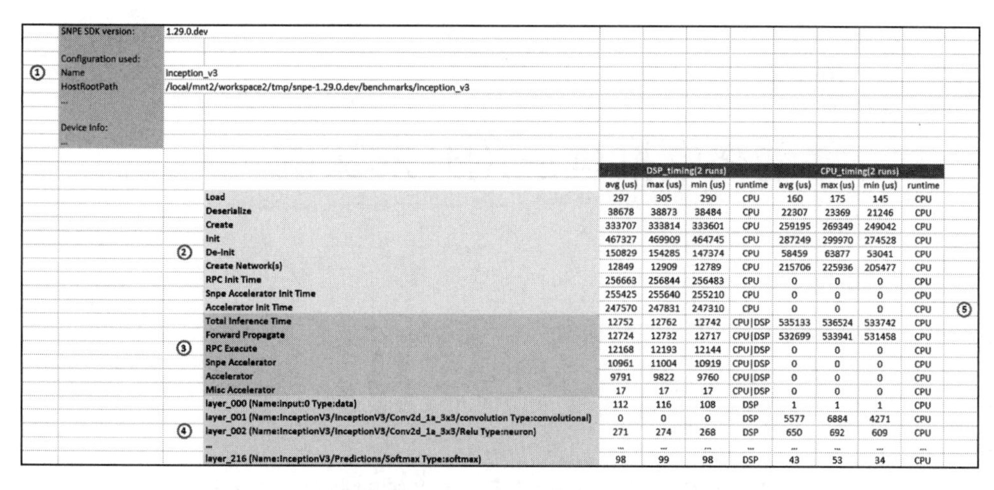

SNPE SDK version:	1.29.0.dev
Configuration used:	
① Name	inception_v3
HostRootPath	/local/mnt2/workspace2/tmp/snpe-1.29.0.dev/benchmarks/inception_v3
...	
Device Info:	
...	

	DSP_timing(2 runs)				CPU_timing(2 runs)			
	avg (us)	max (us)	min (us)	runtime	avg (us)	max (us)	min (us)	runtime
Load	297	305	290	CPU	160	175	145	CPU
Deserialize	38678	38873	38484	CPU	22307	23369	21246	CPU
Create	333707	333814	333601	CPU	259195	269349	249042	CPU
Init	467327	469909	464745	CPU	287249	299970	274528	CPU
② De-Init	150829	154285	147374	CPU	58459	63877	53041	CPU
Create Network(s)	12849	12909	12789	CPU	215706	225936	205477	CPU
RPC Init Time	256663	256844	256483	CPU	0	0	0	CPU
Snpe Accelerator Init Time	255425	255640	255210	CPU	0	0	0	CPU
Accelerator Init Time	247570	247831	247310	CPU	0	0	0	CPU ⑤
Total Inference Time	12752	12762	12742	CPU|DSP	535133	536524	533742	CPU
Forward Propagate	12724	12732	12717	CPU|DSP	532699	533941	531458	CPU
③ RPC Execute	12168	12193	12144	CPU|DSP	0	0	0	CPU
Snpe Accelerator	10961	11004	10919	CPU|DSP	0	0	0	CPU
Accelerator	9791	9822	9760	CPU|DSP	0	0	0	CPU
Misc Accelerator	17	17	17	CPU|DSP	0	0	0	CPU
layer_000 (Name:input:0 Type:data)	112	116	108	DSP	1	1	1	CPU
layer_001 (Name:InceptionV3/InceptionV3/Conv2d_1a_3x3/convolution Type:convolutional)	0	0	0	DSP	5577	6884	4271	CPU
④ layer_002 (Name:InceptionV3/InceptionV3/Conv2d_1a_3x3/Relu Type:neuron)	271	274	268	DSP	650	692	609	CPU
...	...	...	...	...	...	...	...	...
layer_216 (Name:InceptionV3/Predictions/Softmax Type:softmax)	98	99	98	DSP	43	53	34	CPU

图 6-3　SNPE 运行在 DSP 和 CPU 间的性能对比

开发人员根据任务需求和性能测试结果，可以在模型复杂度和大小之间做取舍，为任务选择最佳的模型。如果任务需要高准确率，那么可能需要一个大而复杂的模型。对于精确度不高的任务，最好使用小一点的模型，因为小模型不仅占用更少的磁盘和内存，一般也更快、更高效。

开发完成后，开发人员还可以使用基准测试应用性能，这时的性能调试用例可以根据实际使用场景进行设计，使用大量数据作为测试负载，测试应用的实际性能表现。基准测试的测试指标不仅可以包括模型相关的性能指标，还可以包括目标终端的相关性能指标，帮助用户进一步优化 AI 应用和神经网络模型。相关内容将在第 8 章详细介绍。

6.6　小结

开发一个移动终端 AI 推理应用的过程与一般的移动应用开发过程相似，都需要经过需求分析、设计、编码和调试阶段。AI 应用的核心计算逻辑不需要开发人员编写，它是由神经网络模型实现的，所以开发人员在开发的前期准备工作中需要根据需求选择合适的神经网络模型，然后通过移动终端推理框架转换和部署在终端上。基于神经网络模型的黑盒特性，开发过程中除了常规的功能调试外，开发人员还需要针对神经网络模型进行性能调试，以不断优化应用的性能。

本章主要是为实际开发一个移动终端 AI 应用做一个铺垫，下一章将通过实例向读者介绍如何使用不同的移动终端 AI 推理框架进行开发。

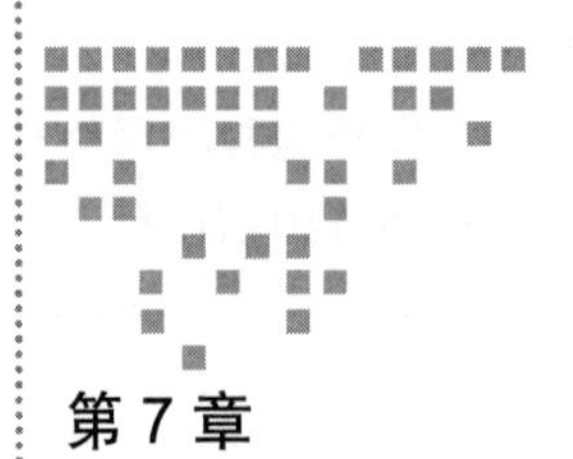

Chapter 7 第7章

移动终端推理应用开发实例

了解移动终端推理应用开发的一般流程后，本章通过具体的实例，逐一向读者详细阐述主流移动终端推理框架的开发和部署方法。对于每个示例，我们提供完整代码，读者可以扫描封底二维码下载包含代码文件的压缩包，并根据附录提供的代码路径找到相关代码文件。通过阅读本章内容，读者可以通过学习环境部署、模型下载和转换、模型推理和处理结果等步骤，掌握使用各个主流移动终端推理框架的开发技巧，学会如何在移动终端上开发人工智能应用。

7.1 基于 TensorFlow Lite 框架的图像分类应用

本节将介绍如何构建一个可以运行在 Android 手机上的 AI 应用程序，本程序可以通过手机的摄像头捕获画面，同时将预览界面中的图像进行分类，并实时地将分类结果显示在屏幕下方。该程序使用 Java 语言编写，处理 AI 的核心功能基于 TensorFlow Lite 框架实现。

7.1.1 创建工程

1. 配置项目

在进行开发之前，需要先对开发环境进行配置。需要确保安装的 Android SDK 版本号高于 26 且 NDK 版本号高于 14。如图 7-1 所示，单击 Android Studio 的 Tools-SDK Manager 菜单，在 System Settings 菜单下选择 Android SDK，确保安装了 Android SDK 和 NDK。

创建新的工程，如图 7-2 所示，依次选择 File → New → New Project 新建 Android 工程。

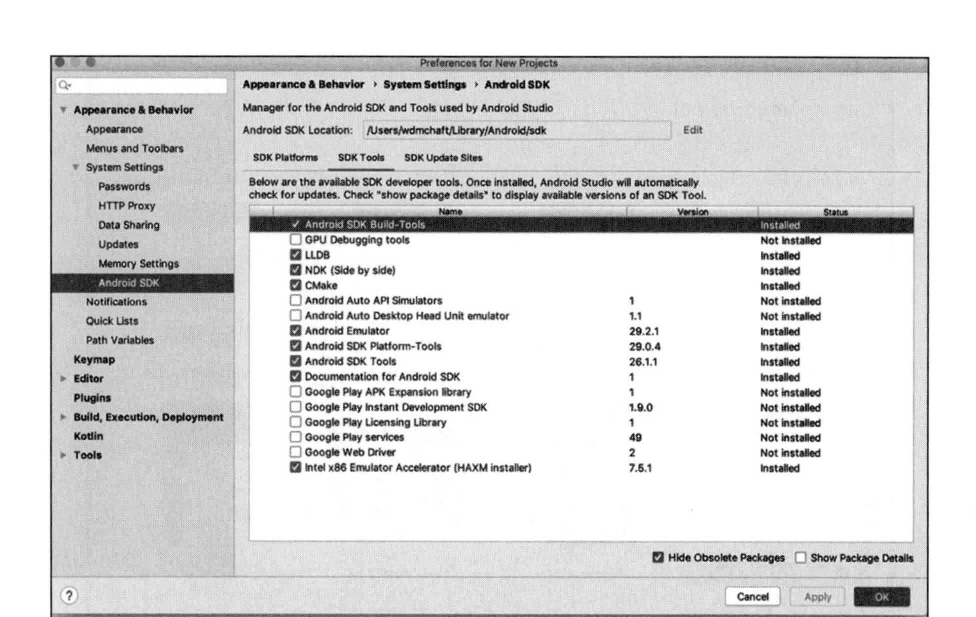

图 7-1　Android Studio 配置 Andriod SDK 示意图

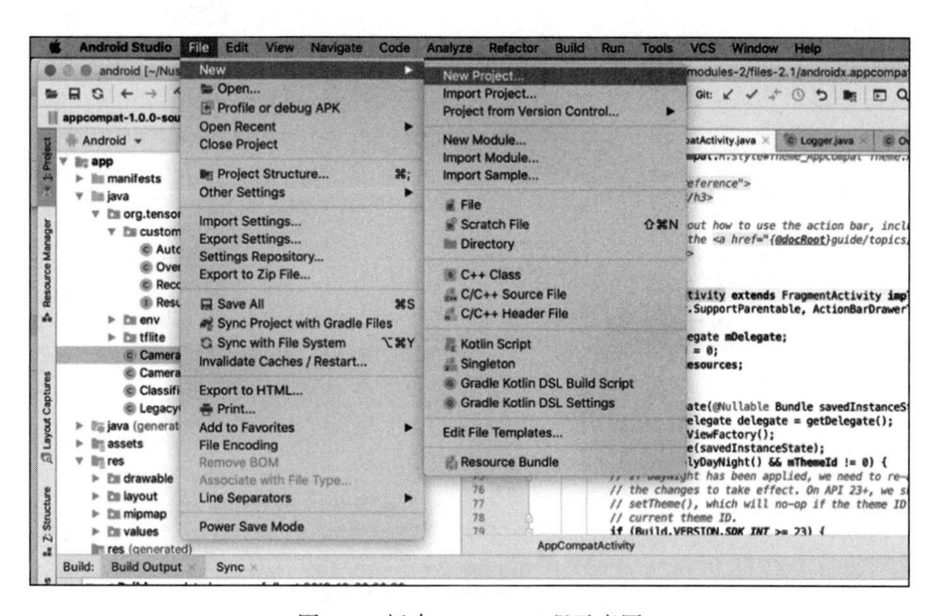

图 7-2　新建 Android 工程示意图

选择开发的 App 类型，这里我们选择 Fragment+ViewModel 的 App，如图 7-3 所示。

单击 Next 按钮进入下一步，输入应用名称、包名，选择应用保存路径、开发语言，以及支持的 Android API 最低版本，如图 7-4 所示。

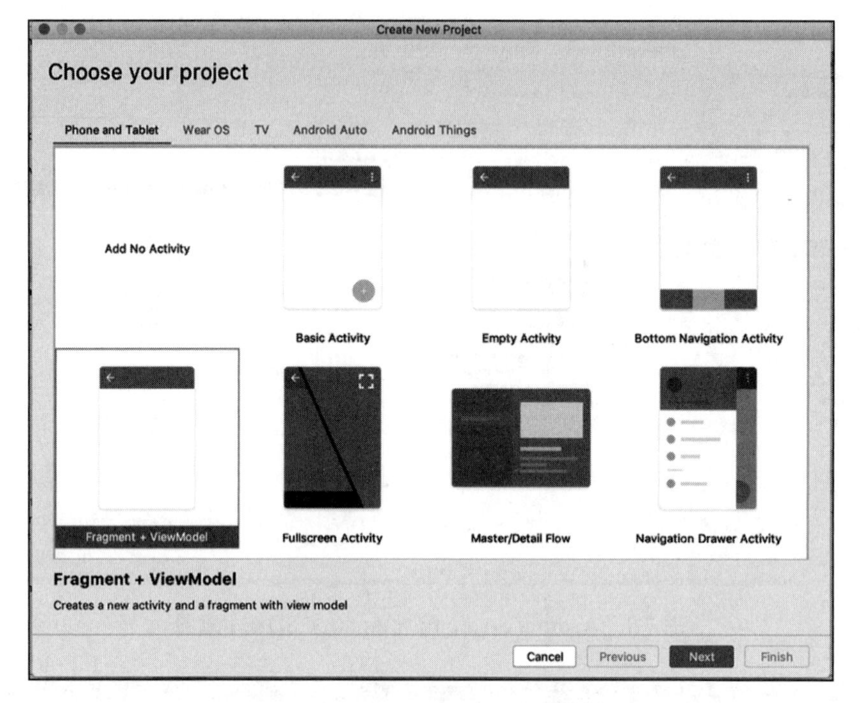

图 7-3　创建 Android 工程示意图

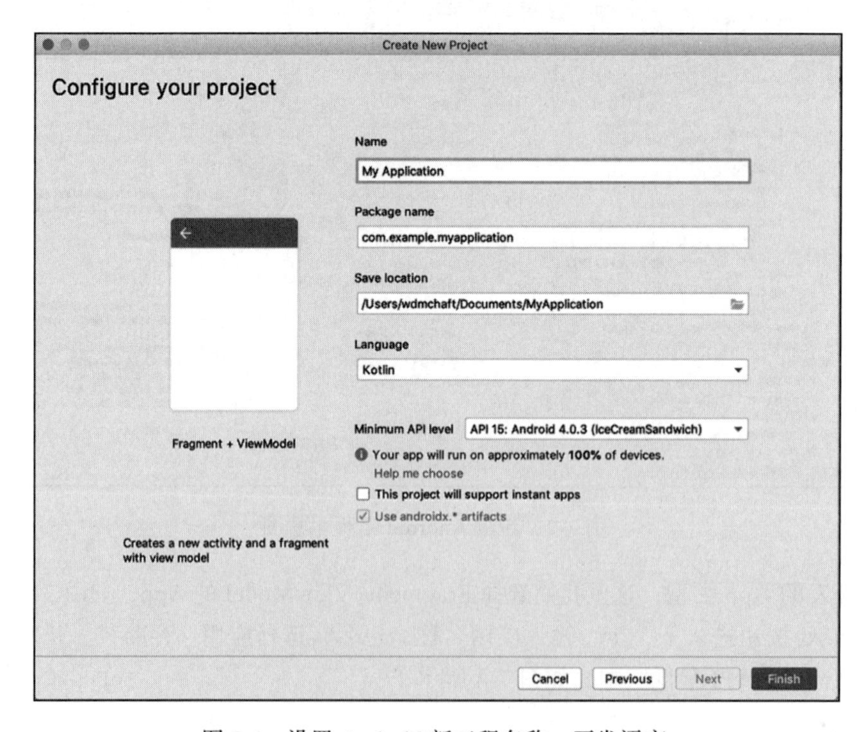

图 7-4　设置 Android 新工程名称、开发语言

这里我们选择开发语言为 Java，输入包名和应用名后单击 Next 按钮，进入下一步，此时 Android 工程创建成功，如图 7-5 所示。其中 app/manifests 目录下存放 AndroidMainfest.xml 文件；app/java 目录下存放项目的代码，新建的 java 文件都存放在这个目录中；res 目录里存放资源文件，包括图片、音视频等。其他文件都是 Android Studio 创建工程时自动生成的，有兴趣的开发人员可以专门学习 Android 开发，深入了解。

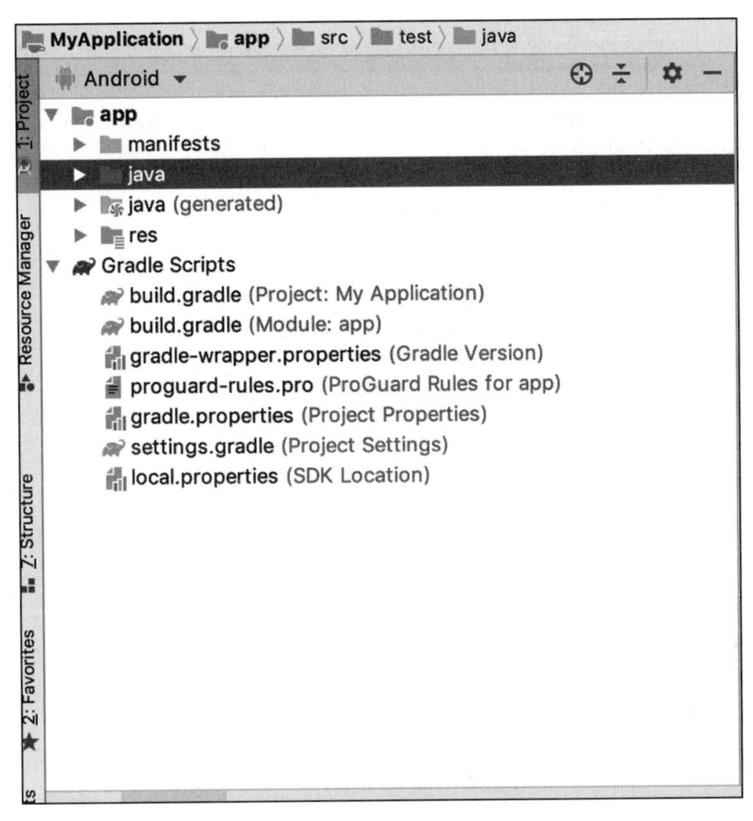

图 7-5 Android 工程文件目录树示意图

将提前训练好的模型放到工程中，如图 7-6 所示，在工程中创建 assets 文件，之后我们会将 TensorFlow Lite 的模型存储到这个文件夹下。

2. 源文件结构

图 7-7 所示是本项目开发中源文件的文件列表，其中：customview 目录中是与 UI 显示相关的辅助代码；env 目录中的代码完成基本的辅助功能，包括日志记录和图像转换；tflite 目录中的代码实现对 tflite 格式的深度学习模型的处理、载入、推理和获取结果等功能。本项目中分别包括对浮点模型和量化后模型的处理。最上一层目录中的其他文件实现 App 的主 UI 和交互功能。

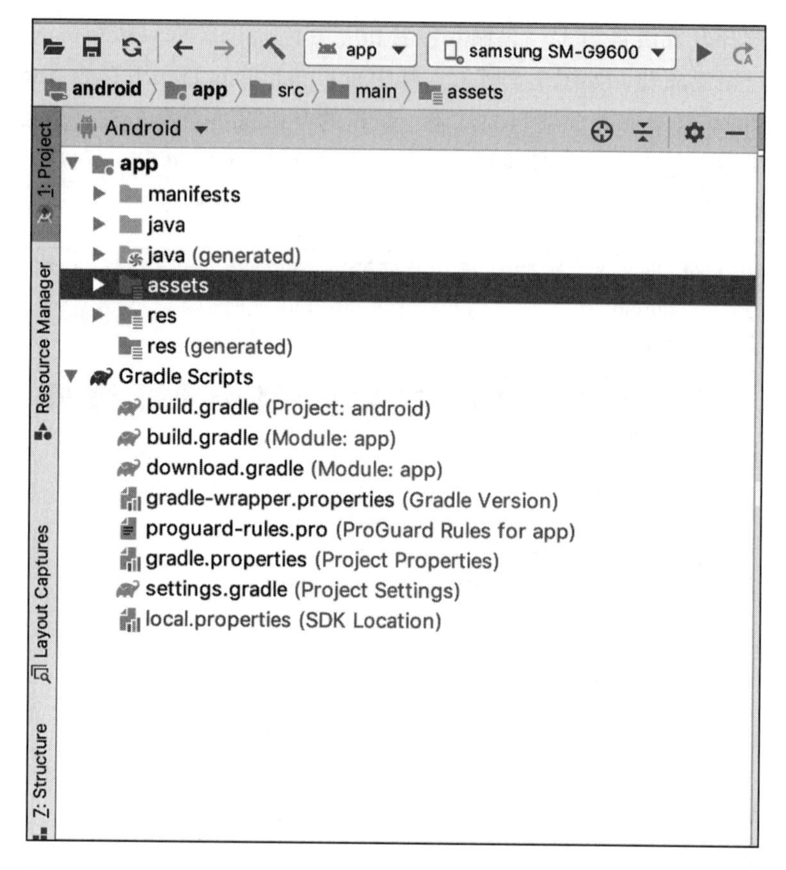

图 7-6　AI 模型存储目录树示意图

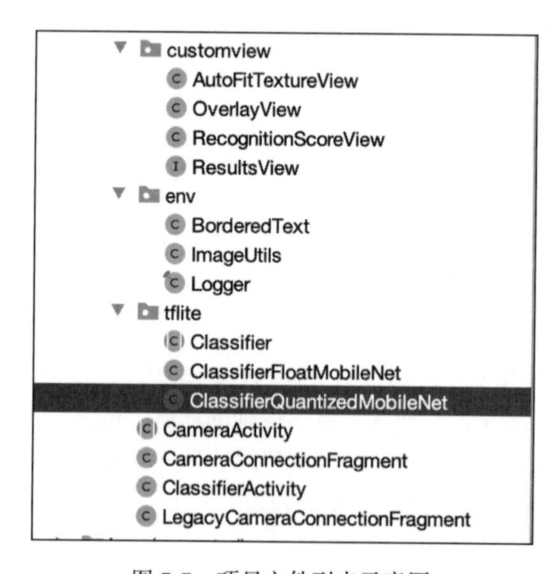

图 7-7　项目文件列表示意图

7.1.2　模型转换

对于开发人员来说，如果有现成的 tflite 格式的模型，则可以直接进行下一步模型载入。否则，在 TensorFlow 上训练的模型在 TensorFlow Lite 上进行推理，需要先进行模型转换。TensorFlow 2.0 中提供了 TensorFlow Lite 转换器（TensorFlow Lite Converter）Python API，在第 4 章我们介绍过相关内容，其中 TFLiteConverter.from_saved_model() 接口用来转换 SavedModel 格式模型，TFLiteConverter.from_keras_model() 用来转换 tf.keras 格式模型，TFLiteConverter.from_concrete_functions() 用来转换 concrete 函数格式。

详细转换方法请参考 4.3.1 节。完成模型转换步骤后会获得一个以 .tflite 为扩展名的模型文件。我们可以将以 .tflite 为扩展名的模型文件和以 .txt 为扩展名的标签文件放入 assets 目录中，如图 7-8 所示。

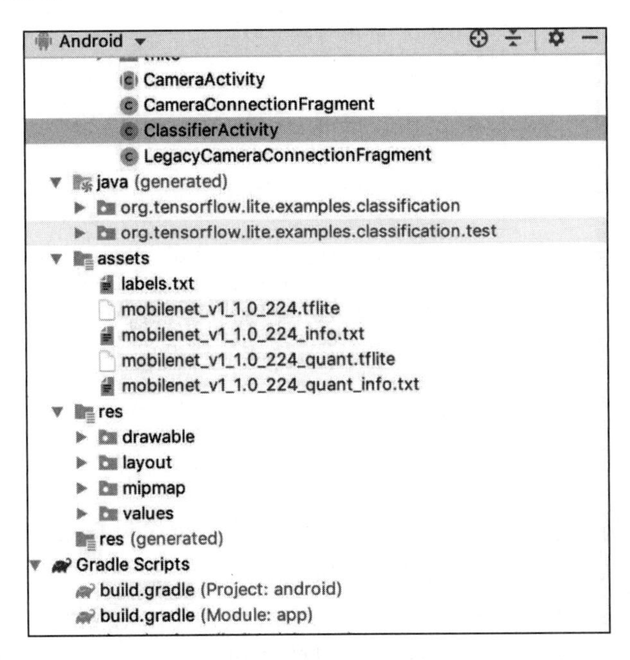

图 7-8　tflite 模型载入工程示意图

注意，如果你是从网上下载一个训练好的模型文件，则在下载该模型时会包含对应的标签文件，一般是扩展名为 .txt 的文本文件，里面记录着模型可以支持的推理结果的合集，关于标签文件，可以阅读 4.2.4 节相关内容。

7.1.3　模型推理

TensorFlow Lite 在 Android 上同时提供了 C++ 和 Java 的接口，使用 C++ 接口需要进行 JNI 开发，为了简单，这里使用了 Java 接口来载入模型。

在进行模型推理之前，需要先将待识别的图片信息转换成 Bitmap 格式，然后运行模型推理方法，最后获得推理结果，详细代码参见附录中代码清单 A-1。

代码示例如下所示：

```
protected void processImage() {
    rgbFrameBitmap.setPixels(getRgbBytes(), 0, previewWidth, 0, 0, previewWidth,
        previewHeight);// 获得 Bitmap 格式的输入数据
    final int cropSize = Math.min(previewWidth, previewHeight);
    runInBackground(
        new Runnable() {
          @Override
          public void run() {
            if (classifier != null) {
              final long startTime = SystemClock.uptimeMillis();
              final List<Classifier.Recognition> results =
                  classifier.recognizeImage(rgbFrameBitmap, sensorOrientation);
                      // 运行模型推理
              lastProcessingTimeMs = SystemClock.uptimeMillis() - startTime;
              LOGGER.v("Detect: %s", results);
              /* 获取推理结果 */
              runOnUiThread(
                  new Runnable() {
                    @Override
                    public void run() {
                      showResultsInBottomSheet(results);
                      showFrameInfo(previewWidth + "x" + previewHeight);
                      showCropInfo(imageSizeX + "x" + imageSizeY);
                      showCameraResolution(cropSize + "x" + cropSize);
                      showRotationInfo(String.valueOf(sensorOrientation));
                      showInference(lastProcessingTimeMs + "ms");
                    }
                  });
            }
            readyForNextImage();
          }
        });
  }
```

其中具体的推理是通过解释器实现的，解释器为一个名为 Interpreter 的 Java 类，它在 Android 提供的 org.TensorFlow:TensorFlow-lite 库中。

Interpreter 类的初始化有两个接口，使用 .tflite 文件初始化或使用 MappedByteBuffer 来初始化。以下示例代码将模型文件通过路径赋值给 tfliteModel 变量后，再传递给 Interpreter 初始化。详细代码见附录中代码清单 A-2。

```
protected Interpreter tflite;
…
protected Classifier(Activity activity, Device device, int numThreads) throws
    IOException {
    tfliteModel = FileUtil.loadMappedFile(activity, getModelPath());
    …
    tflite = new Interpreter(tfliteModel, tfliteOptions);
 }
```

Interpreter 类模型载入后，进行模型推理时，直接运行 Interpreter.run() 接口即可，示例代码如下：

```
tflite.run(inputImageBuffer.getBuffer(),
outputProbabilityBuffer.getBuffer().rewind());
```

Interpreter.run(Object input, Object output) 接口有两个输入参数，input 是输入的待识别图片像素信息，output 是模型的识别标示结果信息。

7.1.4　结果展示

图 7-9 所示为应用编译安装完成后进行识别的效果示意图，可以看出 App 识别出了计算机的键盘，并且给出了识别成功的概率。

图 7-9　基于 TensorFlow Lite 的图像识别 App 结果展示

7.2 基于 PyTorch Mobile 框架的应用实例

本节使用 PyTorch Mobile 作为推理框架，在 Android 系统上通过 Java 语言开发，读取手机中存储的图片，使用一个 resnet_18 模型实现图片分类任务，界面中将显示模型推理出的可能性最高的物体名称给用户。

7.2.1 创建工程

1. 配置项目

开发 PyTorch Mobile 应用程序，建议使用 Android Studio 3.5.1 以上版本的开发工具，并且安装 Android NDK。

首先创建新的 Android 项目后，如图 7-10 所示，添加 PyTorch Mobile 的依赖。

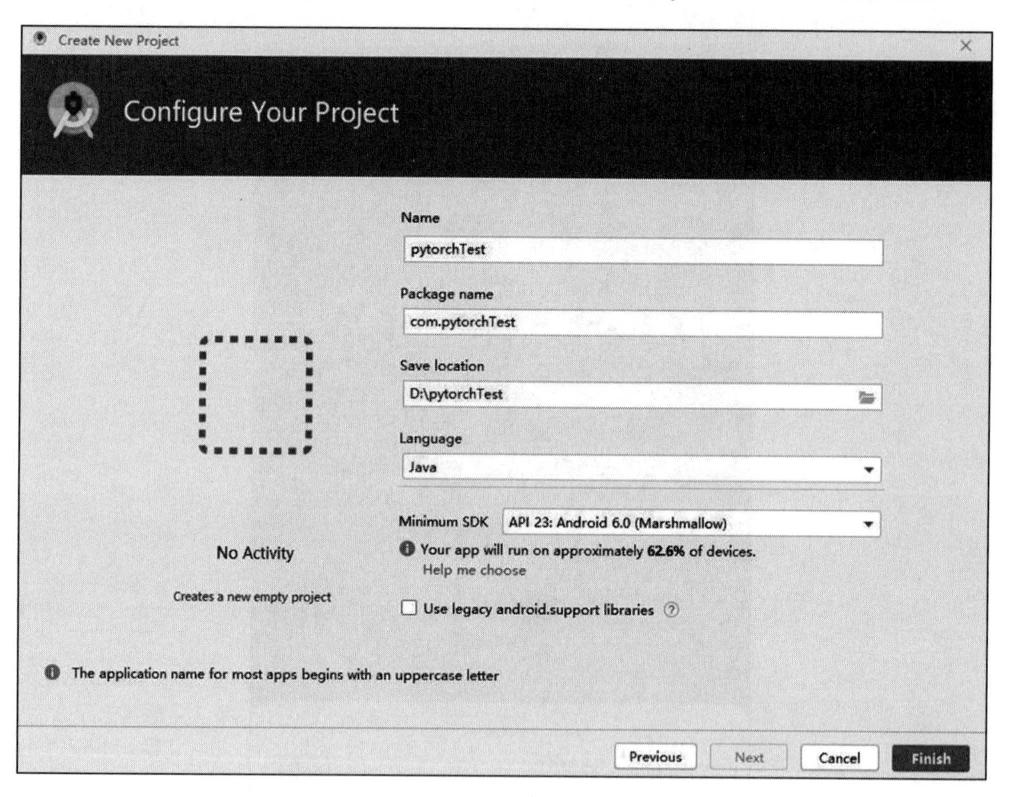

图 7-10 创建工程

然后在项目的 build.gradle 中添加 PyTorch 依赖库：

```
repositories {
    jcenter()
}
```

```
dependencies {
    implementation 'org.pytorch:pytorch_android:1.4.0'
    implementation 'org.pytorch:pytorch_android_torchvision:1.4.0'
}
```

其中 org.pytorch:pytorch_androidPyTorch 依赖库中包括 armeabi-v7a、arm64-v8a、x86、x86_64 这 4 个 Android abis libs 库。

org.pytorch:pytorch_android_torchvision 则提供了视觉类附加库，包括用于处理图像数据的 android.media.Image 和 android.graphics.Bitmap 库，用于创建和使用输入张量。

之后，准备 assets 资源。PyTorch Mobile 可以直接使用 PyTorch 的 pt 模型。pt 模型的保存已经在第 4 章介绍过，开发人员可以将模型复制到项目的 assets 路径下备用。assets 路径下还包括待分类的图片 image.JPEG，如图 7-11 所示。

2. 源文件结构

为了实现 PyTorch Mobile 推理应用，我们需要构建如下 java 源文件，如图 7-12 所示。

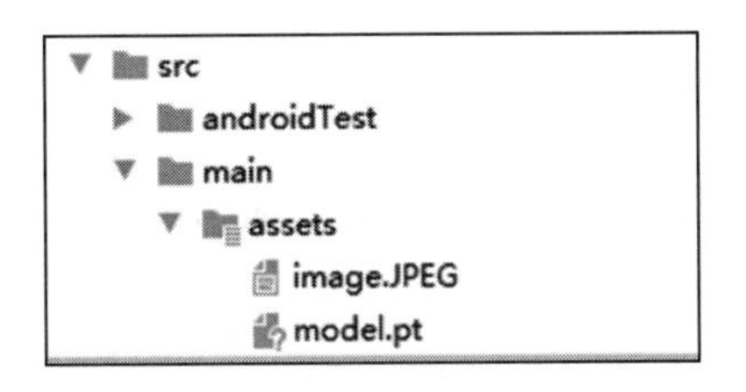

图 7-11　PyTorch 项目资源文件

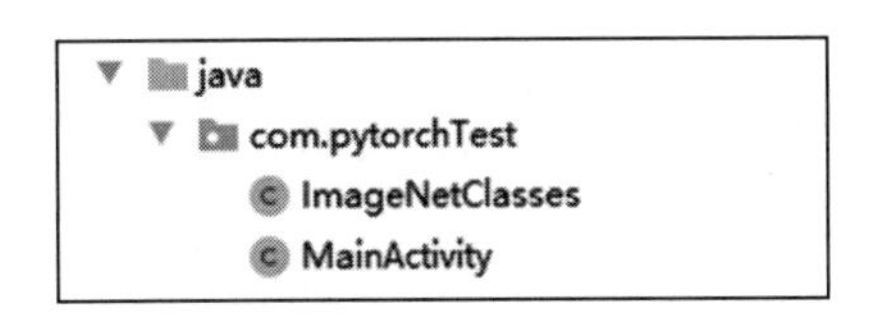

图 7-12　项目源文件

- ImageNetClasses.java：用于神经网络模型识别图片的标签类，包括各种可识别物体的标签。
- MainActivity.java：用于进行 PyTorch Mobile 推理，包括读取图像、加载模型、准备输入、运行推理、处理结果等功能。

7.2.2　模型转换

PyTorch Moible 使用 PyTorch 训练的 py 模型。如果读者熟悉 PyTorch，可以自己训练合适的模型使用。在该实例中我们使用 PyTorch Mobile 提供的 Android Demo 中的 model.py 文件，你可以在如下地址下载：https://github.com/pytorch/android-demo-app/tree/master/HelloWorldApp。

配置好 PyTorch 环境后，还可以通过 PyTorch Mobile Demo 文件中的 android-demo-app-master\HelloWorldApp\trace_model.py 脚本对模型进行转换。以下是脚本的具体代码：

```
import torch
import torchvision

model = torchvision.models.resnet18(pretrained=True)
model.eval()
```

```
example = torch.rand(1, 3, 224, 224)
traced_script_module = torch.jit.trace(model, example)
traced_script_module.save("app/src/main/assets/model.pt")
```

7.2.3 模型推理

1. 创建标签类

标签文件除了通常使用 txt 等文本文件外，还可以通过编码的方式实现，详细代码可以参阅附录中的代码清单 B-1，示例代码如下：

```
package com.pytorchTest;

public class ImageNetClasses {
    public static String[] IMAGENET_CLASSES = new String[]{
        "tench, Tinca tinca",
        "goldfish, Carassius auratus",
        "great white shark, white shark, man-eater, man-eating shark, Carcharodon
            carcharias",
        …
    }
}
```

该类提供一个字符串数组 String[]，可以通过数组的索引确定模型推理输出的物体名称或种类。

2. 运行模型推理

模型推理过程大体如下：

首先从 assets 资源文件夹中获取图片文件数据，将其赋值给一个 bitmap 变量，然后从 assets 资源文件夹中使用 Module.load 方法加载 pt 模型。

接下来通过 TensorImageUtils.bitmapToFloat32Tensor 方法创建包含图片数据的输入张量后，使用 Module.forward 方法运行推理。

推理结果在模型推理输出的 Tensor 对象中，使用 getDataAsFloatArray 方法可以将结果导出到 float[] 数组。数组中每个元素的索引代表一个分类，对应元素为该分类的概率，通过比较概率值找出最可能的物体分类，并通过该分类值在 ImageNetClasses 类中确定分类的名称并显示给用户。详细代码可以参阅附录中代码清单 B-2，示例代码如下：

```
…
import org.pytorch.IValue;
import org.pytorch.Module;
import org.pytorch.Tensor;
import org.pytorch.torchvision.TensorImageUtils;

…

public class MainActivity extends AppCompatActivity {

  @Override
  protected void onCreate(Bundle savedInstanceState) {
```

```
    super.onCreate(savedInstanceState);
    setContentView(R.layout.activity_main);

    Bitmap bitmap = null;
    Module module = null;
    try {
      // 从 assets 中获得图片数据
      bitmap = BitmapFactory.decodeStream(getAssets().open("image.JPEG"));
   // 加载 PyTorch 序列化模型
      module = Module.load(assetFilePath(this, "model.pt"));
    } catch (IOException e) {
      Log.e("PytorchTest", "Error reading assets", e);
      finish();
    }

    // 将图片显示在界面上
    ImageView imageView = findViewById(R.id.image);
    imageView.setImageBitmap(bitmap);

    // 建立输入张量
    final Tensor inputTensor = TensorImageUtils.bitmapToFloat32Tensor(bitmap,
        TensorImageUtils.TORCHVISION_NORM_MEAN_RGB, TensorImageUtils.TORCHVISION_
            NORM_STD_RGB);

    // 运行模型推理
    final Tensor outputTensor = module.forward(IValue.from(inputTensor)).toTensor();

    // 获取推理结果
    final float[] scores = outputTensor.getDataAsFloatArray();

    // 获取概率最高的分类的索引号
    float maxScore = -Float.MAX_VALUE;
    int maxScoreIdx = -1;
    for (int i = 0; i < scores.length; i++) {
      if (scores[i] > maxScore) {
        maxScore = scores[i];
        maxScoreIdx = i;
      }
    }
    // 通过索引号获得分类名称
    String className = ImageNetClasses.IMAGENET_CLASSES[maxScoreIdx];

    // 显示分类名称
    TextView textView = findViewById(R.id.text);
    textView.setText(className);
  }
...
}
```

7.2.4 结果展示

运行工程，启动 App 后将展示识别的图片和结果，如图 7-13 所示。

图 7-13　PyTorch Mobile 应用界面

7.3　基于 Paddle Lite 引擎的应用实例

本节将展示一个基于 Paddle Lite 引擎和 SSD-MobileNet 模型的 Android App 开发过程。

7.3.1　创建工程

1. 配置项目

安装最新的 Android Studio，新建 Android 工程，如图 7-14 所示，设置工程名称，选择开发语言以及最低 Android API 支持版本。

编译安装 Paddle Lite 在 Android 平台上的库文件，首先按照 Paddle Lite 源码编译准备交叉编译环境，推荐开发人员优先从 https://github.com/PaddlePaddle/Paddle-Lite/releases 下载需要的库文件。编译 Paddle Lite 引擎后，目标文件夹中将分别包含一个 CXX 文件夹和 Java 文件夹，分别对应 C++ 的库文件、头文件和 Java 的 JAR 包。本项目使用 Java 开发 Android App，因此直接使用 Java 目录中的文件即可。

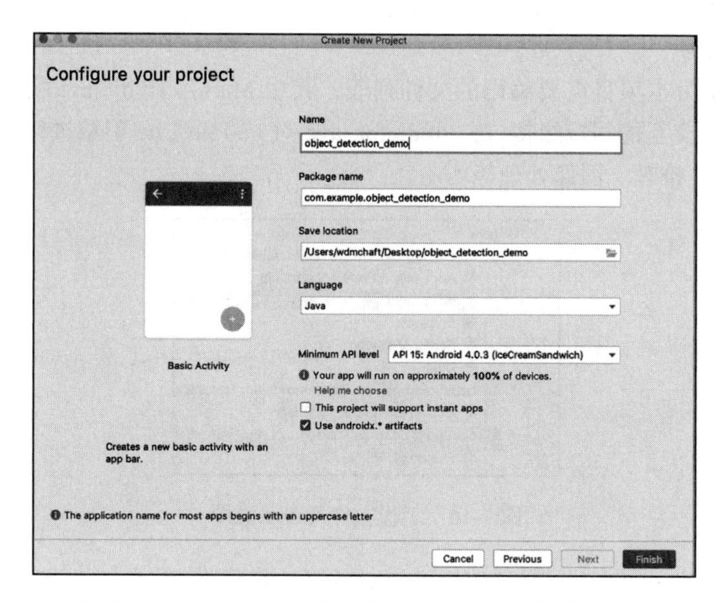

图 7-14　Paddle Lite 目标检测 Android 工程创建示意图

把 Android 视图切换到 Project 目录，打开对应的 app 目录，在 libs 文件夹下（没有就新建一个）添加 Java 目录中的文件 PaddlePredictor.jar。之后在 Android Studio 目录中看到自动加入了这个文件，右击 Add as Library，在项目工程文件夹中添加 assets 和 jniLibs 两个文件夹，assets 里存放 fluid 模型和程序需要调用的图片、文档资源，jniLibs 里存放 Paddle Lite 的编译库。此时的工程如图 7-15 所示。

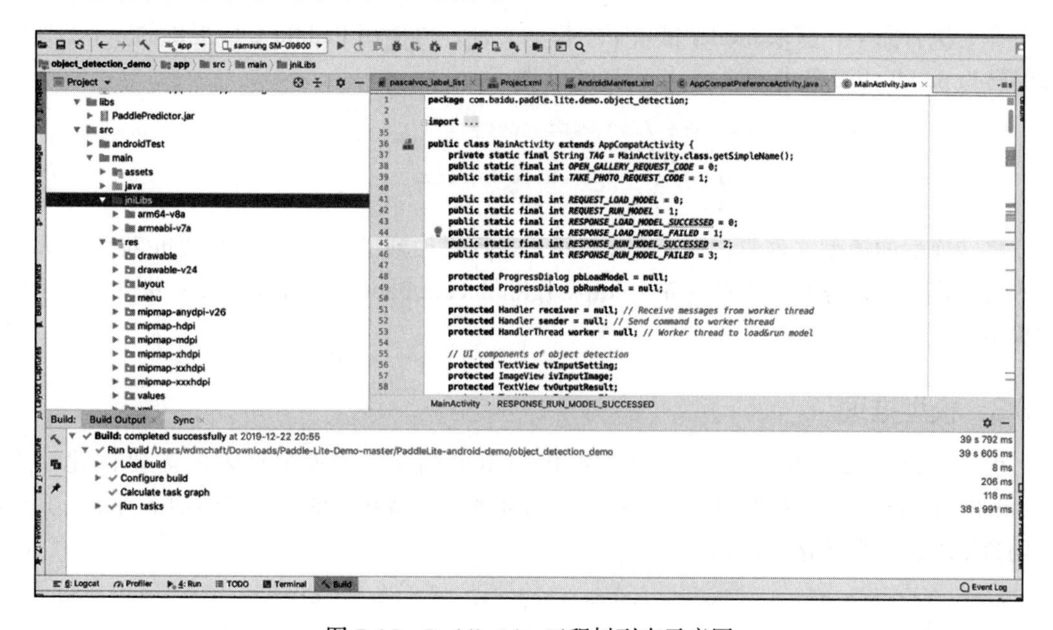

图 7-15　Paddle Lite 工程树列表示意图

2. 源文件结构

图 7-16 所示为本项目需要编码的文件列表，其中 MainActivity.java 实现本项目的 UI、用户交互以及 AI 交互的用户级接口；Predictor.java 对 Paddle Lite 引擎进行封装，主要实现了对模型的载入、推理、图像处理等功能。

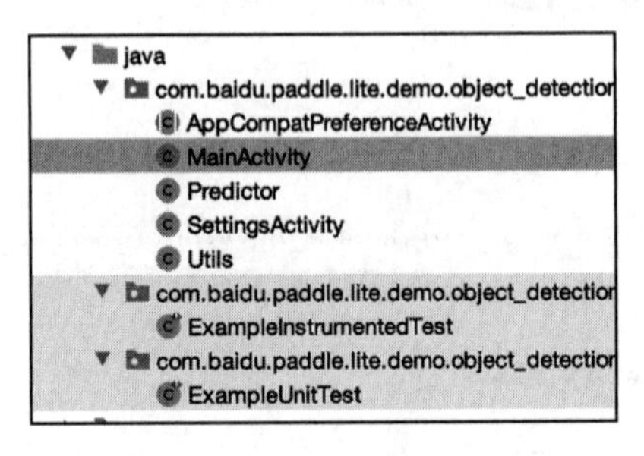

图 7-16　工程文件列表示意图

7.3.2　模型转换

从 Tensorflow 模型库获取目标模型 ssd_mobilenet_v1、模型文件 tflite_graph.pb，具体链接为 https://github.com/tensorflow/models/blob/master/research/object_detection/g3doc/tf2_detection_zoo.md，使用 Paddle Lite 提供的 x2paddle 工具进行模型格式转换，命令如下：

```
x2paddle --framework TensorFlow
         --model tflite_graph.pb
         --save_dir model
```

命令执行完毕，获取 model 目录下的模型文件，再使用 Paddle Lite 提供的 opt 工具将模型转为 paddle lite 格式（即 .nb 格式），命令如下：

```
paddle_lite_opt --model_dir=./ssd_mobilenet_v1
                --valid_targets=arm
                --optimize_out_type=naive_buffer
                --optimize_out=mobilenet_v1_opt
```

将转换后的模型文件复制到 assets 目录，并且添加到工程中。Paddle Lite 提供了大量预训练的模型，推荐开发人员优先去 https://github.com/PaddlePaddle/models 获取满足条件的模型。

7.3.3　模型推理

引入 Paddle Lite 编译后生成的 PaddlePredictor.jar 包，模型载入时需要创建一个 PaddlePredictor 对象来对模型文件进行载入和推理。模型载入的示例代码如下所示，具体代码参见附录中代码清单 C-1。

```
protected boolean loadModel(Context appCtx, String modelPath, int cpuThreadNum,
    String cpuPowerMode) {
```

```
        // 如果之前载入过模型，则先释放模型
        releaseModel();

        // 载入模型
        if (modelPath.isEmpty()) {
            return false;
        }
        String realPath = modelPath;
        if (!modelPath.substring(0, 1).equals("/")) {
            // 如果模型文件路径以 "/" 开头，则从自定义的路径中读取模型文件
            // 否则从 assets 目录中复制模型文件到缓存中
            realPath = appCtx.getCacheDir() + "/" + modelPath;
            Utils.copyDirectoryFromAssets(appCtx, modelPath, realPath);
        }
        if (realPath.isEmpty()) {
            return false;
        }
        // 设置配置选项
        MobileConfig config = new MobileConfig();
        config.setModelDir(realPath);
        config.setThreads(cpuThreadNum);
        if (cpuPowerMode.equalsIgnoreCase("LITE_POWER_HIGH")) {
            config.setPowerMode(PowerMode.LITE_POWER_HIGH);
        } else if (cpuPowerMode.equalsIgnoreCase("LITE_POWER_LOW")) {
            config.setPowerMode(PowerMode.LITE_POWER_LOW);
        } else if (cpuPowerMode.equalsIgnoreCase("LITE_POWER_FULL")) {
            config.setPowerMode(PowerMode.LITE_POWER_FULL);
        } else if (cpuPowerMode.equalsIgnoreCase("LITE_POWER_NO_BIND")) {
            config.setPowerMode(PowerMode.LITE_POWER_NO_BIND);
        } else if (cpuPowerMode.equalsIgnoreCase("LITE_POWER_RAND_HIGH")) {
            config.setPowerMode(PowerMode.LITE_POWER_RAND_HIGH);
        } else if (cpuPowerMode.equalsIgnoreCase("LITE_POWER_RAND_LOW")) {
            config.setPowerMode(PowerMode.LITE_POWER_RAND_LOW);
        } else {
            Log.e(TAG, "unknown cpu power mode!");
            return false;
        }
        paddlePredictor = PaddlePredictor.createPaddlePredictor(config);

        this.cpuThreadNum = cpuThreadNum;
        this.cpuPowerMode = cpuPowerMode;
        this.modelPath = realPath;
        this.modelName = realPath.substring(realPath.lastIndexOf("/") + 1);
        return true;
    }
```

其中，paddlePredictor = PaddlePredictor.createPaddlePredictor(config) 根据模型文件的路径、运行设备的 CPU 进程数量、功耗状况创建了符合条件的 Paddle Lite 引擎的实体，实现模型的载入。模型载入后，还需要载入标示文件，示例代码如下，具体代码请参考附录中代码清单 C-1。

```
    protected boolean loadLabel(Context appCtx, String labelPath) {
        wordLabels.clear();
        // 从文件中载入文本标示
        try {
            InputStream assetsInputStream = appCtx.getAssets().open(labelPath);
            int available = assetsInputStream.available();
```

```
            byte[] lines = new byte[available];
            assetsInputStream.read(lines);
            assetsInputStream.close();
            String words = new String(lines);
            String[] contents = words.split("\n");
            for (String content : contents) {
                wordLabels.add(content);
            }
            Log.i(TAG, "Word label size: " + wordLabels.size());
        } catch (Exception e) {
            Log.e(TAG, e.getMessage());
            return false;
        }
        return true;
    }
```

模型推理之前需要对输入数据进行预处理。本示例的输入数据是一张图片，需要将图片转换成 Paddle Lite 引擎接受的输入格式，因此需要将图片转换成内存数据，示例代码参考附录中代码清单 C-2。

```
try {
    if (imagePath.isEmpty()) {
        return;
    }
    Bitmap image = null;
    // 如果图片路径以“/”开头，则从自定义目录中读取测试图片
    // 否则从 assets 目录读取测试文件
    if (!imagePath.substring(0, 1).equals("/")) {
        InputStream imageStream = getAssets().open(imagePath);
        image = BitmapFactory.decodeStream(imageStream);
    } else {
        if (!new File(imagePath).exists()) {
            return;
        }
        image = BitmapFactory.decodeFile(imagePath);
    }
    if (image != null && predictor.isLoaded()) {
        predictor.setInputImage(image);
        runModel();
    }
} catch (IOException e) {
    Toast.makeText(MainActivity.this, "Load image failed!", Toast.LENGTH_SHORT).show();
    e.printStackTrace();
}
```

其中，image = BitmapFactory.decodeFile(imagePath) 将图片转换成内存数据，predictor.setInputImage(image) 将内存数据输入给 Paddle Lite 引擎。此时即可进行模型推理。

模型推理直接执行 paddlePredictor.run() 接口即可，需要将推理获取的结果与标示文件进行映射，获取最终的识别结果。具体代码参见附录中代码清单 C-1，示例代码如下所示：

```
public boolean runModel() {
    if (inputImage == null || !isLoaded()) {
        return false;
    }

    // 设置输入张量参数
```

```
Tensor inputTensor = getInput(0);
inputTensor.resize(inputShape);

// 预处理图像，使用预处理数据对输入张量进行处理
Date start = new Date();
int channels = (int) inputShape[1];
int width = (int) inputShape[3];
int height = (int) inputShape[2];
float[] inputData = new float[channels * width * height];
if (channels == 3) {
    int[] channelIdx = null;
    if (inputColorFormat.equalsIgnoreCase("RGB")) {
        channelIdx = new int[]{0, 1, 2};
    } else if (inputColorFormat.equalsIgnoreCase("BGR")) {
        channelIdx = new int[]{2, 1, 0};
    } else {
        Log.i(TAG, "Unknown color format " + inputColorFormat + ", only RGB
            and BGR color format is " +
                "supported!");
        return false;
    }
    int[] channelStride = new int[]{width * height, width * height * 2};
    for (int y = 0; y < height; y++) {
        for (int x = 0; x < width; x++) {
            int color = inputImage.getPixel(x, y);
            float[] rgb = new float[]{(float) red(color) / 255.0f, (float)
                green(color) / 255.0f,
                    (float) blue(color) / 255.0f};
            inputData[y * width + x] = (rgb[channelIdx[0]] - inputMean[0]) /
                inputStd[0];
            inputData[y * width + x + channelStride[0]] = (rgb[channelIdx[1]]
                - inputMean[1]) / inputStd[1];
            inputData[y * width + x + channelStride[1]] = (rgb[channelIdx[2]]
                - inputMean[2]) / inputStd[2];
        }
    }
} else if (channels == 1) {
    for (int y = 0; y < height; y++) {
        for (int x = 0; x < width; x++) {
            int color = inputImage.getPixel(x, y);
            float gray = (float) (red(color) + green(color) + blue(color)) / 3.0f
                / 255.0f;
            inputData[y * width + x] = (gray - inputMean[0]) / inputStd[0];
        }
    }
} else {
    Log.i(TAG, "Unsupported channel size " + Integer.toString(channels) + ",
        only channel 1 and 3 is " +
            "supported!");
    return false;
}
inputTensor.setData(inputData);
Date end = new Date();
preprocessTime = (float) (end.getTime() - start.getTime());

// 预热引擎
for (int i = 0; i < warmupIterNum; i++) {
    paddlePredictor.run();
```

```
}
// 开始推理
start = new Date();
for (int i = 0; i < inferIterNum; i++) {
    paddlePredictor.run();
}
end = new Date();
inferenceTime = (end.getTime() - start.getTime()) / (float) inferIterNum;

// 获取输出张量
Tensor outputTensor = getOutput(0);

// 后处理输出数据
start = new Date();
long outputShape[] = outputTensor.shape();
long outputSize = 1;
for (long s : outputShape) {
    outputSize *= s;
}
outputImage = inputImage;
outputResult = new String();
Canvas canvas = new Canvas(outputImage);
Paint rectPaint = new Paint();
rectPaint.setStyle(Paint.Style.STROKE);
rectPaint.setStrokeWidth(1);
Paint txtPaint = new Paint();
txtPaint.setTextSize(12);
txtPaint.setAntiAlias(true);
int txtXOffset = 4;
int txtYOffset = (int) (Math.ceil(-txtPaint.getFontMetrics().ascent));
int imgWidth = outputImage.getWidth();
int imgHeight = outputImage.getHeight();
int objectIdx = 0;
final int[] objectColor = {0xFFFF00CC, 0xFFFF0000, 0xFFFFFF33, 0xFF0000FF,
    0xFF00FF00, 0xFF000000, 0xFF339933};
for (int i = 0; i < outputSize; i += 6) {
    float score = outputTensor.getFloatData()[i + 1];
    if (score < scoreThreshold) {
        continue;
    }
    int categoryIdx = (int) outputTensor.getFloatData()[i];
    String categoryName = "Unknown";
    if (wordLabels.size() > 0 && categoryIdx >= 0 && categoryIdx < wordLabels.
        size()) {
        categoryName = wordLabels.get(categoryIdx);
    }
    float rawLeft = outputTensor.getFloatData()[i + 2];
    float rawTop = outputTensor.getFloatData()[i + 3];
    float rawRight = outputTensor.getFloatData()[i + 4];
    float rawBottom = outputTensor.getFloatData()[i + 5];
    float clampedLeft = Math.max(Math.min(rawLeft, 1.f), 0.f);
    float clampedTop = Math.max(Math.min(rawTop, 1.f), 0.f);
    float clampedRight = Math.max(Math.min(rawRight, 1.f), 0.f);
    float clampedBottom = Math.max(Math.min(rawBottom, 1.f), 0.f);
    float imgLeft = clampedLeft * imgWidth;
    float imgTop = clampedTop * imgWidth;
    float imgRight = clampedRight * imgHeight;
    float imgBottom = clampedBottom * imgHeight;
```

```
        int color = objectColor[objectIdx % objectColor.length];
        rectPaint.setColor(color);
        txtPaint.setColor(color);
        canvas.drawRect(imgLeft, imgTop, imgRight, imgBottom, rectPaint);
        canvas.drawText(objectIdx + "." + categoryName + ":" + String.
            format("%.3f", score),
                imgLeft + txtXOffset, imgTop + txtYOffset, txtPaint);
        outputResult += objectIdx + "." + categoryName + " - " + String.
            format("%.3f", score) +
                " [" + String.format("%.3f", rawLeft) + "," + String.
                    format("%.3f", rawTop) + "," + String.format("%.3f", rawRight) +
                    "," + String.format("%.3f", rawBottom) + "]\n";
        objectIdx++;
    }
    end = new Date();
    postprocessTime = (float) (end.getTime() - start.
        getTime());
    return true;
}
```

推理结束后，将推理结果展示在 UI 上，示例代码如下所示，具体代码参见附录中代码清单 C-2。

```
public void onRunModelSuccessed() {
    // 获取测试结果和 UI
    tvInferenceTime.setText("Inference time: " +
        predictor.inferenceTime() + " ms");
    Bitmap outputImage = predictor.outputImage();
    if (outputImage != null) {
        ivInputImage.setImageBitmap(outputImage);
    }
    tvOutputResult.setText(predictor.outputResult());
    tvOutputResult.scrollTo(0, 0);
}
```

7.3.4 结果展示

如图 7-17 所示，在手机上运行 App 进行识别，可以识别出每个物体并标明其所处的区域。

图 7-17 物体识别效果

7.4 基于 vivo VCAP 引擎的应用实例

本节使用 vivo VCAP 作为推理引擎，在 Android 系统上开发一个简单的应用。通过手机摄像头拍摄物体，将预览画面进行实时图像分类处理。本例中使用 Java 语言进行开发。

7.4.1 创建工程

1. 配置项目

配置好 VCAP 开发环境后就可以进入开发流程了。VCAP 开发环境配置方法可参见 4.3.4 节。

第一步，在 Android Studio 中创建一个新的 Android 项目，如图 7-18 所示。

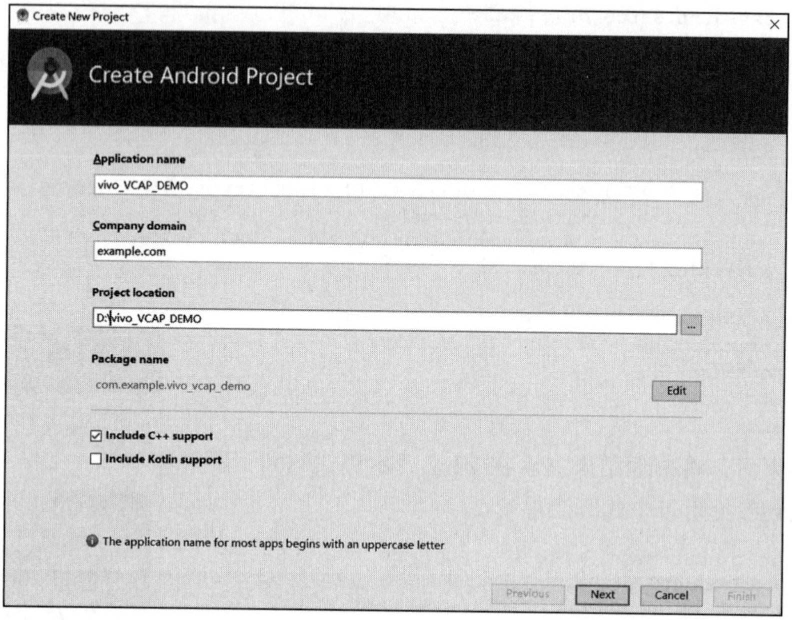

图 7-18　创建项目

第二步，选择 C++ 14，如图 7-19 所示。

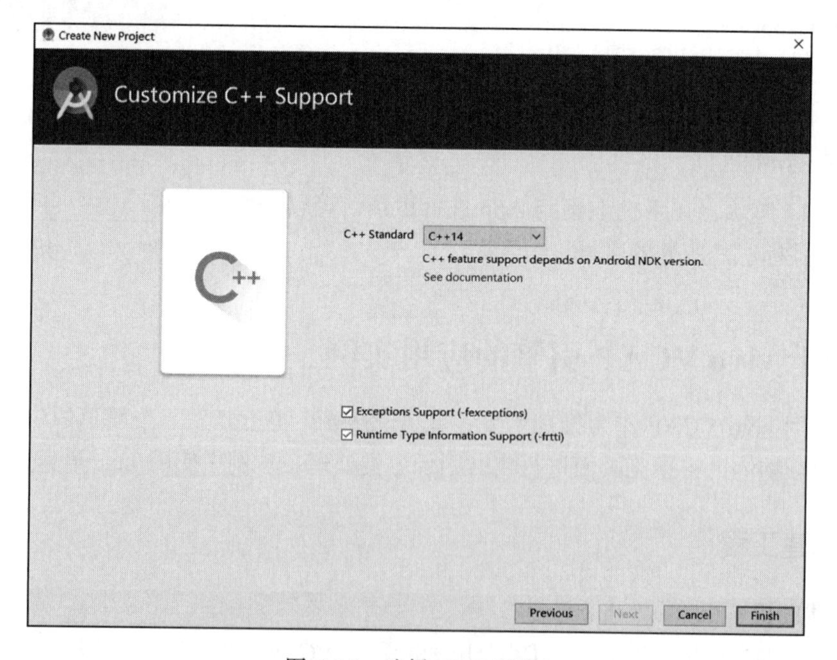

图 7-19　选择 NDK 开发

第三步，下载 VCPA SDK，将 /VCAP SDK/SDK/android/libs 文件夹下的 so 文件复制到 jnilibs 文件夹中，将 jar 文件复制到 libs 文件夹中，并在 build.gradle 中添加依赖。

```
android {
    ...
    defaultConfig {
        ...
        ndk {
            abiFilters "armeabi-v7a"
            abiFilters "arm64-v8a"
        }
    }

   ...

    aaptOptions {
        noCompress "vaim"// 如果模型使用 mmap 加载方式，需要加非压缩标志
    }

}

dependencies {
   ...
    files('libs/vivo_vcap_V2.4.1.jar')
}
```

第四步，将转换好的模型文件和 label 文件复制到 assets 文件夹下，如图 7-20 所示。

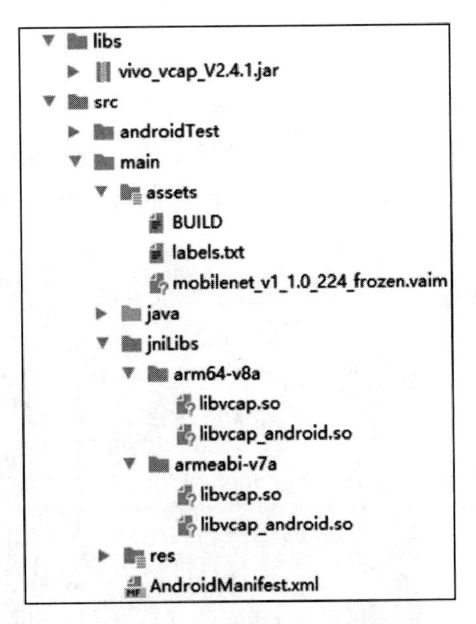

图 7-20　配置 VCAP 依赖文件和资源文件

2. 源文件结构

为了实现 VCAP 推理应用，我们需要构建如下 java 源文件，如图 7-21 所示。

- ❑ AutoFitTextureView.java：用于适配显示窗口。
- ❑ Camera2BasicFragment.java：用于相机预览显示。
- ❑ CameraActivity.java：用于启动相机预览界面。
- ❑ VcapImageClassifier.java：用于执行 VCAP 图像分类功能，所有主要分类代码均在此类中实现。

```
▼ java
  ▼ com.vcaptest
      AutoFitTextureView
      Camera2BasicFragment
      CameraActivity
      VcapImageClassifier
```

图 7-21 项目源文件

7.4.2 模型转换

本实例将使用一个 TensorFlow 格式的 mobilenet_v1_1.0_224_frozen.pb 模型进行转换，开发人员可以使用 VCAP Tools 提供的模型进行尝试，也可以在 TensorFlow 网站上进行下载。

下载 VCAP Tools 并安装好 Python 及 TensorFlow 环境后，就可以尝试转换模型。

转换模型时可以进入 VCAP Tools\vcaptools\build\tools\converter\script 路径，然后通过 Python 运行 convert_to_vaim.py 脚本即可。

```
python convert_to_vaim.py \
 --src_framework tf \
 --frozen_pb /home/aitest/vcaptools/mobilenet_v1_1.0_224_frozen.pb \
 --input_shape 224 224 3 \
 --input_name input \
 --output_name MobilenetV1/Predictions/Reshape_1 \
 --fuse_activation \
 --fuse_bn \
 --reorder_weights \
 --dst_path  /home/aitest/vcaptools/build/tools/converter/script
```

当显示如图 7-22 所示界面时，代表模型转换成功，此时输出文件路径将生成一个 vaim 模型文件。可以将此模型文件和对应标签文件复制到项目 assets 文件夹中待用。

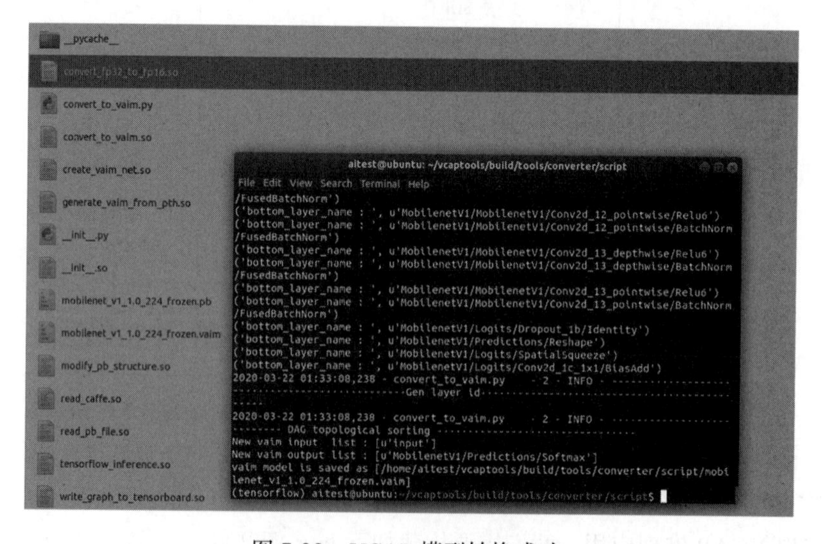

图 7-22 VCAP 模型转换成功

7.4.3　模型推理

通过 VcapImageClassifier.java 类，能方便的将模型部署在终端上。在终端上进行推理操作的具体方式如下，具体代码参见附录中代码清单 D-1。

1）在 VcapImageClassifier.java 类中设置模型和执行环境的相关参数，为了简化，我们直接对模型相关参数进行赋值，示例代码如下：

```
private  Vcap.Runtime mVcapRuntime = Vcap.Runtime.OPENCL;
//运行环境，如 CPU:0,GPU:1,DSP:3 等
public static  int mNumClasses = 1001;//模型输出标签数
public static  int mInputSizeH = 224;//模型输入的高
public static  int mInputSizeW= 224; //模型输入的宽
public static  int mInputChanels= 3; //模型输入的通道数
public static  String mInputNode = "input";//模型输入节点名称
public static  String mOutputNode = "MobilenetV1/Predictions/Softmax";//模型输出节点名称
public static  String mModelAssetsName = "mobilenet_v1_1.0_224_frozen.vaim";//模型名称
public static  String mLabelAssetsName = "labels.txt"//标签文件
```

2）通过 getNetwork() 方法加载模型、设置参数并构造神经网络对象，示例代码如下：

```
private Vcap getNetwork(Context context, boolean isEncrypt)throws IOException{
    Vcap vcap = null;
    InputStream stream = null;
    try {
        long start = System.currentTimeMillis();
        mVcapBuilder = new VcapBuilder();
        Log.d(TAG, mVcapBuilder.toString());
        Log.d(TAG, "model:" + mModelAssetsName);
        //载入模型，设置运行时参数和加密参数
        mVcapBuilder = mVcapBuilder.setRuntime(mVcapRuntime)
        .setModelFile(mapModelFromAssets(context,mModelAssetsName))
        .setEncrypt(isEncrypt);

    long end1 = System.currentTimeMillis();
    Log.d(TAG, "1getNetwork: time:"+(end1-start));
    //构造神经网络对象
    vcap = mVcapBuilder.build();

    } catch (Exception e ){
…
}
```

3）处理图片输入数据，首先在 initModel() 方法中创建接受输入数据的数组，示例代码如下：

```
private float[] mInputarr = null;
…
public  boolean initModel(Context context) {
    Log.d(TAG, "initModel: ");
    if(mVcap != null){
        Log.d(TAG, "model has already inited!");
        return true;
    }
    try {
        labelList = loadLabelList(context);
        //数组需要根据模型的输入维度的需求设置高、宽和通道数
```

```
        mInputarr = new float[mInputSizeH * mInputSizeW *mInputChanels];
...
}
```

4）通过 runModel() 方法中的 bitmapToFloatArray() 方法将图片数据赋值给该数组，runModel() 方法在完成预处理后，会继续进行模型推理，最后再获取输出结果，示例代码如下：

```
public String runModel(Bitmap bitmap){
    Log.d(TAG, "runModel: ");
    if (mVcap == null){
        Log.e(TAG, "run model with a null VCAP instance, check if model init success!");
        return "";
    }
    //处理输入数据，将其赋值给输入张量
    bitmapToFloatArray(bitmap, mImageMean, mImageStd, mInputarr);
long startTime = System.currentTimeMillis();
mVcap.setInput(mInputNode, mInputarr); // 将张量输入模型输入节点
mVcap.forward();// 模型推理
long endTime = System.currentTimeMillis();
// 获取结果
float[] result= new float[ mVcap.getOutSize(mOutputNode)];
mVcap.getOutput(mOutputNode, result);

…}
```

5）处理输入数据的 bitmapToFloatArray() 方法需要将图片中每一个像素的 RGB 值依次输入数组，示例代码如下：

```
public void bitmapToFloatArray(Bitmap bitmap, float mean, float std, float
inputValue[]){

    int intValues[] = new int[bitmap.getWidth() * bitmap.getHeight()];
    bitmap.getPixels(intValues, 0, bitmap.getWidth(), 0, 0, bitmap.getWidth(),
        bitmap.getHeight());
    for (int i = 0; i < intValues.length; ++i) {
        final int val = intValues[i];
        inputValue[i] = (((val >> 16) & 0xFF) - mean) / std;//R
        inputValue[mInputSizeW * mInputSizeH + i] = (((val >> 8) & 0xFF) - mean)
            / std;//G
        inputValue[mInputSizeW * mInputSizeH * 2 + i] = ((val & 0xFF) - mean) /
            std;//B

    }
}
```

6）在 classifyFrame() 方法中调用 runModel() 方法，将摄像头获取的图像输入神经网络，执行并获取结果，示例代码如下：

```
private void classifyFrame() {
    if (classifierVcap == null || getActivity() == null || cameraDevice == null) {
        showToast("Uninitialized Classifier or invalid context.");
        return;
    }

    try{
        // 延时 300 ms，用于等待界面显示
```

```
            SystemClock.sleep(300);
        }catch (Exception e){
            e.printStackTrace();
        }
        Bitmap bitmap = textureView.getBitmap(classifierVcap.getImageSizeX(),
            classifierVcap.getImageSizeY());
        String textToShow = classifierVcap.runModel(bitmap);
        bitmap.recycle();// 需要及时释放图片资源
        showToast(textToShow);
    }
```

7）处理输出结果。在第 4 步的 runModel() 方法中，我们已经将测试结果通过 mVcap.getOutput(mOutputNode, result) 方法赋值给 result。result 包含了每一个 label 的概率值，处理结果时通过 printTopKLabels 方法将概率从大到小进行排序，然后随 label 中的标签一起显示给用户，示例代码如下：

```
private String printTopKLabels(float result[]) {
    PriorityQueue<Map.Entry<String, Float>> sortedLabels =
            new PriorityQueue<>(
                    RESULTS_TO_SHOW,
                    new Comparator<Map.Entry<String, Float>>() {
                        @Override
                        public int compare(Map.Entry<String, Float> o1, Map.
                            Entry<String, Float> o2) {
                            return (o1.getValue()).compareTo(o2.getValue());
                        }
                    });// 根据结果的概率大小对结果进行排序
    for (int i = 0; i < labelList.size(); ++i) {
        sortedLabels.add(
                new AbstractMap.SimpleEntry<>(labelList.get(i), result[i])) ;
                    // 将标签和结果进行组合
        if (sortedLabels.size() > RESULTS_TO_SHOW) {
            sortedLabels.poll();
        }
    }
    String textToShow = "";
    final int size = sortedLabels.size();
    for (int i = 0; i < size; ++i) {
        Map.Entry<String, Float> label = sortedLabels.poll();
        textToShow = String.format("\n%s: %4.2f", label.getKey(), label.
            getValue()) + textToShow;
    }
    return textToShow;
}
```

8）除了释放图片资源外，还需要释放模型对象，示例代码如下：

```
public void releaseModel(){
    Log.d(TAG, "releaseModel: ");
    if(mVcapBuilder != null ) {
        mVcapBuilder.release();
        mVcapBuilder = null;
    }
    if(mVcap != null){
        mVcap = null;
    }
}
```

7.4.4 结果展示

运行工程，界面中自动弹出摄像头预览画面，并在界面下方显示预览画面的图片分类结果，如图 7-23 所示。从结果中可以看到应用花了 40ms 识别了摄像头拍摄的物体，被拍摄的物体有 65% 的可能为键盘。

图 7-23 结果展示

7.5 基于高通 SNPE 引擎的图片分类应用

本节使用高通 SNPE 针对 Android 智能手机开发一个简单的图片分类应用。用户需要准备一个预训练 TensorFlow 模型，一些图片文件和一部搭载高通骁龙芯片的手机，该芯片应当支持 SNPE，如高通骁龙 855 芯片。我们将向用户介绍如何将 TensorFlow 模型转换成 SNPE 需要的 DLC 格式模型。然后使用 Java 语言开发一个简单的应用，读取用户准备的图片，通过 SNPE 推理框架识别图片分类后，将分类结果反馈给用户。

7.5.1　创建工程

1. 配置项目

SNPE 开发环境配置方法参见 4.3.5 节，配置好 SNPE 开发环境后就可以进入开发流程了。

1）生成新的 Android 项目后，首先需要在项目 build.gradle 中添加 SNPE 依赖，如图 7-24 所示。

```
63
64  dependencies {
65      compile(name: 'snpe-release', ext:'aar')
66      compile(name: 'platformvalidator-release', ext:'aar')
67      testCompile 'junit:junit:4.12'
68  }
```

图 7-24　创建项目

将 snpe-sdk/android 路径下的 platformvalidator-release.aar 文件和 snpe-release.aar 复制到项目 libs 文件夹下，同时在 build.gradle 文件中添加两个 aar 文件的依赖：

```
allprojects {
repositories {
...
flatDir {
// 设置以下文件夹用于存放依赖文件，并将 snpe-release.aar 文件复制到该文件夹下
dirs 'libs'
}
}
}
...
dependencies {
...

compile(name: 'snpe-release', ext:'aar')
compile(name: 'platformvalidator-release', ext:'aar')
}
```

2）在项目 lib 文件夹中复制 snpe-sdk\lib 对应的 so 文件，为避免 so 文件冲突，还需要在 build.gradle 中使用 pickFirst 参数指定 lib 文件。

```
android {
...
packagingOptions {
pickFirst 'lib/arm64-v8a/libc++_shared.so'
pickFirst 'lib/armeabi-v7a/libsnpe_adsp.so'
pickFirst 'lib/arm64-v8a/libsnpe_dsp_domains_skel.so'
pickFirst 'lib/armeabi-v7a/libsnpe_dsp_skel.so'
```

```
pickFirst 'lib/armeabi-v7a/libSNPE.so'
pickFirst 'lib/arm64-v8a/libsnpe_adsp.so'
pickFirst 'lib/arm64-v8a/libsnpe_dsp_domains.so'
pickFirst 'lib/armeabi-v7a/libc++_shared.so'
pickFirst 'lib/arm64-v8a/libsnpe_dsp_skel.so'
pickFirst 'lib/armeabi-v7a/libsnpe_dsp_domains.so'
pickFirst 'lib/arm64-v8a/libSNPE.so'
pickFirst 'lib/armeabi-v7a/libsnpe_dsp_domains_skel.so'
pickFirst 'lib/armeabi-v7a/libsymphony-cpu.so'
pickFirst 'lib/arm64-v8a/libsymphony-cpu.so'
}
```

注意，当完成项目配置后，可以验证是项目否配置正确，具体方法可以参考网址https://developer.qualcomm.com/docs/snpe/android_tutorial.html。

2. 源文件结构

为了实现 SNPE 推理应用，我们需要构建如下 java 源文件，如图 7-25 所示。

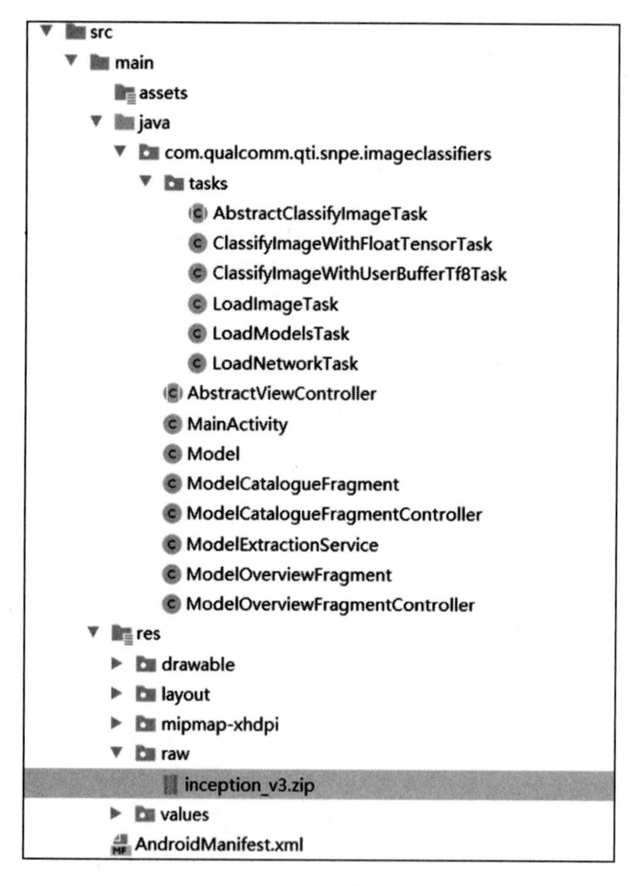

图 7-25　项目源文件

- tasks/AbstractClassifyImageTask.java：推理类的父类，主要负责接收神经网络、图

片和模型。

- tasks/ClassifyImageWithFloatTensorTask.java：完成使用 FloatTensor 的推理功能，包括张量的创建、神经网络的执行和获取结果。
- tasks/ClassifyImageWithUserBufferTf8Task.java：完成使用 UB_TF8 张量 UserBufferTf8 的推理功能，包括张量的创建、神经网络的执行和获取结果。
- tasks/LoadImageTask.java：载入图片。
- tasks/LoadModelsTask.java：读取模型文件、标签、待识别的图片和其他资源。
- tasks/LoadNetworkTask.java：配置和创建神经网络。
- AbstractViewController.java：显示控制的抽象类。
- MainActivity.java：主程序入口。
- Model.java：模型类，定义模型文件、标签、待识别的图片和其他资源。
- ModelCatalogueFragment.java：模型列表界面。
- ModelCatalogueFragmentController.java：实现模型列表界面的控制功能。
- ModelExtractionService.java：解压模型。
- ModelOverviewFragment.java：运行主界面，用户可以在此进行操作，选择运行时，创建神经网络，运行推理并查看结果。
- ModelOverviewFragmentController.java：实现运行主界面的控制功能。

7.5.2　模型转换

1）要进行模型转换，首先需要下载一个 TensorFlow 的 Inception v3 模型备用。你可以在以下地址下载一个 Inception v3 模型：https://storage.googleapis.com/download.TensorFlow.org/models/inception_v3_2016_08_28_frozen.pb.tar.gz，解压后得到 inception_v3_2016_08_28_frozen.pb 文件和 imagenet_slim_labels.txt 标签文件备用。

2）根据 4.3.5 节高通 SNPE 转换 TensorFlow 模型的方法，使用如下指令将 .pb 模型转换成 .dlc 模型：

```
snpe-TensorFlow-to-dlc --input_network
$SNPE_ROOT/models/inception_v3/TensorFlow/inception_v3_2016_08_28_fro
zen.pb --input_dim input
3/sorflow.org/models/inception_v3_2016_08_28_frozen.pb.tar.gz"  }tput
_path model.dlc --allow_unconsumed_nodes
```

3）将准备测试的图片按模型的要求转换成 299 像素 ×299 像素，并放入 images 文件夹备用。

4）将转换好的模型文件 model.dlc、标签文件 imagenet_slim_labels.txt 和放入图片的 images 文件夹进行压缩，压缩文件名为 inception_v3.zip。

5）将压缩文件放入项目 /src/main/res/raw/ 路径下即可完成模型和图片的准备工作。ModelExtractionService.java 会将模型和图片解压到终端项目相关路径使用，如图 7-26 所示。

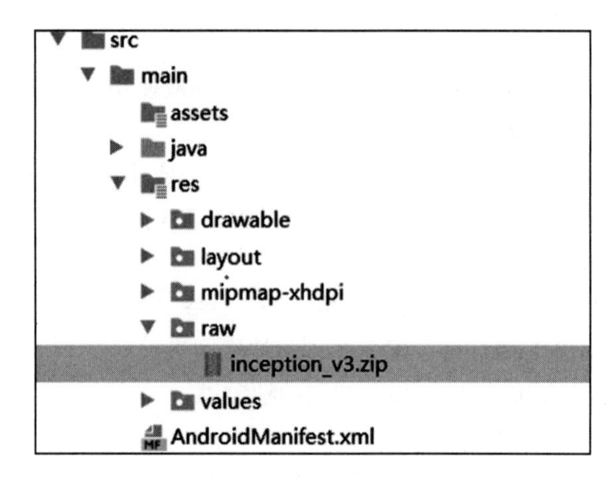

图 7-26　项目资源

7.5.3　模型推理

1）开发人员可以先通过构建一个神经网络确定终端支持的运行时。在 ModelOverviewFragmentController.java 中，通过构建一个神经网络 NeuralNetworkBuilder 的 isRuntimeSupported 方法可以确定终端支持的运行时。本步骤详细代码见附录中代码清单 E-1，示例代码如下：

```
public class ModelOverviewFragmentController extends AbstractViewController
    <ModelOverviewFragment>{
...

private List<NeuralNetwork.Runtime> getSupportedRuntimes() {
    final List<NeuralNetwork.Runtime> result = new LinkedList<>();
    final SNPE.NeuralNetworkBuilder builder = new SNPE.NeuralNetworkBuilder
        (mApplication);// 初始化一个神经网络
    // 查询支持的运行时
    for (NeuralNetwork.Runtime runtime : NeuralNetwork.Runtime.values()) {
        if (builder.isRuntimeSupported(runtime)) {
            result.add(runtime);
        }
    }
    return result;
}


@Override
protected void onViewDetached(ModelOverviewFragment view) {
    if (mNeuralNetwork != null) {
        mNeuralNetwork.release();// 释放神经网络
        mNeuralNetwork = null;
    }
}
}
```

2）配置和构建神经网络。LoadNetworkTask.java 主要用来配置和构建神经网络，使用 SNPE.NeuralNetworkBuilder 载入需要的模型，同时 SNPE.NeuralNetworkBuilder 还提供很多方法设置 SNPE 推理时的参数，如 .setRuntimeOrder() 方法可以设置运行时的运行顺序，setCpuFallbackEnabled() 方法可以设置是否需要 CPU 回落。设置完 SNPE.NeuralNetworkBuilder 后，通过 build() 方法载入模型并完成设置。当使用完 SNPE.NeuralNetworkBuilder 后，还需要通过 release() 方法释放资源。本步骤的详细代码见附录中代码清单 E-2，示例代码如下：

```
public class LoadNetworkTask extends AsyncTask<File, Void, NeuralNetwork> {
...
protected NeuralNetwork doInBackground(File... params) {
    NeuralNetwork network = null;
    try {
        final SNPE.NeuralNetworkBuilder builder = new SNPE.NeuralNetworkBuilder
            (mApplication)
                .setDebugEnabled(false)
                .setRuntimeOrder(mTargetRuntime)
                .setModel(mModel.file)
                .setCpuFallbackEnabled(true)
                .setUseUserSuppliedBuffers(mTensorFormat != SupportedTensorFormat.FLOAT);

        final long start = SystemClock.elapsedRealtime();
        network = builder.build();
        final long end = SystemClock.elapsedRealtime();

        mLoadTime = end - start;
    } catch (IllegalStateException | IOException e) {
        Log.e(LOG_TAG, e.getMessage(), e);
    }
    return network;
}

@Override
protected void onPostExecute(NeuralNetwork neuralNetwork) {
    super.onPostExecute(neuralNetwork);
    if (neuralNetwork != null) {
        if (!isCancelled()) {
            mController.onNetworkLoaded(neuralNetwork, mLoadTime);
        } else {
            neuralNetwork.release();
        }
    } else {
        if (!isCancelled()) {
            mController.onNetworkLoadFailed();
        }
    }
}
}
```

3）ClassifyImageWithFloatTensorTask.java 负责将图片数据传递给神经网络并且执行推理计算，最后获取推理结果。首先需要将图片数据转换成 float[] 数组，然后将其保存在一个 tensor 中。将 tensor 从神经网络的输入层开始执行，执行完成后从输出层获取推理结果。使用完的 tensor 还需要及时释放。详细代码见附录中代码清单 E-3，示例代码如下：

```
public class ClassifyImageWithFloatTensorTask extends AbstractClassifyImageTask {
...
```

```
protected String[] doInBackground(Bitmap... params) {
    float[] rgbBitmapAsFloat;
if (!isGrayScale) {
    rgbBitmapAsFloat = loadRgbBitmapAsFloat(mImage);// 将输入的图片转换成 float[]
} else {
    rgbBitmapAsFloat = loadGrayScaleBitmapAsFloat(mImage);
}
tensor.write(rgbBitmapAsFloat, 0, rgbBitmapAsFloat.length);// 将图片数据赋值给 tensor

final Map<String, FloatTensor> inputs = new HashMap<>();
inputs.put(mInputLayer, tensor);// 关联神经网络的输入层和带有图片数据的 tensor，使数据从神
                                   经网络的入口开始执行

final long javaExecuteStart = SystemClock.elapsedRealtime();
final Map<String, FloatTensor> outputs = mNeuralNetwork.execute(inputs);// 执行推理
final long javaExecuteEnd = SystemClock.elapsedRealtime();
mJavaExecuteTime = javaExecuteEnd - javaExecuteStart;

// 从神经网络的输出层 mOutputLayer 接受推理结果
for (Map.Entry<String, FloatTensor> output : outputs.entrySet()) {
    if (output.getKey().equals(mOutputLayer)) {
        FloatTensor outputTensor = output.getValue();

        final float[] array = new float[outputTensor.getSize()];
        outputTensor.read(array, 0, array.length);

        for (Pair<Integer, Float> pair : topK(1, array)) {
            result.add(mModel.labels[pair.first]);// 获取推理类别
            result.add(String.valueOf(pair.second));// 获取可能的概率
        }
    }
}

releaseTensors(inputs, outputs);// 释放 tensor 资源

return result.toArray(new String[result.size()]);

}

@SafeVarargs
private final void releaseTensors(Map<String, ? extends Tensor>... tensorMaps) {
    for (Map<String, ? extends Tensor> tensorMap: tensorMaps) {
        for (Tensor tensor: tensorMap.values()) {
            tensor.release();
        }
    }
}
```

7.5.4 结果展示

运行工程，选择完模型后进入运行界面，你可以先在界面左边选择一个运行时，然后单击 BUILD NETWORK! 按键创建神经网络，最后单击一张图片就能在文本框中看到识别结果，如图 7-27 所示。从图中可以看到应用使用 382ms 初始化了神经网络模型，并用 415ms 识别出目标图片中显示的为水蛇，其概率为 69.8%。

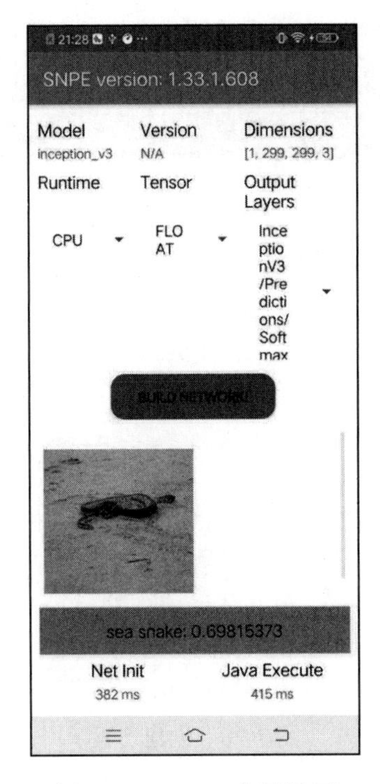

图 7-27　SNPE 应用界面

7.6　基于华为 HiAI Foundation 的图片分类应用

本节使用华为 HiAI Foundation DDK V320 作为推理引擎，读取手机中存储的图片或从摄像头获取图像，实现图片分类任务。本示例针对搭载麒麟 990 芯片的华为手机终端，主要使用 Java 语言开发。

7.6.1　创建工程

1. 配置项目

使用华为 HiAI Foundation DDK V320 推理引擎需要如下准备条件：

- 准备 Ubuntu 16.04 开发环境（Win10、macOS）。
- 准备 Android Studio 开发应用。
- 准备训练好的 Caffe 或 TensorFlow 模型。
- 准备搭载麒麟平台的设备。

1）创建 Android Studio 项目，选中 Include C++ support，如图 7-28 所示。

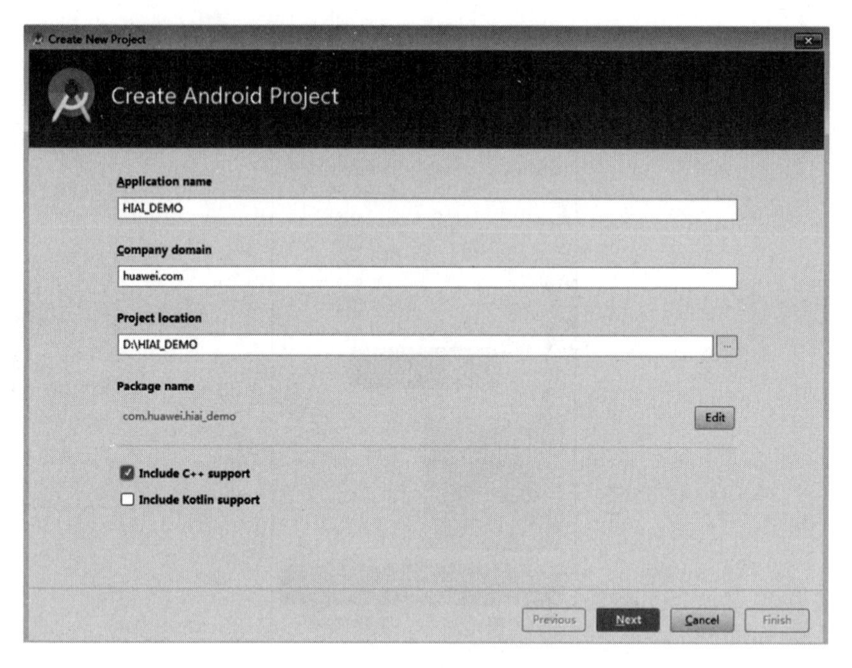

图 7-28　创建工程

2）在 C++ Standard 中选择 C++14，选中 Exceptions Support(-fexceptions) 和 Runtime Type Information Support (-frtti)，如图 7-29 所示。

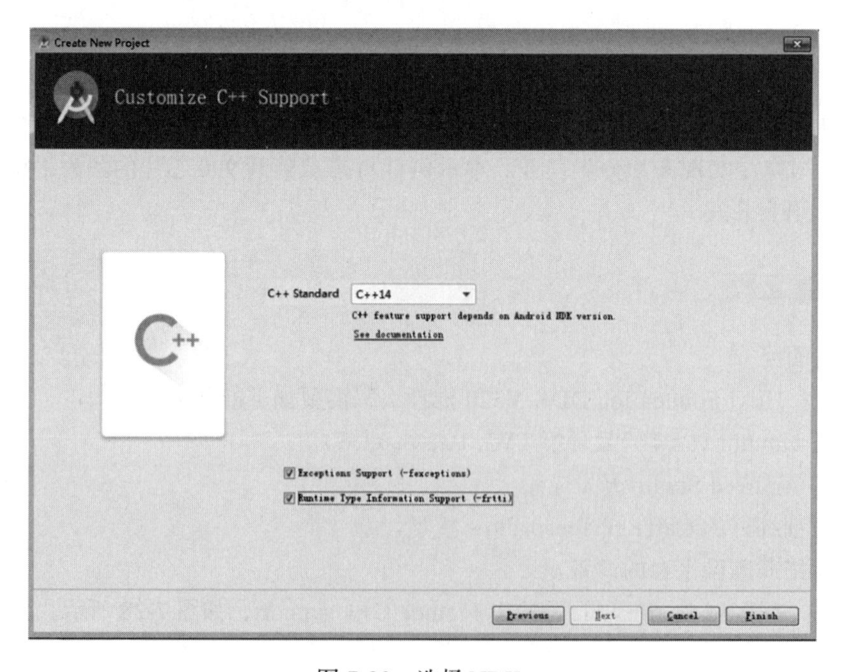

图 7-29　选择 NDK

3）编译 JNI，将相关 so 和 Demo 中的 jni 源码复制到 apk 中的 jni 目录中，如图 7-30 所示。

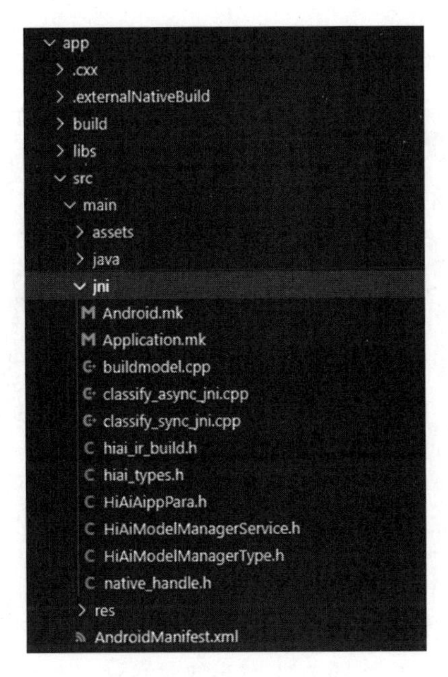

图 7-30　jni 文件目录

4）修改 Android.mk 文件，文件样例如下：

```
LOCAL_PATH := $(call my-dir)
DDK_LIB_PATH := $(LOCAL_PATH)/../../../libs/$(TARGET_ARCH_ABI)

include $(CLEAR_VARS)
LOCAL_MODULE := hiai
LOCAL_SRC_FILES := $(DDK_LIB_PATH)/libhiai.so
include $(PREBUILT_SHARED_LIBRARY)

include $(CLEAR_VARS)
LOCAL_MODULE := hiaijni
LOCAL_SRC_FILES := \
    classify_jni.cpp \
    classify_async_jni.cpp \
    buildmodel.cpp
LOCAL_SHARED_LIBRARIES := hiai
LOCAL_LDFLAGS := -L$(DDK_LIB_PATH)
LOCAL_LDLIBS += \
    -llog \
    -landroid

CPPFLAGS=-stdlib=libstdc++ LDLIBS=-lstdc++
LOCAL_CFLAGS += -std=c++14

include $(BUILD_SHARED_LIBRARY)
```

5）编写 JNI 目录下的 Application.mk 文件，如下所示：

```
APP_ABI := arm64-v8a
APP_STL := c++_shared
```

将 DDK 中的 lib 文件按照对应的不同的系统位数复制到工程中，路径如图 7-31 所示。

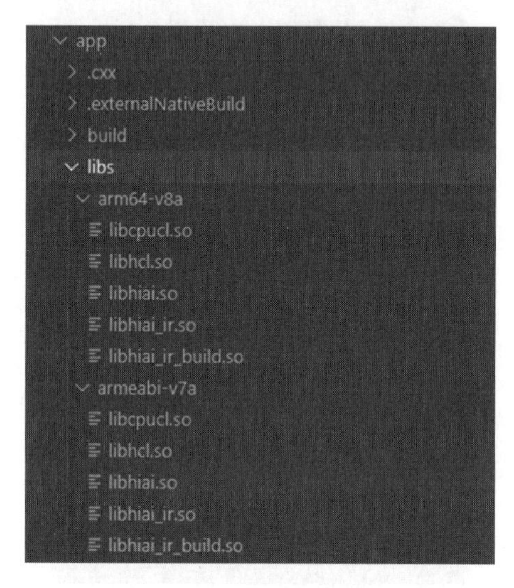

图 7-31　libs 文件目录

6）在 /src/build.gradle 文件中添加 ndk 编译信息，如图 7-32 所示。

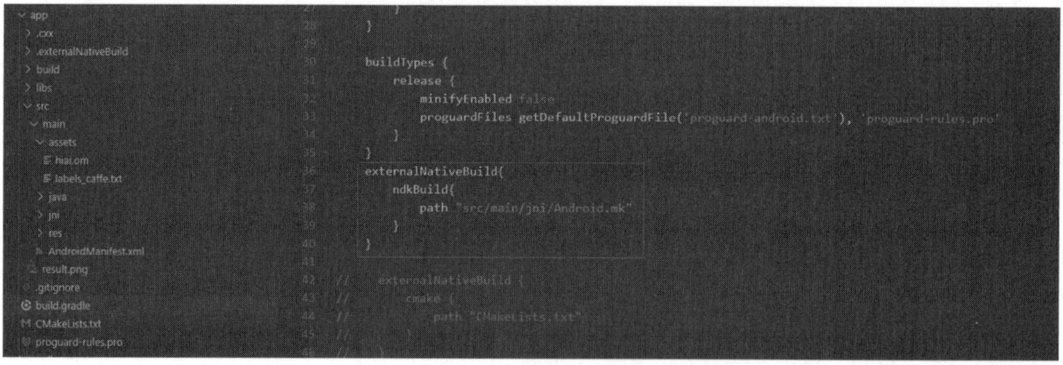

图 7-32　ndk 编译信息

2. 源文件结构

为了实现 HiAI Foundation 推理应用，我们需要构建 java 源文件，如图 7-33 所示。

- view\ MainActivity.java：应用层实现模型，初始化设置模型等功能。
- view\ NpuClassifyActivity.java：实现创建模型管家、运行模型、获取结果等功能。
- view\SyncClassifyActivity.java：在同步模式下处理模型。

- jni\classify_sync_jni.cpp：用于创建模型管家，加载模型的 C++ 代码。
- view\SyncClassifyActivity.java：在异步模式下处理模型。

app
.externalNativeBuild
libs
src
main
assets
java
com.huawei.hiaidemo
adapter
bean
utils
view
AsyncClassifyActivity
CustomToast
MainActivity
NpuClassifyActivity
SyncClassifyActivity
jni
Android.mk
Application.mk
classify_async_jni.cpp
classify_sync_jni.cpp
HiAiAippPara.h
HiAiModelManagerService.h
HiAiModelManagerType.h
res
AndroidManifest.xml

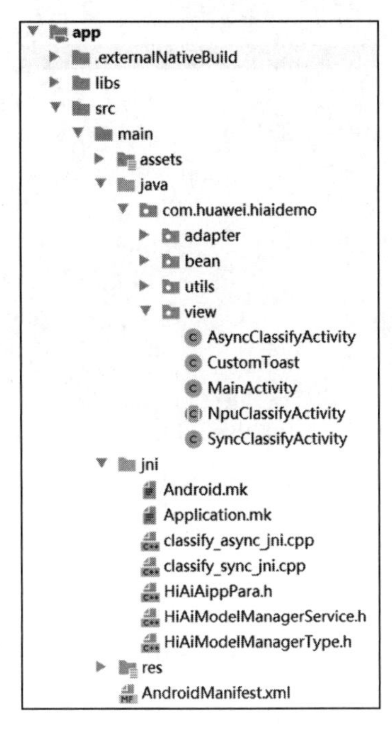

图 7-33　项目源文件

7.6.2　模型转换

1）从链接 https://github.com/forresti/SqueezeNet/tree/master/SqueezeNet_v1.1 下载 Caffe 框架的 SqueezeNet 模型，包括 prototxt 和 caffemodel 文件。

2）使用 \tools\tools_omg 路径下的 OMG 工具，在 Linux 环境下执行下述命令，将 Caffe 的模型转换成 HiAI Foundation 的 OM 模型。

```
./omg --model deploy.prototxt --weight
squeezenet_v1.1.caffemodel --framework 0
--output ./squeezenet
```

命令执行后将会有如图 7-34 所示的命令提示，说明转换成功，会在当前目录下生成 squeezenet.om。

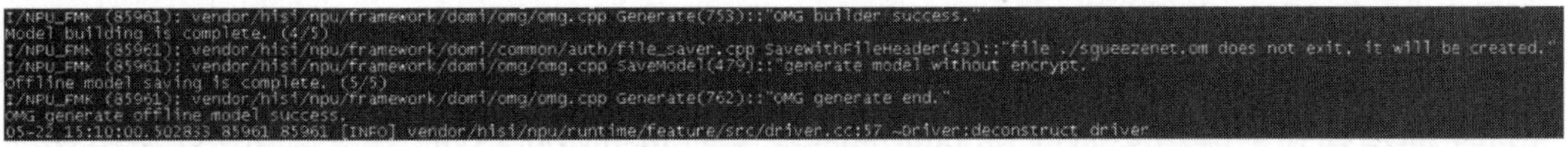

I/NPU_FMK (85961): vendor/hisi/npu/framework/domi/omg/omg.cpp Generate(753)::"OMG builder success."
Model building is complete. (4/5)
I/NPU_FMK (85961): vendor/hisi/npu/framework/domi/common/auth/file_saver.cpp SaveWithFileHeader(43)::"file ./squeezenet.om does not exit, it will be created."
I/NPU_FMK (85961): vendor/hisi/npu/framework/domi/omg/omg.cpp SaveModel(479)::"generate model without encrypt."
offline model saving is complete. (5/5)
I/NPU_FMK (85961): vendor/hisi/npu/framework/domi/omg/omg.cpp Generate(762)::"OMG generate end."
OMG generate offline model success.
05-22 15:10:00.502833 85961 85961 [INFO] vendor/hisi/npu/runtime/feature/src/driver.cc:57 ~Driver:deconstruct driver

图 7-34　模型编译成功

3）将生成的 OM 模型复制到穿件工程的 /src/main/assets 路径下，如图 7-35 所示。

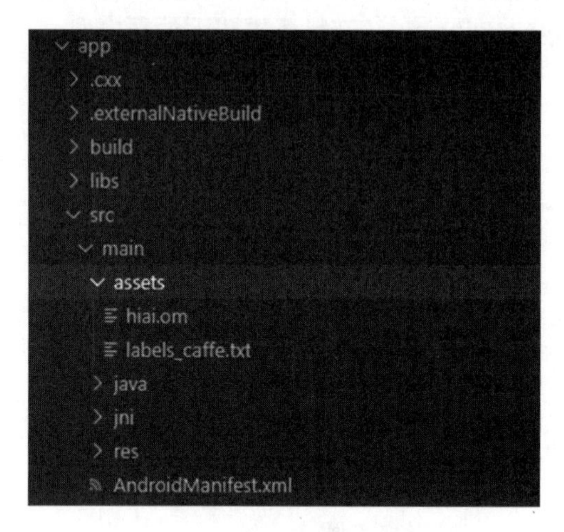

图 7-35　OM 模型存放路径

7.6.3　模型推理

本节主要从应用层展示如何调用 JNI 层，使用 HiAI Foundation 进行模型推理。

1. 初始化模型

开发人员首先需要从 assets 中提取模型，使用 initModels 方法将模型进行初始化，具体代码详见附录中代码清单 F-1，示例代码如下：

```
protected void initModels(){
    File dir =  getDir("models", Context.MODE_PRIVATE);
    String path = dir.getAbsolutePath() + File.separator;

    // 载入模型
    /*
        v310 后开始支持 AIPP,
        运行 AIPP 模型
    */
    ModelInfo model_1 = new ModelInfo();
    model_1.setModelSaveDir(path);
    model_1.setUseAIPP(false);
    model_1.setOfflineModel("hiai.om");
    model_1.setOfflineModelName("hiai");
    model_1.setOnlineModelLabel("labels_caffe.txt");
    demoModelList.add(model_1);
}
```

2. 创建模型管家并加载模型

- 同步模式下应用层通过 ModelManager 类的 loadModelSync 方法调用 JNI 层实现创建模型管家和加载模型功能，具体代码参见代码清单 F-2 ～代码清单 F-4，示例代码如下：

- NpuClassifyActivity.java

```
public abstract class NpuClassifyActivity extends AppCompatActivity{
protected void onCreate(Bundle savedInstanceState) {
…
    modelList = (ArrayList<ModelInfo>)getIntent().getSerializableExtra("demoModelList");
    modelList = loadModel(modelList);
…
}
}
```

- SyncClassifyActivity.java

```
public class SyncClassifyActivity extends NpuClassifyActivity {
…
    @Override
    protected ArrayList<ModelInfo> loadModel(ArrayList<ModelInfo> modelInfo) {
        return ModelManager.loadModelSync(modelInfo);
}
…
}
```

- classify_sync_jni.cpp

```
shared_ptr<AiModelMngerClient> LoadModelSync(vector<string>
    names, vector<string> modelPaths, vector<bool> Aipps)
{
…
    int ret = clientSync->Init(nullptr);
    if (ret != 0) {
        LOGE("[HIAI_DEMO_SYNC] Model Manager Init Failed.");
        return nullptr;
    }

    ret = LoadSync(names, modelPaths, clientSync);
    if (ret != SUCCESS) {
        LOGE("[HIAI_DEMO_ASYNC] LoadSync Failed.");
        return nullptr;
}
…
}
```

- 异步模式调用方式与同步类似，其入口参考代码清单 F-5 和代码清单 F-4，示例代码如下：

  - AsyncClassifyActivity.java

```
public class AsyncClassifyActivity extends NpuClassifyActivity {
    @Override
    protected ArrayList<ModelInfo> loadModel(ArrayList<ModelInfo> modelInfo) {
        return ModelManager.loadModelAsync(modelInfo);
}
}
```

  - classify_async_jni.cpp

```
int LoadASync(vector<string>& names, vector<string>& modelPaths, shared_ptr
```

```
    <AiModelMngerClient>& client)
{
…
ret = client->Load(modelDescs);
…
}
```

3. 运行模型

- 同步模式下调用 ModelManager，具体代码参见代码清单 F-2，示例代码如下：

```
public abstract class NpuClassifyActivity extends AppCompatActivity{
    @Override
    protected void onActivityResult(int requestCode, int resultCode, Intent data) {
        super.onActivityResult(requestCode, resultCode, data);
        if (resultCode == RESULT_OK && data != null) switch (requestCode) {
            case GALLERY_REQUEST_CODE:
            try {
                Bitmap bitmap;
                ContentResolver resolver = getContentResolver();
                Uri originalUri = data.getData();
                bitmap = MediaStore.Images.Media.getBitmap(resolver, originalUri);
                String[] proj = {MediaStore.Images.Media.DATA};
                Cursor cursor = managedQuery(originalUri, proj, null, null, null);
                cursor.moveToFirst();
                Bitmap rgba = bitmap.copy(Bitmap.Config.ARGB_8888, true);
                initClassifiedImg = Bitmap.createScaledBitmap(rgba, selectedModel.
                    getInput_W(), selectedModel.getInput_H(), true);
                byte[] inputData = {};
                ArrayList<byte[]> inputDataList = new ArrayList<>();
                inputDataList.add(inputData);
                Log.d(TAG,"inputData.length is :"+inputData.length+"");
                runModel(selectedModel,inputDataList);
            } catch (IOException e) {
                Log.e(TAG, e.toString());
            }
        }
    …
    }
}
```

然后通过 ModelManager 类的 runModelSync 方法调用 JNI 层实现创建模型管家和加载模型功能，具体代码详见代码清单 F-3，示例代码如下：

```
public class SyncClassifyActivity extends NpuClassifyActivity {
@Override
    protected void runModel(ModelInfo modelInfo, ArrayList<byte[]> inputData) {
        outputDataList = ModelManager.runModelSync(modelInfo, inputData);

        if (outputDataList == null) {
            Log.e(TAG, "Sync runModel outputdata is null");

            return;
        }

        inferenceTime = ModelManager.GetTimeUseSync();
        for(float[] outputData : outputDataList){
            Log.i(TAG, "runModel outputdata length : " + outputData.length);
```

```
                postProcess(outputData);
            }
        }
}
```

- 异步模式下应用层推理场景与同步场景类似，通过 ModelManager 类的 runModelAsync 方法调用 JNI 层实现创建模型管家和加载模型功能，最后还需要实现 OnProcessDone 方法获取推理结果。具体代码详见附录中代码清单 F-5，示例代码如下：

```
public class AsyncClassifyActivity extends NpuClassifyActivity {
…
    @Override
    public void OnProcessDone(final int taskId, final ArrayList<float[]> outputList,
        final float inferencetime) {

        Log.e(TAG, " java layer OnProcessDone: " + taskId);
        runOnUiThread(new Runnable() {
            @Override
            public void run() {
                if (taskId > 0) {
                    for(float[] output:outputList){
                        Toast toast = Toast.makeText(AsyncClassifyActivity.this,
                            "run model success. taskId is:" + taskId, Toast.
                            LENGTH_SHORT);
                            Log.i(TAG, " run model success. taskId is: " + taskId);
                            CustomToast.showToast(toast, 50);
                            outputData = output;
                            inferenceTime = inferencetime/1000;
                            Log.i(TAG,  "  run  model  success.  outputData  is:  "  +
                                outputData);
                            postProcess(outputData);
                    }
                } else {
                    Toast toast = Toast.makeText(AsyncClassifyActivity.this,
                        "run model fail. taskId is:" + taskId, Toast.LENGTH_SHORT);
                    CustomToast.showToast(toast, 50);
                }
            }
        });

    }
    …
    protected void runModel(ModelInfo modelInfo, float[][] inputData)
{
        ModelManager.runModelAsync(modelInfo, inputData);// 运行模型
    }
    …
}
```

4. 获取结果

无论是同步模型还是非同步模型，在运行模型后均能获得数组形式的推理结果，使用 postProcess 方法可以处理获取的结果。模型返回的结果为 float[] 类型，其中包含物体种类

的索引，对应每个索引的概率以及处理时间，开发人员需要根据索引在 label 文件中找到对应的分类，并显示给用户。具体代码详见代码清单 F-2，示例代码如下：

```
public abstract class NpuClassifyActivity extends AppCompatActivity{
…
protected void postProcess(float[][] outputData){
    if(outputData != null){
        int[] max_index = new int[3];// 获取索引
        double[] max_num = new double[3];// 获取概率

        //Log.i(TAG, "outputData.length : " + outputData.length);
        for (int i = 0; i < outputData.length; i++) {
            for (int x = 0; x < outputData[i].length; x++) {
                double tmp = outputData[i][x];
                //Log.i(TAG, "outputData[" + i + "]: " + outputData[i]);
                int tmp_index = x;
                /* 根据概率大小对结果进行排序 */
                for (int j = 0; j < 3; j++) {
                    if (tmp > max_num[j]) {
                        tmp_index += max_index[j];
                        max_index[j] = tmp_index - max_index[j];
                        tmp_index -= max_index[j];
                        tmp += max_num[j];
                        max_num[j] = tmp - max_num[j];
                        tmp -= max_num[j];
                    }
                }
            }
            predictedClass[0] = word_label.get(max_index[0]) + " - " + max_num[0]
                * 100 +"%\n";// 获取概率最高的类别的名称和概率
            predictedClass[1] = word_label.get(max_index[1]) + " - " + max_num[1]
                * 100 +"%\n"+
                    word_label.get(max_index[2]) + " - " + max_num[2] * 100 +"%\n";
                        // 获取概率第二高的类别的名称和概率
            predictedClass[2] ="inference time:" +inferenceTime+ "ms\n";
            for(String res : predictedClass) {
                Log.i(TAG, res);
            }

             items.add(new ClassifyItemModel(predictedClass[0], predictedClass[1],
                predictedClass[2], initClassifiedImg));

        }
        adapter.notifyDataSetChanged();


    }else {
        Toast.makeText(NpuClassifyActivity.this,
                "run model fail.", Toast.LENGTH_SHORT).show();
    }
}

…
}
```

7.6.4 结果展示

运行工程，首先可以在屏幕上方选择通过同步模式运行分类，还是通过异步模式运行分类。确定好模式后，可以在相册中选择一幅图片或者从相机拍摄一幅图片进行分类，界面如图 7-36 所示。从结果中看到应用分别花了 6ms 和 5ms 识别出了考拉和企鹅，概率分别为 99.6% 和 100%。

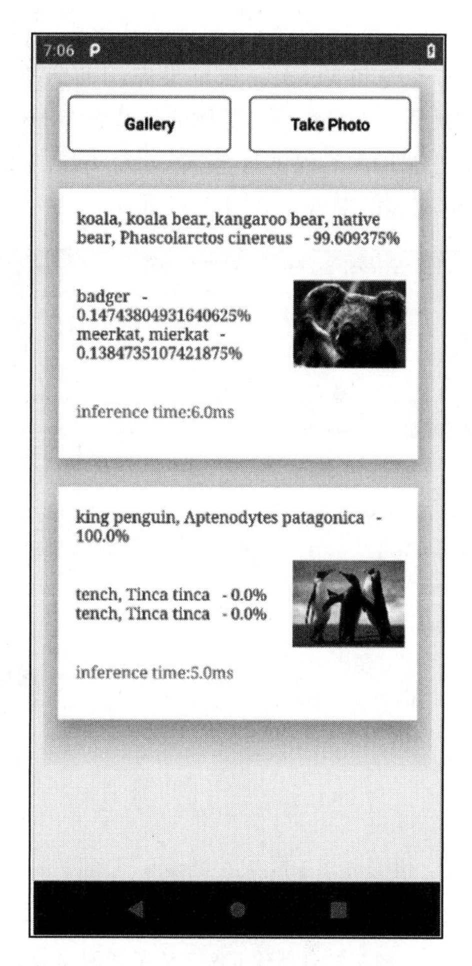

图 7-36 HiAI Foundation Demo 展示界面

7.7 基于苹果 Core ML 引擎的应用实例

本实例中将演示使用 Vision 和 Core ML 对图像进行分类。借助 Core ML 框架，开发人员可以使用训练有素的机器学习模型对输入数据进行分类。Vision 框架是一个基于 Core ML 的视频处理框架，包括人脸检测识别、机器学习图片分析、条形码检测、文本检测、目标跟踪等功能，它与 Core ML 一起使用，可以将分类模型应用于图像，并对这些图像进行预处理，使机器学习任务更轻松、更可靠。本实例应用程序使用开源 MobileNet 模型，用 1000 个分类类别来识别图像。

7.7.1 创建工程

1. 配置项目

iOS 开发需要 Mac OSX 系统和 Xcode，从苹果应用商店下载安装最新 Xcode。使用 iOS 真机开发时需要申请苹果开发人员账号，具体流程请参考 https://developer.apple.com/。

安装好 Xcode 后开始创建 iOS 工程，打开 Xcode，单击 File → New → Project 菜单，选择 iOS 和 Single View App 类型的模板，如图 7-37 所示。

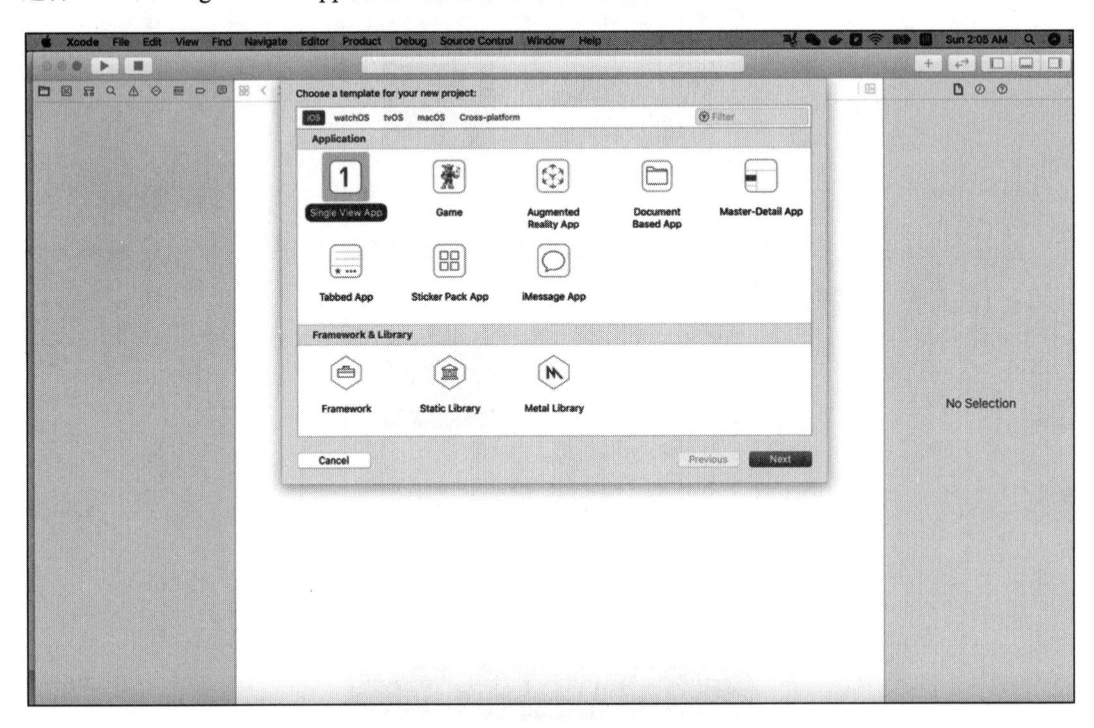

图 7-37　新建 iOS 工程示意图

单击 Next 按钮，设置工程名称、应用的 Bundle ID。Bundle ID 必须是应用商店里唯一的。选择开发语言，这里推荐使用苹果最新的 Swift 语言，如图 7-38 所示。

创建工程后，添加文件编写程序。本项目工程如图 7-39 所示，其中左侧是工程文件，右侧是对应的文件内容。其中，Main.storyboard 是应用的 UI 界面，对应的响应函数、逻辑处理函数均在 *.swift 文件中实现。

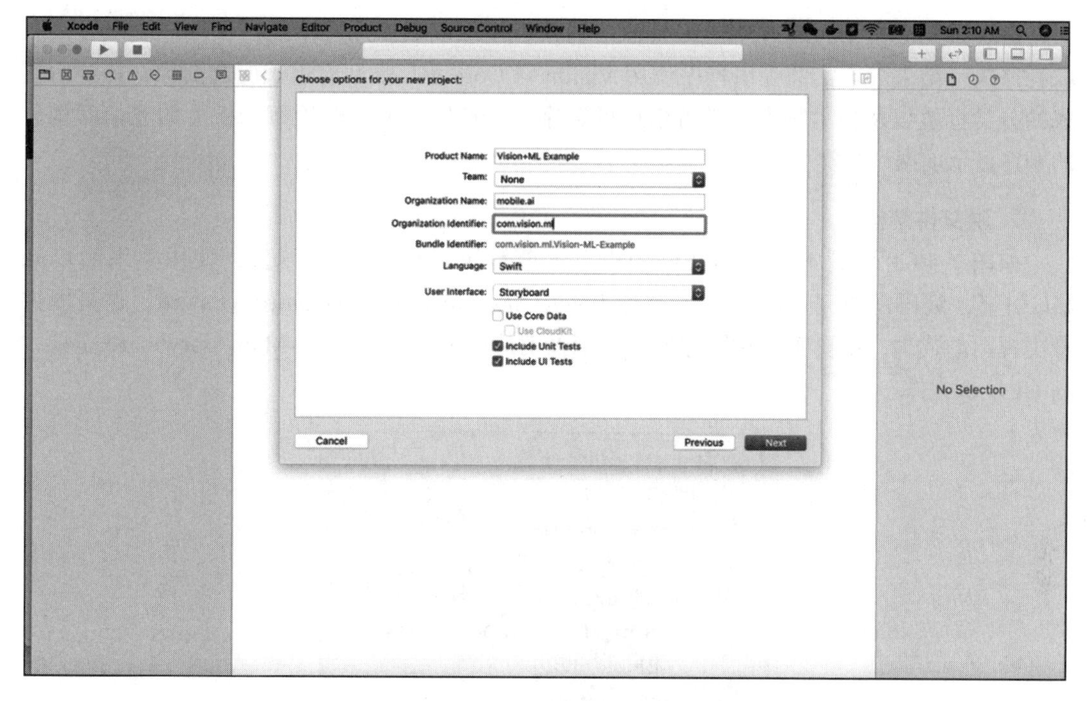

图 7-38　设置 iOS 应用 Bundle ID 示意图

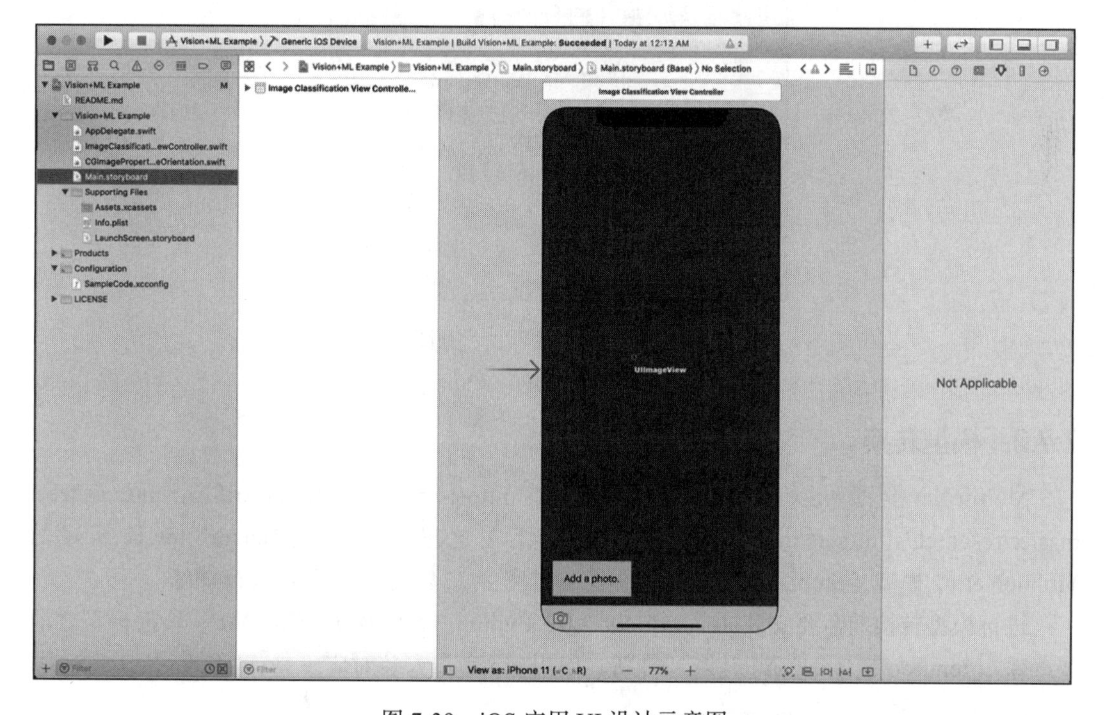

图 7-39　iOS 应用 UI 设计示意图

在本实例应用中，通过单击工具栏中的按钮拍照或从照片库中选择图片，可以直接获取程序执行结果。本实例应用程序使用 Vision 将 Core ML 模型应用于所选图像，并显示生成的分类标签以及指示每个分类置信度的数字。它按照模型分配给每个模型的置信度得分的顺序显示前两个分类。

2. 源文件结构

如图 7-40 所示是本项目的文件列表。本项目使用 Swift 语言开发，使用苹果的 Core ML 引擎，编码需要完成的文件主要有 ImageClassificationViewController.swift，这是图像分类视图的代理，主要实现对图像的分类以及对应的 UI 显示功能。Main.storyboard 是项目的 UI 显示文件。

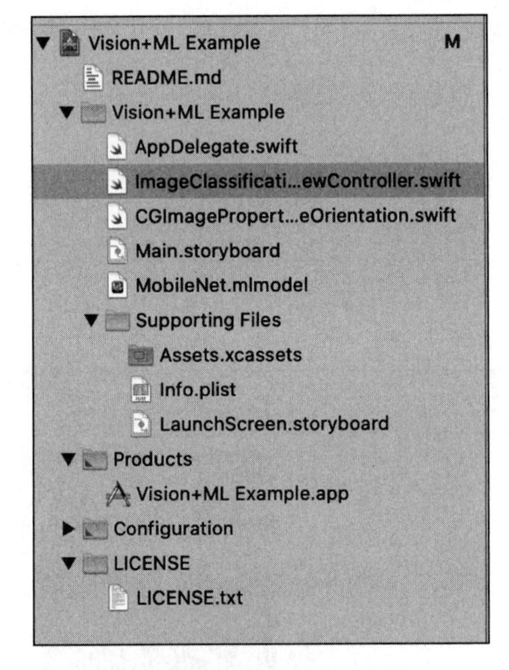

图 7-40　源文件列表示意图

7.7.2 模型转换

MobileNet 模型可以通过以下链接获取：https://github.com/TensorFlow/models/tree/master/research/slim/nets/mobilenet。可以看出，在这里我们使用 TensorFlow 训练好的 MobileNet v2 模型，MobileNet v2 使用图像分辨率为 224 × 224 的图片进行训练。

进行模型转换前需要安装 TensorFlow 2.0、Python 3.6 以及 TF-CoreML，转换模型之前要确保 coremltools、tfcoreml 升级到最新。使用 pip 命令安装对应工具：

```
pip install --upgrade coremltools
```

```
pip install --upgrade tfcoreml
```

以下代码可将 TensorFlow 训练好的 MobileNet v2 模型转换成 CoreML 格式的模型：

```
from TensorFlow.keras.applications import MobileNet
import tfcoreml

keras_model = MobileNetV2(weights=None, input_shape=(224, 224, 3))
keras_model.save('./savedmodel', save_format='tf')
# tf.saved_model.save(keras_model, './savedmodel')

model = tfcoreml.convert('./savedmodel',
                         mlmodel_path='./MobileNet.mlmodel',
                         input_name_shape_dict={'input_1': (1, 224, 224, 3)},
                         output_feature_names=['Identity'],
                         minimum_ios_deployment_target='13')
```

生成的 MobileNet.mlmodel 就是本工程需要的模型文件。在本工程中创建 Model 目录，并且将 MobileNet.mlmodel 加入工程中，如图 7-41 所示，可以看到 Xcode 对 MobileNet.mlmodel 文件的解析结果。模型的输入是 224×224 大小的图片，输出是分类的概率和分类的标示。

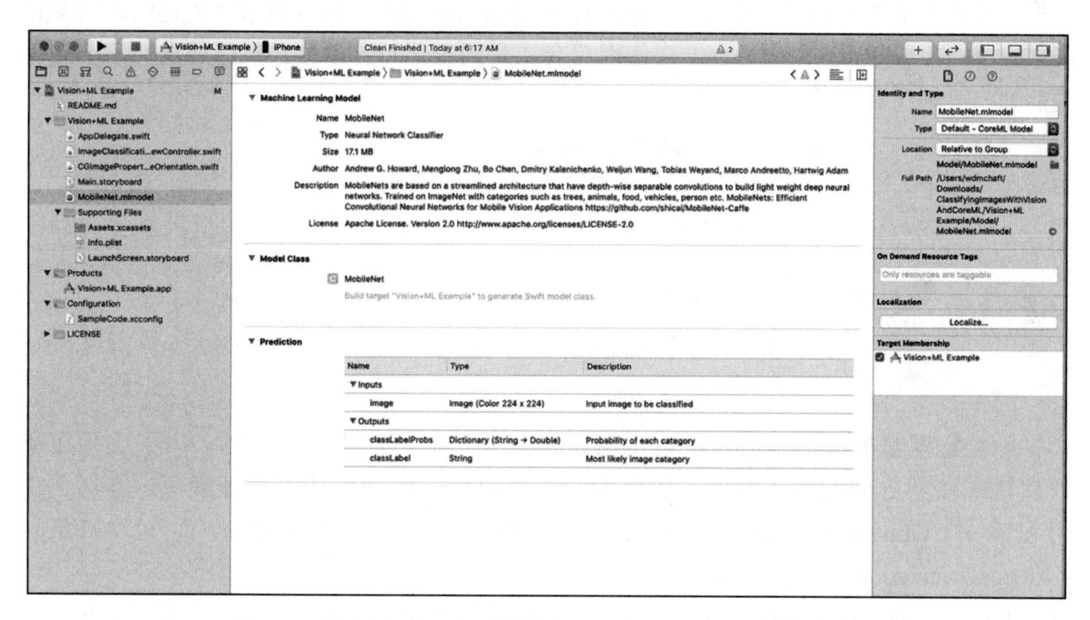

图 7-41　创建 Model 目录并将 MobileNet.mlmodel 加入工程

Core ML 提供了很多预训练的模型，推荐开发人员优先查找苹果公司提供的模型，节省开发时间，网址为 https://developer.apple.com/machine-learning/models/。

7.7.3　模型推理

Core ML 自动为模型生成一个 Swift 类，该类可轻松访问你的 ML 模型；在此实例中，

Core ML 从 MobileNet 模型自动生成 MobileNet 类。要使用模型设置 Vision 请求，请创建该类的实例，然后使用其 model 属性创建 VNCoreMLRequest 对象。使用请求对象的完成处理程序来指定一种方法，以在运行请求后从模型接收结果，具体代码参见附录代码清单 G-1，示例代码如下：

```
let model = try VNCoreMLModel(for: MobileNet().model)

let request = VNCoreMLRequest(model: model, completionHandler: { [weak self]
    request, error in
    self?.processClassifications(for: request, error: error)
})
request.imageCropAndScaleOption = .centerCrop
return request
```

ML 模型以固定的纵横比处理输入图像，但是输入图像可以具有任意纵横比，因此 Vision 必须缩放或裁剪图像以适应输入要求。为了获得最佳结果，需要设置请求的 imageCropAndScaleOption 属性以匹配训练模型的图像布局。对于可用的分类模型，除非另有说明，默认选择 VNImageCropAndScaleOptionCenterCrop 选项。

用要处理的图像创建一个 VNImageRequestHandler 对象，然后将请求传递给该对象的 performRequests:error: 方法。此方法使用后台队列同步运行，以便在执行请求时不会阻塞主队列。示例代码如下：

```
DispatchQueue.global(qos: .userInitiated).async {
    let handler = VNImageRequestHandler(ciImage: ciImage, orientation: orientation)
    do {
        try handler.perform([self.classificationRequest])
    } catch {
        /*
        这个处理器处理多个图像时出错
         */
        print("Failed to perform classification.\n\(error.localizedDescription)")
    }
}
```

大多数模型都是针对已经正确定向以进行显示的图像进行训练的。为了确保正确处理具有任意方向的输入图像，请将图像的方向传递给图像请求处理程序。本实例应用程序向 CGImagePropertyOrientation 类型添加了一个初始化程序 init (_ :)，用于从 UIImageOrientation 方向值转换。

视觉请求的完成处理程序指示请求是成功还是导致错误。如果成功，则其 results 属性将包含 VNClassificationObservation 对象，该对象描述 ML 模型标识的可能分类，具体代码参见附录代码清单 G-1，示例代码如下：

```
func processClassifications(for request: VNRequest, error: Error?) {
    DispatchQueue.main.async {
        guard let results = request.results else {
            self.classificationLabel.text = "Unable to classify image.\n\(error!.
                localizedDescription)"
            return
```

```
}
//results 变量将一直属于 VNClassificationObservation 类，这是由 Core ML 模型指定的
let classifications = results as! [VNClassificationObservation]
```

7.7.4 结果展示

程序的运行结果展示如图 7-42 所示，对于输入图片，本实例分别显示了可能的分类以及概率。

图 7-42　工程结果展示示意图

7.8 基于旷视天元的应用实例

这是一个简单的图像分类应用，基于天元 MegEngine C++ 接口、Android JNI 及 Camera API，帮助大家快速在 Android 平台实现一个图像分类的 App。在这个例子中所使用的模型为 MegEngine 官方预训练的 ShuffleNet v2 模型。

7.8.1 创建工程

在本节中我们看一下如何使用 Android Camera 做实时推理。可以基于 https://github.com/android/camera-samples/tree/master/Camera2Basic 进行修改，快速搭建我们的 App。

1. 配置项目

环境配置请参阅 4.3.7 节相关内容，之后还需要将 App 依赖的功能相关的逻辑抽离出来，作为一个独立 module 打包成 aar 并添加到 app 依赖项中，将 libmegengine.so 和 libshufflenet_inference.so 作为动态库打包到 APK，如图 7-43 所示：

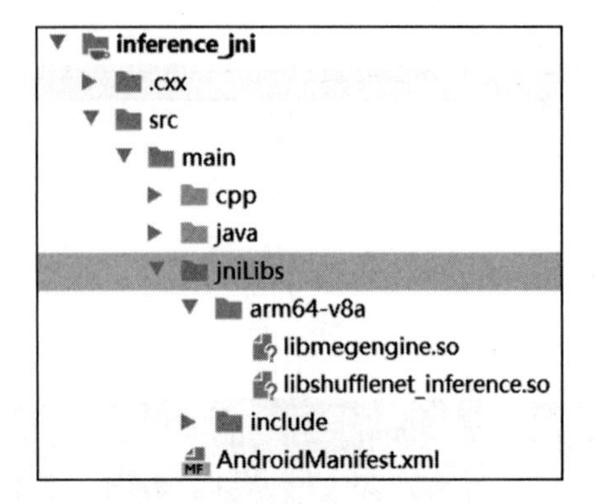

图 7-43　配置 .so 文件

具体做法如下：

首先在项目的 build.gradle 中将示例代码中的 inference_jni 引入：

```
dependencies {
    implementation fileTree(include: ['*.jar'], dir: 'libs')
    implementation 'androidx.appcompat:appcompat:1.0.0'
    implementation 'androidx.annotation:annotation:1.1.0'
    implementation project(path: ':inference_jni')
}
```

然后在 inference_jni 的 gradle 中配置 Java 和 jni 的编译选项，这里我们选择只是构建 arm64-v8a，如果需要 armeabi-v7a，在 abiFilters 中添加即可。

```
defaultConfig {
    minSdkVersion 27
    targetSdkVersion 28
    versionCode 1
    versionName "1.0"

    consumerProguardFiles 'consumer-rules.pro'

    externalNativeBuild {
        cmake {
            abiFilters 'arm64-v8a'
            arguments "-DANDROID_ARM_NEON=TRUE", "-DANDROID_STL=c++_static"
            cppFlags "-frtti -fexceptions"
        }
    }

}

externalNativeBuild {
    cmake {
        path "src/main/cpp/CMakeLists.txt"
    }
}
```

inference_jni 的构建脚本 CMakeLists.txt 参考代码清单 H-1。这里会生成 Java interface 加载的动态库 inference_jni。inference_jni 以动态链接方式链接到 inference_jni\src\main\

jniLibs\arm64-v8a 目录下的 libshufflenet_inference.so。

最后获取 Android Camera Preview 数据，经由 JNI，最终送到 MegEngine 完成推理。具体过程我们会在 7.8.3 节详细介绍。

2. 源文件结构

app 目录的结构设计如图 7-44 所示。

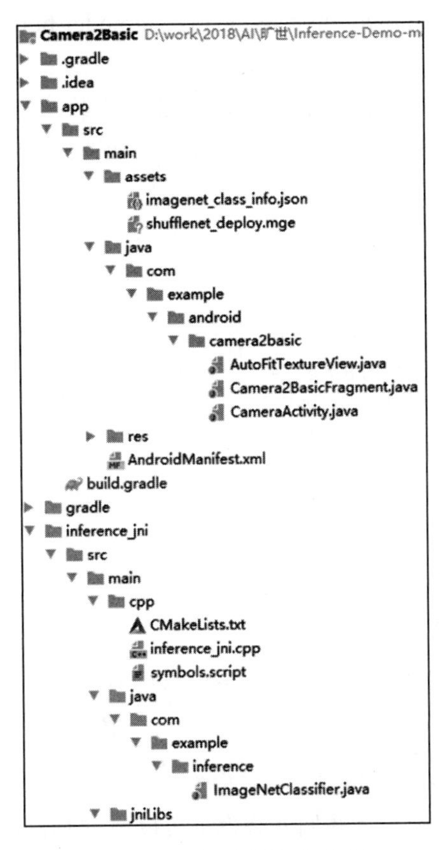

图 7-44　工程结果展示示意图

- 打包 App 使用的资源文件：这里我们只需要将 json 文件和模型文件直接放到 app 的 assets 目录即可。
- AutoFitTextureView.java：界面显示的文本控件。
- Camera2BasicFragment.java：程序核心功能，包括摄像头的调用和 MegEngine 框架的调用。
- CameraActivity.java：相机的界面显示。
- ImageNetClassifier.java：MegEngine 框架推理 API。
- inference_jni.cpp：MegEngine 框架 C++ API。

7.8.2 模型转换

想要使用 MegEngine C++ API 来加载模型，我们还需要做一些准备工作：

1）获取基于 Python 接口预训练好的神经网络模型。本例中可以使用 MegEngine 官方预训练的 ShuffleNet v2 模型，下载链接如下：https://megengine.org.cn/model-hub/megengine_vision_shufflenet_v2/。

MegEngine ModelHub（https://megengine.org.cn/model-hub）提供了多种预训练模型和相关文档，读者可以参考。

2）可以通过以下 Python 脚本将基于动态图的神经网络转换成静态图，再转换成 MegEngine C++ API 可以加载的 mge 文件，具体方法如下：

```
import megengine.module as M
import megengine.functional as F
import numpy as np

if __name__ == '__main__':

   import megengine.hub
   import megengine.functional as F
   from megengine.jit import trace

   net = megengine.hub.load("megengine/models", "shufflenet_v2_x1_0", pretrained=True)
   net.eval()

   @trace(symbolic=True)
   def fun(data,*, net):
      pred = net(data)
      pred_normalized = F.softmax(pred)
      return pred_normalized

   data = np.random.random([1, 3, 224,224]).astype(np.float32)


   fun.trace(data,net=net)
   fun.dump("shufflenet_deploy.mge", arg_names=["data"], optimize_for_inference=True)
```

执行脚本并完成模型转换后，我们就获得了可以通过 MegEngine C++ API 加载的预训练模型文件 shufflenet_deploy.mge。

这里需要注意，dump 函数定义了 input 为 data，在后续使用推理接口传入数据时，需要保持名称一致。另外，dump 参数 optimize_for_inference=True 可以对得到的模型进行优化，具体信息可以参考 https://megengine.org.cn/api/latest/zh/api/megengine.jit.html#megengine.jit.trace.dump。

3）将包含标签信息的 json 文件及模型文件放在 assets 目录下，在构建 App 的时候会自动将该目录的文件打包到 apk，如图 7-45 所示。

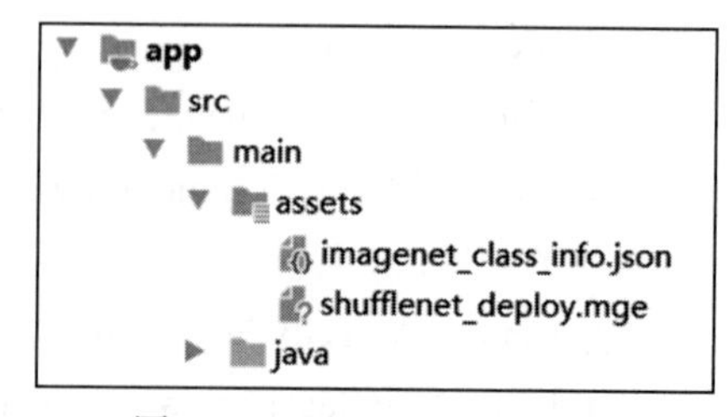

图 7-45 配置 assets 文件夹

7.8.3　模型推理

1. 实现 Java interface 及 JNI 的调用

我们定义一个 Java 类：ImageNetClassifier.class 调用 JNI，具体代码详见附录中代码清单 H-2，示例代码如下：

```
public static ImageNetClassifier Create(AssetManager assetManager,
                                        String modelFilename,
                                        String labelFilename, float threshold) {
    byte[] model_data = readFiles(assetManager, modelFilename);
    byte[] labels_data = readFiles(assetManager, labelFilename);
    Log.d(TAG, String.format("initializing model[%d]%s, json[%d]%s",
        model_data.length, modelFilename, labels_data.length, labelFilename));
    ImageNetClassifier classifier = new ImageNetClassifier();
    if (!classifier.prepareRun()) {
        Log.e(TAG, "prepare run failed!");
        return null;
    }
    long handle = classifier.inference_init(model_data, labels_data, threshold);
        //初始化 JNI 接口
    Log.d(TAG, "inference init handle" + handle);
    classifier.mHandle = handle;
    return classifier;
}

    /*模型推理*/
    public String recognizeYUV420Tp1(byte y[], byte u[], byte v[], int width, int
        height, int yRowStride,
                        int uvRowStride,
                        int uvPixelStride, int rotation) {
    String result = inference_recognize(mHandle, y, u, v, width, height,
        yRowStride, uvRowStride, uvPixelStride, rotation);
    if (result == null || result.trim().length() == 0) {
        return "Unknow";
    }
    return result;
}

    /*销毁 JNI 接口*/
    public void close() {
    inference_close(mHandle);
    mHandle = 0;
}
```

以上代码中：

- Create 为工厂函数，用来实例化 ImageNetClassifier 并初始化 jni interface（对应前文的 shufflenet_init）。
- prepareRun 里实现加载动态库 libinference-jni.so。
- recognizeYUV420Tp1，推理函数（对应前文的 shufflenet_recognize），返回 Top1。
- close，销毁 jni handle（对应前文的 shufflenet_close）及当前 classifier 对象。

2. 实现 JNI interface 及 libshufflenet_inference 的调用

inference_jni.cpp 主要是衔接 Java interface 和 shufflenet interface，也就是将 Java 传递到本地的参数转换成 shufflenet interface 可以识别的参数，完成 shufflenet interface 的调用，其中就包含了模型的初始化、推理和销毁逻辑。具体代码详见代码清单 H-3，示例代码如下：

1）初始化模型：

```
extern "C"
JNIEXPORT jlong JNICALL
Java_com_example_inference_ImageNetClassifier_inference_1init(JNIEnv *env, jobject
    thiz,jbyteArray model, jbyteArray json,jfloat threshold) {
    jboolean isCopy = JNI_FALSE;
    jbyte *const model_data = env->GetByteArrayElements(model, &isCopy);
    jsize m_l = env->GetArrayLength(model);

    jsize j_l = env->GetArrayLength(json);
    char *json_data[j_l + 1];
    env->GetByteArrayRegion(json, 0, j_l, reinterpret_cast<jbyte *>(json_data));
    json_data[j_l] = 0;

    ModelInit init{.model_data = model_data, .model_size = static_cast<size_t>(m_l),
        .json=reinterpret_cast<const char *>(json_data), .threshold = threshold};
    void *handle = shufflenet_init(init);

    env->ReleaseByteArrayElements(model, model_data, JNI_ABORT);
    return reinterpret_cast<long>(handle);
}
```

2）模型推理：

```
extern "C"
JNIEXPORT jstring JNICALL
Java_com_example_inference_ImageNetClassifier_inference_1recognize(JNIEnv  *env,
jobject thiz,jlong handle,jbyteArray y, jbyteArray u,
jbyteArray v,jint width, jint height,jint y_row_stride,
jint uv_row_stride, jint uv_pixel_stride, jint rotation) {
    void *handle_ptr = reinterpret_cast<void *>(handle);
    if (handle_ptr == nullptr) {
        LOGE("invalid handle!");
        return nullptr;
    }

    jboolean inputCopy = JNI_FALSE;
    jbyte *const y_buff = env->GetByteArrayElements(y, &inputCopy);
    jbyte *const u_buff = env->GetByteArrayElements(u, &inputCopy);
    jbyte *const v_buff = env->GetByteArrayElements(v, &inputCopy);

    jboolean outputCopy = JNI_FALSE;

    std::vector<uint8_t> bgr;
    bgr.reserve(width * height * 3);
    ConvertYUV420ToBGR888(
            reinterpret_cast<uint8_t *>(y_buff), reinterpret_cast<uint8_t *>(u_buff),
            reinterpret_cast<uint8_t *>(v_buff), reinterpret_cast<uint8_t *>( bgr.data()),
            width, height, y_row_stride, uv_row_stride, uv_pixel_stride);
```

```
    FrameResult fr = {0};
    int output_size = 0;
    int num_size = 1;
    FrameData frameData{.data = bgr.data(), .size=static_cast<size_t>(width * height
        * 3),
                        .width=width, .height=height, .rotation=static_cast
                          <FRAME_ROTATION>(rotation)};
    shufflenet_recognize(handle_ptr,frameData,
                        num_size, &fr, &output_size);
    char ret_str[128] = {0};
    if (output_size > 0) {
        snprintf(ret_str, 128, "Label: %s, Confidence: %.2f", fr.label, fr.accuracy);
    } else {
        snprintf(ret_str, 128, "Label: ...., Confidence: 0.00");
    }

    env->ReleaseByteArrayElements(u, u_buff, JNI_ABORT);
    env->ReleaseByteArrayElements(v, v_buff, JNI_ABORT);
    env->ReleaseByteArrayElements(y, y_buff, JNI_ABORT);
    return env->NewStringUTF(ret_str);
}
```

3）销毁模型：

```
extern "C"
JNIEXPORT void JNICALL
Java_com_example_inference_ImageNetClassifier_inference_1close(JNIEnv *env, jobject
    thiz,jlong handle) {
    shufflenet_close(reinterpret_cast<void *>(handle));
}
```

3. 获取 Camera Preview 帧数据，完成推理

通过前面的内容，我们已经封装出 Java 的上层 API，将摄像头的预览数据直接送到 Java API 即可将整个流程串通。大家可以自行选择使用 Camera API 还是 Camera API2 来获取预览数据，这两种 API 在使用上会有些许差异，此处我们使用主流的 Camera API2 来演示，具体代码详见代码清单 H-4，示例代码如下：

1）初始化模型：

```
classifier = ImageNetClassifier.Create(getActivity().getAssets(),
"shufflenet_deploy.mge",
        "imagenet_class_info.json",
ImageNetClassifier.DEFAULT_THRESHOLD);
//创建一个格式为 YUV_420_888 的 ImageReader 并设置为 Camera Preview 的 Surface，然后开启预览：
...
der = ImageReader.newInstance(mPreviewSize.getWidth(), mPreviewSize.getHeight(),
        ImageFormat.YUV_420_888, /*maxImages*/5);
mPreviewImageReader.setOnImageAvailableListener(
        mOnPreviewAvailableListener, mBackgroundHandler);
...
```

2）在 ImageReader 收到预览帧数据后，我们就可以将帧数据传到后台线程并调用 classifier.recognizeYUV420Tp1：

```
...
imageRecognize = new Runnable() {
    @Override
    public void run() {
        recog_result_tp1 = classifier.recognizeYUV420Tp1(yuvBytes[0], yuvBytes[1],
            yuvBytes[2],
                mPreviewSize.getWidth(), mPreviewSize.getHeight(), yRowStride,
                    uvRowStride, uvPixelStride, finalRotation);
    }
};
...
```

在 jni 完成 YUV 转 BGR 后送到 Shufflenet interface，最终送到 MegEngine 完成推理。在 inference 结果返回后，就可以在 UI Thread 实时更新推理结果。

7.8.4 结果展示

经过前面的实现，我们就可以构建 App 了。构建完成后，就可以得到一个 apk 文件，可以安装到手机来测试并继续优化了，App 运行效果如图 7-46 所示。

图 7-46 工程结果展示示意图

7.9　基于 MNN 引擎的应用实例

本实例将展示基于 MNN 引擎，使用 mobilenet 和 squeezenet 模型来开发图像识别的 Android 应用。

7.9.1　创建工程

1. 配置项目

新建 Android 工程，如图 7-47 所示，选择开发语言为 Java，选择支持的最低 API 版本，设置工程名称。

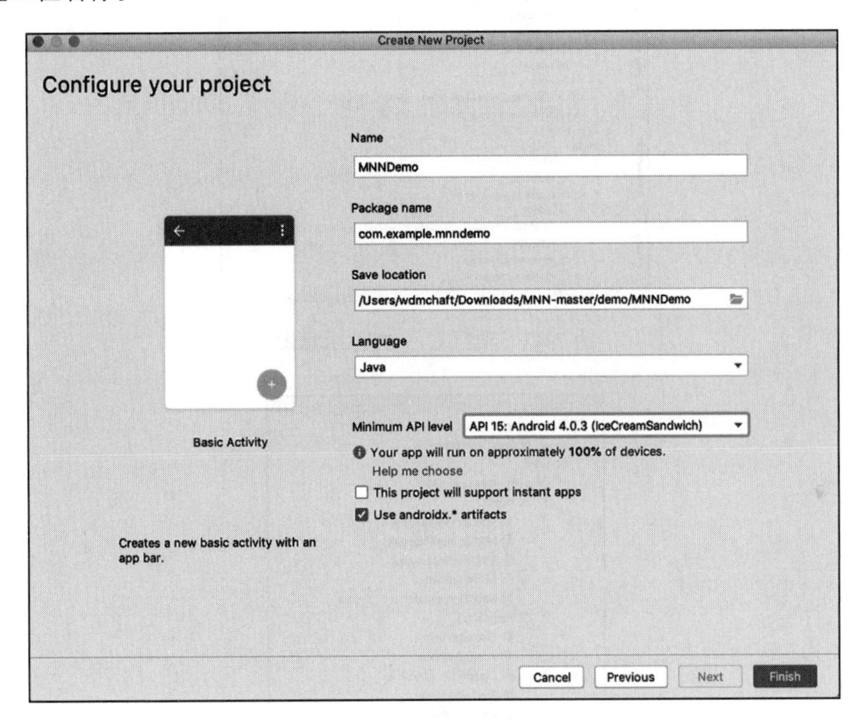

图 7-47　新建工程示意图

2. 源文件结构

首先，运行 MNN 引擎需要 libMNN.so、libMNN_CL.so、libMNN_GL.so 和 libMNN_Vulkan.so 这几个动态库。libMNN.so 是默认生成的引擎动态库，libMNN_CL.so、libMNN_GL.so 和 libMNN_Vulkan.so 分别是当开发人员手机支持 OpenGL、OpenCL 和 Vulkan 加速时开启对应编译选项生成的。开发者可以在官网资料中了解如何编译动态库，地址如下：https://www.yuque.com/mnn/cn/build_android。

得到动态库之后，开发人员需要将 MNN 源码中的 include 目录文件和编译生成的动态链接库复制到 Android 工程的 app/src/main/jni 目录，并且引入 Android 工程中。

由于 MNN 引擎的模型推理使用 C++ 语言，因此需要使用 Android JNI 调用，需要创建 Java 语言的 Android JNI 接口文件以及对应的 C++ 实现文件。本项目中分别创建了 Java 层的 MNNNetNative 和 MNNPortraitNative 类，对应调用 C++ 层的 mnnnetnative.cpp 和 mnnportraitnative.cpp 文件。将这 4 个文件加入 Android 工程中，如图 7-48 和图 7-49 所示。

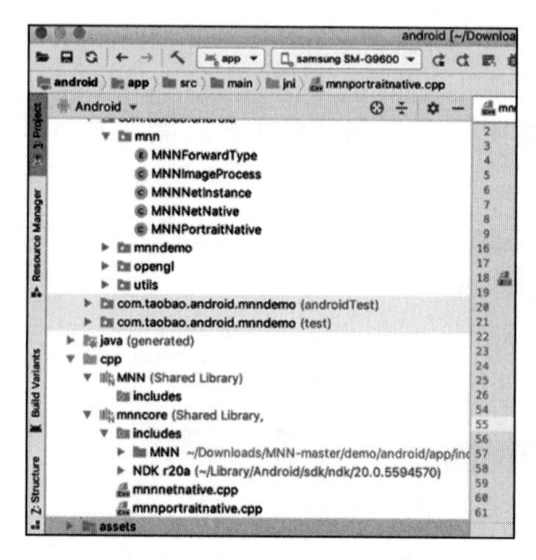

图 7-48　项目 C++ 文件示意图

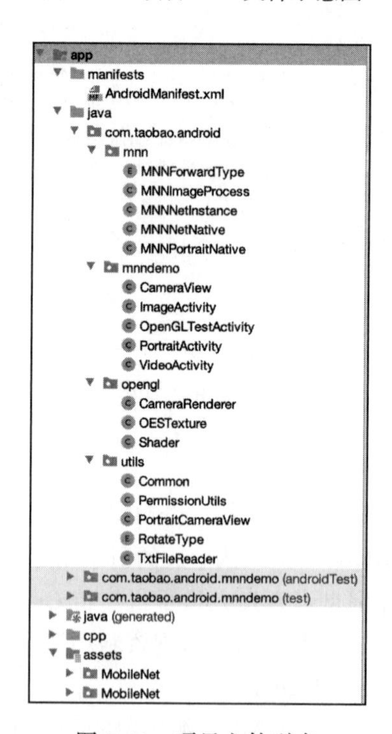

图 7-49　项目文件列表

7.9.2 模型转换

本节从 https://github.com/forresti/SqueezeNet 获取 SqueezeNet 模型，从 https://github.com/shicai/MobileNet-Caffe 获取 MobileNet 模型，以上模型均是 Caffe 格式，使用 MNN 之前需要进行模型格式转换。

编译 MNN 引擎结束后会生成一个 MNNConvert 工具，该工具可以直接用来将 Caffe 模型转换成 MNN 格式的模型。转换命令如下所示：

```
./MNNConvert -f CAFFE
--modelFile ./SqueezeNet_v1.0/squeezenet_v1.0.caffemodel
--prototxt ./SqueezeNet_v1.0/deploy.prototxt --MNNModel
squeezenet.caffe.mnn --bizCode biz
```

squeezenet.caffe.mnn 就是对应的目标模型文件。对 MobileNet 模型进行同样的转换即可。将生成的模型文件复制到 assets 目录，并且添加到工程中。

7.9.3 模型推理

1. JNI 接口

Java 层定义了 MNNNetNative 的类，该类载入了 libMNN 库，从 Java 层调用 MNN 的 C++ 接口。MNNNetNative 的定义如下，详细代码参考附录中代码清单 I-1：

```
package com.taobao.android.mnn;

import android.graphics.Bitmap;
import android.util.Log;

import com.taobao.android.utils.Common;

public class MNNNetNative {
    /* 载入编译后的 libMNN.so、libMNN_CL.so、libMNN_GL.so 和 libMNN_Vulkan.so 动态链接库 */
    static {
        System.loadLibrary("MNN");
        try {
            System.loadLibrary("MNN_CL");
            System.loadLibrary("MNN_GL");
            System.loadLibrary("MNN_Vulkan");
        } catch (Throwable ce) {
            Log.w(Common.TAG, "load MNN GPU so exception=%s", ce);
        }
        System.loadLibrary("mnncore");
    }

    //用于创建和释放神经网络
    protected static native long nativeCreateNetFromFile(String modelName);

    protected static native long nativeReleaseNet(long netPtr);


    //处理会话相关的方法
    protected static native long nativeCreateSession(long netPtr, int forwardType,
        int numThread, String[] saveTensors, String[] outputTensors);
```

```
    protected static native void nativeReleaseSession(long netPtr, long sessionPtr);

    protected static native int nativeRunSession(long netPtr, long sessionPtr);

    protected static native int nativeRunSessionWithCallback(long netPtr, long
        sessionPtr, String[] nameArray, long[] tensorAddr);

    protected static native int nativeReshapeSession(long netPtr, long sessionPtr);

    protected static native long nativeGetSessionInput(long netPtr, long
        sessionPtr, String name);

    protected static native long nativeGetSessionOutput(long netPtr, long
        sessionPtr, String name);


    // 用于处理张量的相关方法
    protected static native void nativeReshapeTensor(long netPtr, long tensorPtr,
        int[] dims);

    protected static native int[] nativeTensorGetDimensions(long tensorPtr);

    protected static native void nativeSetInputIntData(long netPtr, long
        tensorPtr, int[] data);

    protected static native void nativeSetInputFloatData(long netPtr, long
        tensorPtr, float[] data);


    // 以下三个方法中，如果 dest 参数为 null，则返回长度
    protected static native int nativeTensorGetData(long tensorPtr, float[] dest);

    protected static native int nativeTensorGetIntData(long tensorPtr, int[] dest);

    protected static native int nativeTensorGetUINT8Data(long tensorPtr, byte[] dest);


    // 图像处理相关接口
    protected static native boolean nativeConvertBitmapToTensor(Bitmap srcBitmap,
        long tensorPtr, int destFormat, int filterType, int wrap, float[]
        matrixValue, float[] mean, float[] normal);

    protected static native boolean nativeConvertBufferToTensor(byte[] bufferData,
         int width, int height, long tensorPtr, int srcFormat, int destFormat, int
filterType, int wrap, float[] matrixValue, float[] mean, float[] normal);

}
```

可以看出，MNNNetNative类在初始化时载入libmnn.so库，MNNNetNative定义了一系列protected static native开头的接口，当Java层使用以上接口时，会通过JNI调用到mnnnetnative.cpp的C++接口。mnnnetnative.cpp中实现了对应接口，详细代码可参考代码清单I-4。

```
extern "C" JNIEXPORT jlong JNICALL
Java_com_taobao_android_mnn_MNNNetNative_nativeCreateNetFromFile(JNIEnv *env,
```

```
jclass type, jstring modelName_);
extern "C" JNIEXPORT jlong JNICALL Java_com_taobao_android_mnn_MNNNetNative_
nativeReleaseNet(JNIEnv *env, jclass type,  jlong netPtr);
extern "C" JNIEXPORT jlong JNICALL Java_com_taobao_android_mnn_MNNNetNative_
nativeCreateSession(
    JNIEnv *env, jclass type, jlong netPtr, jint forwardType, jint numThread,
jobjectArray jsaveTensors,jobjectArray joutputTensors);
extern "C" JNIEXPORT void JNICALL Java_com_taobao_android_mnn_MNNNetNative_
nativeReleaseSession(JNIEnv *env, jclass type, jlong netPtr, jlong sessionPtr);
extern "C" JNIEXPORT jint JNICALL Java_com_taobao_android_mnn_MNNNetNative_
nativeRunSession(JNIEnv *env, jclass type, jlong netPtr, jlong sessionPtr);
extern "C" JNIEXPORT jint JNICALL Java_com_taobao_android_mnn_MNNNetNative_
nativeRunSessionWithCallback(
      JNIEnv *env, jclass type, jlong netPtr, jlong sessionPtr, jobjectArray
nameArray, jlongArray jtensoraddrs);
extern "C" JNIEXPORT jint JNICALL Java_com_taobao_android_mnn_MNNNetNative_
nativeReshapeSession(JNIEnv *env, jclass type, jlong netPtr, jlong sessionPtr);
extern "C" JNIEXPORT jlong JNICALL Java_com_taobao_android_mnn_MNNNetNative_
nativeGetSessionInput(
    JNIEnv *env, jclass type, jlong netPtr, jlong sessionPtr, jstring name_);

extern "C" JNIEXPORT jlong JNICALL Java_com_taobao_android_mnn_MNNNetNative_
nativeGetSessionOutput(
    JNIEnv *env, jclass type, jlong netPtr, jlong sessionPtr, jstring name_);
extern "C" JNIEXPORT void JNICALL Java_com_taobao_android_mnn_MNNNetNative_
nativeReshapeTensor(JNIEnv *env, jclass type, jlong netPtr, jlong tensorPtr,
jintArray dims_);

extern "C" JNIEXPORT void JNICALL Java_com_taobao_android_mnn_MNNNetNative_
nativeSetInputIntData(
    JNIEnv *env, jclass type, jlong netPtr, jlong tensorPtr, jintArray data_);
extern "C" JNIEXPORT void JNICALL Java_com_taobao_android_mnn_MNNNetNative_
nativeSetInputFloatData(
    JNIEnv *env, jclass type, jlong netPtr, jlong tensorPtr, jfloatArray data_);
extern "C" JNIEXPORT jintArray JNICALL
Java_com_taobao_android_mnn_MNNNetNative_nativeTensorGetDimensions(JNIEnv *env,
jclass type, jlong tensorPtr);
extern "C" JNIEXPORT jint JNICALL Java_com_taobao_android_mnn_MNNNetNative_
nativeTensorGetUINT8Data(JNIEnv *env, jclass type, jlong tensorPtr, jbyteArray
jdest);

extern "C" JNIEXPORT jint JNICALL Java_com_taobao_android_mnn_MNNNetNative_
nativeTensorGetIntData(JNIEnv *env, jclass type, jlong tensorPtr, jintArray
dest);

extern "C" JNIEXPORT jboolean JNICALL Java_com_taobao_android_mnn_MNNNetNative_
nativeConvertBufferToTensor(
     JNIEnv *env, jclass type, jbyteArray jbufferData, jint jwidth, jint jheight,
jlong tensorPtr, jint srcType,
      jint destFormat, jint filterType, jint wrap, jfloatArray matrixValue_,
jfloatArray mean_, jfloatArray normal_);

extern "C" JNIEXPORT jboolean JNICALL Java_com_taobao_android_mnn_MNNNetNative_
nativeConvertBitmapToTensor(
    JNIEnv *env, jclass type, jobject srcBitmap, jlong tensorPtr, jint destFormat,
jint filterType, jint wrap,
    jfloatArray matrixValue_, jfloatArray mean_, jfloatArray normal_);
```

其中，extern "C" JNIEXPORT jboolean JNICALL 表明函数通过 JNI 被调用。mnnnetnative.cpp 最终通过引入 include 目录文件中的 MNN/ImageProcess.hpp、MNN/Interpreter.hpp 和 MNN/Tensor.hpp 等头文件访问 MNN 动态库。

此外，MNNPortraitNative 类中定义了一个图片色系转换的接口，具体见附录中代码清单 I-2，示例代码如下：

```
public class MNNPortraitNative {

    public static native int[] nativeConvertMaskToPixelsMultiChannels(float[] mask,
        int length);

}
```

在 mnnportraitnative.cpp 文件中实现了该接口，详细代码见附录中代码清单 I-5，示例代码如下：

```
extern "C" JNIEXPORT jintArray JNICALL
Java_com_taobao_android_mnn_MNNPortraitNative_nativeConvertMaskToPixelsMultiChannels
    (JNIEnv *env, jclass jclazz, jfloatArray jmaskarray,jint length);
```

2. 初始化模型

载入模型之前需要先指定模型和标识文件的位置，示例代码如下，详细代码见附录中代码清单 I-3：

```
private void prepareModels() {

    mMobileModelPath = getCacheDir() + "mobilenet_v1.caffe.mnn";
    try {
        Common.copyAssetResource2File(getBaseContext(), MobileModelFileName,
            mMobileModelPath);
        mMobileTaiWords = TxtFileReader.getUniqueUrls(getBaseContext(),
            MobileWordsFileName, Integer.MAX_VALUE);
    } catch (Throwable e) {
        throw new RuntimeException(e);
    }

    mSqueezeModelPath = getCacheDir() + "squeezenet_v1.1.caffe.mnn";
    try {
        Common.copyAssetResource2File(getBaseContext(), SqueezeModelFileName,
            mSqueezeModelPath);
        mSqueezeTaiWords = TxtFileReader.getUniqueUrls(getBaseContext(),
            SqueezeWordsFileName, Integer.MAX_VALUE);
    } catch (Throwable e) {
        throw new RuntimeException(e);
    }
}
```

以上代码指定了两个模型的位置和对应的标示文件的位置。MNN 引擎获取模型文件路径后即可完成模型的载入，Java 层的示例代码如下所示，详细代码见附录中代码清单 I-3：

```
private void prepareNet() {
    if (null != mSession) {
        mSession.release();
```

```
            mSession = null;
        }
        if (mNetInstance != null) {
            mNetInstance.release();
            mNetInstance = null;
        }

        String modelPath = mMobileModelPath;
        if (mSelectedModelIndex == 0) {
            modelPath = mMobileModelPath;
        } else if (mSelectedModelIndex == 1) {
            modelPath = mSqueezeModelPath;
        }

        //创建 net 实例
        mNetInstance = MNNNetInstance.createFromFile(modelPath);

        //mConfig 保存张量
        mSession = mNetInstance.createSession(mConfig);

        //获取输入张量
        mInputTensor = mSession.getInput(null);

        int[] dimensions = mInputTensor.getDimensions();
        dimensions[0] = 1;
        mInputTensor.reshape(dimensions);
        mSession.reshape();

        mLockUIRender.set(false);
    }
```

准备模型的过程首先通过 mNetInstance = MNNNetInstance.createFromFile(modelPath) 载入模型文件创建一个 MNN 实体。该方法调用 MNNNetNative.java 中的 MNNNetNative.nativeCreateNetFromFile(fileName) 方法，然后通过 JNI 接口 MNNNetNative.java 中的 nativeCreateNetFromFile(String modelName) 接口和 mnnnetnative.cpp 中的 Java_com_taobao_android_mnn_MNNNetNative_nativeCreateNetFromFile(JNIEnv *env, jclass type, jstring modelName_) 接口调用 MNN 动态库，最终创建一个 Interpreter 实体。

然后通过 mSession = mNetInstance.createSession(mConfig); 命令调用 MNNNetNative.java 中调用的 MNNNetNative.nativeCreateSession(mNetInstance, config.forwardType, config.numThread, config.saveTensors, config.outputTensors) 方法，同样通过 JNI 的 MNNNetNative.java 和 mnnnetnative.cpp 相关接口访问 MNN 的 createSession 接口来完成模型推理的准备工作。

3. 图像输入

本项目的输入是手机上照相机拍摄的实时照片，需要将照相机拍摄的图片转换为 Raw 格式的数据并存储在数组中，转换示例如下所示，详细代码见附录中代码清单 I-3：

```
final MNNImageProcess.Config config = new MNNImageProcess.Config();
if (mSelectedModelIndex == 0) {
    //标准化参数
```

```
        config.mean = new float[]{103.94f, 116.78f, 123.68f};
        config.normal = new float[]{0.017f, 0.017f, 0.017f};
        config.source = MNNImageProcess.Format.YUV_NV21;// 输入源格式
        config.dest = MNNImageProcess.Format.BGR;// 输入数据格式

        // 矩阵转化: dst 到 src
        Matrix matrix = new Matrix();
        matrix.postScale(MobileInputWidth / (float) imageWidth, MobileInputHeight /
            (float) imageHeight);
        matrix.postRotate(needRotateAngle, MobileInputWidth / 2, MobileInputHeight / 2);
        matrix.invert(matrix);

        MNNImageProcess.convertBuffer(data, imageWidth, imageHeight, mInputTensor, config,
            matrix);

    } else if (mSelectedModelIndex == 1) {
        // 输入数据格式化
        config.source = MNNImageProcess.Format.YUV_NV21;// 输入数据格式化
        config.dest = MNNImageProcess.Format.BGR;// 输入数据格式化

        // 矩阵变换: dst 到 src
        final Matrix matrix = new Matrix();
        matrix.postScale(SqueezeInputWidth / (float) (float) imageWidth, SqueezeInputHeight
            / (float) imageHeight);
        matrix.postRotate(needRotateAngle, SqueezeInputWidth / 2, SqueezeInputWidth / 2);
        matrix.invert(matrix);

        MNNImageProcess.convertBuffer(data, imageWidth, imageHeight, mInputTensor,
            config, matrix);
    }
```

由于本项目中使用了两个模型，当用户选择第一个模型时，图片数据按照MobileNet模型的输入数据要求进行矩阵变换处理，当用户选择第二个模型时，图片数据按照SqueezeNet模型要求的格式进行矩阵变换。

MNNImageProcess.convertBuffer(data, imageWidth, imageHeight, mInputTensor, config, matrix)通过JNI调用MNN的ErrorCode convert(const uint8_t* source, int iw, int ih, int stride, Tensor* dest)接口，最终将输入图片格式转换成MNN可以处理的格式。

4. 执行推理

完成模型和图像的准备工作后，可以直接进行AI推理，转换示例如下所示，详细代码见附录中代码清单I-3：

```
/**
 * 运行AI推理
 */
mSession.run();

/**
 * 获取输出张量
 */
MNNNetInstance.Session.Tensor output = mSession.getOutput(null);
```

mSession.run()方法通过运行MNNNetInstance.java中的MNNNetNative.nativeRun-

Session(mNetInstance, mSessionInstance) 方法，调用 MNNNetNative.java 中的 nativeRunSession(long netPtr, long sessionPtr) 接口，然后通过 JNI 接口的 mnnnetnative.cpp 中的 Java_com_taobao_android_mnn_MNNNetNative_nativeRunSession(JNIEnv *env, jclass type, jlong netPtr, jlong sessionPtr) 接口最终调用 MNN 的 ErrorCode runSession(Session* session) const 来进行模型推理。

mSession.getOutput(null) 用来获取模型推理的输出结果，该方法也通过 JNI 的 Java 和 C 接口的依次调用，最终通过 MNN 的 Tensor* getSessionOutput(const Session* session, const char* name) 接口获取推理结果。

7.9.4　结果展示

如图 7-50 所示为本项目最终的显示结果，两张图分别使用 MobileNet 模型和 SqueezeNet 模型，分别对苹果笔记本键盘和鼠标拍照，App 给出了识别结果和成功的概率以及识别所用的时间。

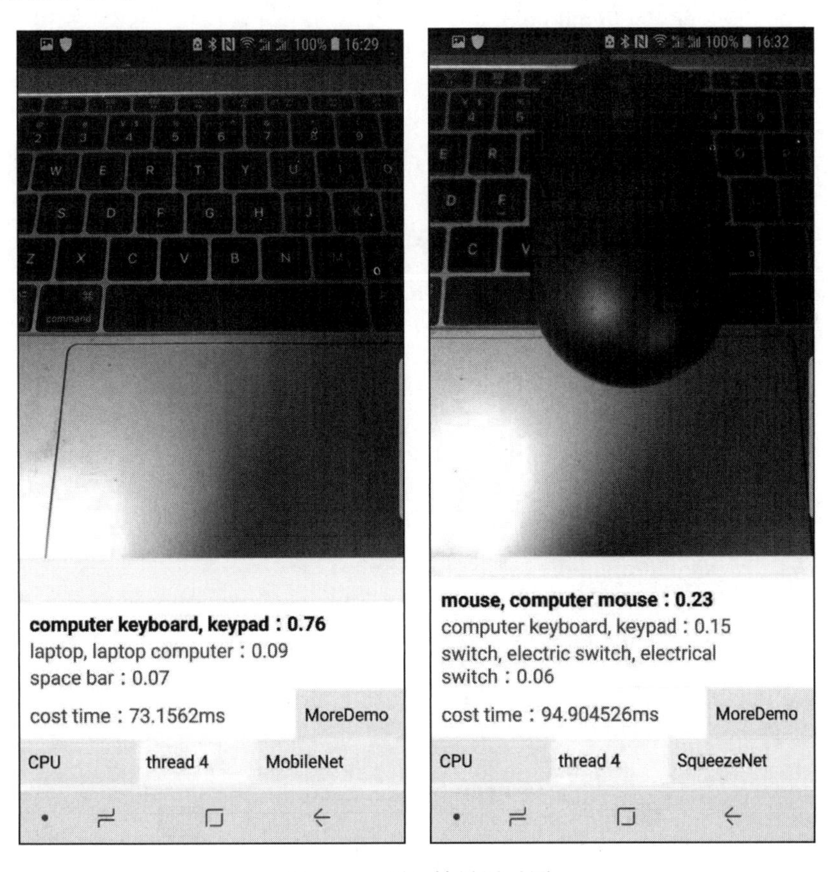

图 7-50　项目结果展示图

7.10 小结

本章通过实例介绍如何使用端侧推理框架在移动终端上开发一个人工智能应用。读者能通过环境部署、模型下载和转换、模型推理和处理结果等步骤，掌握使用各个主流端侧推理框架的开发技巧。

下一章将延伸到开发工作中最后一环——移动终端 AI 应用的性能评测，详细为读者介绍如何评价一个移动 AI 应用的性能并且提出对神网络模型和应用的优化方法。另外，如果开发者对不同智能手机以及移动端推理框架的性能表现差异感兴趣，也可以在第 9 章找到相应的介绍。

第 8 章 Chapter 8

AI 应用性能调试

当一个 AI 应用开发完成之后，往往并不意味着工程完结。我们还需要测试 AI 应用在终端上的真实性能表现，看其是否满足预期要求。开发人员可以通过大量数据来对开发好的应用进行基准测试（Benchmark），这样能够衡量应用实际运行的性能表现，例如完成任务的时间、准确率、资源消耗率（CPU 或内存使用情况）和功耗等，为应用和模型的进一步优化提出更真实的参考。本章首先介绍对于移动终端 AI 应用推理性能的评价方法，帮助读者更加深入地理解如何评价一个人工智能应用的性能，然后对如何根据性能评测结果对 AI 应用进行优化给出一些建议。

8.1 AI 应用性能调试方法

我们可以通过基准测试的方法在移动终端上对 AI 应用的性能进行调试。在传统软件工程中，基准测试是指通过运行一段（或一组）具有典型代表性的“基准”程序或操作来评测被测系统相关性能的活动，它具备可测量、可重复、可比对的特点，可以测试硬件和软件产品的性能。

基准测试程序一般可分为微基准测试程序（Microbenchmark）和宏基准测试程序（Macrobenchmark）。微基准测试程序用来测量一个计算机系统的某一特定方面，如 CPU 定点 / 浮点计算性能、存储器速度、I/O 速度、网络速度或系统软件性能（如同步性能）；宏基准测试程序用来测量一个计算机系统的总体性能或优化方法的通用性。AI 应用的基准测试主要考量终端在运行推理计算时的性能表现，适合采用宏基准测试的方式。

在移动终端上进行 AI 应用性能的基准测试，可以模拟真实应用场景准备一定规模的数据作为 AI 应用的输入测试集，然后在 AI 应用中增加对神经网络模型和终端资源等相关指标的监测方法，最后对获取的监测结果进行换算或其他计算处理，从而方便理解。在测试过程中，开发人员可以关注神经网络模型的准确率、处理时间等指标，还可以关注消耗 CPU 使用率、内存占用和功耗等其他指标。这样不仅能够在软件层面上衡量所运行的 AI 应用的计算加速能力，也能在硬件层面上同时考验 CPU、DSP 和 NPU 等不同计算芯片的 AI 计算性能。具体工作流程如图 8-1 所示，主要过程介绍如下。

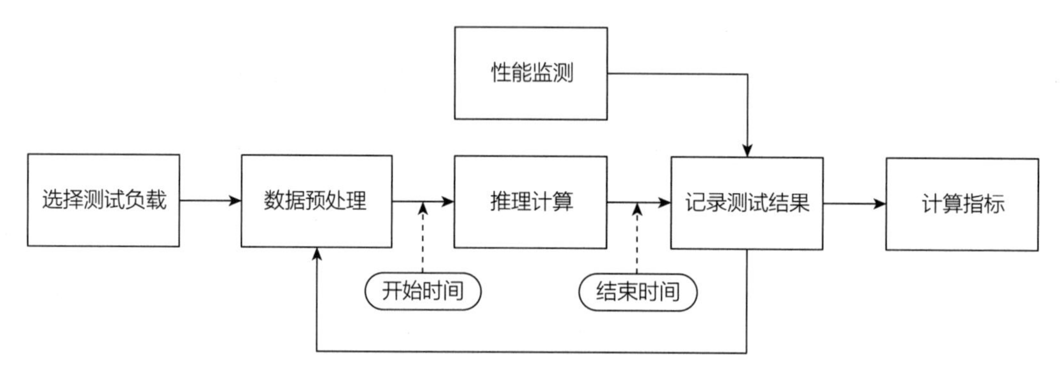

图 8-1 压力测试过程

1. 选择测试负载

测试负载的选择应当尽可能模拟真实应用场景，对象类别至少覆盖神经网络模型可推理的所有范围，并且每类对象应具备一定数量的图片。此外，还需要做好每张图片的数据标注，以用于校验推理结果的准确性。对于普通开发者，要独立完成上述工作有一定难度，工作量太大，所以可以使用网上的公开数据集作为测试负载。公开数据集种类丰富，数据量大，将省去大量收集和标注工作。

在第 1 章中我们提到过，数据集可分为训练集和测试集，这里我们推荐使用测试集进行测试，这是因为如果使用训练集进行测试，由于模型在训练时已经记录了训练集的特征，因此再次运行训练集，模型的识别表现可能会优于实际表现。

2. 数据预处理

由于应用在实际工作中获取的数据格式和测试集数据格式可能会有差别，因此可能还需要调整数据预处理方式，将输入的数据转换成神经网络模型要求的格式。这里建议最大限度地复用开发的 AI 应用中的数据预处理部分代码，这样能使测试在最大程度上还原应用的真实性能表现。

3. 推理计算和性能监测

将处理好的数据输入神经网络模型进行推理计算，在计算过程中实时监测各项性能指标。一些性能指标和神经网络模型的处理性能相关，如准确性、处理时间等，这些参数可以通过神经网络模型的运行获得；另一些性能指标则与终端的硬件相关，如内存 CPU 使用率、内存占用情况、功耗等，这些指标除了可以通过相应的 API 获得外，还能通过 IDE 提供的相关功能或工具获得。值得注意的是，性能监测可能会对应用的处理性能造成一些额外的影响，开发人员需要尽可能地降低这些影响，比如降低监测采样率等。

4. 计算指标

完成所有测试集的推理，尽可能保证整个过程不间断，并且运行时间足够长之后，对监测得到的数据进行计算或者换算，最终得到评测结果，具体可以参见 8.3 节。

8.2　AI 应用性能测试负载

为了保证 AI 性能测试的效果，开发人员可以选择公开数据集对神经网络模型和 AI 应用进行测试。下面根据不同的应用场景介绍一些比较知名的公开数据集。

1. 图像分类测试场景

ImageNet 是一个用于视觉对象识别软件研究的大型可视化数据库，它拥有超过 1400 万的图像被手动标注，这些图像大都来源于网络 URL 链接。ImageNet 数据库中包含 2 万多个类别，每个类别可能包含数百个图像。第三方图像 URL 的注释数据库可以直接从 ImageNet 免费获得，但是这些图像本身不属于 ImageNet，如图 8-2 所示。

图 8-2　ImageNet 数据库

2. 人脸识别测试场景

人脸识别是一种依据人的面部特征自动进行身份识别的人工智能识别技术。对于每个人脸图像，神经网络会对人脸编码并生成一个特征向量，该特征向量不随缩放、移动或旋转而改变。然后，在数据库中检索和此向量最匹配的特征向量（以及对应的身份），以此来判断采集的图片和数据库中注册的特征是否相符。

在人脸识别测试场景下可以选择 Labeled Faces in the Wild Home（LFW）数据集。LFW是由美国马萨诸塞州立大学阿默斯特分校计算机视觉实验室整理完成的数据库。它是目前人脸识别的常用测试集，其中提供的人脸图片均来源于生活中的自然场景，因此识别难度会增大，尤其由于多姿态、光照、表情、年龄、遮挡等因素影响，即使是同一人的照片，差别也会很大，并且有些照片中可能不止有一个人脸出现，对这些多人脸图像仅选择中心坐标的人脸作为目标，其他区域的视为背景干扰。LFW 数据集中共有超过 13 000 张人脸图像，每张图像均给出对应的人名，总数超过 5000 人。每张图片的尺寸为 250×250，绝大部分为彩色图像，但也存在少量黑白人脸图片，如图 8-3 所示。

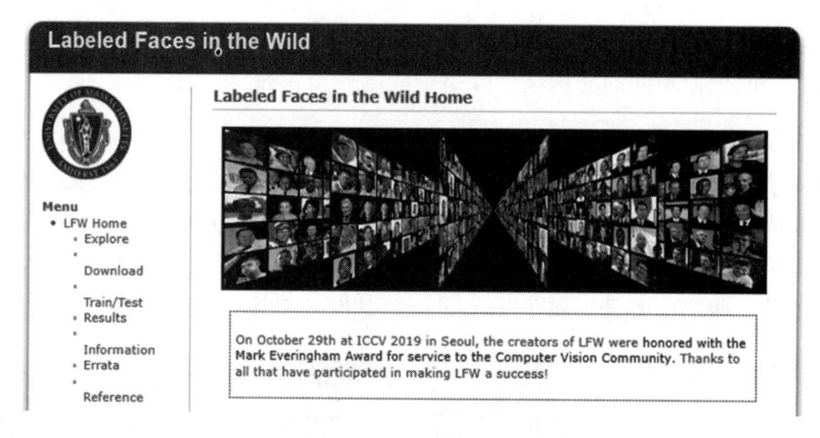

图 8-3 LFW 数据集

3. 目标检测测试场景

在目标检测测试场景下可以选择 COCO 数据库。微软发布的 COCO 数据库是一个大型图像数据集，专为对象检测、分割、人体关键点检测、语义分割和字幕生成而设计。COCO 数据库中的每张图片会包含不同数量的目标（segment），每个目标属于一个分类。如图 8-4 所示，其中包含多个物体，比如人、餐桌、餐椅、电视、花瓶、灯、地毯、桌子、窗户、天花板、花、冰箱等。

4. 语义分割测试场景

在语义分割测试场景下可以选择 PASCAL VOC（Pattern Analysis，Statistical Modeling and Computational Learning）数据集，如图 8-5 所示。国际顶级的计算机视觉竞赛 PASCAL VOC 挑战赛是视觉对象的分类识别和检测的基准测试比赛。该赛事是世界最权威的三大计算机视觉挑战赛之一，数据集标注质量高，场景复杂，目标多样，检测难度大，数据量虽然小但是场景丰富。

图 8-4　COCO 数据库图片

图 8-5　PASCAL VOC 数据集

5. 超分辨率测试场景

超分辨率指通过硬件或软件的方法提高原有图像的分辨率，由一幅低分辨率图像或图像序列恢复出高分辨率图像的技术。经过神经网络处理后，对比高分辨率图像和低分辨率图像的质量，可以测试终端 AI 处理性能的好坏。

进行超分辨率测试时可以选择 DIV 2K 数据集。DIV 2K 数据集用于 NTIRE（CVPR 2017 和 CVPR 2018）和 PIRM（ECCV 2018）挑战赛，DIV 2K 能提供不同分辨率和质量的图像，如图 8-6 所示。

图 8-6 DIV 2K 提供不同分辨率的图像

8.3 AI 应用性能评价指标

对于 AI 应用的性能评价指标主要包括两类：一类是和神经网络模型紧密相关的指标，如准确性方面的指标等，这些指标根据不同的应用场景和神经网络模型而有所不同；另一类是与终端硬件相关的指标，如消耗的内存或功耗等，下面详细介绍。

8.3.1 模型类指标

1. 分类应用评价指标

分类应用是目前 AI 应用中非常主要的应用，有众多成熟的神经网络模型可用。但是，分类推理的过程并不总是会达到预期，例如，对于人脸识别应用来说，不一定每次识别都百分之百正确，语音识别中也经常出现错误识别语句的情况。当然，我们希望识别正确率越高越好。具体有哪些指标可以评价分类模型和应用的性能？下面将从二分类的评估指标开始介绍，多分类可在此基础上拓展。

首先我们介绍正例和负例的概念。在二元分类中，有两种可能的类别，分别被标记为正例和负例。

- 正例（positive）：你所关注的识别目标就是正例。
- 负例（negative）：正例以外的就是负例。

例如，一个测试样本集 S 中总共有 100 张照片，其中小轿车的照片有 60 张，卡车的照片有 40 张。给模型输入这 100 张照片进行分类识别，我们的目标是让模型找出这 100 张照片中的所有小轿车。在这个例子中，我们关注的目标是小轿车，那么小轿车就是正例，剩下的卡车则是负例。

模型的识别并不总是对的。如果在 100 张照片中，模型识别给出了 50 个小轿车目标，剩下 50 个则是卡车。这与实际情况不符（实际情况是小轿车 60 个，卡车 40 个），而且在识别出的 50 个小轿车目标中，只有 40 个是真正的小轿车，另外 10 个则错误地将卡车识别成了小轿车。这时我们设置正确的识别数据体现为 TP 和 TN（T 代表 True），错误的识别数据则体现为 FP 和 FN（F 代表 False），以上 4 个识别结果数值（TP、FN、TN、FP）就是常用的评估模型性能的基础参数，如表 8-1 所示。

表 8-1　评估模型的基础参数

符号	简称	含义	之和
TP（True Positive）	真正例	识别对了的正例（实际是正例）	实际的正例数量
FN（False Negative）	伪负例	识别错了的负例（实际是正例）	
TN（True Negative）	真负例	识别对了的负例（实际是负例）	实际的负例数量
FP（False Positive）	伪正例	识别错了的正例（实际是负例）	

在以上 4 个基础参数中，真正例与真负例就是模型给出的正确的识别结果，比如将小轿车识别成小轿车（真正例 TP = 40），将卡车识别成卡车（真负例 TN = 30）；伪正例与伪负例则是模型给出的错误的识别结果，比如将卡车识别成小轿车（伪正例 FP = 10），将小轿车识别成卡车（伪负例 FN = 20）。其中，真正例（TP）是评价模型性能非常关键的参数，因为这是我们所关注的目标的有用结果，该值越高越好。

接下来，我们就来了解常用的分类模型和应用性能的评价指标。

（1）准确率（Accuracy）

准确率即正确率，也就是识别对了的真正例（TP）与真负例（TN）占总识别样本的比例。其值等于正确预测的样本数 / 总数，公式表示为 Accuracy = (TP+TN)/(TP+FN+FP+TN)，即 A=(TP+ TN)/S，S 代表总数。在上述小轿车的例子中，从表 8-1 可知，TP+ TN =70，S= 100，则正确率为 Accuracy=70/100=0.7，通常来说，准确率越高，模型性能越好。

（2）错误率（Error-rate，用 E 表示）

错误率即识别错了的伪正例（FP）与伪负例（FN）占总识别样本的比例，公式表示为 E=(FP+FN)/S。在上述小轿车的例子中，从表 8-1 可知，FP+ FN =30，S= 100，则错误率为 E=30/100=0.3。可见正确率与错误率是分别从正反两方面进行评价的指标，两者数值相加刚好等于 1。正确率高，错误率就低；正确率低，错误率就高。

（3）精度（Precision）

精度也叫作查准率，即识别对了的正例占识别出的正例的比例。其中，识别出的正例等于识别对了的正例加上识别错了的正例。即 P=TP/(TP+ FP)。在上述小轿车的例子中，TP=40，TP+ FP=50。也就是说，在 100 张照片识别结果中，模型总共给出了 50 个小轿车的目标，但这 50 个目标当中只有 40 个是识别正确的，则精度为 P=40/50=0.8，因此，精度即为识别目标正确的比例。

（4）召回率（Recall）

召回率也叫查全率，表现在实际正样本中，分类器能预测出多少，即正确预测的正例数 / 实际正例总数，公式表示为 Recall = TP/(TP+FN)。其中，实际总正例等于识别对了的正例加上识别错了的负例（真正例 + 伪负例），即 R=TP/(TP+ FN)。同样，在上述小轿车的例子中，TP=40，TP+FN =60，则召回率为 R=40/60=0.67。在一定意义上，召回率也可以说是“找回率”，也就是在实际的 60 个目标中找回了 40 个，找回的比例即为 40/60。

（5）Top1 与 TopK

- Top1：对一张图片，模型会给出多个识别结果，每个识别结果会对应一个识别概率。在识别概率中（即置信度分数），分数最高的为正确目标，则认为正确。这里的目标也就是我们说的正例。
- TopK：对一张图片，模型给出的多个识别概率中（即置信度分数），分数排名前 K 位中包含正确目标（正确的正例），则认为正确。K 的取值一般在 100 以内，越小越实用。比如较常见的，K 取值为 5，则表示为 Top5，代表置信度分数排名前 5 位当中有一个是正确目标即可；如果 K 取值 100，则表示为 Top100，代表置信度分数排名前 100 位当中有一个是正确目标（正确的正例）即可。可见，随着 K 值增大，难度会下降。例如，在一个数据集里，我们对前 5 名的置信度分数进行排序，结果如表 8-2 所示。

表 8-2　评估模型的基础参数

ID	置信度分数（Score）	阈值（T=0.45）	真实属性
4	0.93	1	0
2	0.80	1	1
15	0.77	1	0
9	0.65	1	0
20	0.46	1	1

表 8-2 中，取阈值 T=0.45，排名前 5 的置信度分数均大于阈值，因此都识别为正例。对于 Top1 来说，即 ID 号为 4 的图片，实际属性却是负例，因此目标识别错误。而对于 Top5 来说，排名前 5 的置信度分数中，有识别正确的目标，即 ID 号为 2、20 的图片，因此认为正确。

2. 其他应用评价指标

对于其他类型的 AI 应用，会有不同的评价指标用于评估模型和应用性能好坏。

（1）目标检测类应用

目标检测类应用不仅能识别图中每个物体，还能识别出其所在位置。所以对于目标检测类模型，我们除了关注识别的物体是否正确外，还需要关注识别的区域是否合适。所以目标检测类应用使用交并比（Intersection over Union，IoU）作为评价指标。

交并比指模型产生的目标窗口与原来标记窗口的交叠率，用于评价单一目标上检测的准确度，计算方法如图 8-7 所示，其中 B_{gt} 为真实目标所在的区域范围，B_p 为预测结果覆盖的区域范围，结果用百分比表示。对于语义分割类应用，交并比同样适用。

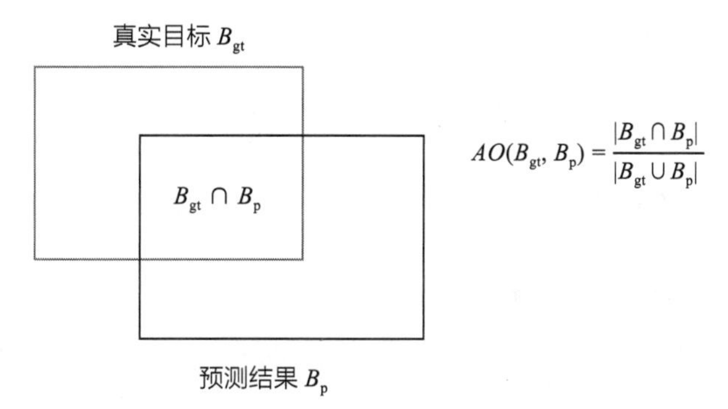

图 8-7 IoU 计算方法示意图（AO = IoU）

（2）人脸识别类应用

对于人脸识别类应用，可以使用正确通过率和错误接受率作为评价指标。

- 正确通过率（Pass Rate，PR）指同一个人的样本对被判断为同一个人的比对次数占总次数的比率。计算公式如下：

$$PR = \frac{TP}{TP + FN} \times 100\%$$

- 错误接受率（False Acceptance Rate，FAR）指不同的人被错误地当成了同一人的次数占总次数的比率。计算公式如下：

$$FAR = \frac{FP}{TN + FP} \times 100\%$$

其中，TP 指同一个人的样本对被判断为同一个人的比对次数；FP 指不同人的样本对被判为同一个人的比对次数；FN 指同一个人的样本对被判为不同人的比对次数；TN 指不同人的样本对被判为不同人的比对次数，即系统判断为不是同一个人，但实际上是同一个人的样本数量。

在常见的人脸识别算法模型中，正确率是首当其冲的应用宣传指标。事实上，对同一个模型来说，各个性能指标也并非一个静止不变的数字，会随着应用场景、人脸库数量等的变化而变化。因此，实际应用场景下的正确率跟实验室环境下所得的正确率一定是存在差距的，从某种程度上来说，实际应用场景下的正确率更具有评价意义。

（3）超分辨率类应用

超分辨率可以采用峰值信噪比（Peak Signal to Noise Ratio，PSNR）作为评价指标。峰值信噪比经常用作图像压缩等领域中信号重建质量的测量方法，它常简单地通过均方差（MSE）进行定义。假设有两个 N 个像素的单色图像 I 和 $\hat{I}$，如果一个为另外一个的噪声近似，那么它们的均方差定义为

$$\text{MSE} = \frac{1}{N}\sum_{t=1}^{N}(I(i) - \hat{I}(i))$$

进一步计算可以得到 PSNR：

$$\text{PSNR} = 10 \times \log_{10}\left(\frac{L^2}{\text{MSE}}\right)$$

其中，L 表示图像点颜色的最大数值。PSNR 的单位是 dB，数值越大表示失真越小。

8.3.2 通用指标和硬件性能指标

对于移动终端 AI 应用的性能，还有一些通用指标和一些与终端硬件相关的指标，这些指标不论对于什么场景都适用。

1. 处理时间

处理时间是对一张图片进行 AI 推理所消耗的时间，一般指从将预处理好的图片输入模型开始，到模型反馈处理结果的时间，单位通常是 ms。

对于视频类的应用可使用 FPS（Frames Per Second）作为评价指标。FPS 是图像领域中的定义，是指画面每秒处理的帧数，通俗来讲就是指动画或视频的画面数。FPS 测量用于保存、显示动态视频的信息数量。每秒钟帧数越多，所显示的动作就会越流畅。通常，要避免动作不流畅的最低值是 30。注意，通常视频文件会对帧数加以限制，当终端算力足够优秀时，FPS 值可能固定在某个值，此时测试 FPS 意义不大。

2. CPU 使用率

CPU 使用率主要监测 AI 推理应用占用的 CPU 资源。通常当 AI 推理计算在 CPU 上运行时，可以使用该指标。而当 AI 推理计算运行在其他硬件（如 GPU 或 AI 加速芯片）时，该指标就不具备参考意义了。

3. 内存消耗

内存消耗指 AI 应用在运行过程中消耗的内存量，这些占用主要包括程序的占用和载入资源（图片）的占用。通常程序占用的内容较小且固定，而资源占用的内存则浮动较大。

4. 功耗

功耗指标是指 AI 应用在运行过程中的耗电量。功耗通常可以通过监测电池消耗的电量来计算，这种方法较为简单。如果条件允许，还可以使用专业的仪器测量实际电流消耗。在测试功耗时，请尽可能关闭其他应用和进程，尽量减少它们对功耗的干扰。

5. 发热

手机发热问题也是用户非常关心的，由于 AI 应用运行时计算量较大，难免产生更多的热量，因此在测试过程中还可以监测芯片和电池的温度变化情况，作为优化性能的指标。

8.4　AI 应用推理性能差异

我们可以尝试在终端上运行不同的推理框架，使用不同量化精度的神经网络模型，驱动终端不同的计算芯片进行 AI 性能基准测试。我们会发现测试结果存在明显差异，造成这些差异的主要原因包括以下几种：

1. 软件层面

AI 应用使用的不同移动终端推理框架，其运行效率各不相同。这是由不同推理框架自身的技术实现决定的，影响处理性能的包括模型量化压缩技术和具体的人工智能运算逻辑，二者相互配合可以产生不同的运行效果。

2. 硬件层面

移动手机的处理器芯片也将决定 AI 应用的运行效果，这里主要指使用 CPU、GPU 和 AI 加速芯片运行 AI 应用产生的性能差别。通常 CPU 运行 32 位浮点型神经网络模型，能获得较好的准确率但速度较低；GPU 可以运行 16 位浮点型神经网络模型，准确率和速度都不错；DSP、NPU 等 AI 加速单元则能运行 8 位整型神经网络模型，在损失一定准确率的情况下，大幅提高处理速度。

另外，不同框架在运行时内存的占用情况，以及运行效率差异带来的电量消耗差异也值得注意，前者可能对终端的整体运行产生影响，后者则会影响终端续航和发热表现。

下面我们通过一个实际图像分类基准测试的结果对 AI 应用性能表现进行说明。我们选用 TensorFlow inceptionV3.pb 模型进行图片分类测试。测试推理集为 ILSVRC2012，我们测试了 10 000 张不同分类的图片。测试终端使用 iQOO（骁龙 855 芯片）。测试移动终端推理框架为 TensorFlow Lite、SNPE、VCAP。

测试模型将分别使用不同框架的模型转换工具进行转换，并分别使用浮点精度在目标手机的 CPU 和 GPU 运行，使用整型精度在手机的 DSP 上运行。测试指标包括 Top1 准确率、Top5 准确率、推理速度、内存占用和电量消耗。

测试结果如表 8-3 所示。

表 8-3 AI 基准性能测试结果

测试终端 / 模型	推理框架	精度	运行环境	Top1 准确率	Top5 准确率	推理时间（ms）	内存消耗（MB）	电量消耗
iQOO/ TensorFlow inceptionV3	TensorFlow Lite	float	CPU	76.49%	92.82%	293	270.39	27%
			GPU	76.49%	92.82%	78	260.82	13%
		int	NN API	76.06%	84.47%	24	115.3	3%
	SNPE	float	CPU	77.4%	90.1%	492	481.78	30%
			GPU	77.5%	90.1%	73	211	7%
		int	DSP	76.9%	89.5%	11	136.65	2%
	VCAP	float	CPU	77.44%	92.92%	187	216	15%
			GPU	77.53%	92.91%	78	246	7%

从测试结果中我们可以看到不同移动终端推理框架和不同硬件配合下进行 AI 计算的性能差异。

在准确率方面，测试使用 TensorFlow inceptionV3.pb 作为基准模型，再将其通过各终端推理框架的模型转换工具进行转换。在 iQOO 手机上分别用 TensorFlow Lite 和 SNPE 使用浮点精度模型运行后，Top1 准确率分别为 76.49% 和 77.4%。可见相同模型经过模型转换工具转换后，准确性发生了变化。我们还注意到在 iQOO 上使用 SNPE 测试，浮点精度模型的 Top1 准确率为 77.4%，而整型模型的为 76.9%。这说明模型量化技术对最终的准确性有影响。

在速度方面，不同推理框架运行同一个模型，运算速度会有不同。在 CPU 上运行浮点型 InceptionV3 模型，TensorFlow Lite、SNPE 和 VCAP 的速度分别为 293ms、492ms 和 187ms。三个推理框架在其他计算芯片上运行的速度也各不相同。另外，不同计算芯片的运行速度也不相同，DSP 的运行速度高于 GPU 的运行速度，GPU 的运行速度高于 CPU 的运行速度。以 TensorFlow Lite 为例，DSP、GPU、CPU 的运行速度分别为 24ms、78ms 和 293ms。

此外，从表 8-3 中不难看出，不同框架运行时所占用的内存不同，不同框架的运行功耗，即电池在测试过程中消耗的电量也有不同。

8.5 AI 应用性能优化

获得移动终端 AI 应用的性能测试结果后，开发人员可以着重从推理的准确率、推理速度和内存三方面入手对神经网络模型和应用进行优化。

1. 准确率优化

准确率应当是优化应用时首先考虑的因素，它决定着 AI 应用的核心计算逻辑是否正确。由于 AI 应用的特殊性，通过大量数据进行性能测试时更容易发现模型推理的错误。

当测试的准确率无法满足预期时，开发人员首先需要判断是否正确获取了模型推理的输出。以图像分类应用为例，模型推理的输出结果通常为代表目标所属的编码值，该值通过模型对应的标签文件转换成实际目标的名称。使用错误的标签文件，或错误地关联了编码和名称都有可能导致准确率下降，而且当发生这种情况时，通常准确率将非常低。

当模型准确率低于预期时，如果开发人员一开始使用的是整型模型进行推理运算，则可以考虑将整型模型替换成浮点型模型，这样可以提高准确率，但会牺牲一些处理速度。

最后，如果应用的准确率仍无法满足需求，就需要考虑神经网络模型本身的质量了，更换模型或者重新训练模型都是可行的方法，前者需要考虑新模型对端侧推理框架的支持情况以及推理速度等因素，而后者的实现成本可能更高。

2. 推理速度优化

在保证了移动终端 AI 应用的推理准确率后，开发人员可以关注推理速度是否符合要求。首选的提速方法一般是选择目标终端上更快速的处理单元执行神经网络模型的推理计算，在移动终端推理框架完全支持的情况下，DSP、NPU 等 AI 计算单元的处理速度要明显优于 GPU，而 GPU 的处理速度则高于 CPU 的处理速度。

如果开发人员允许损失一定的准确率，还可以进一步使用模型量化技术优化 AI 应用，使用模型量化技术不但能大大提升处理速度，还能缩小神经网络模型和应用的体积。同时，随着速度的提升、处理时间的缩短，功耗也会随之减小。

3. 内存优化

在 AI 性能测试过程中可能会发生处理速度越来越慢，甚至应用崩溃的情况，这可能是应用的内存控制出现问题导致的。不要小看这种情况，它有可能出现在 AI 应用的实际工作过程中。处理这种问题的通常方法就是检查所有软件资源（包括数据资源、模型对象和使用的张量）是否得到了及时释放。一些移动终端推理框架会自动释放使用的这些资源，而一些推理框架需要开发人员手动释放这些资源。开发人员应当按要求对使用的资源进行释放。

8.6　小结

移动终端 AI 应用性能调试非常重要，它能为开发人员优化神经网络模型和 AI 应用提供手段。AI 应用性能评测通常通过 AI 性能基准测试方法进行，开发人员通过在开发的应用上增加测试方法，并将这个测试应用部署在目标终端上运行就能获得应用实际性能指标。选取的性能指标是由应用的使用场景和选择的神经网络模型决定的，开发人员要区别处理。最后，开发人员可以根据性能指标对应用进行对应的优化，加快应用识别率、处理速度和稳定性，让用户获得更好的 AI 体验。

下一章将介绍移动终端的 AI 推理性能评价方法，评价一个移动终端的 AI 性能同样可以使用基准测试，只不过将评测对象从一个具体的 AI 应用变为了终端整机，这对消费者选择手机有一定的指导意义。

Chapter 9 第9章

移动终端的AI推理性能评价

上一章介绍了如何通过基准测试判断一个AI应用的性能表现，并对应用进行优化。当把基准测试运行在不同移动终端上时，还能区分出不同终端进行AI推理计算的性能差异，这对消费者选择智能手机有重要的参考意义。消费者首先会关注手机的运行速度够不够快，这主要是由手机配置的芯片决定的。然后消费者可能会担心在使用其他应用的同时使用AI应用是否会造成手机的卡顿，这可能是由内存的不足引起的，此外，消费者还会关心AI应用是否耗电，长时间使用手机是否会发热等。以上问题都可以通过对不同终端进行基准测试判断，根据测试结果找出硬件配置的性能差异。

9.1 不同移动终端间的AI性能基准测试

为了评价不同移动终端的AI计算性能，我们需要一个AI性能基准测试应用。它能够安装并运行在不同移动终端上，支持多种移动终端推理框架并能驱动移动终端各种计算芯片进行AI计算。为了全面测试终端AI性能表现，基准测试应用还应当设置多种典型测试场景，对每种测试场景提供统一的测试负载进行AI推理性能测试。最后，AI性能基准测试应用能在测试运行期间监测移动终端的各项指标，并最终将测试指标量化，方便消费者理解。比如我们在计算机上运行著名的3DMark软件，最终能将测试结果量化成测试分数，通过测试分数我们可以很清楚地了解计算机显卡的性能表现，同时也能知道不同显卡间的性能差异。综上所述，一个AI基准测试工具应当具备基准负载、测试执行和性能监测三个模块，测试工具的架构如图9-1所示。

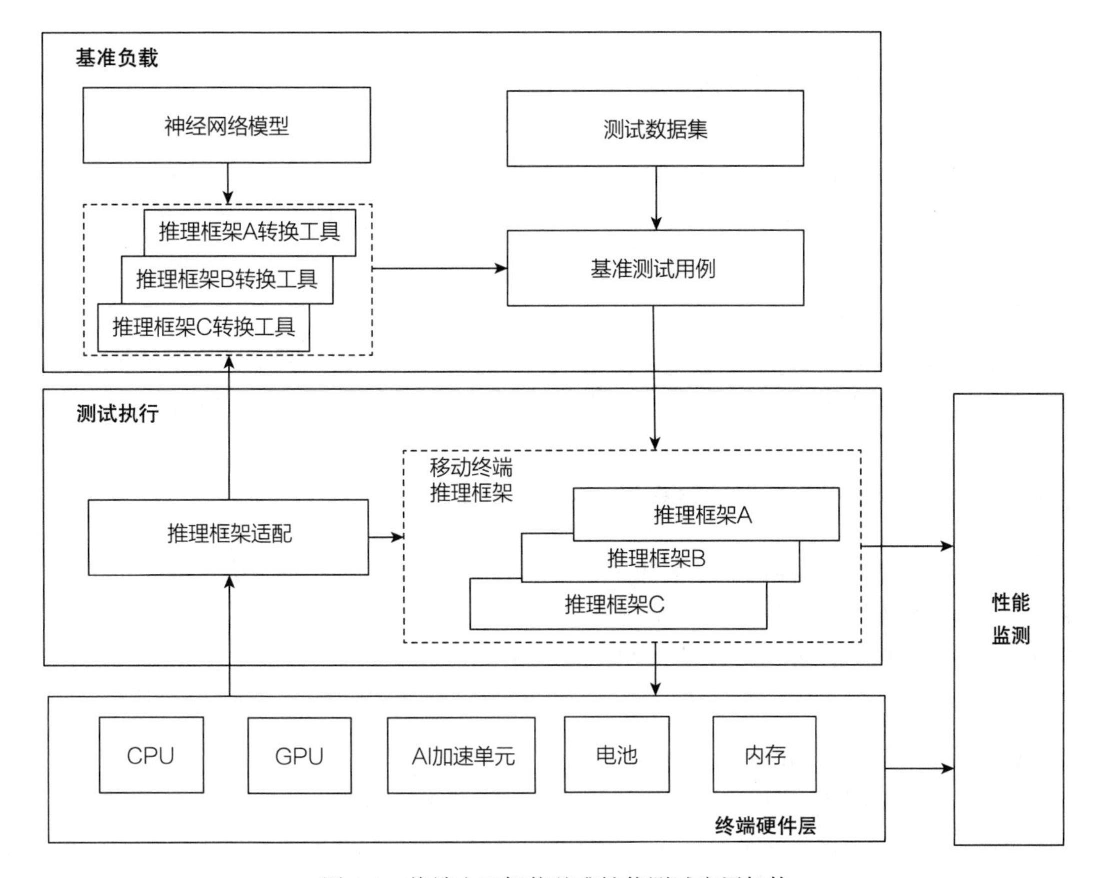

图 9-1　终端人工智能基准性能测试应用架构

1. 基准负载模块

基准负载模块应当使用不同的神经网络模型和测试数据集进行推理运算，以扩大评测范围，得到更加全面、丰富的测试结果。比如测试用例可以覆盖图像分类、目标检测等不同场景。在测试模型的选择方面，应当选择一个可以被广泛支持的深度学习框架模型，由它通过不同的推理框架的模型转换工具进行转换，这样可以保证测试负载的公平性和一致性。在测试集方面则应当选择公开数据集的测试数据，因为经典模型一般都会在知名公开数据集中进行训练，同时会公布训练精度，所以相比于自建数据集的测试结果更具公正力。另外，AI 基准测试应用需要大量输入数据，形成长时间运行的测试负载，最大限度地调用终端的 AI 计算能力，以此更彻底地考察设备性能。

2. 测试执行模块

测试执行模块可以集成多种移动终端推理框架的深度学习编译器。当在不同终端上运行同一个推理框架的测试用例时，测试结果可以反映不同终端的 AI 性能，当同一个终端运行不同框架的测试用例时，测试结果可以反映不同推理框架之间的 AI 性能，这样就拓展了基准测试的评测范围。

为了能让基准测试应用更加智能，还可以增加推理框架的适配功能，根据被测移动终端的硬件配置信息，适配模块能自动识别该终端可支持的推理框架，并自动匹配对应的神经网络模型进行测试。测试执行模块还应当具备对具体框架各种运行时的选择功能，选择神经网络模型，以不同精度运行在测试终端的不同计算芯片上，全面地评测终端 CPU、DSP 和 NPU 等不同计算芯片的 AI 性能。

3. 性能监测模块

性能监测模块的功能与 AI 应用调试时的性能监测功能类似，都具备监测模型相关指标，如准确率和处理速度，以及硬件相关指标，如内存消耗等，这里不再赘述。

9.2 AI 基准测试应用介绍

对于移动终端的 AI 性能的基准测试，目前已经有很多专门的第三方性能基准测试应用，俗称跑分软件。它和普通的 AI 应用类似，使用神经网络模型对一组有代表性的数据集进行推理测试，以此评价不同终端的 AI 性能，下面我们就介绍一些主要的 AI 基准性能测试应用。

1. 苏黎世 AI-Benchmark

苏黎世 AI-Benchmark 是目前业界公认的最权威的 AI 基准性能评测工具，由瑞士苏黎世联邦理工学院计算机视觉实验室开发和维护。该基准测试包括能在智能手机上运行的 11 个独立的神经网络 AI 测试用例，测试用例以计算机视觉类为主，如图 9-2 所示，它测量了多种 AI 性能指标，包括速度、准确性、初始化时间等。

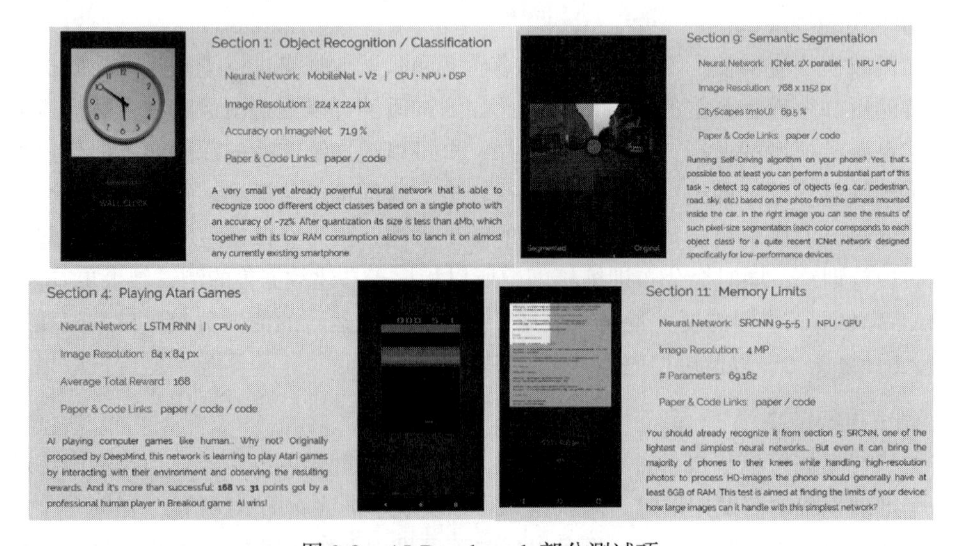

图 9-2　AI-Benchmark 部分测试项

目前 AI-Benchmark 评测工具面向 Android 操作系统，基于 TensorFlow Lite 移动终端推理框架开发，硬件加速采用 NN API 驱动，能运行在不同移动终端上。在其官方网站上提供了 App 下载、排行榜、评测介绍等内容。

图 9-3 展示部分手机经 AI-Benchmark 评测后的测试结果及分数排名。

Model	CPU	RAM	Year	Android	Updated	CPU Q AI Score	CPU F AI Score	QUANT Score
Huawei Mate 30 Pro 5G	HiSilicon Kirin 990 5G	8GB	2019	10	9.19	1575	3744	6899
Huawei Mate 30 Pro	HiSilicon Kirin 990	8GB	2019	10	10.19	1552	3750	5385
Honor 20S	HiSilicon Kirin 810	8GB	2019	9	9.19	1155	2808	1714
Honor 9X Pro	HiSilicon Kirin 810	8GB	2019	9	9.19	1123	2568	1704
Huawei Nova 5	HiSilicon Kirin 810	6GB	2019	9	9.19	1109	2388	1712
Huawei Nova 5i Pro	HiSilicon Kirin 810	8GB	2019	9	7.19	1150	2657	1699
Asus ROG Phone II	Snapdragon 855 Plus	12GB	2019	9	10.19	2253	4147	6394
Xiaomi Redmi K20 Pro	Snapdragon 855	8GB	2019	10	10.19	1734	3295	6752
Xiaomi Mi 9 Pro 5G	Snapdragon 855 Plus	12GB	2019	9	10.19	2140	3946	5760
Samsung Galaxy Note10+	Snapdragon 855	12GB	2019	9	10.19	2075	4223	6047
Google Pixel 4 XL	Snapdragon 855	6GB	2019	10	10.19	2076	3323	8047

图 9-3　AI-Benchmark 测试结果

下面简单介绍 AI-Benchmark 主要的测试项：

（1）物体分类

该测试为图片识别测试，使用 MobileNet-v2 模型，测试集使用 ImageNet 数据。

（2）人脸识别

该测试是人脸识别测试，使用 Inception-Resnet-v1 神经网络模型。对于每个人脸图像，神经网络会对人脸编码并生成一个 128 维的特征向量。然后，在数据库中检索和此向量最匹配的特征向量。测试使用 LFW 数据集。

（3）玩计算机游戏

该测试通过强化学习技术让 AI 玩计算机游戏。该网络可以学习通过与环境互动并观察由此产生的奖励来玩弹珠游戏。通过强化学习，神经网络得到的分数比人类的更高。测试使用 LSTM RNN 网络，测试图像分辨率为 84 像素 ×84 像素。

注意，强化学习是机器学习的一个领域，它通过采取适当的行动，以在特定情况下得到问题的最优解。各种软件和机器使用它来找到在特定情况下应该采取的最佳行为或路径。强化学习与监督学习（用于图片分类）的不同之处在于，在监督学习中，训练数据具有答案，因此模型训练正确答案是本身，而在强化学习中，需要在没有训练数据集的情况下，让模型根据初始状态和结果状态反馈，不断从经验中学习最佳解决路径。

（4）图像去模糊

该测试能让图像变得清晰。通过对图像应用高斯模糊来建模，然后尝试使用神经网络来恢复它们。在这个任务中，使用轻量级的神经网络 SRCNN（只有 3 个卷积层），SRCNN 首先使用双三次插值将低分辨率图像放大成目标尺寸，接着通过三层卷积网络拟合非线性映射，最后输出高分辨率图像结果。测试图像分辨率为 384 像素 ×384 像素，Set-5 得分（x3）可以达到 32.75 dB。

注意，Set-5 得分为 SET-5 测试集的 PSNR（峰值信噪比）得分，PSNR 是图像复原方法中一个常用的评价指标，使用原图像和生成图像的对比来计算。

（5）超分辨率图像

该测试能将给定的缩小后图像（如缩小为原来的 1/4）恢复至原图尺寸，同时让图像变得更加清晰、平滑。测试使用一个 19 层的 VGG-19 网络，处理的图像分辨率为 256 像素 ×256 像素，Set-5 得分（x3）能达到 33.66 dB。

（6）图像语义分割

该测试根据车载摄像头拍摄的照片检测 19 类目标（例如，车、行人、路、天空等）。测试使用专为低性能设备设计的 ICNet 网络，图像分辨率为 768 像素 ×1152 像素，平均交并比（mIoU）可以达到 69.5%。

（7）内存极限

这项测试的目的是找到手机的极限——测试这个最简易的网络在终端上到底能处理多大的图像。该测试使用了 SRCNN 网络，图像分辨率达到 400 万像素。

2. 泰慧测 AI

泰慧测 AI 是由中国信息通信研究院研发的终端 AI 性能评测工具，使用多推理框架对终端整机 AI 性能进行评测，主要提供客户在研发过程中的技术选型、产品优化和性能比对等服务，目前只针对企业客户提供评测服务，如图 9-4 所示。

泰慧测 AI 面向 Android 操作系统，最大的特点是能支持不同的移动终端推理框架，这是由泰慧测 AI 评测最终的目的决定的。应用可以针对一款终端通过不同的推理框架进行测试，以找到该型终端支持情况最好的推理框架以及终端最优的性能表现。这可以帮助客户进行技术产品选型，也能为产品性能优化提供参考。在不同款型终端上还可以使用泰慧测 AI 应用进行兼容性测试，以此判断不同框架对不同终端的适配情况。

泰慧测 AI 支持 TensorFlow Lite、高通 SNPE、华为 HiAI Foundation、vivo VCAP、百度 Paddle Lite 等不同移动终端推理框架，同时还在不断补充新的推理框架。应用通过不同推理框架进行测试，不仅支持通过 CPU、GPU 进行神经网络计算，还支持 DSP、NPU 等 AI 芯片加速单元，如表 9-1 所示。应用可以通过终端的芯片型号自动识别并匹配可支持的推理框架以及支持的运行时环境，测试过程中，用户通过选择需要测试的推理框架，并指定运行时、模型精度和测试数据量就可以开始测试了。

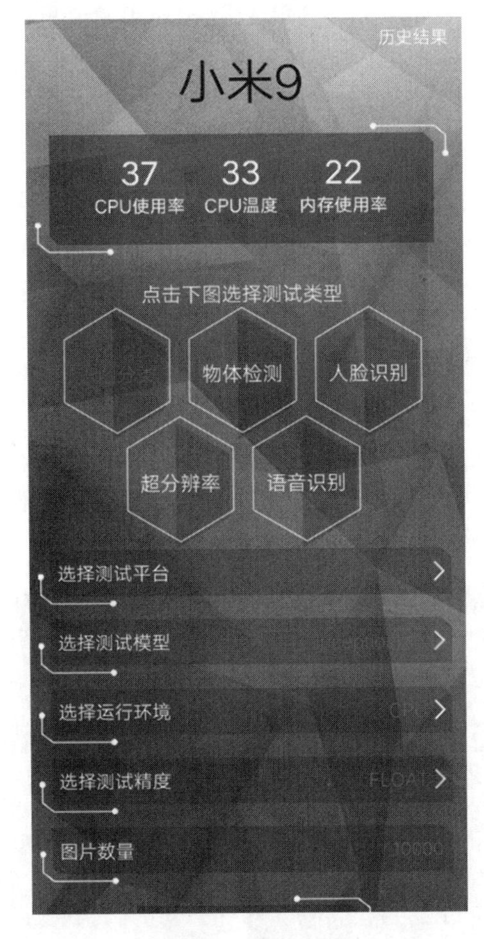

图 9-4　泰慧测界面

表 9-1　泰慧测 AI 框架支持情况

支持框架	支持运行时	是否支持量化测试
TensorFlow Lite	CPU/GPU/NN API	支持
高通 SNPE	CPU/GPU/DSP/AIP	支持
华为 HiAI Foundation	CPU/NPU	支持
vivo VCAP	CPU	不支持
百度 Paddle Lite	CPU	不支持

泰慧测 AI 评测还提供了丰富的测试项目，包括图像分类、目标检测等。为保证测试充分，选用 Inception v3、MobileNet、Resnet 等不同结构和体量的神经网络模型，对于每种

神经网络模型还同时提供浮点型和整型两种参数精度，并提供企业级的测试数据集。

不同于其他 AI 性能评测应用，泰慧测 AI 评测应用的评测指标面向移动智能手机整机 AI 性能，评测指标除准确率、处理速度等算法通用指标外，还包括终端 CPU、内存和功耗等全方位评测指标，更加真实地体现终端的人工智能处理性能。

3. 其他 AI 基准性能测试应用

其他 AI 基准性能测试应用还有国内的安兔兔 AI 评测和鲁大师 AI 等，如图 9-5 所示。安兔兔使用主流的 Inception v3 和 MobileNet-SSD 两种神经网络模型，进行图像分类和目标检测（对象识别）两种应用场景的测试。其中图片识别使用 Inception v3 模型，推断输入数据是 200 张图片。目标检测测试识别一段自制的 600 帧视频，使用 MobileNet-SSD 模型。评测结果有速度、准确率两个指标，但未体现测试精度。安兔兔评测可以针对不同机型使用不同的 AI 推理框架进行测试，包括 SNPE、HiAI、TensorFlow Lite。

鲁大师 AI 性能评测使用 4 种神经网络模型：Inception v3、MobileNet-SSD、ResNet34、DeepLabV3，针对图像分类做推理，最终分数根据处理速度和准确率进行计算。输出结果是图片处理速度、打分、排行榜，同样不体现测试精度。

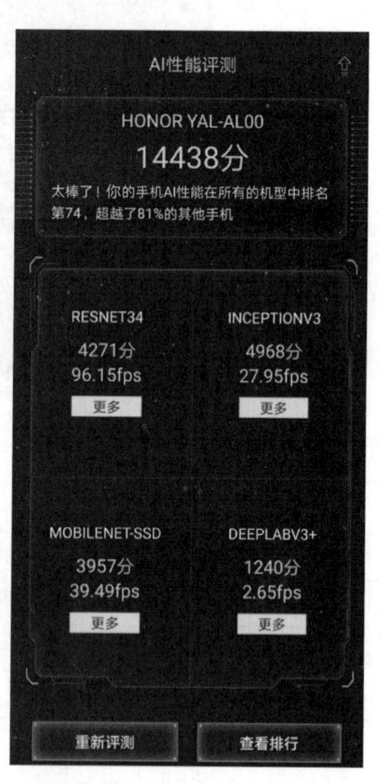

图 9-5 安兔兔 AI（左）和鲁大师 AI（右）

9.3　小结

普通消费者更关注不同终端间的 AI 性能水平，他们可以将基准测试软件安装在不同终端上进行测试。如果终端执行任务的速度（响应时间）过慢，系统占用率过高，或者发热更明显，这无疑会影响使用者的主观感受和对终端的选择。对于相同芯片平台的 AI 终端，其内在计算能力相同，所以在处理速度、准确率和内存消耗等指标方面性能相仿，主要的差距则体现在功耗和温度方面，这是由终端搭载的电池和终端硬件设计水平决定的。对于不同芯片平台的 AI 终端，其 AI 计算性能则会有产生更大差异，尤其是高、中、低档终端间的性能差异更大。市面上常见的“跑分”软件通常就是基于这类基准测试的应用，如 AI Benchmark、泰慧测、安兔兔、鲁大师等。

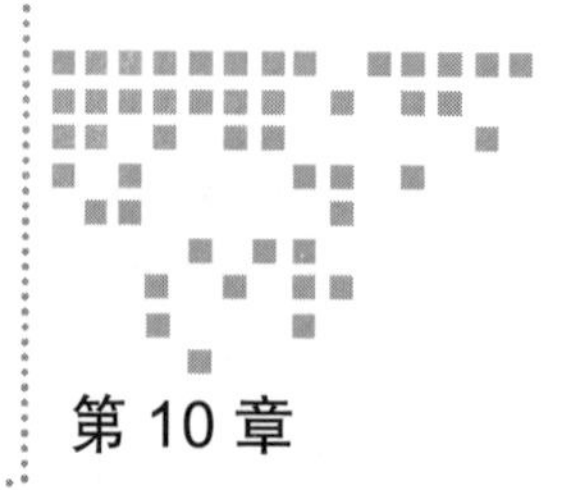

Chapter 10 第 10 章

移动终端 AI 技术发展趋势

本书前文介绍了在移动终端上实现人工智能应用的开发部署过程，这些过程都是基于推理应用的。我们知道，以智能手机为代表的消费级移动终端设备均依托嵌入式平台，其架构、计算资源和访存带宽等与服务器和主机平台相比存在着巨大差异和天然局限，所以训练通常不在手机上进行。那么移动终端能够实现训练吗？答案是可以的。随着终端硬件计算能力的不断提升，分布式计算的应用和移动端软件框架优化技术的不断发展，移动终端的 AI 训练、联邦学习（本质上也是一种训练过程）等技术已经开始在手机上得以应用，本章通过实例对此进行介绍。

此外，除了智能手机、平板电脑等消费者熟悉的移动终端产品外，移动终端其实还有一个更广泛的定义，它包括智能语音终端、无人机、智能医疗设备和智能网联汽车等多种类型的终端产品，新的终端类型，如智能音箱、新型智能服务性机器人等产品也在不断涌现。AI 技术赋能并与移动终端的加速融合是今后移动终端、AI 技术发展的重要方向，也构成了未来社会智能物联网（AIoT）的重要基础。本章也会对一些新型的 AI 移动终端的特性和发展趋势进行简单的介绍。

10.1 技术发展趋势

10.1.1 移动终端的 AI 训练

目前，受限于算力和功耗，移动终端上主要实现的是 AI 推理过程。但回顾过往，从 2007 年苹果的 iPhone 诞生以来，移动终端上的算力已经得到了巨大的提升，智能手机已经能够运行十几年前一台台式机才能支持的大型应用或者游戏。未来，随着算力的提升，移动终端也必将能承载起 AI 训练任务。

我们先看算力方面，随着芯片和系统设计的不断发展，以及深度学习专用加速硬件的应用（如 GPU 等），使得 AI 训练成本大幅下降。我们可以以 ARK Invest 的报告中对服务器端算力提升的数据作为参考（因为技术发展的趋势是一致的，终端的情况可以大体作为参考）。如图 10-1 所示，NVIDIA 于 2017 年发布的 V100 显卡比其 2014 年发布的 K80 的速度快了大约 1700%（显卡通常用于训练大型人工智能系统）。在 2018 年至 2019 年间，由于麻省理工学院、Google、Facebook、微软、IBM、Uber 等公司的软件创新，使 V100 的训练性能提高了大约 800%。

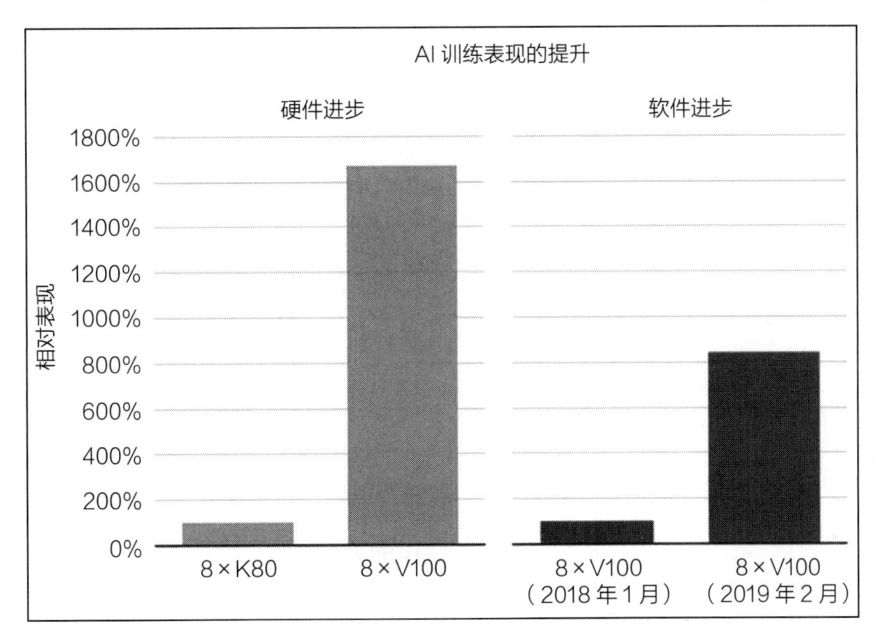

图 10-1 AI 训练性能的提升

模型的运行效率对于是否能在移动终端上顺畅地应用该模型也至关重要，模型运行效率包括模型的内存占用、训练和推断过程中的计算成本，如每秒浮点运算次数（FLOP）等。近年来，AI 模型的运行效率也得到了大幅提升，例如，在 2020 年上半年，开发者就对 Transformer 模型做出了许多基础性改进，形成了十多个新的高效 Transformer 模型，其中一些计算量减少至原来的 1/61。根据 OpenAI 的报告，自 2012 年以来，人工智能模型在 ImageNet 分类中训练神经网络达到相同性能所需的计算量，每 16 个月减少一半（见图 10-2）。

得益于前文所述的硬件性能和模型效率的提升，一些轻量级的训练已经开始被引入移动终端，这里介绍一个通过 iOS 设备进行 AI 训练的例子，以便读者直观地了解移动终端的 AI 训练过程。

图 10-3 中的这个例子来自 Jacopo Mangiavacchi 在 GitHub 上的开源项目，其地址为

https://github.com/JacopoMangiavacchi/MNIST-CoreML-Training。这个项目在 iOS 设备上训练了一个 LeNet 卷积神经网络，在移动设备上实现了手写数字的识别。这个训练过程可以在 iPhone 11 或者 i7 MacBook Pro 上完成，无须提前在其他深度学习框架中进行训练，具体流程如下（对于苹果设备而言，AI 应用的开发基于 Core ML 框架，详见本书 4.3.7 节）：

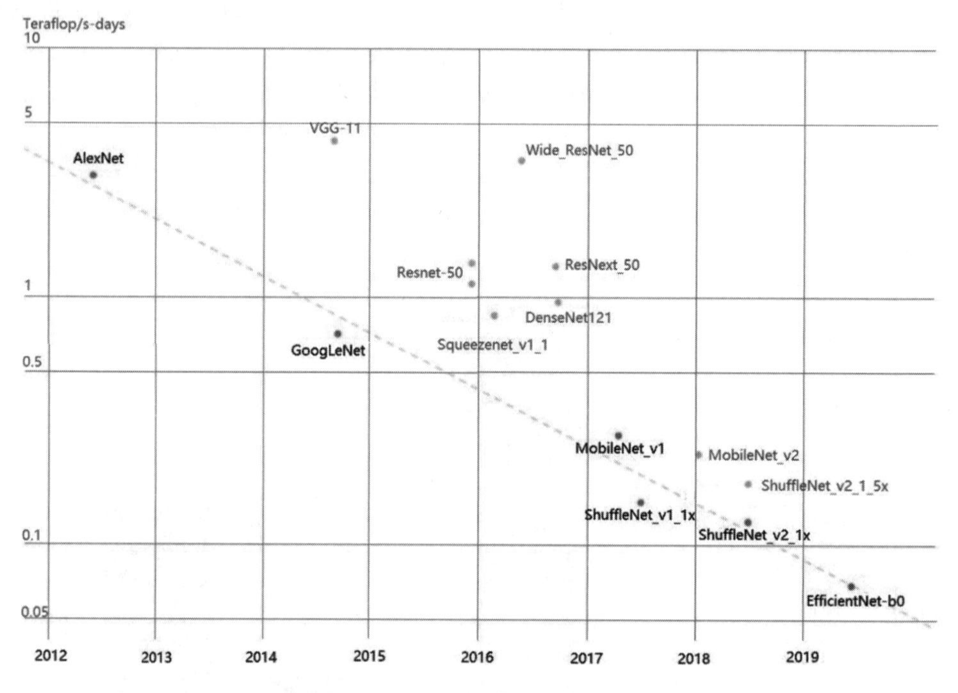

图 10-2　AI 模型的运行效率提升

来源：OpenAI

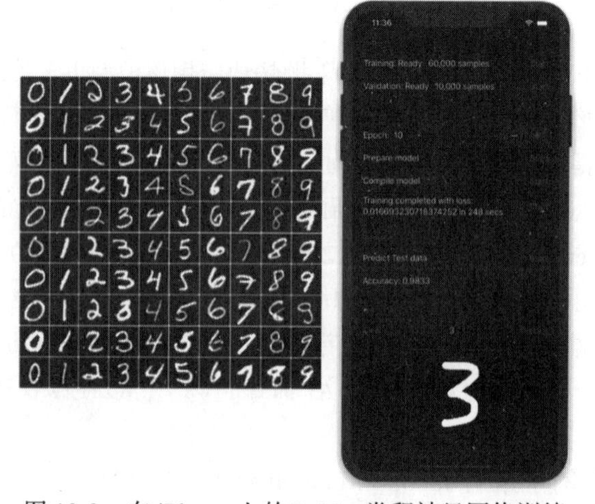

图 10-3　在 iPhone 上的 LeNet 卷积神经网络训练

1）训练数据集的选取。

在这个项目中，Jacopo 选择了通过 MNIST 数据集来训练图像分类模型。MNIST 数据集是一个很有名的手写数字数据集（见图 10-4），它提供了 60 000 个训练样本和 10 000 个测试样本，都是从 0 到 9 的 28×28 的手写数字黑白图像。

图 10-4　MNIST 数据集

2）训练模型的选择（LeNet CNN）。

这个项目主要着眼于在 iOS 设备上通过 MNIST 数据集训练一个 LeNet CNN 模型。LeNet CNN+MNIST 数据集的组合是机器学习训练的一个“经典组合”，LeNet 模型的架构如图 10-5 所示。

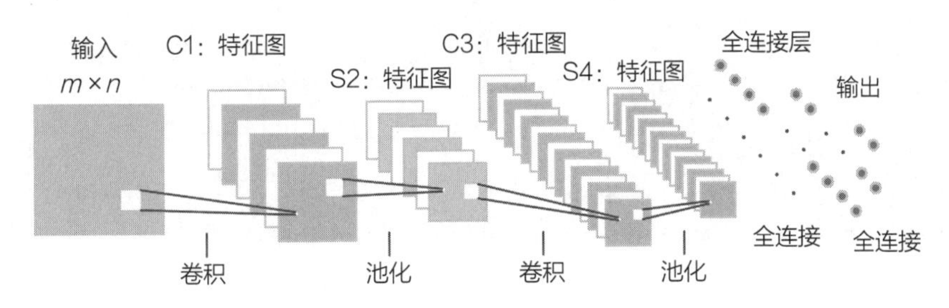

图 10-5　LeNet CNN 模型

3）在 Swift 中为 Core ML 的训练准备数据。

在 Core ML 中创建及训练 LeNet CNN 网络之前，该项目的作者先调整 MNIST 训练数据的 batch。在下列 Swift 代码中（见图 10-6），训练数据的 batch 是专门为 MNIST 数据集准备的，只需将每个图像的像素值从 0 ～ 255 的初始范围归一化至 0 ～ 1 之间的可理解范围即可。

4）为 Core ML 上的模型训练做准备。

处理好训练数据的 batch 并将其归一化之后，就可以使用 SwiftCoreMLTools 库在 Swift 的 CNN Core ML 模型中进行一系列本地化准备了。图 10-7 展示了 SwiftCoreMLTools DSL 函数构建器的代码，同时，也包含了基本的训练信息、超参数等，如损失函数、优化器、学习率、epoch 数、批量大小（batch size）等。

```
func prepareBatchProvider() -> MLBatchProvider {
    var featureProviders = [MLFeatureProvider]()

    var count = 0
    errno = 0
    let trainFilePath = Bundle.main.url(forResource: "mnist_train", withExtension: "csv")!
    if freopen(trainFilePath.path, "r", stdin) == nil {
        print("error opening file")
    }
    while let line = readLine()?.split(separator: ",") {
        count += 1

        let imageMultiArr = try! MLMultiArray(shape: [1, 28, 28], dataType: .float32)
        let outputMultiArr = try! MLMultiArray(shape: [1], dataType: .int32)

        for r in 0..<28 {
            for c in 0..<28 {
                let i = (r*28)+c
                imageMultiArr[i] = NSNumber(value: Float(String(line[i + 1]))! / Float(255.0))
            }
        }

        outputMultiArr[0] = NSNumber(value: Int(String(line[0]))!)

        let imageValue = MLFeatureValue(multiArray: imageMultiArr)
        let outputValue = MLFeatureValue(multiArray: outputMultiArr)

        let dataPointFeatures: [String: MLFeatureValue] = ["image": imageValue,
                                                           "output_true": outputValue]

        if let provider = try? MLDictionaryFeatureProvider(dictionary: dataPointFeatures) {
            featureProviders.append(provider)
        }
    }

    return MLArrayBatchProvider(array: featureProviders)
}
```

图 10-6　MNIST 训练数据的准备

```
public func prepareModel() {
    let coremlModel = Model(version: 4,
                            shortDescription: "MNIST-Trainable",
                            author: "Jacopo Mangiavacchi",
                            license: "MIT",
                            userDefined: ["SwiftCoremltoolsVersion" : "0.0.12"]) {
        Input(name: "image", shape: [1, 28, 28])
        Output(name: "output", shape: [10], featureType: .float)
        TrainingInput(name: "image", shape: [1, 28, 28])
        TrainingInput(name: "output_true", shape: [1], featureType: .int)
```

图 10-7　SwiftCoreMLTools DSL 函数构建器代码

5）使用 Adam 优化器训练神经网络，具体参数如图 10-8 所示。

```
NeuralNetwork(losses: [CategoricalCrossEntropy(name: "lossLayer",
                       input: "output",
                       target: "output_true")],
        optimizer: Adam(learningRateDefault: 0.0001,
                        learningRateMax: 0.3,
                        miniBatchSizeDefault: 128,
                        miniBatchSizeRange: [128],
                        beta1Default: 0.9,
                        beta1Max: 1.0,
                        beta2Default: 0.999,
                        beta2Max: 1.0,
                        epsDefault: 0.00000001,
                        epsMax: 0.00000001),
        epochDefault: UInt(self.epoch),
        epochSet: [UInt(self.epoch)],
        shuffle: true) {
```

图 10-8　使用 Adam 优化器训练神经网络

6）构建卷积神经网络，卷积层、激活与池化层定义如图 10-9 所示。

```
Convolution(name: "conv1",
            input: ["image"],
            output: ["outConv1"],
            outputChannels: 32,
            kernelChannels: 1,
            nGroups: 1,
            kernelSize: [3, 3],
            stride: [1, 1],
            dilationFactor: [1, 1],
            paddingType: .valid(borderAmounts: [EdgeSizes(startEdgeSize: 0, endEdgeSize: 0),
                                                EdgeSizes(startEdgeSize: 0, endEdgeSize: 0)]),
            outputShape: [],
            deconvolution: false,
            updatable: true)
ReLu(name: "relu1",
     input: ["outConv1"],
     output: ["outRelu1"])
Pooling(name: "pooling1",
            input: ["outRelu1"],
            output: ["outPooling1"],
            poolingType: .max,
            kernelSize: [2, 2],
            stride: [2, 2],
            paddingType: .valid(borderAmounts: [EdgeSizes(startEdgeSize: 0, endEdgeSize: 0),
                                                EdgeSizes(startEdgeSize: 0, endEdgeSize: 0)]),
            avgPoolExcludePadding: true,
            globalPooling: false)
```

图 10-9　卷积层、激活与池化层定义

7）再使用一组与前面相同的卷积、激活与池化操作，之后输入 Flatten 层，再经过两个全连接层后使用 Softmax 输出结果，如图 10-10 所示。

以上构建的 Core ML 模型有两个卷积和最大池化嵌套层，在将数据全部压平之后，连接一个隐含层，最后是一个全连接层，经过 Softmax 激活后输出结果。

该项目作者在 macOS、iOS 模拟器和真实的 iOS 设备上进行了测试。用 60 000 个 MNIST 样本训练了 10 个 epoch，在模型架构与训练参数完全相同的前提下，使用 Core ML

在 iPhone 11 上训练大概需要 248 秒，在 i7 MacBook Pro 上使用 TensorFlow 2.0 训练需要 158 秒（仅使用 CPU 的情况下），但准确率都超过了 98%。

```
Flatten(name: "flatten1",
             input: ["outPooling2"],
             output: ["outFlatten1"],
             mode: .last)
InnerProduct(name: "hidden1",
             input: ["outFlatten1"],
             output: ["outHidden1"],
             inputChannels: 1152,
             outputChannels: 500,
             updatable: true)
ReLu(name: "relu3",
     input: ["outHidden1"],
     output: ["outRelu3"])
InnerProduct(name: "hidden2",
             input: ["outRelu3"],
             output: ["outHidden2"],
             inputChannels: 500,
             outputChannels: 10,
             updatable: true)
Softmax(name: "softmax",
        input: ["outHidden2"],
        output: ["output"])
```

图 10-10　输出结果

10.1.2　移动终端的联邦学习

在 10.1.1 节中，我们通过一个开源项目的例子展示了移动设备上的 AI 训练过程，这个训练基于单台设备，训练数据来自公开的数据集。在人们使用移动终端的过程中，会产生各种个性化的数据，如果使用海量用户产生的这些个性化的数据来进行训练，优化和改进的模型可以得到更好的推理效果。但出于对隐私保护的需要，用户产生的数据不宜直接上传到云端用于训练，随着移动终端算力的提升和对隐私保护的需要，联邦学习（也称为分布式训练）开始被引入移动终端上来。

1. 联邦学习的概念

神经网络模型需要大量的数据进行训练，对于移动终端的智能应用，通常情况下的模式是，用户在设备上产生的数据会被上传到服务器中，然后由部署在服务器上的神经网络模型根据收集到的大量数据进行训练得到一个模型，服务商根据这个模型来为用户提供服务。随着用户设备端数据的不断更新并上传到服务器，服务器将根据这些更新数据来更新模型，这是一种集中式的模型训练方法。然而这种方式存在两个问题：1）无法保证用户的数据隐私，用户使用设备过程中产生的所有数据都将被服务商所收集；2）难以克服网络延迟所造成的卡顿，这在需要实时性的服务（例如输入法）中尤其明显。那么，有没有可能通过做一个大型的分布式神经网络模型训练框架，让用户数据不出本地（在自己的设备中进行训练）的同时也能获得相同的服务体验？解决的方法便是上传权重，而非数据。我们知道神经网络模型是由不同层的神经元之间连接构成的，层与层之间的连接则是通过权重实现的，这些权重决定了神经网络能够做什么：一些权重是用来区分猫和狗的；另一些则可以区分桌子和椅子。从视觉识别到音频处理都是由权重来决定的。神经网络模型的训练本质上就是在训练这些权重。简单地说，移动终端的联邦学习，不再是让用户把数据发送到服务器，然后在服务器上进行模型训练，而是用户在本地训练，加密上传训练模型（权重），服务器端会综合成千上万的用户模型后再向用户反馈模型改进方案。

2016 年，Google 在论文“Federated Learning: Strategies for Improving Communication Efficiency”中，首先提出“联邦学习”（federated learning）的概念，该方法能够通过联合分布于多个移动终端上的数据，实现云端模型的训练（也可称为分布式训练）。联邦学习的核心在于模型中心化和数据去中心化，其目的是保护用户隐私与数据安全。2019 年，香港科技大学的杨强教授在 *Federated Machine Learning: Concept and Applications* 一文中，根据实施方式和应用场景的不同，将联邦学习分为横向（horizontal）联邦学习和纵向（vertical）联邦学习。两者的区别如图 10-11 所示。

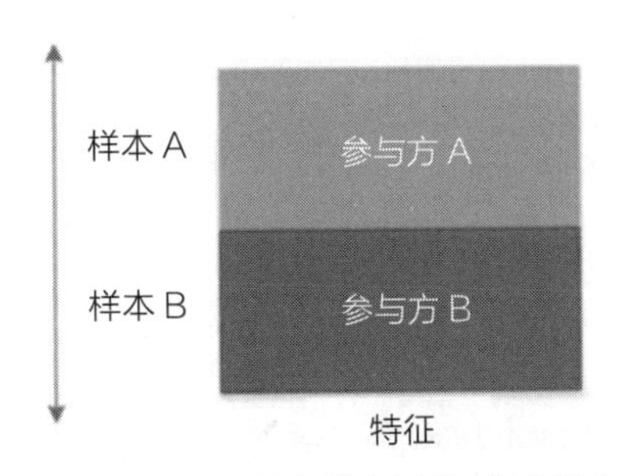

横向联邦学习：特征维度相同，样本聚合

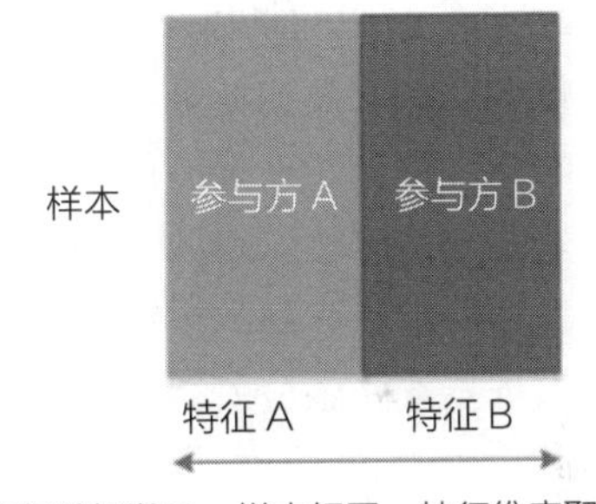

纵向联邦学习：样本相同，特征维度聚合

图 10-11　横向联邦学习与纵向联邦学习的区别

联邦学习自提出以来，不仅吸引了学术界和工业界越来越多的关注，而且逐渐开始应用于实践。Google 提出的联邦学习属于横向联邦学习的一种。其特点是数据特征维度相同，联邦学习可以聚合不同终端设备上的数据进行模型训练，主要是解决数据量不足的问题。

2. 移动终端的联邦学习和过程

Google 于 2019 年发布的实用化的移动端分布式训练平台可以利用移动设备来进行用户交互训练，其工作原理是这样的（见图 10-12）：移动设备下载当前的模型，然后通过手机中的数据来训练此模型，再将此过程中模型表现的不足之处进行改善，然后将改善后的模型通过加密通信的方式发送到云端，云端接收到多个移动设备传回的模型后，再对模型进行完善，这样就能得到一个更好的模型。在这个过程中，所有的训练数据都在你自己的设备之中，并不会存储到云中。这意味着在联邦学习的方式下，把数据保存在云端不再是进行大规模机器学习的必要前提。这个分布式训练系统属于横向联邦学习，所有用户的数据特征维度相同，其核心算法包括 Federated Averaging（FedAvg）、Gradient Averaging（Synchronous SGD）和 Model Averaging（Synchronous SGD）。

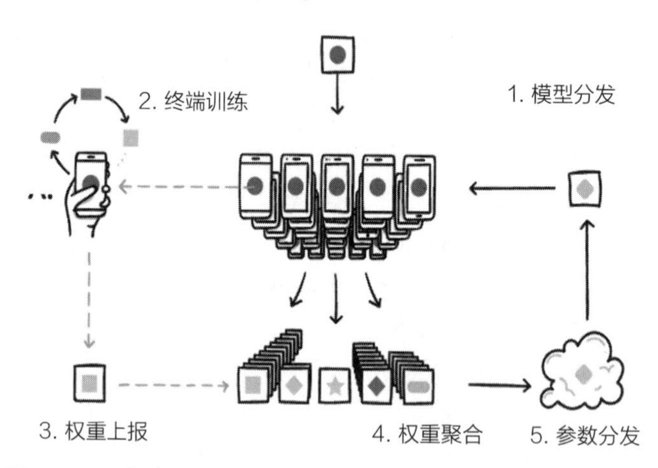

图 10-12 手机根据用户的使用情况在本地训练适合用户的模型

这个分布式训练过程的具体步骤如下：

步骤 1：服务器端分发初始模型参数给客户端。

步骤 2：客户端利用自己拥有的数据在本地训练模型。

步骤 3：客户端将本地获得的模型参数更新发送给服务器端。

步骤 4：服务器端将收到的模型参数更新进行融合（如加权平均）。

步骤 5：服务器端将融合所得的模型参数再分发给客户端，回到步骤 2。

重复步骤 2 ～步骤 5，直到模型收敛，达到迭代次数限制，或者达到训练时间限制。

移动设备上的模型通常是经过压缩的，因此模型训练的耗能比较小，同时，分布式训练可以在闲置时进行模型训练和更新。因此，分布式训练过程不会对用户的使用体验造成影响。在这个过程中，所有的训练数据不上传到云端，可以很好地保护用户隐私数据安全。

3. 联邦学习的安全

在横向联邦学习中，手机端上传到云端的是梯度信息。那么梯度是否会泄露用户原始数据的信息呢？在 *Privacy Preserving Deep Learning via Additively Homomorphic Encryption* 一文中，作者提出，使用梯度信息可能会重构出用户的原始数据特征，因此，为了保护用户的数据安全，需要对梯度信息进行进一步保护。在 *Practical Secure Aggregation for Privacy-Preserving Machine Learning* 一文中，Google 提出了安全聚合（Secure Aggregation）方法，可以在无精度损失的情况下实现梯度信息的聚合。另外，使用差分隐私技术，对梯度信息加差分扰动，也可以保护梯度信息，具体参见 Apple 2017 年发表的论文“ Protection Against Reconstruction and Its Applications in Private Federated Learning”。下面对安全聚合和差分隐私技术进行介绍。

（1）安全聚合

Google 提出的安全聚合，用于多方计算中各参与方在不泄露自身数据的情况下进行数据整合（见图 10-13）。在联邦学习中，由服务器端收集每个用户的模型梯度信息并进行聚合操作。安全聚合保证了在上述过程中，服务器端仅能得到所有用户梯度信息聚合后的结果，而无法获得聚合前某一个用户的原始梯度信息。安全聚合具有以下的优势：无精度损失；安全性高；能够应对用户中途掉线的情况，鲁棒性强。

加入安全聚合机制后，服务器端可以在不知道每个用户上传的原始梯度信息的前提下得到所有用户聚合后的梯度信息。在安全聚合中，需要所有参与方（包括服务器端和用户端）符合“半诚实假设”（honest-but-curious），即通信协议中的合法参与者不会违反通信协议中的规定，但是会尝试从合法接收的消息中获取所有可能的信息。一个半诚实假设的参与者不会进行恶意行为，如篡改上传数据、说谎等，同时服务器端也不会和用户端串通。如果用户是恶意的，那么他们有能力在不被检测到的情况下偏移聚合结果，甚至违反协议条规来取得其他用户的数据或信息，那么对于这一类用户，安全聚合并不能完全保证安全性。

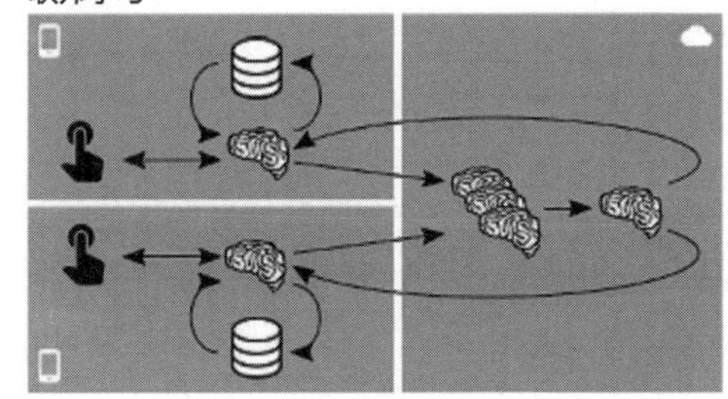

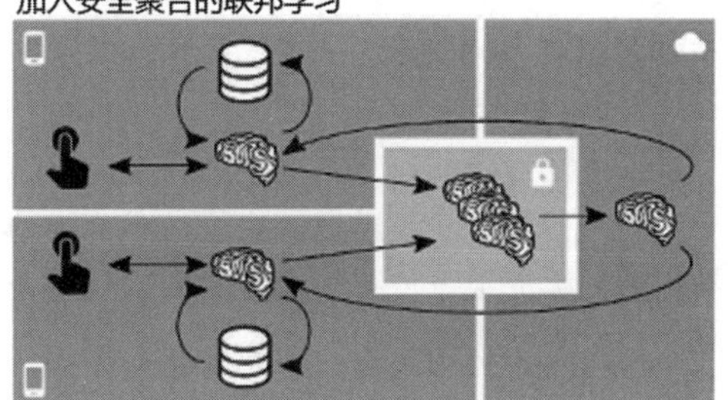

图 10-13 传统的联邦学习与加入安全聚合的联邦学习

安全聚合的基本过程是，服务器端对用户提前编号，对于每两个用户 u 和 v，基于 Diffie-Hellman 密钥交换算法构造一个双方共同维护的共享密钥 $s_{u,v}$，$u<v$。用户 u 将他的原始明文信息 x_u 加上所有与其他用户构造的共享密钥作为扰动，生成一个密文 y_u，并将其上传至服务器端。

$$y_u = x_u + \sum_{u<v} s_{u,v} - \sum_{u>v} s_{v,u}$$

当所有用户上传密文后，服务器端将所有密文求和，那么所有扰动将被抵消，求和结果即为所有明文的求和结果，服务器端得到聚合结果，同时每个用户的原始明文并未被暴露，如图 10-14 所示。

$$\sum_{i=1}^{3} y_i = x_1 + s_{1,2} + s_{1,3} + x_2 - s_{1,2} + s_{2,3} + x_3 - s_{1,3} - s_{2,3} = \sum_{i=1}^{3} x_i$$

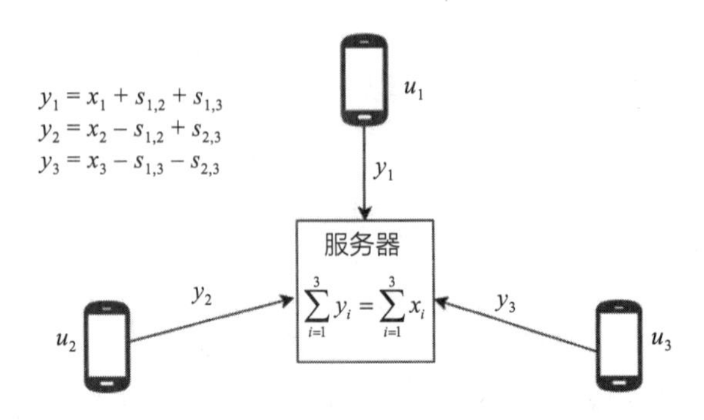

图 10-14 安全聚合中服务器端的聚合过程

然而，这个过程在真实场景中会有许多不确定的因素，比如用户掉线、通信延迟等，导致信息泄露或者无法完成聚合等。Google 为了解决这些问题，增加了额外的端云通信轮次，并使用 Shamir t-out-of-n 秘密共享算法与一个额外的扰动变量，以确保聚合结果正确和信息安全，在完整安全聚合框架中，一次聚合所需要的通信轮次达到了 5 次。安全聚合既安全又无精度损失，但也存在一些劣势，导致其理论建立后，鲜有联邦学习架构真正使用 Google 这套完整的安全框架，其劣势主要体现在：架构复杂，工程量大；计算量大，当数据维度为 m，用户数为 n 时，完成一次聚合，每个用户的计算量为 $O(n^2+mn)$，服务器端的计算量为 $O(mn^2)$。

（2）差分隐私

另一种用于联邦学习的安全技术为本地差分隐私技术。本地差分隐私拥有严谨的统计学模型，极大地方便了数学工具的使用以及定量分析和证明。差分隐私理论引起计算机科学、数据库与数据挖掘、机器学习等多个领域的关注，如今在深度学习、联邦学习领域的应用也较多。本地差分隐私的定义如下：

给定 n 个用户，每个用户对应一条记录，给定一个隐私算法 M 及其定义域 $\mathrm{Dom}(M)$ 和值域 $\mathrm{Ran}(M)$，如果算法 M 在任意两条记录 t 和 t'（t，$t' \in \mathrm{Dom}(M)$）上得到相同输出结果 t^*（$t^* \subseteq \mathrm{Ran}(M)$）的概率满足不等式

$$\Pr[M(t) = t^*] \leqslant e^{\varepsilon} \times \Pr[M(t') = t^*]$$

则 M 满足 ε- 本地差分隐私。

本地差分隐私通过控制任意两条记录输出结果的相似性来保护用户的数据，其中 ε 为隐私预算，ε 越小，任意两条输入得到相同输出结果的概率越高，隐私保护程度越高。

用户可以在上传梯度信息前，利用本地差分隐私算法对自己的梯度信息施加满足条件的差分扰动。服务器端在得到加噪数据后，对所有用户的数据进行聚合，然后通过服务器端配套的抵消扰动的校正算法把差分扰动抵消掉。这样云端就恢复不了每个用户的梯度，但是聚合的结果是不变的。本地差分隐私的优势是简单易用，并且计算量小；缺点是扰动的抵消依赖于概率论上的无偏估计，可能会使云端的梯度聚合结果不准确。所以，差分隐

私是一种以精度损失为代价换取隐私保护的机制，在特定的研究和应用中，需要权衡好精度和隐私保护之间的得失。

4. 移动终端联邦学习平台

目前，如何在更好地保护用户数据隐私的前提下为用户提供 AI 服务成为移动终端企业的重要关注方向，联邦学习无疑是一个较好的技术实现方法。Google 公司发布的分布式训练平台无疑为联邦学习技术打下了技术实现基础，国内的一些头部企业也基于这个技术打造了移动终端联邦学习平台。以下我们以 vivo 公司的平台为例介绍智能终端联邦学习平台，vivo 的联邦学习平台框架如图 10-15 所示。

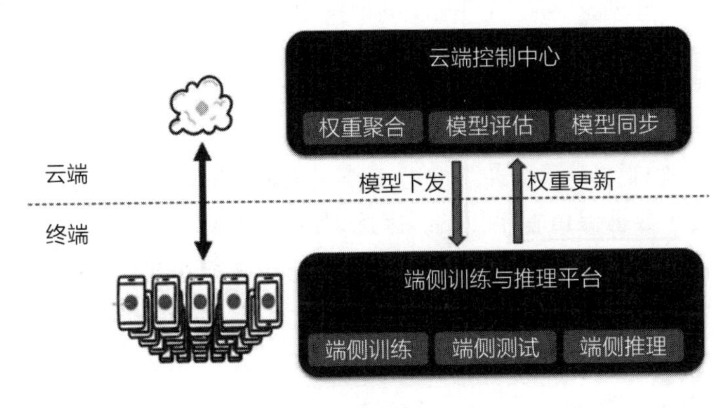

图 10-15　vivo 智能手机联邦学习平台

该联邦学习平台主要实现了以下功能：

- 模型中心化：云端同步，设备共享。
- 数据去中心化：数据存储在用户手机上。
- 终端训练：模型的训练与推理在手机端侧进行。
- 模型更新：模型在云端更新，然后下发到端侧。

平台实现联邦学习的主要流程如下：

1）将设计好的算法模型下发到用户终端设备上，在终端设备上训练算法模型。

2）得到梯度更新后，使用差分隐私算法，增加差分扰动后上传。

3）云端对接收到的梯度信息进行聚合，更新云端模型，然后下发新模型到用户终端设备。

4）重复以上步骤，直到预设停止条件。

该联邦学习的技术特点：

1）调度优化

使用后台调度框架，在手机充电、电量充足、灭屏且连接 wifi 等前提条件下进行模型的训练。同时，通过进程调度策略降低训练进程优先级，优先保证用户前台任务的调度，从而最大幅度降低对用户手机正常使用的干扰。

2）性能优化

vivo 自研的移动端 AI 计算加速平台 VCAP（vivo Computation Acceleration Platform）已经实现了深度学习模型的终端训练，支持主流算子，其推理性能和训练性能表现优异，并在持续优化中。

3）差分隐私

在联邦学习平台中采用了差分隐私技术，保护梯度信息。

4）同步训练

联邦学习平台的训练方案类似于分布式训练中的同步训练方案。终端在使用本地数据训练之前，会与云端同步最新模型信息，并基于最新的模型训练。云端会聚合基于同一模型训练得到的梯度更新，从而能够保证模型训练的收敛效果，并减少设备掉线带来的影响。

5）数据验证

在线测试在通常训练中，每训练完若干个 epoch，会使用验证集进行一次模型测试。在联邦学习中，由于数据保留在手机端，因此训练集和验证集都在手机端。当完成若干个 epoch 的训练后，将进入验证阶段，此阶段将选择部分用户手机中的数据作为验证数据集，在手机终端中执行模型的测试，并将测试结果上报云端，由云端统计得出该版本模型的验证准确率。

5. 智能手机联邦学习实例——“点击率预估”

点击率预估（CTR）是联邦学习应用的一个典型场景，其特点是数据可以在终端产生，并通过终端上的用户交互产生样本标签。我们基于点击预估数据集，使用 vivo 的联邦学习框架进行了离线的联邦学习模拟实验。实验结果及说明如下：

- 数据描述：2-classes 的点击预测任务。
- 数据集：22 197 份样本。
- 测试数据集：5550 份样本。
- 模型设计：embedding 层 + textCNN 层 + FC 层。
- baseline（使用全量数据训练）准确率：0.755。
- 联邦学习设置：在该场景下，每一条数据都对应了用户 id，因此可以根据用户 id 分配数据。最终将数据一共分配给了 2430 个模拟的移动终端，每个移动终端上的数据量不同，多则 100 多条，少则 1 条。该模拟方式符合真实场景下的训练环境。我们模拟了不同的参与训练终端设备数的情况，由于总设备数已经固定，因此仅调整每轮参与训练的设备数。

我们选取 2430 个用户，分别测试以下场景：每轮选取 100/200/300/500 个用户参与训练并且在特定回合加入差分隐私。其中大部分曲线表示在第 10 回合加入差分隐私，特别标出一条曲线表示全程不加入差分隐私。最终可以看到：联邦学习的训练效果（0.7 左右）（见

图 10-16）最终接近 baseline（0.755）；差分隐私的加入并没有影响训练的进行；每轮训练选择不同的用户数，对模型训练会有不同的影响，这是联邦训练的一个超参数。在真实的线上环境中，可以考虑选取数据质量较好的用户参与联邦学习训练和梯度聚合，以保证较好的训练效果。

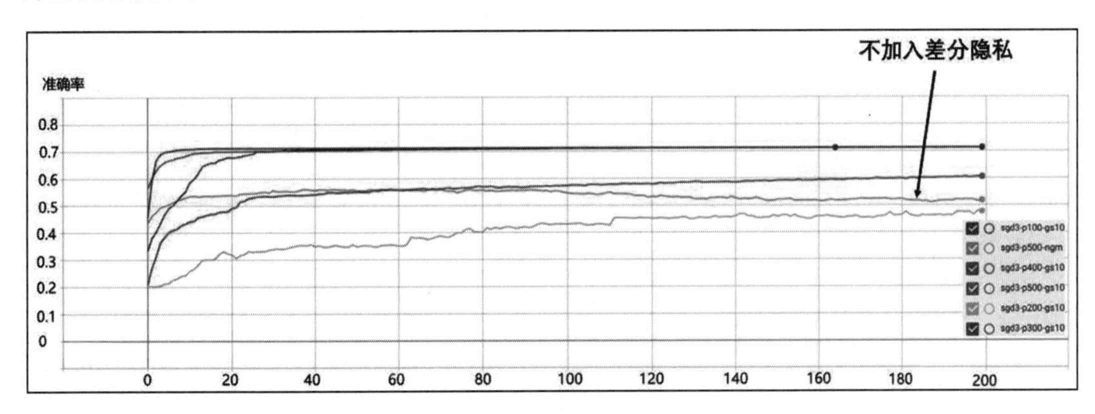

图 10-16　训练曲线图

在智能通知、用户意图预测等实际业务场景中，智能手机都存在利用联邦学习的业务落地前景。联邦学习技术能够解决在有隐私数据保护的情况下 AI 算法训练的问题，实现了用户隐私保护和数据安全合规。

10.2　产品发展趋势

除了智能手机外，许多传统的终端也开始通过支持人工智能技术让产品变得更加智能，比如智能音箱、智能座舱设备、智能电视、智能冰箱等。同时还有许多新型终端产品携带人工智能技术出现在消费者面前，如智能机器人产品、无人机、医疗产品和安防产品等。相比智能手机丰富的 AI 功能，这些终端产品具备不同的形态，搭载不同的人工智能技术可以完成特定的任务和功能。下面将对这些产品的形态、使用的人工智能技术和未来的发展趋势逐一进行介绍。

10.2.1　智能语音终端

智能语音终端是指将现有语音识别、语音合成等人工智能技术应用于已有的各类通信、生活服务设备，例如智能音箱、车载语音设备等。

智能语音终端涉及的关键技术包括语音识别技术和语音合成技术等智能语音技术。语音识别技术能将语音转为文本，相反，语音合成技术能将文本转为语音。

第 1 章中介绍过，传统的语音识别技术用到的语言模型多采用统计学方法的隐马尔科夫模型（HMM），由于深度学习的快速发展，现多用以神经网络为基础的语音识别系统模仿神经元的活动机制，通过不同的算法以及网络结构来辅助完成其工作。现在，应用于市场的语音识别系统，针对普通话识别的准确率均超过了 90%，在安静场景下绝大部分已超过 95%。

语音合成系统主要由三部分组成：文本分析、声学模型的频谱预测和信号生成（合成语音）。现在主流的方法是统计参数语音合成法，也是用到基于隐马尔科夫模型的语音合成。

随着智能语音技术近年来迅速发展，国内以科大讯飞为代表的智能语音厂商纷纷进行市场布局，提供语音识别、语音合成、集成化产品、智能语音云平台等多样化能力服务。大量的智能语音产品已经进入市场和服务领域，被广泛应用于智能终端、移动互联网应用、金融、电信、汽车、家居、教育等行业，推动了车载语音、智能家居、语音课件等产品的迅猛发展。

10.2.2 自然语言处理终端

自然语言处理（Natural Language Processing，NLP）是研究计算机如何处理人类语言的一门技术，是机器理解并解释人类写作与说话方式的能力，也是人工智能最初发展的切入点和大家关注的焦点。将自然语言处理技术应用于文本分类、搜索、语音模型、机器翻译以及问答系统等，就衍生出了自然语言处理终端，典型的终端产品有翻译机（如中英文翻译机）、智能客服、聊天机器人等。

自然语言处理终端的应用主要有以下两方面：

1. 机器翻译系统的应用

随着全球互联互通日益频繁，人们对实时翻译的需求越来越强，实时机器翻译的使用范围涵盖消费者应用到有望能够帮助专业语言学家显著提高生产力的自适应机器翻译工具。尽管机器学习技术发展迅猛，但不得不承认机器翻译还是会犯人类永远不会犯的错误。这一问题增加了实时输入的挑战，让问题变得十分棘手。以 IBM、Google、微软、科大讯飞为代表的国内外科研机构和企业均相继成立机器翻译团队，专门从事智能翻译研究来解决这一难题。

机器翻译领域最早期也最普遍的产品是翻译软件。国内以百度、网易、腾讯、搜狗为代表的互联网科技公司纷纷出品自己的翻译产品。跨境旅游是机器翻译非常重要的应用场景。2018 年 7 月 24 日，Google 宣布公开发布 AutoML Translate 测试版，利用它，客户可以使用 Google Translate 基于神经网络的机器翻译系统（NMT）提供自己的内容来训练自定义翻译模型。这一新产品的研发，为将来的用户带来更多的选择性。

机器翻译的另一个重要应用是大数据自动翻译，因为海量数据需要投入的人工成本巨大，机器翻译是唯一的可行选择。比如基于（移动）互联网的跨境电商、旅游、外贸、O2O、跨境金融、社交等众多领域，以及国家安全、情报、军队等部门，在业务实施中都面临多语种数据快速处理的问题。

2. 问答系统的应用

聊天机器人是问答系统的一种表现形式，更进一步，智能客服是聊天机器人的重要应用场景。其主要功能是同用户进行基本沟通，并自动回复用户有关产品或服务的问题，以达到降低企业客服运营成本、提升用户体验的目的。一些具有代表性的商用系统有京东商城的JIMI（京东智能客服）、百度研发的度秘、阿里研发的小蜜机器人、苏宁云商的小苏智能机器人等。据相关机构统计，国内整个客服的市场规模已经超过千亿。目前，在实践中，人工在线客服仍然是企业使用率最高的客服系统，而智能客服的使用率还不高。但二八原理在客服领域同样适用，因为八成以上的问题都是高度重复的，所以只要知识库的数据足够全面，智能客服就能够为用户提供满意的解决方案。智能客服的市场虽还处于起步阶段，但已经成为趋势，发展空间巨大，随着技术积累及进步，将广泛应用到各个行业的业务场景中去。

随着深度学习的发展，聊天机器人是问答系统的另一个研究热点。由于其属于开放领域，现在的 NLP 技术的语言模型多为生成式模型，还不够成熟，因此生成的结果往往词不达意。模型依赖大规模数据的多次训练，成本高，时间长，在商业中的应用还未成熟。

10.2.3 智能机器人产品

智能机器人是指通过 AI 技术的应用，具备感知、协同、决策和反馈能力的产品。国际机器人联盟（IFR）目前将机器人分为工业机器人和服务机器人两类。智能工业机器人可具备打包、定位、分拣、装配等功能；服务机器人又可根据任务和使用场景分为扫地机器人、看护机器人等家用服务机器人，零售等公共服务机器人，医疗机器人等。

机器人技术按照通常的理解分为三个部分：感知、认知和行为控制。感知部分主要是基于视觉、听觉及各种传感器的信息处理，包括传感器与芯片等基础硬件和图像识别、机器学习、自然语言理解、语音识别算法等软件；认知部分则负责更高层的语义处理，如推理、规划、记忆、学习等；行为控制部分专门对机器人的行为进行控制。机器人本身就是人工智能的终极应用目标之一。人工智能对于机器人非常重要，上述三个部分的技术都与人工智能具体实现相关。

从应用角度看，机器人由于有一定的自主性，能与人和环境交互，与之前的计算设备（包括电脑、手机等）相比，对智能程度的要求较高，这也是人工智能逐渐受到关注的一个原因。

从技术上看，人工智能要达到人类级别，要走的路还非常远，因为目前对人的智能机理尚未研究清楚。但从实用角度看，根据目前技术的进展，如果能够部分模拟人的智能行为（比如认出主人并进行相应的交互）并达到较好的用户体验，将会在短期内取得突破性进展。当然这在技术研发上还需要进一步解决技术的实用性、鲁棒性问题。毕竟以往不少的机器人都还在实验室或者受限的环境中（比如酒店服务机器人）进行研发和测试，而新兴的家庭服务机器人将在家庭环境中独立或者半独立地（通过与人的协作）提供某些服务，这对技术的鲁棒性提出了更高要求。其中的一些，如计算机视觉、语音识别等核心技术还在不断改进中，在部分场景下的识别能力甚至超过了人类，但是从整体和深度上来说，还没有发展到完全成熟的程度。所有这些都决定了需要有相当深入的研发工作作为支撑，才能实现真正的实用化、智能化的家庭服务机器人系统。

10.2.4 智能无人机

无人驾驶航空器（Unmanned Aerial Vehicle，UAV，简称无人机）通常指由动力驱动、机上无人驾驶的航空飞行器。它通常由机体、动力装置、航空电子电气设备、任务载荷设备等组成，可以分为军用级、工业级及消费级无人机。消费级无人机主要用于航拍、跟拍等场景；工业级无人机主要用于农林、物流、安防等多个行业领域。

近年来，随着人工智能技术的发展，人工智能与无人机的结合产生了智能无人机的概念。智能无人机支持智能避障、自动巡航、面向复杂环境的自主飞行、群体作业等关键技术，支持在数据传输、链路控制、监控管理等方面应用的新一代通信及定位导航技术，具备智能飞控系统、高集成度专用芯片等关键部件。

智能无人机的关键技术包括：双目机器视觉、红外激光视觉等机器视觉硬件技术，能够智能感知周边环境并把结果数据传递给相应软件；图像分割算法等机器视觉软件技术，实现无人机的环境三维建模；语音识别、人脸识别、图像识别等人工智能算法的应用，实现无人机更加智能的控制、路径规划等功能；智能飞控、智能避障、自动巡航等智能软件功能，实现无人机在复杂环境中的自主飞行、碰撞规避、自动执行任务等功能。未来的AI飞行监控云平台将不需要再通过人观看无人机传回的实时视频来进行控制，而是由云端的AI代替人观看视频来控制无人机，这将进一步提升效率，解放人力，让无人机成为真正的空中智能平台。

智能无人机已经在多个领域或行业中应用，例如：

- 智能物流：快递物流是极具潜力的无人机应用领域之一。亚马逊、京东等都已经开展无人机在物流等专业领域的应用。我国也已经出台相关政策鼓励智能物流的发展。2018年1月，国务院出台的《关于推进电子商务与快递物流协同发展的意见》中明确指出，要提高科技应用水平，鼓励快递物流企业采用先进适用技术和设备，提升快递物流装备自动化、专业化水平。通过更强的智能操控能力和更高的定位精度，无人机能够摆脱地形和极端条件的限制，进一步解放人力，提高物流效率。
- 智能巡检：无人机搭载高清摄像仪，具备高精度定位和自动检查识别功能，可以对输电设备等进行智能巡检，对故障进行智能拍照和分析处理。无人机智能巡检已经有一些实际应用，例如广东电网的变电站巡检。
- 无人机全景虚拟现实直播：无人机，尤其是消费级无人机在航拍领域一直有广泛的应用。通过搭载全景镜头，完成视频采集、拼接处理与视频流处理，配合更智能的飞行状态监控、远程操控和网络定位能力，能够实现4K甚至8K实时直播。

此外，在测绘、农林等领域，智能无人机也有一定的应用和良好的发展前景。

10.2.5 智能家居产品

智能家居一般是在住宅范围内由智能硬件（智能家电、智能控制设备、网关、传感器、安防设备等）、软件系统和云平台构成的家居生态圈，实现用户对家居设备的远程控制、设备间互联互通等，并通过收集、分析用户行为数据为用户提供个性化生活服务，使家居生活安全、舒适、节能、高效、便捷。

智能家居场景下的应用提升智能家居产品交互体验，通过语音交流、计算机视觉、手势识别等应用 AI 识别的新技术显著提高了智能家居的交互体验，使得智能家居大规模应用成为可能。

语音交流更倾向于日常交流方式：通过人类的语言给机器下指令，从而达到自己的目的，而无须进行其他操作，人机交互过程更为自然。其中包含以下重要过程：自动语音识别技术（Automatic Speech Recognition，ASR），识别人说的话；自然语言处理（Natural Language Processing，NLP），对识别的内容提取信息并处理；从文本到语音技术（Text To Speech，TTS），把计算机的处理结果转换成声音播放给用户。语音交互在特定的场景，比如远程操纵、在行车过程中等具有优势，能够实现在特定场景中解放双手，在相对封闭的环境中，语音识别成为主流的人机交互方式。近年来，语音交互的核心环节取得重大突破，语音识别环节突破了单点能力，达到 97% 以上的中文语音识别准确率，从远场识别到语音分析、语义理解，各项技术都日趋成熟，多轮对话的实现等都有利于使语音交互取代传统的触屏交互方式，整体的语音交互方案已被应用到智能家居领域中。

计算机视觉、手势识别等交互方式成为语音交互的辅助，亚马逊 echo 在 echoshow 产品中已搭载屏幕，而智能电视除可进行语音交互之外，还可通过计算机视觉技术分析视频内容，并对内容相关的资料进行下一步操作，包括短视频剪辑、边看边买等。如在智能冰箱中，通过计算机视觉技术可实现对冰箱内食品进行分析，以及衍生出的用户健康管理和线上购物等功能，多种交互方式将统一应用在家居生活场景中，从而为用户提供更为自然的交互体验。

同时，伴随着智能家居平台的发展，通过 IFTTT（If This Then That）的场景实现方式，智能家居实现多种家居产品的联动，用户可以自定义多个使用场景，实现定制化、个性化。人工智能技术的发展将使得个人身份识别、用户数据收集、产品联动在潜移默化中变成现实，未来家居生活场景中将提供适合每个家庭成员的个性化服务。

10.2.6 智能医疗产品

智能医疗产品广义上指具有一定智能的，能相对自动化运行的医疗相关产品，具体来说是指利用人工智能技术，能高效地自动运行的医疗相关产品。目前智能医疗产品还没有统一的概念。

2008 年，IBM 首次提出了“智能医疗”的概念，设想把物联网和人工智能技术充分应用到医疗领域，实现医疗信息互联、共享协作、临床创新、科学诊断以及公共卫生预防等。

智能医疗能利用先进的人工智能技术和物联网技术搭建患者与医务人员、医疗机构、医疗设备间交互的桥梁，打造健康档案区域医疗信息平台，利用最先进的物联网技术，实现医疗信息化和智能化。在不久的将来，医疗行业将融入更多更先进的人工智慧、传感技术等，加快医疗服务智能化，推动医疗事业繁荣发展。

智能医疗运用到的关键AI技术包括语音识别，自然语言识别、图像识别、传感器融合、机器训练。

智能医疗运用到的算法包括深度学习、支持向量机、决策树、增强学习、卷积神经算法。其主要应用在辅助诊断系统、图像辅助诊断系统、智能健康管家、生物医学辅助研究、语音病例记录系统、医疗机器人、新药研发、基因测序等医疗与健康体系中。

10.2.7 智能安防产品

安防系统的最终客户应用可以分为城市级、行业级和消费级三个不同方面。城市级应用主要指大型的政府项目建设，例如"平安城市""智慧城市""雪亮工程"等；行业级应用面向公安、交通、司法、银行金融、商业零售、教育、医疗、娱乐、文体博、住宅社区等众多领域；消费级应用则主要针对民用安防和车载监控。

针对这些应用，所涉及的安防终端产品主要还是以摄像头的形式呈现，具体形态可以包括监控摄像机、人证核验设备、人脸识别门禁和人脸识别闸机，以及面向个人的智能安防产品，如智能门锁等。

以上这些安防终端产品主要都是采用了图像识别技术，将相应的视频监控数据结构化为以人、车、物为主体的属性信息，并进一步进行分析、处理。其中，人证核验设备、人脸识别门禁/闸机、智能门锁是以识别静态数据为目的，而一般监控摄像机则还需要能够识别动态视频数据，因此，其对图像识别的要求更高。

智能安防产品以图像识别为基础，支持包括人脸识别、行为识别、车辆识别、特征属性识别等人工智能技术。其中车辆识别技术应能对车辆的种类、颜色、号码等信息进行识别，并输出车辆号牌是否被涂改、遮挡等信息。特征属性识别技术通过调取实时抓拍的图片或者卡口视频等资源进行实时或离线的二次识别，识别其中的目标形状、属性及身份等，例如，人物特征属性库（性别、年龄、行李属性、衣服颜色、运动方向、速度、目标大小、背包等），车辆特征属性库（车牌识别、车标识别、车型识别、人脸探测、安全带、行驶方向、年检标等），并输出相应信息。

此外，智能安防产品还可以具备以下AI功能：

（1）统计分析

应能分析统计指定区域内车辆、行人、物品的数量，或者车辆、行人的密度信息，并输出统计数据。

（2）视频摘要

应能去除视频中非关注的冗余部分，保留关注部分，生成新的视频文件，也能够在同一视频画面中重建不同时间点的关注目标视频图像，生成新的视频文件。

10.2.8　智能交通产品

智能交通是人工智能技术与通信、电子和控制技术、汽车等领域和行业的融合发展产生的概念。相关的产品包括自动驾驶汽车、智能交通系统等。自动驾驶汽车是指具有智能信息处理系统，除了能够完成常规的汽车驾驶动作外，还具有针对交通场景的环境感知、行为决策、运动规划、车辆控制、自动避障等类人行为能力的智能汽车。根据驾驶自动化系统能够完成动态驾驶任务的程度、执行动态驾驶任务中的角色分配以及有无设计运行范围限制等，可将驾驶自动化分成 L0 ～ L5 级别。智能交通系统是指通过建立智能交通数据信息平台实现智能交通监控、管理的系统。

智能交通主要包含的 AI 技术体现在如下方面：

1）智能信息服务：通过语音识别、人眼、动作识别等技术的应用，提供更加智能的车载信息服务的用户体验，包括在线导航、娱乐、家电控制等服务。

2）专家系统：通过采用人工智能中的推理技术来求解和模拟通常由专家才能解决的各种复杂问题，用于自动驾驶系统中复杂环境的规则和策略制定。

3）智能算法：通过机器学习等智能算法，实现对复杂环境的智能感知，并且通过大模型训练数据中自动学习图像特征，实现对车辆控制系统的智能决策。

4）智能信息采集、分析和处理系统等：通过采集和分析道路中的车辆流量、行车速度等信息形成决策，实现道路红绿灯控制、潮汐车道变更、智能导航等智能交通管控。

目前自动驾驶汽车的演进路线主要分为渐进式和直接跨越式演进。福特、宝马、奥迪等一些车企通过增加或升级一些自动驾驶功能，依托摄像头、导航地图以及各种传感器，为驾驶员提供自动紧急制动、全景泊车、自适应巡航等辅助驾驶功能；GoogleWaymo、百度 Apollo 等智能汽车的推出，通过使用激光雷达、高清地图和人工智能技术直接实现无人驾驶。当前，自动驾驶汽车已经发展到 L4 层级，达到了高度自动化，驾驶自动化系统在其设计运行范围内持续地执行全部动态驾驶任务和动态驾驶任务接管，相关产品已经取得政府牌照并完成了一些实路测试。但是由于数据和算法模型的处理速度和精度的限制，在一些极端情况下的驾驶策略的制定，安全和法规的各种限制，自动驾驶汽车的发展也在一定程度上受到制约。

智能交通系统在日本、欧美等发达国家已经有一些初步应用。我国政府也高度重视，提出加快推进智慧交通建设，不断提高信息化发展水平，充分发挥信息化对促进现代综合交通运输体系建设的支撑和引领作用。在京津、上海、广州、杭州等地已经初步建设了一些试点示范区，实现道路交通控制、公共交通指挥与调度、高速公路管理和紧急事件管理等。

参考文献

[1] WANG J. The Cost of AI Training is Improving at 50x the Speed of Moore's Law: Why It's Still Early Days for AI[R/OL]. (2020-5-6)[2021-5-12]. https://ark-invest.com/analyst-research/ai-training/.

[2] 李雷 . 联邦学习诞生 1000 天的真实现状 [R/OL]. 微信公众号，AI 科技评论 (2020-3-12)[2021-5-13]. https://mp.weixin.qq.com/s/dAwSPgFkf6p6k9myER1kkQ.

[3] JEEK.VIVO 联邦学习应用与实践 [R/OL]. VIVO AI Lab,(2020-4-3)[2021-5-14]. https://mp.weixin.qq.com/s/NBMyEatJ6R7oCXgpSK6baQ.

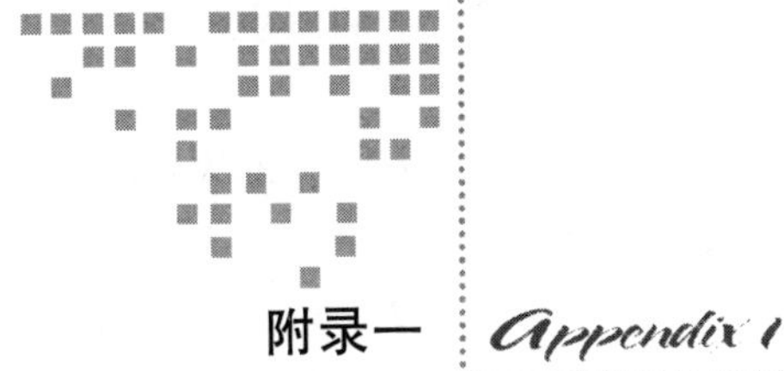

附录一 Appendix 1

移动终端推理应用开发示例

本附录为第 7 章移动终端推理应用开发示例，完整的代码以压缩包的形式向读者提供，读者可以扫描封底二维码下载包含代码文件的压缩包，并根据以下提供的代码路径找到相关代码文件。

附录 A　TensorFlow Lite 示例代码

代码清单 A-1 ClassifierActivity.java

处理获取的图像输入，对图像进行处理，调用分类器来识别，并调用 Classifier.java、ClassifierQuantizedMobileNet。

路径：

/Tensorflow_Lite/android/app/src/main/java/org/tensorflow/lite/examples/classification/ClassifierActivity.java

代码清单 A-2 Classifier.java

图像识别模型处理的基类。

路径：

/Tensorflow_Lite/android/app/src/main/java/org/tensorflow/lite/examples/classification/tflite/Classifier.java

附录 B　PyTorch 示例代码

代码清单 B-1 ImageNetClasses.java

用于识别分类的标签文件。

路径：

\PyTorch mobile\HelloWorldApp\app\src\main\java\org\pytorch\helloworld\ ImageNetClasses.java

代码清单 B-2 MainActivity.java

用于进行 PyTorch Mobile 推理，包括读取图像、加载模型、准备输入、运行推理、处理结果等功能。

路径：

\PyTorch mobile\HelloWorldApp\app\src\main\java\org\pytorch\helloworld\ MainActivity.java

附录 C　Paddle Lite 示例代码

代码清单 C-1Predictor.java

封装 PaddleLite 引擎，实现模型的加载和推理。

路径：

/Paddle_Lite/app/src/main/java/com/baidu/paddle/lite/demo/object_detection/ Predictor.java

代码清单 C-2 MainActivity.java

实现主 UI，提供用户交互操作、模型的加载、推理等功能。

路径：

/Paddle_Lite/app/src/main/java/com/baidu/paddle/lite/demo/object_detection/MainActivity.java

附录 D　VCAP 示例代码

代码清单 D-1 VcapImageClassifier.java

用于执行 VCAP 图像分类功能，所有主要分类代码均在此类中实现。

路径：

\VCAP\vcapclassify\app\src\main\java\com\example\android\vcapcamerademo\ VcapImageClassifier.java

附录 E　SNPE 示例代码

代码清单 E-1 ModelOverviewFragmentController.java

实现运行主界面的控制功能。

路径：

\SNPE\image-classifiers\app\src\main\java\com\qualcomm\qti\snpe\imageclassifiers\ModelOverviewFragmentController.java

代码清单 E-2 LoadNetworkTask.java

配置和创建神经网络。

路径：

\SNPE\image-classifiers\app\src\main\java\com\qualcomm\qti\snpe\imageclassifiers\tasks\LoadNetworkTask.java

代码清单 E-3 ClassifyImageWithFloatTensorTask.java

完成使用 FloatTensor 的推理功能，包括张量的创建、神经网络的执行和获取结果。

路径：

\SNPE\image-classifiers\app\src\main\java\com\qualcomm\qti\snpe\imageclassifiers\tasks\ClassifyImageWithFloatTensorTask.java

附录 F　HiAI Foundation 示例代码

代码清单 F-1 MainActivity.java

应用层实现模型初始化设置模型等功能。

路径：

\HiAIv320\Demo_Soure_Code\app\src\main\java\com\huawei\hiaidemo\view\ Main-Activity.java

代码清单 F-2 NPUClassifyActivity.java

实现创建模型管家，运行模型，获取结果等功能。

\HiAIv320\Demo_Soure_Code\app\src\main\java\com\huawei\hiaidemo\view\ NPU-ClassifyActivity.java

代码清单 F-3 SyncClassifyActivity.java

同步模式下处理模型。

\HiAIv320\Demo_Soure_Code\app\src\main\java\com\huawei\hiaidemo\view\

SyncClassifyActivity.java

代码清单 F-4 classify_sync_jni.cpp

用于创建模型管家，加载模型的 C++ 代码。

\HiAIv320\Demo_Soure_Code\app\src\main\jni\classify_sync_jni.cpp

代码清单 F-5 AsyncClassifyActivity.java

异步模式下处理模型。

\HiAIv320\Demo_Soure_Code\app\src\main\java\com\huawei\hiaidemo\view\

AsyncClassifyActivity.java

附录 G　CoreML 示例代码

代码清单 G-1 ImageClassificationViewController.swift

实现 UI 和模型的载入、推理。

路径：

/CoreML/Vision+ML\ Example/ImageClassificationViewController.swift

附录 H　MegEngine 示例代码

代码清单 H-1 CMakeLists.txt

inference_jni 构建脚本。

路径：

\MegEngine\Camera2Basic\inference_jni\src\main\cpp\CMakeLists.txt

代码清单 H-2 ImageNetClassifier.java

调用 JNI 函数。

路径：

\MegEngine\Camera2Basic\inference_ jni\src\main\java\com\example\inference\ImageNetClassifier.class

代码清单 H-3 inference_jni.cpp

实现 JNI interface 及 libshufflenet_inference 的调用。

路径：

\MegEngine\Camera2Basic\inference_jni\src\main\cpp\inference_jni.cpp

代码清单 H-4 Camera2BasicFragment.java

程序核心功能，包括摄像头的调用和 MegEngine 框架的调用。

路径：

\MegEngine\Camera2Basic\app\src\main\java\com\example\android\camera2basic\Camera2BasicFragment.class

附录 I　MNN 示例代码

代码清单 I-1 MNNNetNative.java

实现 MNNNet 的 JNI 调用和 Java 接口。

路径：
/mnn/android/app/src/main/java/com/taobao/android/mnn/MNNNetNative.java
代码清单 I-2 MNNPortraitNative.java
实现 MNN 绑定的 JNI 调用及 Java 接口。
路径：
/mnn/android/app/src/main/java/com/taobao/android/mnn/ MNNPortraitNative.java
代码清单 I-3 VideoActivity.java
实现 UI 交互及模型推理输入。
路径：
/mnn/android/app/src/main/java/com/taobao/android/mnndemo/VideoActivity.java
代码清单 I-4 mnnnetnative.cpp
C++ 代码调用 MNN 引擎的接口，实现了 Java JNI 接口的功能。
路径：
/mnn/android/app/src/main/jni/mnnnetnative.cpp
代码清单 I-5 mnnportraitnative.cpp
C++ 代码实现的对 MNN 引擎的调用，封装了 JNI 的 Java 接口。
路径：
/mnn/android/app/src/main/jni/ mnnportraitnative.cpp

Appendix 2 附录二

技术术语表

英文全称	英文缩略语	中文说明
A cyclic redundancy check 32	crc32	一种循环冗余校验算法
Adaptive Boosting	AdaBoost	一种应用非常广泛也非常有效的机器学习方法
Application Binary Interface	ABI	应用程序二进制接口
Artificial Intelligence	AI	人工智能
Artificial Intelligence (AI) Engine	AIE	高通人工智能引擎
AI Processor	AIP	人工智能处理
Artificial Neural Network	ANN	人工神经网络
Application Programming Interface	API	应用程序接口
Application	App	应用程序
Accelerated Processing Unit	APU	加速处理器
Application Specific Integrated Circuit	ASIC	专用集成处理器
Atous Spatial Pyramid Pooling	ASPP	空间金字塔池化
Automated Machine Learning	AutoML	自动机器学习
Bidirectional Encoder Representation from Transformer	BERT	基于 Transformer 的双向编码器表征
Back Propagation	BP	反向传播算法
Classification and Regression Trees	CART	分类与回归树
Convolutional Neural Network	CNN	卷积神经网络

（续）

英文全称	英文缩略语	中文说明
Common Objects in Context	COCO	微软公司出资标注的著名数据集
Chip on Wafer on Substrate	CoWoS	晶圆级封装
Central Processing Unit	CPU	中央处理器
Conditional Random Field	CRF	条件随机场
Compute Unified Device Architecture	CUDA	显卡厂商 NVIDIA 推出的运算平台
Deep Convolutional Neural Network	DCNN	深度卷积神经网络
Device Development Kit	DDK	华为设备开发工具
Deep Neural Network	DNN	深度神经网络
False Acceptance Rate	FAR	错误接受率
Field Programmable Gate Array	FPGA	现场可编程门阵列
Frames Per Second	FPS	每秒处理的帧数
Generative Adversarial Networks	GAN	生成对抗网络
Graph Convolution Network	GCN	图卷积网络
Graphics Processing Unit	GPU	图形处理器
Hardware Abstraction Layer	HAL	硬件抽象层
High Bandwidth Memory	HBM	高带宽内存
Hexagon Tensor Accelerator	HTA	张量加速器
Hexagon Vector eXtensions	HVX	向量扩展内核
Integrated Development Environment	IDE	集成开发环境
ImageNet Large Scale Visual Recognition Competition	ILSVRC	ImageNet 大型视觉识别比赛
iPhone Operation System	iOS	iPhone 操作系统
Intersection over Union	IoU	交并比
Intermediate Representation	IR	中间表示
Input/Output	I/O	输入 / 输出
Java Native Interface	JNI	Java 本地接口
Labeled Faces in the Wild Home	LFW	著名的人脸识别数据集
Local Response Normalization	LRN	局部响应归一化层
Long Short-Term Memory	LSTM	长短期记忆网络
k-NearestNeighbor	kNN	K 最近邻分类算法，是数据挖掘分类技术中最简单的方法之一
MultiplyAccumulate	MAC	乘积累加运算

（续）

英文全称	英文缩略语	中文说明
Mobile AI Compute Engine	MACE	一款小米公司自研的移动端深度学习推理框架
Machine Learning	ML	机器学习
Mobile Neural Network	MNN	一款阿里巴巴自研的移动端深度学习推理框架
Native Development Kit	NDK	原生开发工具包
Neural Machine Translation	NMT	神经网络机器翻译
Neural Networks API	NN API	在 Android 设备上运行的神经网络 API
Neural-network Processing Unit	NPU	神经网络处理器
Operation	Op	操作
Pattern Analysis，Statistical Modeling and Computational Learning Visual Object Classes	PASCAL VOC	一项国际顶级的计算机视觉竞赛
Personal Computer	PC	个人计算机
PHP: Hypertext Preprocessor	PHP	超文本预处理器
Pass Rate	PR	正确通过率
Peak Signal to Noise Ratio	PSNR	峰值信噪比
Quality Assurance	QA	质量保证
Quantized Neural Networks PACKage	QNNPACK	量化神经网络内核库
Remote Direct Memory Access	RDMA	远程直接数据存取
Rectified Linear Unit	ReLU	线性整流函数
RGB color mode	RGB	RGB 色彩模式
Root Mean Square Prop	RMSProp	一种用于神经网络的优化算法，能优化损失函数在更新中摆动幅度过大的问题，加快函数的收敛速度
Recurrent Neural Network	RNN	循环神经网络
Regions Of Interest Pooling	ROIPooling	感兴趣区域池化
Software Development Kit	SDK	软件开发工具包
Sequeeze-and-Excitation	SE	隔离和激发
Snapdragon Neural Processing Engine	SNPE	骁龙神经处理引擎
State-Of-The-Art	SOTA	用于描述机器学习中取得某个任务上当前最优效果的模型
Single Shot MultiBox Detector	SSD	单发多盒探测器，一种用于目标检测的神经网络模型

（续）

英文全称	英文缩略语	中文说明
Support Vector Machine	SVM	支持向量机
Tera Operations Per Second	TOPs	处理器每秒运算能力
Tensor Processing Unit	TPU	张量处理器
vivo Computation Acceleration Platform	VAP	vivo 计算加速平台
Visual Geometry Group	VGG	指牛津大学计算机视觉组（Visual Geometry Group）和 Google DeepMind 公司的研究员一起研发出的深度卷积神经网络 VGGNet
Vector Space Model	VSM	向量空间模型
Intermediate representation	IR	中间表示
Abstract Syntax Tree	AST	抽象语法树
Low Level Virtual Machine	LLVM	底层虚拟机
TensorFlow RunTime	TFRT	Google 推出的一种 TensorFlow 运行时
MLIR	Multi-Level Intermediate Representation	Google 推出的中间码与编译器框架

推荐阅读

机器学习与深度学习：通过C语言模拟

作者：[日] 小高知宏 译者：申富饶 于僡 ISBN：978-7-111-59994-4

本书以深度学习为关键字讲述机器学习与深度学习的相关知识，对基本理论的讲述通俗易懂，不涉及复杂的数学理论，适用于对机器学习与深度学习感兴趣的初学者。当前机器学习的书籍一般只讲述理论，没有具体的程序实例。有些以实例为主的机器学习书籍则依赖于一些函数库或工具，无法理解其内部算法原理。本书没有使用任何外部函数库或工具，通过C语言程序来实现机器学习和深度学习算法，读者不太理解相关理论时，可以通过C语言程序代码来进行学习。

本书从强化学习、蚁群最优化方法、神经网络、深度学习等出发，分阶段介绍机器学习的各种算法，通过分析C语言程序代码，实际执行C语言程序，使读者能快速步入机器学习和深度学习殿堂。

自然语言处理与深度学习：通过C语言模拟

作者：[日] 小高知宏 译者：申富饶 于僡 ISBN：978-7-111-58657-9

本书详细介绍了将深度学习应用于自然语言处理的方法，并概述了自然语言处理的一般概念，通过具体实例说明了如何提取自然语言文本的特征以及如何考虑上下文关系来生成文本。书中自然语言文本的特征提取是通过卷积神经网络来实现的，而根据上下文关系来生成文本则利用了循环神经网络。这两个网络是深度学习领域中常用的基础技术。

本书通过实现C语言程序来具体讲解自然语言处理与深度学习的相关技术。本书给出的程序都能在普通个人电脑上执行。通过实际执行这些C语言程序，确认其运行过程，并根据需要对程序进行修改，读者能够更深刻地理解自然语言处理与深度学习技术。